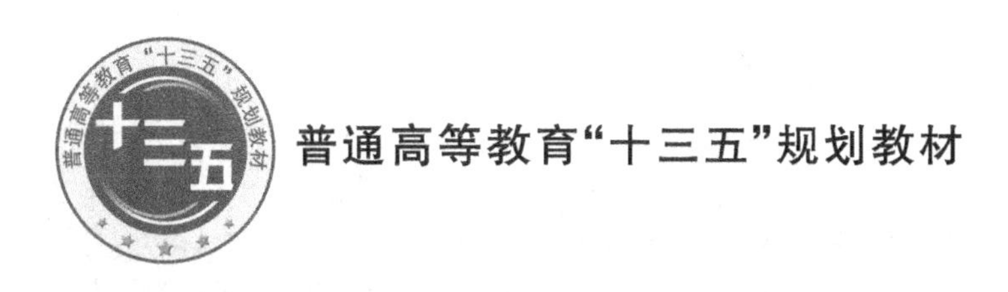


# 高等数学

## （第2版）（下）

北京邮电大学高等数学双语教学组　编

北京邮电大学出版社
www.buptpress.com

## 内 容 简 介

本书是根据国家教育部非数学专业数学基础课教学指导分委员会制定的工科类本科数学基础课程教学基本要求编写的教材，全书分为上、下两册，此为下册，主要包括无穷级数、向量与空间解析几何、多元函数微分学、重积分、曲线积分与曲面积分. 本书对基本概念的叙述清晰准确，对基本理论的论述简明易懂，例题习题的选配典型多样，强调基本运算能力的培养及理论的实际应用. 本书可作为高等理工科院校非数学类专业本科生的教材，也可供其他专业选用和社会读者阅读.

**图书在版编目(CIP)数据**

高等数学. 下 / 北京邮电大学高等数学双语教学组编. -- 2 版. -- 北京 ：北京邮电大学出版社，2018.2 (2024.9 重印)

ISBN 978-7-5635-5357-0

Ⅰ. ①高… Ⅱ. ①北… Ⅲ. ①高等数学－高等学校－教材 Ⅳ. ①O13

中国版本图书馆 CIP 数据核字(2017)第 327892 号

**书　　　名**：高等数学(第 2 版)(下)
**著作责任者**：北京邮电大学高等数学双语教学组　编
**责 任 编 辑**：彭　楠
**出 版 发 行**：北京邮电大学出版社
**社　　　址**：北京市海淀区西土城路 10 号(邮编：100876)
**发　行　部**：电话：010-62282185　传真：010-62283578
**E-mail**：publish@bupt.edu.cn
**经　　　销**：各地新华书店
**印　　　刷**：河北虎彩印刷有限公司
**开　　　本**：787 mm×1 092 mm　1/16
**印　　　张**：17.75
**字　　　数**：458 千字
**版　　　次**：2012 年 8 月第 1 版　2018 年 2 月第 2 版　2024 年 9 月第 5 次印刷

ISBN 978-7-5635-5357-0　　　　定价：42.00 元

# 第2版前言

本书第2版是在第1版的基础上，根据北邮高等数学双语教学组多年来的教学实践及第1版教材的使用情况进行全面修订而成，许多章节是完全重新编写的。参与本书下册具体编写的老师是：朱萍教授、袁健华教授、默会霞副教授和李晓花副教授。全书由艾文宝教授进行内容审核。本书在内容编排和讲解上适当吸收了欧美国家微积分教材的一些优点，新版教材尽量做到逻辑严谨、叙述清晰、直观性强、例题丰富。本套教材中文版、英文版及习题解答是相互配套的，特别适合双语高等数学的教学需要。由于作者水平有限，加上时间匆忙，书中出现一些错误在所难免，欢迎并感谢读者通过邮箱 jianhuayuan@bupt.edu.cn 指出错误，以便我们及时纠正。

编　者

# 第1版前言

## 关于高等数学

高等数学(微积分)是一门研究运动和变化的数学,产生于16世纪至17世纪,是受当时科学家们在研究力学问题时对相关数学知识的需要而逐渐发展起来的.高等数学中微分处理的目的是求已知函数的变化率的问题,例如,曲线的斜率、运动物体的速度和加速度等;而积分处理的目的则是在当函数的变化率已知时,如何求原函数的问题,例如,通过物体当前的位置和作用在该物体上的力来预测该物体的未来位置,计算不规则平面区域的面积,计算曲线的长度等.现在,高等数学已经成为高等院校学生尤其是工科学生最重要的数学基础课程之一,学生在这门课程上学习情况的好坏对其能否顺利学习后续课程有着至关重要的影响.

## 关于本书

本书是我们编写的英文"高等数学"的中译本,以便于接受双语数学教学的学生能够对照英文教材进行预习、复习或自习.本书的所有作者都在北京邮电大学主讲了多年的双语"高等数学"课程,获得了丰富的教学经验,了解学生在学习双语"高等数学"课程中所面临的问题与困难.本书函数、空间解析几何及微分部分由张文博、王学丽和朱萍三位副教授编写,级数、微分方程及积分部分则由艾文宝教授和袁健华副教授编写,全书由孙洪祥教授审阅校对.此外,本书在内容编排和讲解上适当吸收了欧美国家微积分教材的一些优点.由于作者水平有限,加上时间匆忙,书中出现一些错误在所难免,欢迎并感谢读者通过邮箱(jianhuayuan@bupt.edu.cn)指出错误,以便我们及时纠正.

**致谢**

本书在编写过程中得到北京邮电大学、北京邮电大学理学院和国际学院的教改项目资金支持，作者在此表示衷心感谢．同时也借此机会，感谢所有在本书写作过程中支持和帮助过我们的同事和朋友．

**致学生的话**

高等数学的学习没有捷径可走，它需要你们付出艰苦的努力．只要你能勤奋学习并持之以恒，定能取得成功．希望你们能喜欢这本书，并预祝你们取得成功！

编　者

# 目　　录


**第7章　无穷级数**……………………………………………………………… 1

7.1　常数项级数的概念和性质 ……………………………………………… 1

7.1.1　实例 ……………………………………………………………… 1

7.1.2　常数项级数的概念 ……………………………………………… 3

7.1.3　常数项级数的性质 ……………………………………………… 6

习题7.1　A ………………………………………………………………… 8

习题7.1　B ………………………………………………………………… 10

7.2　常数项级数的审敛准则……………………………………………… 10

7.2.1　正项级数的审敛准则…………………………………………… 10

7.2.2　交错级数及其收敛性的莱布尼茨判别法……………………… 16

7.2.3　任意项级数的绝对收敛与条件收敛…………………………… 17

习题7.2　A ………………………………………………………………… 19

习题7.2　B ………………………………………………………………… 21

7.3　幂级数……………………………………………………………… 22

7.3.1　函数项级数……………………………………………………… 22

7.3.2　幂级数及其收敛性……………………………………………… 23

7.3.3　幂级数的性质及幂级数求和函数……………………………… 27

习题7.3　A ………………………………………………………………… 30

习题7.3　B ………………………………………………………………… 31

7.4　函数的幂级数展开…………………………………………………… 31

7.4.1　泰勒与麦克劳林级数…………………………………………… 32

7.4.2　初等函数的幂级数展开式……………………………………… 34

7.4.3　泰勒级数的应用………………………………………………… 39

习题7.4　A ………………………………………………………………… 41

习题7.4　B ………………………………………………………………… 42

7.5　傅里叶级数…………………………………………………………… 42

7.5.1　正交三角函数系………………………………………………… 43

7.5.2　傅里叶级数……………………………………………………… 43

7.5.3　傅里叶级数的收敛性…………………………………………… 45

7.5.4　将定义在[0,π]上的函数展成正弦级数或余弦级数 ………… 48

习题 7.5　A ………………………………………………………………………… 50
习题 7.5　B ………………………………………………………………………… 51
7.6　其他形式的傅里叶级数……………………………………………………… 51
7.6.1　周期为 2l 的周期函数的傅里叶展开式 ……………………………… 51
*7.6.2　傅里叶级数的复数形式 ……………………………………………… 55
习题 7.6　A ………………………………………………………………………… 56
习题 7.6　B ………………………………………………………………………… 56

**第 8 章　向量与空间解析几何** …………………………………………………… 57

8.1　平面向量和空间向量………………………………………………………… 57
8.1.1　向量…………………………………………………………………… 57
8.1.2　向量的运算…………………………………………………………… 58
8.1.3　平面向量……………………………………………………………… 59
8.1.4　直角坐标系…………………………………………………………… 61
8.1.5　空间中的向量………………………………………………………… 62
习题 8.1　A ………………………………………………………………………… 65
习题 8.1　B ………………………………………………………………………… 66
8.2　向量的乘积…………………………………………………………………… 66
8.2.1　两个向量的数量积…………………………………………………… 66
8.2.2　两个向量的向量积…………………………………………………… 69
8.2.3　向量的三元数量积…………………………………………………… 72
8.2.4　向量乘积的应用……………………………………………………… 74
习题 8.2　A ………………………………………………………………………… 76
习题 8.2　B ………………………………………………………………………… 77
8.3　平面和空间直线……………………………………………………………… 78
8.3.1　平面方程……………………………………………………………… 78
8.3.2　空间直线的方程……………………………………………………… 81
习题 8.3　A ………………………………………………………………………… 86
习题 8.3　B ………………………………………………………………………… 87
8.4　曲面和空间曲线……………………………………………………………… 87
8.4.1　柱面…………………………………………………………………… 88
8.4.2　锥面…………………………………………………………………… 90
8.4.3　旋转曲面……………………………………………………………… 90
8.4.4　二次曲面……………………………………………………………… 92
8.4.5　空间曲线……………………………………………………………… 96
8.4.6　柱面坐标系…………………………………………………………… 99
8.4.7　球面坐标系 ………………………………………………………… 100
习题 8.4　A ……………………………………………………………………… 101
习题 8.4　B ……………………………………………………………………… 102

**第 9 章　多元函数微分学** ………… 104
9.1　多元函数 ………… 104
9.1.1　平面点集与 n 维空间 ………… 104
9.1.2　多元函数的定义 ………… 108
9.1.3　函数的可视化 ………… 109
习题 9.1　A ………… 111
9.2　二元函数的极限与连续 ………… 111
9.2.1　二元函数的极限 ………… 111
9.2.2　二元函数的连续 ………… 114
9.2.3　闭区域上二元连续函数的性质 ………… 115
习题 9.2　A ………… 115
习题 9.2　B ………… 116
9.3　多元函数的偏导数及全微分 ………… 116
9.3.1　偏导数 ………… 116
9.3.2　全微分 ………… 119
9.3.3　全微分在近似计算中的应用 ………… 124
9.3.4　高阶偏导数 ………… 125
习题 9.3　A ………… 126
习题 9.3　B ………… 128
9.4　复合函数偏导数的求导法则 ………… 128
习题 9.4　A ………… 133
习题 9.4　B ………… 133
9.5　由方程(组)所确定的隐函数的求导法 ………… 133
习题 9.5　A ………… 138
习题 9.5　B ………… 139
9.6　多元微分的几何应用 ………… 139
9.6.1　空间曲线的切线与法平面 ………… 139
9.6.2　曲面的切平面与法线 ………… 142
习题 9.6　A ………… 146
习题 9.6　B ………… 146
9.7　方向导数和梯度 ………… 147
9.7.1　方向导数 ………… 147
9.7.2　梯度 ………… 149
习题 9.7 ………… 150
9.8　多元函数的极值与最值 ………… 151
9.8.1　多元函数的极值 ………… 152
9.8.2　多元函数的最大值和最小值 ………… 154
9.8.3　条件极值、拉格朗日乘数法 ………… 156
习题 9.8　A ………… 160

习题 9.8　B ········ 161
*9.9　二元函数的泰勒公式 ········ 162
习题 9.9 ········ 164

**第 10 章　重积分** ········ 165

10.1　二重积分的概念和性质 ········ 165
10.1.1　二重积分的概念 ········ 165
10.1.2　二重积分的性质 ········ 168
习题 10.1　A ········ 169
习题 10.1　B ········ 170
10.2　二重积分的计算 ········ 170
10.2.1　二重积分的几何意义 ········ 170
10.2.2　直角坐标系下的二重积分 ········ 172
10.2.3　用极坐标计算二重积分 ········ 179
*10.2.4　二重积分的一般换元法 ········ 185
习题 10.2　A ········ 190
习题 10.2　B ········ 192
10.3　三重积分 ········ 193
10.3.1　三重积分的概念和性质 ········ 193
10.3.2　直角坐标系下的三重积分 ········ 195
10.3.3　柱面坐标与球面坐标下的三重积分 ········ 199
*10.3.4　三重积分的一般换元法 ········ 205
习题 10.3　A ········ 206
习题 10.3　B ········ 209
10.4　重积分的应用 ········ 210
10.4.1　空间曲面面积 ········ 210
10.4.2　质心 ········ 213
10.4.3　转动惯量 ········ 214
习题 10.4　A ········ 215
习题 10.4　B ········ 215

**第 11 章　曲线积分与曲面积分** ········ 165

11.1　曲线积分 ········ 217
11.1.1　对弧长的曲线积分 ········ 217
11.1.2　对坐标的曲线积分 ········ 222
11.1.3　两类曲线积分的联系 ········ 226
习题 11.1　A ········ 227
习题 11.1　B ········ 229
11.2　格林公式及其应用 ········ 230
11.2.1　格林公式 ········ 230

11.2.2　曲线积分与路径无关的条件…… 235
习题 11.2　A …… 242
习题 11.2　B …… 243
11.3　曲面积分…… 245
11.3.1　对面积的曲面积分…… 245
11.3.2　对坐标的曲面积分…… 248
习题 11.3　A …… 255
习题 11.3　B …… 257
11.4　高斯公式…… 258
习题 11.4　A …… 262
习题 11.4　B …… 263
11.5　斯托克斯公式及其应用…… 263
11.5.1　斯托克斯公式…… 263
*11.5.2　空间曲线积分与路径无关的条件 …… 266
习题 11.5　A …… 267
习题 11.5　B …… 268

**参考文献**…… 269

# 第7章

# 无穷级数

本章将介绍的无穷级数是高等数学的一个重要组成部分.无穷级数和无穷数列密切相关,它是数列极限的一种新的表现形式,这种形式具有项的结构性和加法运算相结合的特殊性,并可借助数列极限的理论来研究它.随着判别级数敛散性的一系列的定理的建立,无穷级数的理论又促进了极限理论的发展.无穷级数也是表达函数,研究函数性质,做近似运算以及求解微分方程等的一个强有力工具.作为无穷级数的一个重要分支——傅里叶级数,在电子技术和信息理论中应用广泛,是工程研究中不可或缺的一个数学工具.

本章首先介绍常数项级数的概念和性质,进而介绍一些常数项级数的审敛准则.在此基础上讨论函数项级数,并研究两类重要的特殊函数项级数:幂级数和傅里叶级数.

## 7.1 常数项级数的概念和性质

### 7.1.1 实例

**例 7.1.1(垂直距离)** 已知三角形 $ABC$ 中,$\angle A=\theta$,$\angle C=\frac{\pi}{2}$ 且 $|AC|=b$. 作 $CD\perp AB$,$DE\perp BC$,$EF\perp AB$(如图 7.1.1 所示). 这一过程无限重复下去,要求用 $b$ 和 $\theta$ 表示所有垂线段的总长度

$$|CD|+|DE|+|EF|+|FG|+\cdots.$$

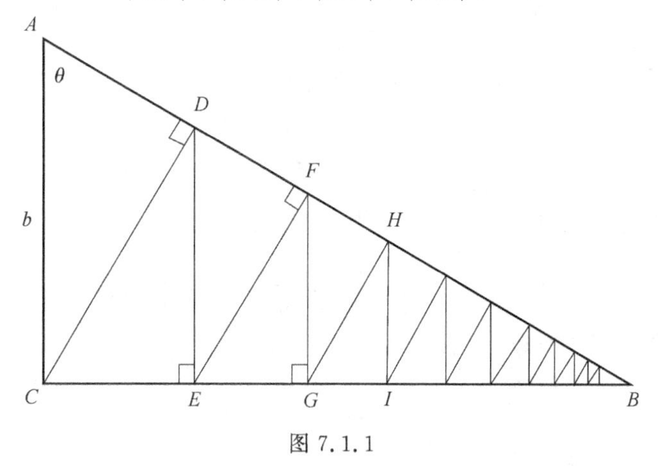


图 7.1.1

**解** 由题意，作垂线这一过程将无限持续下去. 显然当$\angle A=\theta$，$|AC|=b$时，第一条垂线段$CD$的长度为

$$L_0=|CD|=b\sin\theta;$$

第二条垂线段$DE$的长度为

$$L_1=|DE|=b\sin^2\theta;$$

第三条垂线段$EF$的长度为

$$L_2=|EF|=b\sin^3\theta;$$

$$\vdots$$

第$n$条垂线段的长度为

$$L_n=b\sin^{(n+1)}\theta.$$

因此，所有垂线段的总长度$L$为

$$L=b\sin\theta+b\sin^2\theta+b\sin^3\theta+\cdots+b\sin^{(n+1)}\theta+\cdots. \tag{7.1.1}$$

■

**例 7.1.2(弹性小球弹跳问题)** 一弹性小球从距地面$H$米处无初速度自由下落. 每次小球从距离地面$h$处下落后撞击地面，它弹起的高度是$rh$，其中$r$为小于1的正数.

(1) 假设小球反弹的次数是无穷的，求小球所走轨迹的总长度；

(2) 计算小球运动的总时间(其中$t$秒内小球下降距离为$\frac{1}{2}gt^2$米).

**解** (1) 小球从高$H$处落到地面所走距离为

$$S_0=H;$$

小球第一次弹起并落到地面所走距离为

$$S_1=2Hr;$$

重复上述过程有

$$S_2=2Hr^2;$$

$$\vdots$$

小球第$n$次弹起并落到地面所走距离为

$$S_n=2Hr^n.$$

因此，小球所走轨迹的总长度为

$$S=H+2Hr+2Hr^2+\cdots+2Hr^n+\cdots. \tag{7.1.2}$$

(2) 根据$h=\frac{1}{2}gt^2$，第一次从高$H$处下落到地面所用时间为

$$T_0=\sqrt{\frac{2H}{g}};$$

类似地，小球第一次弹起到高度$rH$并再次下落到地面所用时间为

$$T_1=2\sqrt{\frac{2rH}{g}};$$

一般地，小球第$n$次弹起并下落所用的时间为

$$T_n=2\sqrt{\frac{2r^nH}{g}}.$$

因此，小球运动的总时间为

$$T=\sqrt{\frac{2H}{g}}+2\sqrt{\frac{2rH}{g}}+2\sqrt{\frac{2r^2H}{g}}+\cdots+2\sqrt{\frac{2r^nH}{g}}+\cdots. \qquad (7.1.3)$$

■

在以上两例中，我们遇到了求无穷多个数和的问题. 区别于有限项和，无限项和有时候毫无意义，即它有可能不等于某个数值. 因此，首先需要清楚无穷数列和的意义是什么.

### 7.1.2 常数项级数的概念

**定义 7.1.1(无穷级数)** 假设有一无穷数列 $a_1,a_2,a_3,\cdots,a_n,\cdots$，将其写成如下和的形式

$$a_1+a_2+a_3+\cdots+a_n+\cdots, \qquad (7.1.4)$$

称为**常数项级数**或**无穷级数**(也常简称为**级数**)，其中 $a_n$ 为**该级数的通项**或级数的第 $n$ 项.

常数项级数(7.1.4)常记为

$$\sum_{n=1}^{\infty}a_n \quad 或 \quad \sum a_n.$$

众所周知，实数加法是一个二元运算，也就是说实际上我们每次只能将两个数相加. 1+2+3作为"加法"有意义的唯一原因是我们可将数分组，然后每次将它们两两相加. 简言之，有限个实数的相加总会得到一个数，但是无限个实数相加则会完全不同. 这就是我们定义无穷级数的原因.

找出如下级数

$$1+2+3+4+\cdots+n+\cdots$$

的有限和是不可能的，因为如果开始增加项数，会得到累加的和 1,3,6,10,15,…，且第 $n$ 项后，求得的和为 $n(n+1)/2$，当 $n$ 增大时，它也会变得非常大.

然而，如果计算如下级数

$$\frac{1}{2}+\frac{1}{4}+\frac{1}{8}+\frac{1}{16}+\cdots+\frac{1}{2^n}+\cdots,$$

可得累加和为

$$\frac{1}{2},\frac{3}{4},\frac{7}{8},\frac{15}{16},\cdots,1-\frac{1}{2^n},\cdots.$$

当我们累加越来越多的项后，这些和越来越接近 1. 事实上，当累加此级数的足够多项后，可以使和按我们的意愿无限接近 1(如图 7.1.2 所示). 因此，此无穷级数的和为 1，即

$$\sum_{n=1}^{\infty}\frac{1}{2^n}=\frac{1}{2}+\frac{1}{4}+\frac{1}{8}+\frac{1}{16}+\cdots+\frac{1}{2^n}+\cdots=1.$$

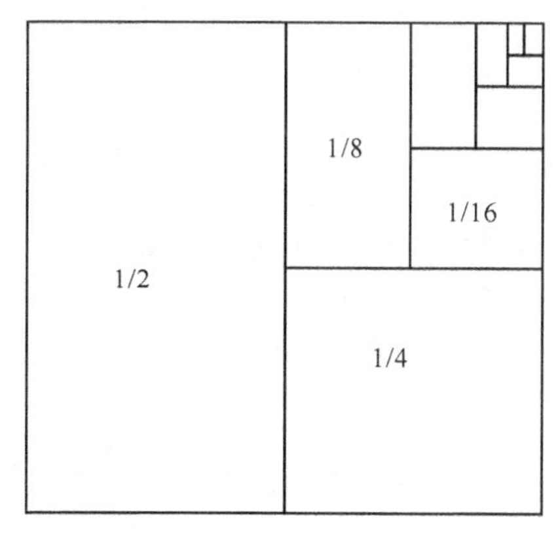


图 7.1.2

我们用类似思想来判别一个级数 $\sum_{n=1}^{\infty} a_n$ 的和是否存在.

一般说来,级数的前 $n$ 项和 $S_n = \sum_{k=1}^{n} a_n (n=1,2,\cdots)$ 称为此级数的**前 $n$ 项部分和**或者简称为**部分和**.级数部分和构成一个数列

$$S_1 = a_1$$
$$S_2 = a_1 + a_2$$
$$S_3 = a_1 + a_2 + a_3$$
$$\vdots$$
$$S_n = a_1 + a_2 + a_3 + \cdots + a_n = \sum_{k=1}^{n} a_k$$
$$\vdots$$

称为级数的**部分和数列**,记为 $\{S_n\}$. 我们可以利用部分和数列 $\{S_n\}$ 在 $n \to \infty$ 时是否有极限来判定级数是否有和.

**定义 7.1.2** 若级数 $\sum_{n=1}^{\infty} a_n$ 的部分和数列 $\{S_n\}$ 收敛,则称级数 $\sum_{n=1}^{\infty} a_n$ **收敛**.此时,称部分和数列 $\{S_n\}$ 的极限 $\lim_{n \to \infty} S_n = \lim_{n \to \infty} \sum_{k=1}^{n} a_n = S$ 为它的和,记作 $\sum_{n=1}^{\infty} a_n = S$. 否则,称级数**发散**. 级数 $\sum_{n=1}^{\infty} a_n$ 的收敛与发散统称为敛散性.

收敛级数的和与其部分和的差 $R_n = S - S_n = \sum_{k=n+1}^{\infty} a_k$ 称为该级数的 **$n$ 阶余项.**

**例 7.1.3 讨论等比级数(几何级数)**

$$\sum_{n=0}^{\infty} aq^n = a + aq + aq^2 + \cdots + aq^{n-1} + \cdots \quad (a \neq 0) \tag{7.1.5}$$

的敛散性,其中 $q$ 称为等比级数的公比.

**解** (1) 当 $q=1$ 时, $\lim_{n \to \infty} S_n = \lim_{n \to \infty} na = \infty$,故原级数发散.

(2) 当 $q=-1$ 时,原级数变为 $a - a + a - a + \cdots + (-1)^{n-1} a + \cdots$. 因为 $S_n = \begin{cases} a, & n \text{ 是奇数}, \\ 0, & n \text{ 是偶数}, \end{cases}$ 故原级数发散.

(3) 当 $|q| \neq 1$ 时,该级数的部分和为

$$a + aq + aq^2 + \cdots + aq^{n-1} = \frac{a(1-q^n)}{1-q}.$$

当 $|q| < 1$ 时, $\lim_{n \to \infty} S_n = \lim_{n \to \infty} \frac{a(1-q^n)}{1-q} = \frac{a}{1-q}$,从而该级数收敛且其和为 $\frac{a}{1-q}$.

当 $|q| > 1$ 时, $\lim_{n \to \infty} S_n = \lim_{n \to \infty} \frac{a(1-q^n)}{1-q} = \infty$,故原级数发散.

总之,当 $|q| < 1$ 时,级数(7.1.5)收敛且它的和为 $\frac{a}{1-q}$;而当 $|q| \geqslant 1$ 时,级数(7.1.5)发散.

■

现在我们利用例 7.1.3 的结论来彻底解决例 7.1.1 与例 7.1.2 的问题. 对于例 7.1.1 中三角形的垂线,因为式(7.1.1)是公比为 $r = \sin\theta$ 的几何级数,所以垂线段的总长度为

$$L=\frac{b\sin\theta}{1-\sin\theta}.$$

对于例 7.1.2 中小球的轨迹,式(7.1.2)是公比为 $0<r<1$ 的几何级数(第二项开始),式(7.1.3)是公比为 $0<\sqrt{r}<1$ 的几何级数(第二项开始). 因此,轨迹总长度为

$$S=H+\frac{2Hr}{1-r},$$

且所用时间为

$$T=\sqrt{\frac{2H}{g}}+2\sqrt{\frac{2rH}{g}}\frac{1}{1-\sqrt{r}}=\sqrt{\frac{2H}{g}}\left(\frac{1+\sqrt{r}}{1-\sqrt{r}}\right).$$

**例 7.1.4** 求级数 $\sum_{n=1}^{\infty}\frac{1}{n(n+1)}=\frac{1}{1\times 2}+\frac{1}{2\times 3}+\cdots+\frac{1}{n(n+1)}+\cdots$ 的和.

**解** 由于

$$a_k=\frac{1}{k(k+1)}=\frac{1}{k}-\frac{1}{k+1}\quad(k=1,2,\cdots),$$

故级数的 $n$ 项部分和

$$S_n=\sum_{k=1}^{n}\frac{1}{k(k+1)}=\sum_{k=1}^{n}\left(\frac{1}{k}-\frac{1}{k+1}\right)=1-\frac{1}{n+1}.$$

由于 $\lim_{n\to\infty}S_n=1$,因此该级数收敛且其和为 1. ■

**例 7.1.5** 求级数 $\sum_{n=1}^{\infty}\arctan\frac{1}{2n^2}$ 的和.

**解** 利用公式

$$\arctan x-\arctan y=\arctan\frac{x-y}{1+xy}\quad(x>0,y>0),$$

可知
$$a_k=\arctan\frac{1}{2k^2}=\arctan\frac{1}{2k-1}-\arctan\frac{1}{2k+1}\quad(k=1,2,\cdots).$$

因此

$$\begin{aligned}S_n&=\sum_{k=1}^{n}\arctan\frac{1}{2k^2}\\&=\left(\arctan 1-\arctan\frac{1}{3}\right)+\left(\arctan\frac{1}{3}-\arctan\frac{1}{5}\right)+\cdots+\left(\arctan\frac{1}{2n-1}-\arctan\frac{1}{2n+1}\right)\\&=\arctan 1-\arctan\frac{1}{2n+1}.\end{aligned}$$

由于 $\lim_{n\to\infty}S_n=\frac{\pi}{4}$,所以 $\sum_{n=1}^{\infty}\arctan\frac{1}{2n^2}=\frac{\pi}{4}$. ■

**例 7.1.6** 将循环小数 5.232 323…表示为两整数之比.

**解** 循环小数 5.232 323…可以写成如下形式:

$$5.\dot{2}\dot{3}=5+\frac{23}{100}+\frac{23}{100^2}+\frac{23}{100^3}+\frac{23}{100^4}+\cdots.$$

由于 $\frac{23}{100}+\frac{23}{100^2}+\frac{23}{100^3}+\frac{23}{100^4}+\cdots$ 是一个公比为 $q=\frac{1}{100}$ 的几何级数,因此

$$
\begin{aligned}
5.232\,323\cdots &= 5+\frac{23}{100}+\frac{23}{100^2}+\frac{23}{100^3}+\frac{23}{100^4}+\cdots \\
&= 5+\frac{23}{100}\times\left(1+\frac{1}{100}+\frac{1}{100^2}+\frac{1}{100^3}+\cdots\right) \\
&= 5+\frac{23}{100}\times\frac{100}{99} \\
&= 5+\frac{23}{99}=\frac{518}{99}.
\end{aligned}
$$
■

### 7.1.3 常数项级数的性质

由上一节的讨论可见，研究无穷级数的收敛问题，实质上就是研究部分和数列的收敛问题，这就使我们能够应用已知的有关数列极限的知识来研究无穷级数. 因此，很容易证明级数遵循如下的基本性质.

**定理 7.1.1** 若级数 $\sum\limits_{n=1}^{\infty} a_n$ 与 $\sum\limits_{n=1}^{\infty} b_n$ 都收敛且它们的和分别为 $S$ 与 $\overline{S}$，则

(1)（线性性质） 对任意 $\alpha,\beta\in\mathbf{R}$，级数 $\sum\limits_{n=1}^{\infty}(\alpha a_n\pm\beta b_n)$ 也收敛且

$$
\sum_{n=1}^{\infty}(\alpha a_n\pm\beta b_n)=\alpha\sum_{n=1}^{\infty}a_n\pm\beta\sum_{n=1}^{\infty}b_n=\alpha S\pm\beta\overline{S};
$$

(2) 若对任意 $n\in\mathbf{N}_+$ 都有 $a_n\leqslant b_n$，则 $\sum\limits_{n=1}^{\infty}a_n\leqslant\sum\limits_{n=1}^{\infty}b_n$.

**推论** 若级数 $\sum\limits_{n=1}^{\infty}a_n$ 收敛且 $\sum\limits_{n=1}^{\infty}b_n$ 发散，则级数 $\sum\limits_{n=1}^{\infty}(a_n\pm b_n)$ 必发散.

**例 7.1.7** 讨论级数 $\sum\limits_{n=1}^{\infty}\left(\frac{1}{2^n}+\cos n\pi\right)$的敛散性.

**解** 由于级数 $\sum\limits_{n=1}^{\infty}\frac{1}{2^n}$ 收敛，而级数 $\sum\limits_{n=1}^{\infty}\cos n\pi=\sum\limits_{n=1}^{\infty}(-1)^n$ 发散，从而由推论知原级数发散. ■

**定理 7.1.2** 在收敛级数的项中任意加括号，既不改变级数的收敛性，也不改变它的和（条件是级数项的顺序保持不变）.

**证明** 设收敛级数 $\sum\limits_{n=1}^{\infty}a_n$ 的部分和数列为$\{S_n\}$. 在该级数中任意加入括号后，得到一个新的级数

$$
\begin{aligned}
&(a_1+a_2+\cdots+a_{n_1})+(a_{n_1+1}+a_{n_1+2}+\cdots+a_{n_2}) \\
&\quad+\cdots+(a_{n_{k-1}+1}+a_{n_{k-1}+2}+\cdots+a_{n_k})+\cdots.
\end{aligned}
\tag{7.1.6}
$$

设级数(7.1.6)的部分和数列为$\{\overline{S}_k\}$，则

$$
\overline{S}_1=S_{n_1},\ \overline{S}_2=S_{n_2},\ \cdots,\ \overline{S}_k=S_{n_k},\ \cdots,
$$

即$\{\overline{S}_k\}$是$\{S_n\}$的一个子列. 由于$\{S_n\}$收敛，且$\lim\limits_{n\to\infty}S_n=S$，故子列$\{\overline{S}_k\}$也收敛，且$\lim\limits_{n\to\infty}\overline{S}_k=S$. ■

注意定理 7.1.2 的逆定理不一定成立. 例如，级数

$$
(1-1)+(1-1)+(1-1)+\cdots+(1-1)+\cdots=0+0+0+\cdots=0
$$

收敛，但原级数

$$1-1+1-1+\cdots+(-1)^{n-1}+\cdots$$

却是发散的.

**定理 7.1.3(增加或删减项)** 任意删减、增加或改变级数的有限项,并不改变原级数的敛散性.

**定理 7.1.4(收敛的必要条件)** 若级数 $\sum_{n=1}^{\infty}a_n$ 收敛,则

(1) $\lim_{n\to\infty}a_n=0$;

(2) $\lim_{n\to\infty}R_n=0$,其中 $R_n$ 是级数 $\sum_{n=1}^{\infty}a_n$ 的 $n$ 阶余项.

**证明** 设级数 $\sum_{n=1}^{\infty}a_n$ 的部分和为 $S_n=a_1+a_2+a_3+\cdots+a_n$ 且 $\lim_{n\to\infty}S_n=S$.

(1) 由于 $a_n=S_n-S_{n-1}$,故

$$\lim_{n\to\infty}a_n=\lim_{n\to\infty}(S_n-S_{n-1})=S-S=0;$$

(2) 由于 $R_n=\sum_{k=n+1}^{\infty}a_k=S-S_n$,故

$$\lim_{n\to\infty}R_n=\lim_{n\to\infty}(S-S_{n-1})=S-S=0.$$

■

定理 7.1.4 的(1)与(2)都是级数收敛的必要条件. 由于(1)比较好验证,因此常被用来证明级数的发散性. 性质(1)告诉我们,当我们考察一个级数是否收敛时,我们首先应该考察当 $n\to\infty$ 时这个级数的一般项 $a_n$ 是否趋于零,如果不趋于零,那么立即可以判断这个级数是发散的. 但要注意的是,一般项趋于零只是级数收敛的必要条件,不是充分条件.

例如级数

$$1+\underbrace{\frac{1}{2}+\frac{1}{2}}_{2个}+\underbrace{\frac{1}{3}+\frac{1}{3}+\frac{1}{3}}_{3个}+\cdots+\underbrace{\frac{1}{n}+\frac{1}{n}+\cdots+\frac{1}{n}}_{n个}+\frac{1}{n+1}+\cdots$$

的一般项 $a_n=\frac{1}{n}\to 0\ (n\to\infty)$,但此级数是发散的. 这是因为,如果这个级数是收敛的,那么加括号后的级数

$$1+\left(\frac{1}{2}+\frac{1}{2}\right)+\left(\frac{1}{3}+\frac{1}{3}+\frac{1}{3}\right)+\cdots+\left(\frac{1}{n}+\frac{1}{n}+\cdots+\frac{1}{n}\right)+\frac{1}{n+1}+\cdots$$

也应该是收敛的,但此级数中,每个括号内的数相加后等于1,因而它是发散的.

**例 7.1.8** 判别下列级数的敛散性:

(1) $\sum_{n=1}^{\infty}(-1)^{n+1}$;　　　　(2) $\sum_{n=1}^{\infty}\frac{n^2}{4n^2-3}$.

**解** (1) 设 $a_n=(-1)^{n+1}$,易见 $\lim_{n\to\infty}a_n=\lim_{n\to\infty}(-1)^{n+1}$ 不存在,故由定理 7.1.4 的(1)知原级数发散.

(2) 设 $a_n=\frac{n^2}{4n^2-3}$,易见 $\lim_{n\to\infty}a_n=\lim_{n\to\infty}\frac{n^2}{4n^2-3}=\frac{1}{4}\neq 0$,故由定理 7.1.4 的(1)知原级数发散.

■

将判断数列收敛性的柯西收敛原理转化到级数中来,就得到判断级数敛散性的柯西收敛原理.

*定理 7.1.5(柯西收敛原理)** 级数 $\sum_{n=1}^{\infty} a_n$ 收敛的充分必要条件是：对任意的 $\varepsilon>0$，存在正整数 $N$，使得当 $n>N$ 时，对任意的正整数 $p$，都有

$$|a_{n+1}+a_{n+2}+\cdots+a_{n+p}|<\varepsilon.$$

**例 7.1.9** 利用柯西收敛原理证明级数 $\sum_{n=1}^{\infty} \frac{1}{n^2}$ 收敛.

**证明** 对任意正整数 $n,p$，有

$$\begin{aligned}|S_{n+p}-S_n| &= \frac{1}{(n+1)^2}+\frac{1}{(n+2)^2}+\cdots+\frac{1}{(n+p)^2}\\ &< \frac{1}{n(n+1)}+\frac{1}{(n+1)(n+2)}+\cdots+\frac{1}{(n+p-1)(n+p)}\\ &= \left(\frac{1}{n}-\frac{1}{n+1}\right)+\left(\frac{1}{n+1}-\frac{1}{n+2}\right)+\cdots+\left(\frac{1}{n+p-1}-\frac{1}{n+p}\right)\\ &= \frac{1}{n}-\frac{1}{n+p}<\frac{1}{n}.\end{aligned}$$

因此，对任意 $\varepsilon>0$，存在 $N=\left[\frac{1}{\varepsilon}\right]$，当 $n>N$ 时，对任意的正整数 $p$，总成立

$$\left|\frac{1}{(n+1)^2}+\frac{1}{(n+2)^2}+\cdots+\frac{1}{(n+p)^2}\right|<\frac{1}{n}<\varepsilon,$$

根据定理 7.1.5，级数 $\sum_{n=1}^{\infty} \frac{1}{n^2}$ 收敛. ■

**例 7.1.10** 利用柯西收敛原理证明级数 $\sum_{n=1}^{\infty} \frac{1}{n}$ 发散.

**证明** 对任意正整数 $n,p$，有

$$\begin{aligned}|S_{n+p}-S_n| &= \frac{1}{n+1}+\frac{1}{n+2}+\cdots+\frac{1}{n+p}\\ &> \frac{1}{n+p}+\frac{1}{n+p}+\cdots+\frac{1}{n+p}\text{(共 } p \text{ 项)}\\ &= \frac{p}{n+p}.\end{aligned}$$

特别取 $p=n$，则 $|S_{n+p}-S_n|>\frac{1}{2}$，故级数 $\sum_{n=1}^{\infty} \frac{1}{n}$ 必发散. 这是因为如果取 $\varepsilon=\frac{1}{2}$，无论 $n$ 怎样大，总不能使 $|S_{n+p}-S_n|<\varepsilon$. ■

## 习题 7.1 A

1. 写出下列级数的通项公式：

(1) $1+\frac{1}{3}+\frac{1}{5}+\frac{1}{7}+\cdots$；

(2) $\frac{5}{2}+\frac{5}{6}+\frac{5}{12}+\frac{5}{20}+\frac{5}{30}+\cdots$；

(3) $-\frac{a}{3!}+\frac{a^2}{5!}-\frac{a^3}{7!}+\frac{a^4}{9!}+\cdots$；

(4) $\frac{3\sqrt{x+1}}{2}+\frac{5(x+1)}{2\times4}+\frac{7(x+1)\sqrt{x+1}}{2\times4\times6}+\frac{9(x+1)^2}{2\times4\times6\times8}+\cdots$.

2. 求出下列级数的前 $n$ 项部分和公式，若级数收敛，请求其和：

(1) $2+\frac{2}{3}+\frac{2}{9}+\frac{2}{27}+\cdots+\frac{2}{3^{n-1}}+\cdots$；

(2) $1-\frac{1}{2}+\frac{1}{4}-\frac{1}{8}+\cdots+(-1)^{n-1}\frac{1}{2^{n-1}}+\cdots$；

(3) $1-2+4-8+\cdots+(-1)^{n-1}2^{n-1}+\cdots$；

(4) $\frac{1}{2\cdot3}+\frac{1}{3\cdot4}+\frac{1}{4\cdot5}+\cdots+\frac{1}{(n+1)(n+2)}+\cdots$.

3. 应用级数收敛的定义及收敛级数的性质判断下列级数的敛散性，若级数收敛，请求其和：

(1) $\sum\limits_{n=0}^{\infty}\frac{1}{(2n+1)(2n+3)}$；

(2) $\sum\limits_{n=1}^{\infty}\ln\frac{n}{n+1}$；

(3) $\sum\limits_{n=1}^{\infty}(\sqrt{n+2}-2\sqrt{n+1}+\sqrt{n})$；

(4) $\sum\limits_{n=0}^{\infty}\frac{2^n+1}{q^n}$ $(|q|>2)$.

4. 写出下列级数的前 5 项，并求出级数的和：

(1) $\sum\limits_{n=0}^{\infty}\frac{(-1)^n}{4^n}$；

(2) $\sum\limits_{n=0}^{\infty}\frac{7}{4^n}$；

(3) $\sum\limits_{n=1}^{\infty}\left(\frac{6}{2^n}+\frac{1}{3^n}\right)$；

(4) $\sum\limits_{n=1}^{\infty}\left(\frac{6}{2^n}-\frac{1}{3^n}\right)$.

5. 把下列数字表示成分数：

(1) $0.\dot{2}\dot{4}=0.242\,424\cdots$；

(2) $0.\dot{4}1\dot{4}=0.414\,414\,414\cdots$；

(3) $1.\dot{1}42\dot{8}=1.142\,814\,281\,428\cdots$；

(4) $2.1\dot{7}\dot{5}=2.175\,75\cdots$.

6. 根据收敛级数的性质判断下列级数的敛散性：

(1) $\sum\limits_{n=1}^{\infty}\frac{\sqrt[n]{n}}{\left(1+\frac{1}{n}\right)^n}$；

(2) $\sum\limits_{n=1}^{\infty}2^n\sin\frac{\pi}{2^n}$；

(3) $\sum\limits_{n=1}^{\infty}\left(\frac{1}{n}-\frac{1}{2^n}\right)$；

(4) $\sum\limits_{n=1}^{\infty}n^2\ln\left(1+\frac{x}{n^2}\right)$ $(x\in\mathbf{R})$.

7. 若一个级数的 $n$ 项部分和表示为 $S_n=\frac{2n}{n+1}$，求出相应的级数并求其和.

8. 证明：若两个级数 $\sum\limits_{n=1}^{\infty}a_n$ 和 $\sum\limits_{n=1}^{\infty}b_n$，其中一个发散，一个收敛，则级数 $\sum\limits_{n=1}^{\infty}(a_n\pm b_n)$ 是发散的；若两个级数都是发散的，则此结论是否成立？

9. 设级数 $\sum\limits_{n=1}^{\infty}a_n$ 的前 $2n$ 项部分和为 $S_{2n}$，且 $\lim\limits_{n\to\infty}S_{2n}=A$. 若 $\lim\limits_{n\to\infty}a_n=0$，证明级数 $\sum\limits_{n=1}^{\infty}a_n$ 收敛，且其和为 $A$.

## 习题 7.1　B

1. 判断下列命题是否正确. 如果正确，请给出证明；否则，请举出反例.

(1) 若 $a_n \leqslant b_n$ 且级数 $\sum\limits_{n=1}^{\infty} b_n$ 收敛，则级数 $\sum\limits_{n=1}^{\infty} a_n$ 收敛；

(2) 若 $\sum\limits_{n=1}^{\infty} a_n (a_n \geqslant 0)$ 收敛，则 $\lim\limits_{n\to\infty} \dfrac{a_{n+1}}{a_n} = \lambda < 1$ 或 $\lim\limits_{n\to\infty} \sqrt[n]{a_n} = \lambda < 1$；

(3) 如果数列 $\{a_n\}$ 是单调递减的，且 $\lim\limits_{n\to\infty} a_n = 0$，则级数 $\sum\limits_{n=1}^{\infty} a_n$ 收敛；

(4) 如果级数 $\sum\limits_{n=1}^{\infty} a_n$ 发散，则级数 $\sum\limits_{n=1}^{\infty} a_n^2$ 也发散.

2. 设 $\sum\limits_{n=1}^{\infty} (-1)^{n-1} a_n = 2$，$\sum\limits_{n=1}^{\infty} a_{2n-1} = 5$，求级数 $\sum\limits_{n=1}^{\infty} a_n$ 的和.

*3. 证明：级数 $\sum\limits_{n=1}^{\infty} (a_{n+1} - a_n)$ 收敛的充分必要条件是数列 $\{a_n\}$ 收敛.

*4. 用柯西收敛准则判断下列级数的敛散性：

(1) $\sum\limits_{n=1}^{\infty} \dfrac{(-1)^{n+1}}{n}$；　　(2) $\sum\limits_{n=1}^{\infty} \sin \dfrac{1}{2^n}$；

(3) $1 + \dfrac{1}{2} - \dfrac{1}{3} + \dfrac{1}{4} + \dfrac{1}{5} - \dfrac{1}{6} + \cdots$；　　(4) $\sum\limits_{n=1}^{\infty} \left( \dfrac{1}{3n+1} + \dfrac{1}{3n+2} - \dfrac{1}{3n+3} \right)$.

# 7.2　常数项级数的审敛准则

一般来说，对于常数项级数直接利用定义判别级数的敛散性及求精确和往往比较困难，尤其是通项比较复杂时级数的部分和的极限很难求出. 我们在本节先建立一些不需要明确求和但可以判定级数收敛还是发散的准则. 判别级数的敛散性既是一个重要的数学问题，又是一个具有实际意义的问题. 如果不先判别级数是否收敛，就不能放心地进行求和计算. 本节中，我们首先讨论正项级数敛散性的判别准则，然后研究交错级数敛散性的判别准则，最后给出一般项级数绝对收敛和条件收敛的定义.

## 7.2.1　正项级数的审敛准则

**定义 7.2.1(正项级数)**　若级数的每一项都是非负的，则称此级数为**正项级数(或非负项级数)**，简称为**正级数**.

设正项级数 $\sum\limits_{n=1}^{\infty} a_n$ 的部分和为 $S_n = a_1 + a_2 + a_3 + \cdots + a_n$. 显然部分和数列 $\{S_n\}$ 是单调增加的，如果 $\{S_n\}$ 有上界，那么它的极限必存在. 故有如下定理.

**定理 7.2.1** 正项级数 $\sum_{n=1}^{\infty} a_n$ 收敛的充分必要条件是它的部分和数列 $\{S_n\}$ 有上界，即对一切正整数 $n$，有 $S_n \leqslant M$（$M$ 为正常数）.

**定理 7.2.2（积分判别法）** 设 $\sum_{n=1}^{\infty} a_n$ 是一个正项级数. 若存在一个单调递减的连续非负函数 $f:[1,+\infty) \to [0,+\infty)$ 使得 $f(n)=a_n$，$n=1,2,3,\cdots$，则级数 $\sum_{n=1}^{\infty} a_n$ 与无穷积分 $\int_1^{+\infty} f(x)\mathrm{d}x$ 具有相同的敛散性（图7.2.1.）.

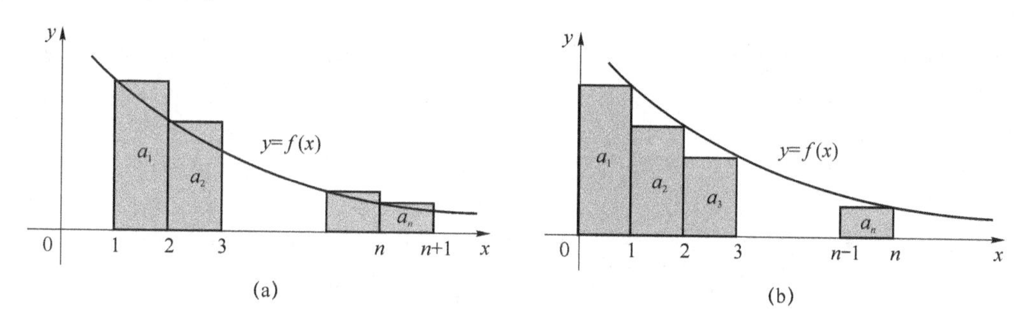


图 7.2.1

**证明** 因为 $f$ 单调递减，故对任意 $x \in [k,k+1]$，$k \in \mathbf{N}_+$，有

$$a_{k+1} = f(k+1) \leqslant f(x) \leqslant f(k) = a_k,$$

从而
$$a_{k+1} = \int_k^{k+1} a_{k+1}\mathrm{d}x \leqslant \int_k^{k+1} f(x)\mathrm{d}x \leqslant \int_k^{k+1} a_k \mathrm{d}x = a_k, \quad k \in \mathbf{N}_+.$$

故
$$S_n - a_1 = \sum_{k=1}^{n-1} a_{k+1} \leqslant \sum_{k=1}^{n-1}\int_k^{k+1} f(x)\mathrm{d}x \leqslant \sum_{k=1}^{n-1} a_k = S_{n-1},$$

即
$$S_n - a_1 \leqslant \int_1^n f(x)\mathrm{d}x \leqslant S_{n-1}. \tag{7.2.1}$$

因此，由式(7.2.1)及数列极限的夹逼准则知 $\lim\limits_{n\to\infty} S_n$ 存在 $\Leftrightarrow \lim\limits_{n\to\infty}\int_1^n f(x)\mathrm{d}x$ 存在.

另一方面，对任意 $b \in [1,+\infty)$，记 $n=[b]$. 由于 $f$ 的非负性，有

$$\int_1^n f(x)\mathrm{d}x \leqslant \int_1^b f(x)\mathrm{d}x \leqslant \int_1^{n+1} f(x)\mathrm{d}x,$$

它表明 $\lim\limits_{b\to+\infty}\int_1^b f(x)\mathrm{d}x$ 存在 $\Leftrightarrow \lim\limits_{n\to\infty}\int_1^n f(x)\mathrm{d}x$ 存在.

综上可得级数 $\sum_{n=1}^{\infty} a_n$ 与无穷积分 $\int_1^{+\infty} f(x)\mathrm{d}x$ 具有相同的敛散性. ■

**例 7.2.1** 讨论 $p$ 级数：$\sum_{n=1}^{\infty}\frac{1}{n^p}(p>0)$ 的敛散性.

**解** 设 $f(x)=\frac{1}{x^p}$，则 $f(x)$ 是 $[1,+\infty)$ 上单调递减的连续非负函数，且 $f(n)=\frac{1}{n^p}$. 由于，当 $p>1$ 时积分 $\int_1^{+\infty}\frac{1}{x^p}\mathrm{d}x$ 收敛，当 $p\leqslant 1$ 时积分 $\int_1^{+\infty}\frac{1}{x^p}\mathrm{d}x$ 发散，因此由积分判别法知，当 $p>1$ 时级数 $\sum_{n=1}^{\infty}\frac{1}{n^p}$ 收敛，当 $p\leqslant 1$ 时级数 $\sum_{n=1}^{\infty}\frac{1}{n^p}$ 发散. ■

综上所述，可以得到如下的结论：

> $p$ 级数
> $$\sum_{n=1}^{\infty}\frac{1}{n^p}=\frac{1}{1^p}+\frac{1}{2^p}+\frac{1}{3^p}+\cdots+\frac{1}{n^p}+\cdots\quad(p\text{ 是实常数}),$$
> 当 $p>1$ 时收敛，当 $p\leqslant 1$ 时发散.

**例 7.2.2** 讨论正项级数 $\sum\limits_{n=2}^{\infty}\frac{1}{n(\ln n)^p}$ 的敛散性，其中 $p$ 是常数.

**解** 设 $f(x)=\frac{1}{x(\ln x)^p}$，则 $f(x)$ 是 $[2,+\infty)$ 上单调递减的连续非负函数，且 $f(n)=\frac{1}{n(\ln n)^p}$.

当 $p=1$ 时，

$$\int_2^{+\infty}f(x)\mathrm{d}x=\lim_{R\to+\infty}\int_2^R\frac{1}{x\ln x}\mathrm{d}x=\lim_{R\to+\infty}(\ln\ln R-\ln\ln 2)=+\infty,$$

所以原级数发散.

当 $p\neq 1$ 时，

$$\int_2^{+\infty}f(x)\mathrm{d}x=\lim_{R\to+\infty}\int_2^R\frac{1}{x(\ln x)^p}\mathrm{d}x=\lim_{R\to+\infty}\left(\frac{(\ln R)^{1-p}}{1-p}-\frac{(\ln 2)^{1-p}}{1-p}\right)$$
$$=\begin{cases}0, & p>1,\\ +\infty, & p<1,\end{cases}$$

所以当 $p>1$ 时原级数收敛，当 $p\leqslant 1$ 时原级数发散. ■

**定理 7.2.3(比较判别法)** 设有两个正项级数 $\sum\limits_{n=1}^{\infty}a_n$ 与 $\sum\limits_{n=1}^{\infty}b_n$. 若 $a_n\leqslant b_n(n=1,2,3,\cdots)$，则

(1) 当级数 $\sum\limits_{n=1}^{\infty}b_n$ 收敛时，级数 $\sum\limits_{n=1}^{\infty}a_n$ 也收敛；

(2) 当级数 $\sum\limits_{n=1}^{\infty}a_n$ 发散时，级数 $\sum\limits_{n=1}^{\infty}b_n$ 也发散.

**证明** 设 $\sum\limits_{n=1}^{\infty}a_n$ 与 $\sum\limits_{n=1}^{\infty}b_n$ 的部分和分别为 $S_n$ 与 $\overline{S}_n$，则

$$S_n=\sum_{k=1}^{n}a_k\leqslant\sum_{k=1}^{n}b_k=\overline{S}_n.$$

因此，当 $\sum\limits_{n=1}^{\infty}b_n$ 收敛时，$\{\overline{S}_n\}$ 有上界，故 $\{S_n\}$ 有上界，得知 $\sum\limits_{n=1}^{\infty}a_n$ 收敛. 当 $\sum\limits_{n=1}^{\infty}a_n$ 发散时，$S_n$ 无上界，于是 $\overline{S}_n$ 亦无上界，故 $\sum\limits_{n=1}^{\infty}b_n$ 发散. ■

由于删除级数的有限项不会改变级数的敛散性，故上述定理的条件可放宽为“存在正整数 $N$ 及常数 $k>0$”，使“$a_n\leqslant kb_n(n>N)$ 成立”.

**例 7.2.3** 判定下列级数的敛散性：

(1) $\sum\limits_{n=1}^{\infty}\sin\frac{\pi}{5^n}$；　　(2) $\sum\limits_{n=1}^{\infty}\frac{1}{\sqrt{n(n+1)}}$.

**解** (1) 因为对任意 $n\in\mathbf{N}_+$，

$$\sin\frac{\pi}{5^n}<\frac{\pi}{5^n},$$

且几何级数 $\sum\limits_{n=1}^{\infty}\frac{\pi}{5^n}$ 收敛，由比较判别法知级数 $\sum\limits_{n=1}^{\infty}\sin\frac{\pi}{5^n}$ 收敛.

(2) 因为对任意 $n>2$,

$$\frac{1}{\sqrt{n(n+1)}}>\frac{1}{\sqrt{(n+1)^2}}=\frac{1}{n+1}>\frac{1}{2n},$$

而调和级数 $\sum\limits_{n=1}^{\infty}\frac{1}{n}$ 发散，故由比较判别法知级数 $\sum\limits_{n=1}^{\infty}\frac{1}{\sqrt{n(n+1)}}$ 发散. ■

**定理 7.2.4(比较判别法的极限形式)** 假设 $\sum\limits_{n=1}^{\infty}a_n$ 与 $\sum\limits_{n=1}^{\infty}b_n$ 都是正项级数，且对任意 $n\in\mathbf{N}_+$, $b_n>0$. 若 $\lim\limits_{n\to\infty}\frac{a_n}{b_n}=\lambda$(有限或 $+\infty$)，则

(1) 当 $0<\lambda<+\infty$ 时，级数 $\sum\limits_{n=1}^{\infty}a_n$ 与 $\sum\limits_{n=1}^{\infty}b_n$ 同时收敛或者同时发散；

(2) 当 $\lambda=0$ 时，如果级数 $\sum\limits_{n=1}^{\infty}b_n$ 收敛，那么级数 $\sum\limits_{n=1}^{\infty}a_n$ 也收敛；

(3) 当 $\lambda=+\infty$ 时，如果级数 $\sum\limits_{n=1}^{\infty}b_n$ 发散，那么级数 $\sum\limits_{n=1}^{\infty}a_n$ 也发散.

**证明** (1) 因为 $\lim\limits_{n\to\infty}\frac{a_n}{b_n}=\lambda$ 且 $0<\lambda<+\infty$，由极限定义，对 $\varepsilon=\frac{\lambda}{2}$ 存在 $N\in\mathbf{N}_+$，当 $n>N$ 有

$$\left|\frac{a_n}{b_n}-\lambda\right|<\frac{\lambda}{2}\Rightarrow\frac{\lambda}{2}b_n<a_n<\frac{3\lambda}{2}b_n.$$

根据比较判别法知级数 $\sum\limits_{n=1}^{\infty}a_n$ 与 $\sum\limits_{n=1}^{\infty}b_n$ 具有相同的敛散性.

结论(2)和结论(3)的证明与结论(1)的证明类似，请自行推导. ■

**例 7.2.4** 讨论下列级数的敛散性：

(1) $\sum\limits_{n=1}^{\infty}\frac{2n+1}{n^2+2n+1}$；　　(2) $\sum\limits_{n=1}^{\infty}\frac{1}{n}\ln\left(1+\frac{1}{n}\right)$.

**解** (1) 设 $a_n=\frac{2n+1}{n^2+2n+1}$，易见 $a_n=\frac{2n+1}{n^2+2n+1}\sim\frac{2}{n}(n\to+\infty)$. 因此，选取 $b_n=\frac{1}{n}$，则

$$\lim_{n\to\infty}\frac{a_n}{b_n}=\lim_{n\to\infty}\frac{2n+1}{n^2+2n+1}\Big/\frac{1}{n}=2.$$

由于级数 $\sum\limits_{n=1}^{\infty}\frac{1}{n}$ 发散，故由比较判别法的极限形式知 $\sum\limits_{n=1}^{\infty}\frac{2n+1}{n^2+2n+1}$ 发散.

(2) 设 $a_n=\frac{1}{n}\ln\left(1+\frac{1}{n}\right)$，易见 $a_n=\frac{1}{n}\ln\left(1+\frac{1}{n}\right)\sim\frac{1}{n^2}(n\to\infty)$. 因此，选取 $b_n=\frac{1}{n^2}$，则

$$\lim_{n\to\infty}\frac{a_n}{b_n}=\lim_{n\to\infty}\frac{1}{n}\ln\left(1+\frac{1}{n}\right)\Big/\frac{1}{n^2}=1.$$

由于级数 $\sum\limits_{n=1}^{\infty}\frac{1}{n^2}$ 收敛，故由比较判别法的极限形式知 $\sum\limits_{n=1}^{\infty}\frac{1}{n}\ln\left(1+\frac{1}{n}\right)$ 收敛. ■

尽管积分判别法和比较判别法都十分强大，但是它们都必须选取一个无穷积分或者一个比较用的级数，有时这是十分困难的. 因此，我们介绍只需考察级数本身性质即可判别敛散性

的两种判别法:D'Alembert 比值判别法和 Cauchy 根植判别法.

**定理 7.2.5(达朗贝尔(D'Alembert)比值判别法)** 设 $\sum_{n=1}^{\infty} a_n$ 是正项级数,$a_n>0(n=1,2,\cdots)$,且 $\lim_{n\to\infty}\frac{a_{n+1}}{a_n}=\lambda$(有限或$+\infty$),则

(1) 当 $0\leqslant\lambda<1$ 时,级数 $\sum_{n=1}^{\infty} a_n$ 收敛;

(2) 当 $\lambda>1$ 或 $\lambda=+\infty$时,级数 $\sum_{n=1}^{\infty} a_n$ 发散;

(3) 当 $\lambda=1$,级数可能收敛也可能发散,即比值判别法失效.

**证明** (1) 当 $0\leqslant\lambda<1$ 时,取一个充分小的正数 $\varepsilon$,使得 $0<\lambda+\varepsilon=q<1$. 则根据极限的定义,存在正整数 $N$,当 $n\geqslant N$ 时,

$$\frac{a_{n+1}}{a_n}<q\Rightarrow a_{n+1}<qa_n,$$

即

$$\begin{aligned}&a_{N+1}<qa_N,\\&a_{N+2}<qa_{N+1}<q^2a_N,\\&a_{N+3}<qa_{N+2}<q^3a_N,\\&\quad\vdots\\&a_{N+n}<q^na_N,\\&\quad\vdots\end{aligned}$$

现在考察级数 $\sum_{n=1}^{\infty} a_{N+n}$ 与 $\sum_{n=1}^{\infty} a_N q^n$. 因为 $\sum_{n=1}^{\infty} a_N q^n$ 是公比 $0<q<1$ 的几何级数,故收敛. 从而由比较判别法知级数 $\sum_{n=1}^{\infty} a_{N+n}$ 也收敛. 从而,根据定理 7.1.3 知级数 $\sum_{n=1}^{\infty} a_n$ 收敛.

(2) 当 $\lambda>1$ 时,取一个充分小的正数 $\varepsilon$,使得 $\lambda-\varepsilon>1$. 由极限的定义,存在 $N\in\mathbf{N}_+$,当 $n>N$有

$$\frac{a_{n+1}}{a_n}>\lambda-\varepsilon>1\Rightarrow a_{n+1}>a_n,$$

故 $a_n\not\to 0(n\to+\infty)$. 因此,级数 $\sum_{n=1}^{\infty} a_n$ 发散.

当 $\lambda=+\infty$时,存在 $N\in\mathbf{N}_+$,当 $n>N$ 有

$$\frac{a_{n+1}}{a_n}>1\Rightarrow a_{n+1}>a_n,$$

所以此时级数 $\sum_{n=1}^{\infty} a_n$ 是发散的. ■

**注意** 当 $\lambda=1$ 时,比值判别法不能判定所给级数收敛还是发散. 例如,对于收敛级数 $\sum_{n=1}^{\infty}\frac{1}{n^2}$,有

$$\frac{a_{n+1}}{a_n}=\frac{1}{(n+1)^2}\Big/\frac{1}{n^2}=\frac{n^2}{(n+1)^2}\to 1(n\to\infty);$$

而对于发散级数 $\sum_{n=1}^{\infty}\frac{1}{n}$, 也有

$$\frac{a_{n+1}}{a_n}=\frac{1}{(n+1)}\bigg/\frac{1}{n}=\frac{n}{(n+1)}\to 1(n\to\infty).$$

**例 7.2.5** 讨论下列级数的敛散性：

(1) $\sum\limits_{n=1}^{\infty}\frac{n!}{6^n}$；　　(2) $\sum\limits_{n=1}^{\infty}\frac{n!}{n^n}$；

(3) $\sum\limits_{n=1}^{\infty}\frac{1}{n^n}$；　　(4) $\sum\limits_{n=1}^{\infty}\frac{n\sin^2\frac{n\pi}{4}}{3^n}$.

**解** (1)设 $a_n=\frac{n!}{6^n}$. 由于

$$\lim_{n\to\infty}\frac{a_{n+1}}{a_n}=\lim_{n\to\infty}\left[\frac{(n+1)!}{6^{n+1}}\bigg/\frac{n!}{6^n}\right]=\lim_{n\to\infty}\frac{n+1}{6}=+\infty,$$

故根据比值判别法，级数 $\sum\limits_{n=1}^{\infty}\frac{n!}{6^n}$ 发散.

(2) 设 $a_n=\frac{n!}{n^n}$. 由于

$$\lim_{n\to\infty}\frac{a_{n+1}}{a_n}=\lim_{n\to\infty}\left[\frac{(n+1)!}{(n+1)^{n+1}}\bigg/\frac{n!}{n^n}\right]=\lim_{n\to\infty}\frac{1}{\left(1+\frac{1}{n}\right)^n}=\frac{1}{\mathrm{e}}<1,$$

故根据比值判别法，级数 $\sum\limits_{n=1}^{\infty}\frac{n!}{n^n}$ 收敛.

(3)设 $a_n=\frac{1}{n^n}$. 由于

$$\lim_{n\to\infty}\frac{a_{n+1}}{a_n}=\lim_{n\to\infty}\left[\frac{1}{(n+1)^{n+1}}\bigg/\frac{1}{n^n}\right]=\lim_{n\to\infty}\left[\frac{1}{(n+1)\left(1+\frac{1}{n}\right)^n}\right]=0<1,$$

故根据比值判别法，级数 $\sum\limits_{n=1}^{\infty}\frac{1}{n^n}$ 收敛.

(4) 设 $a_n=\frac{n\sin^2\frac{n\pi}{4}}{3^n}$. 由于当 $n=4k$ 时 $a_n=0(k=1,2,\cdots)$，故不能直接应用比值判别法.

设 $b_n=\frac{n}{3^n}$. 由于

$$\lim_{n\to\infty}\frac{b_{n+1}}{b_n}=\lim_{n\to\infty}\left(\frac{n+1}{3^{n+1}}\bigg/\frac{n}{3^n}\right)=\frac{1}{3}<1,$$

故根据比值判别法，级数 $\sum\limits_{n=1}^{\infty}\frac{n}{3^n}$ 收敛. 又易见 $0\leqslant a_n\leqslant b_n$，从而由比较判别法知级数 $\sum\limits_{n=1}^{\infty}\frac{n\sin^2\frac{n\pi}{4}}{3^n}$ 收敛. ■

下面的柯西根值判别法对于通项中含有 $n$ 次幂的级数非常方便，它的证明与比值判别法的证明类似，证明留给读者.

**定理 7.2.6(柯西(Cauchy)根值判别法)** 设 $\sum\limits_{n=1}^{\infty}a_n$ 是正项数，如果 $\lim\limits_{n\to\infty}\sqrt[n]{a_n}=\lambda$(有限

或$+\infty$)，则

(1) 当 $0\leqslant\lambda<1$ 时，级数 $\sum\limits_{n=1}^{\infty}a_n$ 收敛；

(2) 当 $\lambda>1$ 或 $\lambda=+\infty$时，级数 $\sum\limits_{n=1}^{\infty}a_n$ 发散；

(3) 当 $\lambda=1$ 时，级数可能收敛也可能发散，即比值判别法失效.

**注意** 若比值判别法中 $\lambda=1$，则不需再试图取用根值判别法，因为 $\lambda$ 还是等于 1.

**例 7.2.6** 讨论下列级数的敛散性：

(1) $\sum\limits_{n=1}^{\infty}\dfrac{2+(-1)^n}{2^n}$；　　(2) $\sum\limits_{n=1}^{\infty}\dfrac{n}{\left(1-\dfrac{1}{n}\right)^{n^2}}$.

**解** (1) 设 $a_n=\dfrac{2+(-1)^n}{2^n}$. 由于

$$\lim_{n\to\infty}\sqrt[n]{a_n}=\lim_{n\to\infty}\sqrt[n]{\frac{2+(-1)^n}{2^n}}=\lim_{n\to\infty}\frac{\sqrt[n]{2+(-1)^n}}{2}=\frac{1}{2}<1,$$

故由根值判别法知原级数收敛.

(2) 设 $a_n=\dfrac{n}{\left(1-\dfrac{1}{n}\right)^{n^2}}$. 由于

$$\lim_{n\to\infty}\sqrt[n]{a_n}=\lim_{n\to\infty}\sqrt[n]{\frac{n}{\left(1-\frac{1}{n}\right)^{n^2}}}=\lim_{n\to\infty}\frac{\sqrt[n]{n}}{\left(1-\frac{1}{n}\right)^{n}}=\lim_{n\to\infty}\frac{\sqrt[n]{n}}{\left(1-\frac{1}{n}\right)^{n}}=\mathrm{e}>1,$$

故由根值判别法知原级数发散. ■

还应注意的是，以上五个判别法给出的都是级数收敛的充分条件. 若应用其中某一个判别法不能判定所给级数的敛散性，那么可试着采用其他判别法或者级数的其他性质.

例如，对于级数 $\sum\limits_{n=1}^{\infty}\dfrac{2+(-1)^n}{3^n}$，易见 $\lim\limits_{n\to\infty}\dfrac{a_{n+1}}{a_n}=\lim\limits_{n\to\infty}\dfrac{2+(-1)^{n+1}}{3[2+(-1)^n]}$ 不存在，因此 D'Alembert比值判别法失效. 然而，由于 $a_n\leqslant\dfrac{1}{3^{n-1}}$且级数 $\sum\limits_{n=1}^{\infty}\dfrac{1}{3^{n-1}}$ 收敛，故根据比较判别法知级数 $\sum\limits_{n=1}^{\infty}\dfrac{2+(-1)^n}{3^n}$ 收敛.

### 7.2.2 交错级数及其收敛性的莱布尼茨判别法

从现在开始，我们将学习如何处理通项不一定为正项的级数. 首先介绍一类特殊的任意项级数：通项符号交替变化的交错级数.

**定义 7.2.2(交错级数)** 设 $a_n>0,n=1,2,\cdots$，将具有形如

$$\sum_{n=1}^{\infty}(-1)^{n-1}a_n=a_1-a_2+a_3-a_4+\cdots+(-1)^{n-1}a_n+\cdots$$

的级数称为交错级数.

**定理 7.2.7(莱布尼茨判别法)** 如果交错级数 $\sum\limits_{n=1}^{\infty}(-1)^{n-1}a_n$ 满足条件：

(1) 数列$\{a_n\}$单调递减，即 $a_n \geqslant a_{n+1}(n=1,2,3,\cdots)$；

(2) $\lim\limits_{n\to\infty} a_n=0$.

则级数收敛，其和 $S\leqslant a_1$，且$|R_n|\leqslant a_{n+1}$，其中 $R_n$ 是级数的 $n$ 阶余项.

**证明** 先考虑前 $2k$ 项部分和.

首先，将 $S_{2k}$写为

$$S_{2k}=(a_1-a_2)+(a_3-a_4)+\cdots+(a_{2k-1}-a_{2k}).$$

由于$\{a_n\}$单调递减，故数列$\{S_{2k}\}$是非负的且关于 $k$ 单调递增.

再将 $S_{2k}$改写为

$$S_{2k}=a_1-(a_2-a_3)-(a_4-a_5)-\cdots-(a_{2k-2}-a_{2k-1})-a_{2k}<a_1,$$

这表明$\{S_{2k}\}$有上界. 因此，$\{S_{2k}\}$有极限，设$\lim\limits_{k\to\infty} S_{2k}=S$，易见 $0\leqslant S\leqslant a_1$.

现在，考察前 $2k+1$ 项的部分和.

由条件(2)知 $a_{2k+1}\to 0(k\to\infty)$，故有

$$\lim_{k\to\infty} S_{2k+1}=\lim_{k\to\infty}(S_{2k}+a_{2k+1})=S.$$

因此，$\lim\limits_{n\to\infty} S_n=S$，且 $S\leqslant a_1$.

最后因为余项 $R_n=(-1)^n(a_{n+1}-a_{n+2}+a_{n+3}-a_{n+4}+\cdots)$的绝对值$|R_n|=a_{n+1}-a_{n+2}+a_{n+3}-a_{n+4}+\cdots$仍是满足定理条件的交错级数，所以该级数收敛，且$|R_n|\leqslant a_{n+1}$. ■

**例 7.2.7** 讨论级数 $\sum\limits_{n=1}^{\infty}\dfrac{(-1)^{n-1}}{\sqrt{2n-1}}$ 的敛散性.

**解** 易见所给级数是交错级数. 由于数列$\left\{\dfrac{1}{\sqrt{2n-1}}\right\}$单调递减且$\lim\limits_{n\to\infty}\dfrac{1}{\sqrt{2n-1}}=0$，因此，根据莱布尼茨判别法知原级数收敛. ■

**例 7.2.8** 讨论级数 $\sum\limits_{n=3}^{\infty}(-1)^n\dfrac{\ln n}{n}$ 的敛散性.

**解** 易见所给级数是交错级数.

令 $f(x)=\dfrac{\ln x}{x}(x\geqslant 3)$. 当 $x>\mathrm{e}$ 时，$f'(x)=\dfrac{1-\ln x}{x^2}<0$，说明当 $x>\mathrm{e}$ 时函数 $f(x)$单调递减. 又由洛必达法则有

$$\lim_{x\to+\infty}\frac{\ln x}{x}=\lim_{x\to+\infty}\frac{1}{x}=0.$$

因而，当 $n\geqslant 3$ 时，数列$\left\{\dfrac{\ln n}{n}\right\}$单调递减且$\lim\limits_{n\to\infty}\dfrac{\ln n}{n}=0$，因此，根据莱布尼茨判别法知原级数收敛. ■

### 7.2.3 任意项级数的绝对收敛与条件收敛

**定义 7.2.3** 对于级数 $\sum\limits_{n=1}^{\infty}a_n$，如果其每一项加上绝对值以后所组成的正项级数 $\sum\limits_{n=1}^{\infty}|a_n|$ 收敛，则称级数 $\sum\limits_{n=1}^{\infty}a_n$ **绝对收敛**. 如果级数 $\sum\limits_{n=1}^{\infty}|a_n|$ 发散但 $\sum\limits_{n=1}^{\infty}a_n$ 却是收敛的，则称该级数 $\sum\limits_{n=1}^{\infty}a_n$ **条件收敛**.

**定理 7.2.8(绝对收敛准则)** 若级数 $\sum_{n=1}^{\infty} a_n$ 绝对收敛，则该级数必定收敛.

**证明** 由于

$$0 \leqslant |a_n| + a_n \leqslant 2|a_n|,$$

且 $\sum_{n=1}^{\infty} 2|a_n|$ 收敛，根据正项级数的比较判别法知级数 $\sum_{n=1}^{\infty}(|a_n| + a_n)$ 收敛. 又

$$\sum_{n=1}^{\infty} a_n = \sum_{n=1}^{\infty}(|a_n| + a_n) - \sum_{n=1}^{\infty}|a_n|$$

是两个收敛级数的差，从而 $\sum_{n=1}^{\infty} a_n$ 也收敛. ■

注意定理 7.2.8 的逆命题不一定成立. 例如，交错级数 $\sum_{n=1}^{\infty}(-1)^{n-1}\frac{1}{n}$ 收敛，但其绝对值级数 $\sum_{n=1}^{\infty}\frac{1}{n}$ 发散.

**例 7.2.9** 讨论下列级数的敛散性，若收敛，是绝对收敛还是条件收敛?

(1) $\sum_{n=1}^{\infty}\frac{x^n}{n!}$ $(x \in \mathbf{R})$; (2) $\sum_{n=1}^{\infty}(-1)^{n-1}(\sqrt[n]{2} - 1)$.

**解** (1) 若 $x=0$，显然级数绝对收敛.

若 $x \neq 0$，令 $a_n = \frac{|x|^n}{n!}$，因为

$$\lim_{n\to\infty}\frac{a_{n+1}}{a_n} = \lim_{n\to\infty}\left(\frac{|x|^{n+1}}{(n+1)!}\Big/\frac{|x|^n}{n!}\right) = \lim_{n\to\infty}\frac{|x|}{n+1} = 0,$$

故级数 $\sum_{n=1}\frac{|x|^n}{n!}$ 收敛. 从而，级数 $\sum_{n=1}^{\infty}\frac{x^n}{n!}$ 绝对收敛.

(2) 易见

$$\sum_{n=1}^{\infty}\left|(-1)^{n-1}(\sqrt[n]{2} - 1)\right| = \sum_{n=1}^{\infty}(\sqrt[n]{2} - 1).$$

设 $a_n = \sqrt[n]{2} - 1, b_n = \frac{1}{n}$，则由 L'Hospital 法则知，

$$\lim_{n\to\infty}\frac{a_n}{b_n} = \lim_{n\to\infty}\frac{\sqrt[n]{2} - 1}{\frac{1}{n}} = \lim_{x\to 0}\frac{2^x - 1}{x} = \lim_{x\to 0}\frac{2^x \ln 2}{1} = \ln 2.$$

由于级数 $\sum_{n=1}^{\infty}\frac{1}{n}$ 发散，故由比较判别法的极限形式知级数 $\sum_{n=1}^{\infty}(\sqrt[n]{2} - 1)$ 发散，从而原级数不是绝对收敛的.

而由于数列 $\{\sqrt[n]{2} - 1\}$ 单调递减且 $\lim_{n\to\infty}(\sqrt[n]{2} - 1) = 0$，故由莱布尼茨判别法知原级数收敛，从而原级数条件收敛. ■

绝对收敛的级数有许多条件收敛级数所不具备的性质.

***定理 7.2.9(绝对收敛级数的重排定理)** 若 $\sum_{n=1}^{\infty} a_n$ 绝对收敛且 $\{b_n\}$ 是数列 $\{a_n\}$ 的任一重新排列，则 $\sum_{n=1}^{\infty} b_n$ 仍绝对收敛且 $\sum_{n=1}^{\infty} b_n = \sum_{n=1}^{\infty} a_n$.

给定两个级数 $\sum\limits_{n=1}^{\infty}a_n$ 与 $\sum\limits_{n=1}^{\infty}b_n$，两级数的乘积应为两级数所有可能项的乘积 $a_ib_j\,(i,j=1,2,\cdots)$ 的和,即

$$
\begin{array}{ccccccccc}
 & b_1 & b_2 & b_3 & \cdots & b_{n-1} & b_n & \cdots \\
a_1 & a_1b_1 & a_1b_2 & a_1b_3 & \cdots & a_1b_{n-1} & a_1b_n & \cdots \\
a_2 & a_2b_1 & a_2b_2 & a_2b_3 & \cdots & a_2b_{n-1} & a_2b_n & \cdots \\
a_3 & a_3b_1 & a_3b_2 & a_3b_3 & \cdots & a_3b_{n-1} & a_3b_n & \cdots \\
\vdots & \vdots & \vdots & \vdots & & \vdots & \vdots & \\
a_{n-1} & a_{n-1}b_1 & a_{n-1}b_2 & a_{n-1}b_3 & \cdots & a_{n-1}b_{n-1} & a_{n-1}b_n & \cdots \\
a_n & a_nb_1 & a_nb_2 & a_nb_3 & \cdots & a_nb_{n-1} & a_nb_n & \cdots \\
\vdots & \vdots & \vdots & \vdots & & \vdots & \vdots &
\end{array}
$$

如果记 $c_n=a_1b_n+a_2b_{n-1}+\cdots+a_{n-1}b_2+a_nb_1$，则称 $\sum\limits_{n=1}^{\infty}c_n$ 是两级数 $\sum\limits_{n=1}^{\infty}a_n$ 与 $\sum\limits_{n=1}^{\infty}b_n$ 的柯西乘积.

***定理 7.2.10(绝对收敛级数的乘积)** 若级数 $\sum\limits_{n=1}^{\infty}a_n$ 与 $\sum\limits_{n=1}^{\infty}b_n$ 都绝对收敛且它们的和分别为 $A$ 与 $B$，则它们的柯西乘积仍绝对收敛，且其和为 $AB$.

**例 7.2.10** 讨论柯西乘积 $\left(\sum\limits_{n=0}^{\infty}x^n\right)\left(\sum\limits_{n=0}^{\infty}x^n\right)$ 的敛散性并求它的和.

**解** 当 $|x|<1$ 时，几何级数 $\sum\limits_{n=0}^{\infty}x^n$ 绝对收敛.根据定理7.2.10，当 $|x|<1$ 时，所给柯西乘积收敛.柯西乘积为

$$\left(\sum_{n=0}^{\infty}x^n\right)\left(\sum_{n=0}^{\infty}x^n\right)=1+2x+3x^2+\cdots+nx^{n-1}+\cdots=\sum_{n=0}^{\infty}(n+1)x^n. \qquad (7.2.2)$$

当 $|x|<1$ 时，$\sum\limits_{n=0}^{\infty}x^n=\dfrac{1}{1-x}$，故此时级数(7.2.2)的和为 $\dfrac{1}{(1-x)^2}$. ■

## 习题 7.2 A

1. 用积分判别法判别下列正项级数的敛散性：

(1) $\sum\limits_{n=1}^{\infty}\dfrac{5}{n+1}$； (2) $\sum\limits_{n=1}^{\infty}\dfrac{1}{2n-1}$；

(3) $\sum\limits_{n=1}^{\infty}\dfrac{1}{n^4}$； (4) $\sum\limits_{n=1}^{\infty}\dfrac{1}{\sqrt[4]{n}}$；

(5) $\sum\limits_{n=1}^{\infty}\dfrac{e^n}{1+e^{2n}}$； (6) $\sum\limits_{n=1}^{\infty}ne^{-n}$；

(7) $\sum\limits_{n=2}^{\infty}\dfrac{1}{n(1+\ln^2 n)}$； (8) $\sum\limits_{n=2}^{\infty}\dfrac{1}{n\cdot\ln n\cdot\ln\ln n}$.

2. 用比较判别法判别下列正项级数的敛散性：

(1) $\sum\limits_{n=1}^{\infty}\dfrac{1}{n^2+n+1}$； (2) $\sum\limits_{n=1}^{\infty}\dfrac{5}{2+3^n}$；

(3) $\sum\limits_{n=1}^{\infty} \dfrac{4+3^n}{2^n}$;

(4) $\sum\limits_{n=1}^{\infty} \dfrac{1}{2\sqrt{n}+\sqrt[3]{n}}$;

(5) $\sum\limits_{n=1}^{\infty} \dfrac{\sin^2 n}{2^n}$;

(6) $\sum\limits_{n=1}^{\infty} \dfrac{1+\cos n}{n^2}$;

(7) $\sum\limits_{n=1}^{\infty} \left(\dfrac{n}{3n+1}\right)^n$;

(8) $\sum\limits_{n=1}^{\infty} \dfrac{1}{2^n+1}$;

(9) $\sum\limits_{n=1}^{\infty} \dfrac{1}{\sqrt{n^2+2}}$;

(10) $\sum\limits_{n=1}^{\infty} \left(1-\cos\dfrac{\pi}{n}\right)$.

3. 用比较判别法的极限形式判别下列正项级数的敛散性：

(1) $\sum\limits_{n=1}^{\infty} \dfrac{2n+1}{n^2+n+1}$;

(2) $\sum\limits_{n=1}^{\infty} \dfrac{5n+2}{3n^3+2n^2+n+1}$;

(3) $\sum\limits_{n=1}^{\infty} \dfrac{1}{2^n-1}$;

(4) $\sum\limits_{n=1}^{\infty} \dfrac{2n^2+3n}{\sqrt{5+n^5}}$;

(5) $\sum\limits_{n=2}^{\infty} \dfrac{1}{(\ln n)^2}$;

(6) $\sum\limits_{n=1}^{\infty} \dfrac{1}{1+\ln n}$;

(7) $\sum\limits_{n=1}^{\infty} \dfrac{(\ln n)^2}{n^3}$;

(8) $\sum\limits_{n=1}^{\infty} n\ln\left(1+\dfrac{3}{n^2}\right)$;

(9) $\sum\limits_{n=1}^{\infty} \dfrac{n^{n+1}}{(n+1)^{n+2}}$;

(10) $\sum\limits_{n=2}^{\infty} \dfrac{\sqrt{n}}{n^2-\ln n}$;

(11) $\sum\limits_{n=1}^{\infty} \dfrac{\sqrt{n+2}-\sqrt{n-2}}{n^\alpha}$ $(\alpha\in\mathbf{R})$.

4. 用比值判别法判别下列正项级数的敛散性：

(1) $\sum\limits_{n=1}^{\infty} \dfrac{3^n+5}{4^n}$;

(2) $\sum\limits_{n=1}^{\infty} \dfrac{n^{\sqrt{2}}}{2^n}$;

(3) $\sum\limits_{n=1}^{\infty} n^2 e^{-n}$;

(4) $\sum\limits_{n=1}^{\infty} n!\ e^{-n}$;

(5) $\sum\limits_{n=1}^{\infty} \dfrac{(2n)!}{(n!)^2}$;

(6) $\sum\limits_{n=1}^{\infty} \dfrac{n!}{10^n}$;

(7) $\sum\limits_{n=1}^{\infty} \dfrac{n\ln n}{2^n}$;

(8) $\sum\limits_{n=1}^{\infty} \dfrac{(n+1)(n+2)}{n!}$;

(9) $\sum\limits_{n=1}^{\infty} \dfrac{2^n\cdot n^2}{n!}$;

(10) $\sum\limits_{n=1}^{\infty} n!\left(\dfrac{x}{n}\right)^n$ $(x>0)$.

5. 用根值判别法判别下列正项级数的敛散性：

(1) $\sum\limits_{n=1}^{\infty} \left(\dfrac{2n+2}{3n+1}\right)^n$;

(2) $\sum\limits_{n=1}^{\infty} \left(\dfrac{n^2+1}{2n^2+1}\right)^n$;

(3) $\sum\limits_{n=1}^{\infty} \dfrac{2^n}{n^2}$;

(4) $\sum\limits_{n=1}^{\infty} \left(\dfrac{1}{n}-\dfrac{1}{n^2}\right)^n$;

(5) $\sum\limits_{n=2}^{\infty} \dfrac{(\ln n)^n}{n^n}$;

(6) $\sum\limits_{n=2}^{\infty} \dfrac{n}{(\ln n)^n}$;

(7) $\sum\limits_{n=1}^{\infty} \left(\dfrac{n}{3n-1}\right)^{2n-1}$;

(8) $\sum\limits_{n=1}^{\infty} \dfrac{(n!)^n}{(n^n)^2}$;

(9) $\sum\limits_{n=1}^{\infty} n\sin\dfrac{\pi}{3^n}$;

(10) $\sum\limits_{n=1}^{\infty} \left(\dfrac{an}{n+1}\right)^n$ $(a>0)$.

6. 判别下列交错级数的敛散性：

(1) $\sum_{n=1}^{\infty}\frac{(-1)^{n-1}}{\sqrt{n}}$；

(2) $\sum_{n=1}^{\infty}\frac{(-1)^{n+1}}{n^2}$；

(3) $\sum_{n=1}^{\infty}(-1)^n\frac{3n-1}{2n+1}$；

(4) $\sum_{n=1}^{\infty}(-1)^n\frac{2n}{4n^2+1}$；

(5) $\sum_{n=1}^{\infty}(-1)^n\left(\frac{n}{10}\right)^n$；

(6) $\sum_{n=1}^{\infty}(-1)^{n+1}\frac{10^n}{n^{10}}$；

(7) $\sum_{n=2}^{\infty}(-1)^{n+1}\frac{1}{\ln n}$；

(8) $\sum_{n=2}^{\infty}(-1)^{n+1}\frac{\ln n}{\ln n^2}$；

(9) $\sum_{n=1}^{\infty}(-1)^n\frac{n^n}{n!}$；

(10) $\sum_{n=1}^{\infty}(-1)^{n+1}\frac{3\sqrt{n+1}}{\sqrt{n}+1}$.

7. 讨论下列级数的敛散性.若级数收敛，则判断是绝对收敛还是条件收敛？

(1) $\sum_{n=1}^{\infty}(-1)^n\frac{1\times3\times5\times\cdots\times(2n-1)}{3^n n!}$；

(2) $\sum_{n=1}^{\infty}\frac{(-1)^{n-1}}{\sqrt{2n-1}}$；

(3) $\sum_{n=1}^{\infty}\frac{(-1)^{n-1}}{n-\ln n}$；

(4) $\sum_{n=1}^{\infty}\frac{(-1)^n}{\sqrt{n}(n+2)}$；

(5) $\sum_{n=1}^{\infty}x^n\tan\frac{1}{\sqrt{n}}\quad(x\in\mathbf{R})$；

(6) $\sum_{n=1}^{\infty}\sin\pi\sqrt{n^2+1}$；

(7) $\sum_{n=1}^{\infty}(-1)^{n-1}(\sqrt{n+1}-\sqrt{n})$；

(8) $\sum_{n=1}^{\infty}\frac{\cos(n!)}{n\sqrt{n}}$；

(9) $\sum_{n=1}^{\infty}(-1)^{n-1}(\sqrt[n]{a}-1)\quad(a>1)$；

(10) $\sum_{n=1}^{\infty}(-1)^{\frac{n(n+1)}{2}}\frac{n}{2^n}$.

## 习题 7.2 B

1. 讨论下列级数的敛散性：

(1) $\sum_{n=3}^{\infty}\frac{1}{n\ln n(\ln\ln n)^p}$；

(2) $\sum_{n=2}^{\infty}\frac{\ln n}{n^p}$；

(3) $\sum_{n=1}^{\infty}n(1+n^2)^p$；

(4) $\sum_{n=1}^{\infty}\left(\frac{a^n}{n+1}\right)^n\quad(a>0)$.

2. 讨论下列级数的敛散性，若级数收敛，则判断是绝对收敛还是条件收敛？

(1) $\sum_{n=1}^{\infty}\tan\frac{x^n}{\sqrt{n}}\quad(x\in\mathbf{R})$；

(2) $\sum_{n=2}^{\infty}(-1)^n\frac{\ln\ln n}{n}$；

(3) $\sum_{n=1}^{\infty}\frac{(-1)^{n-1}}{n^p+(-1)^{n-1}}\quad(p\geqslant1)$.

3. 求级数 $\sum_{n=1}^{\infty}\frac{(-1)^{n-1}}{(2n-1)!}$ 的和的近似值，并使其绝对误差小于 $10^{-3}$.

4. 利用级数收敛的必要条件证明：

(1) $\lim_{n\to\infty}\frac{n^n}{(n!)^2}=0$；

(2) $\lim_{n\to\infty}\frac{(2n)!}{a^{n!}}=0\quad(a>1)$.

5. 证明:若级数 $\sum_{n=1}^{\infty} a_n$ 和 $\sum_{n=1}^{\infty} b_n$ 都收敛,且满足 $a_n \leqslant c_n \leqslant b_n$,则级数 $\sum_{n=1}^{\infty} c_n$ 也收敛.

6. 证明:若级数 $\sum_{n=1}^{\infty} b_n$ 收敛,并且满足 $a_n>0, b_n>0, \frac{a_{n+1}}{a_n} \leqslant \frac{b_{n+1}}{b_n}$,则级数 $\sum_{n=1}^{\infty} a_n$ 也收敛.

7. 证明:如果级数 $\sum_{n=1}^{\infty} a_n^2$ 收敛,则级数 $\sum_{n=1}^{\infty} \frac{a_n}{n}$绝对收敛.

8. 证明:若函数 $f(x)$在 $x=0$ 的某邻域内存在二阶导数,且$\lim\limits_{x \to 0} \frac{f(x)}{x}=0$,则级数 $\sum_{n=0}^{\infty} f\left(\frac{1}{n}\right)$绝对收敛.

9. 设 $a_n=\begin{cases} n/2^n, & n \text{ 是素数}, \\ 1/2^n, & \text{其他}. \end{cases}$问级数 $\sum_{n=1}^{\infty} a_n$ 收敛吗?请简述理由.

## 7.3 幂级数

幂级数是一类重要的函数项级数,它在进一步研究函数的性质、近似计算和求解微分方程中起着重要的作用,是一个不可或缺的数学工具.

### 7.3.1 函数项级数

**定义 7.3.1(函数项级数)** 设 $u_1(x), u_2(x), \cdots, u_n(x), \cdots$ 是定义在集合 $A \subseteq \mathbf{R}$ 上的函数列,我们称 $\sum_{n=1}^{\infty} u_n(x)$是定义在集合 $A \subseteq \mathbf{R}$ 上的**函数项级数**.

**定义 7.3.2(收敛域)** 如果对于集合 $A$ 中的一点 $x_0$,常数项级数 $\sum_{n=1}^{\infty} u_n(x_0)$收敛,则称 $x_0$ 为函数项级数的**收敛点**,否则称为**发散点**. 所有收敛点构成的集合称为该函数项级数的**收敛域**.

**定义 7.3.3(和函数)** 设函数项级数 $\sum_{n=1}^{\infty} u_n(x)$的收敛域为 $D$,则对任意 $x_0 \in D$,级数 $\sum_{n=1}^{\infty} u_n(x_0)$ 都有和 $S(x_0)$. 于是级数 $\sum_{n=1}^{\infty} u_n(x)$的和 $S(x)$是定义在 $D$ 上关于 $x$ 的函数,称为**和函数**,并记作

$$\sum_{n=1}^{\infty} u_n(x)=S(x), \quad x \in D.$$

**定义 7.3.4(部分和及余项)** 称 $S_n(x)=\sum_{k=1}^{n} u_k(x)$ 为级数 $\sum_{n=1}^{\infty} u_n(x)$的 $n$ **项部分和**,

$$R_n(x)=S(x)-S_n(x)=\sum_{k=n+1}^{\infty} u_k(x), \quad x \in D$$

为该级数的 $n$ **阶余项**.

**例 7.3.1** 求级数 $\sum_{n=1}^{\infty} \frac{\sin nx}{n^2}$的收敛域.

**解** 对任意的 $x_0 \in (-\infty, \infty)$,

$$\left|\frac{\sin nx_0}{n^2}\right|\leqslant\frac{1}{n^2},$$

故常数项级数 $\sum\limits_{n=1}^{\infty}\frac{\sin nx_0}{n_2}$ 绝对收敛. 从而 $\sum\limits_{n=1}^{\infty}\frac{\sin nx}{n^2}$ 的收敛域为$(-\infty,\infty)$. ■

### 7.3.2　幂级数及其收敛性

**定义 7.3.5(幂级数)**　具有如

$$\sum_{n=0}^{\infty}c_nx^n=c_0+c_1x+c_2x^2+\cdots+c_nx^n+\cdots \tag{7.3.1}$$

形式的函数项级数称为幂级数,其中实常数 $c_n$ 称为该幂级数的系数.

更一般地,具有如

$$\sum_{n=0}^{\infty}c_n(x-a)^n=c_0+c_1(x-a)+c_2(x-a)^2+\cdots+c_n(x-a)^n+\cdots \tag{7.3.2}$$

形式的级数称为中心在 $a$ 处的幂级数或者关于$(x-a)$的幂级数,$a$ 为中心点.

若作代换 $y=x-a$,则级数(7.3.2)转化为式(7.3.1)的形式. 不失一般性,这里只讨论具有(7.3.1)形式的幂级数.

现在讨论幂级数(7.3.1)的收敛域. 首先,易知它在 $x=0$ 处必收敛. 此外,它的收敛域总是一个区间. 为了充分理解这些,首先证明如下的阿贝尔定理,它对于幂级数中的所有定理都至关重要.

**定理 7.3.1(阿贝尔(Abel)定理)**　对于级数 $\sum\limits_{n=0}^{\infty}c_nx^n$,

(1) 若它在点 $x_1\neq0$ 处收敛,则当 $x$ 满足 $|x|<|x_1|$ 时,该幂级数绝对收敛;

(2) 若它在点 $x_2\neq0$ 处发散,则当 $x$ 满足 $|x|>|x_2|$ 时,该幂级数发散.

**证明**　(1) 因为 $x_1\neq0$ 是幂级数的收敛点,故级数 $\sum\limits_{n=1}^{\infty}c_nx_1^n$ 收敛,因此 $\lim\limits_{n\to\infty}c_nx_1^n=0$. 于是数列$\{c_nx_1^n\}$有界,这表明存在一个正数 $M$,使得

$$|c_nx_1^n|\leqslant M\quad(n=1,2,\cdots).$$

考虑级数 $\sum\limits_{n=0}^{\infty}|c_nx^n|$. 易见其通项满足

$$0\leqslant|c_nx^n|=|c_nx_1^n|\left|\frac{x}{x_1}\right|^n\leqslant M\left|\frac{x}{x_1}\right|^n.$$

当$|x|<|x_1|$时,等比级数 $\sum\limits_{n=1}^{\infty}M\left|\frac{x}{x_1}\right|^n$ 收敛. 因此,由比较判别法,幂级数 $\sum\limits_{n=0}^{\infty}c_nx^n$ 对每一个满足$|x|<|x_1|$的 $x$ 都绝对收敛.

(2) "反证法". 假设存在一点 $x_3$ 满足$|x_3|>|x_2|$,使幂级数 $\sum\limits_{n=0}^{\infty}c_nx^n$ 在 $x_3$ 处收敛. 则由(1)的结论知幂级数在 $x_2$ 处绝对收敛,与题设矛盾. ■

由阿贝尔定理知幂级数 $\sum\limits_{n=0}^{\infty}c_nx^n$ 的收敛点与发散点的分布情况:如果幂级数在 $x_1\neq0$ 处收敛,则幂级数在$(-|x_1|,|x_1|)$内都收敛;如果幂级数在 $x_2\neq0$ 处发散,则幂级数在$[-|x_2|,|x_2|]$外都发散. 从而存在一正实数 $R$,使得当$|x|<R$ 时,幂级数 $\sum\limits_{n=0}^{\infty}c_nx^n$ 绝对收敛;当$|x|>R$时,幂

级数 $\sum\limits_{n=0}^{\infty}c_nx^n$ 发散.此正实数 $R$ 称为该幂级数的**收敛半径**,且称开区间 $(-R,R)$ 为幂级数 $\sum\limits_{n=0}^{\infty}c_nx^n$ 的**收敛区间**.

显然,$\sum\limits_{n=0}^{\infty}c_nx^n$ 的收敛域是以下四个收敛区间之一:$(-R,R)$,$[-R,R]$,$[-R,R)$,$(-R,R]$.对于幂级数 $\sum\limits_{n=0}^{\infty}c_n(x-a)^n$,其收敛区间为 $(a-R,a+R)$,且它的收敛域有如下四种可能:$(a-R,a+R)$,$[a-R,a+R]$,$[a-R,a+R)$,$(a-R,a+R]$.

**推论 7.3.1** 对于幂级数 $\sum\limits_{n=0}^{\infty}c_nx^n$,其收敛半径 $R$ 有以下三种情况:

(1) 幂级数只在 $x=0$ 处收敛,此时规定 $R=0$;

(2) 幂级数对一切 $x\in(-\infty,+\infty)$ 都收敛,此时规定 $R=+\infty$;

(3) $R$ 是一个正实数,当 $|x|<R$ 时幂级数收敛,当 $|x|>R$ 时幂级数发散,而当 $x=-R$ 或者 $x=R$ 时,幂级数可能收敛也可能发散.

下面给出一个求幂级数收敛半径的方法.

**定理 7.3.2** 对于幂级数 $\sum\limits_{n=0}^{\infty}c_nx^n$,如果 $\lim\limits_{n\to\infty}\left|\dfrac{c_{n+1}}{c_n}\right|=\rho$(有限或 $+\infty$),则

(1) 当 $0<\rho<+\infty$ 时,幂级数的收敛半径 $R=\dfrac{1}{\rho}$;

(2) 当 $\rho=0$ 时,幂级数的收敛半径 $R=+\infty$;

(3) 当 $\rho=+\infty$ 时,幂级数的收敛半径 $R=0$.

**证明** 考虑级数 $\sum\limits_{n=0}^{\infty}|c_nx^n|$. 由于

$$\lim_{n\to\infty}\frac{|c_{n+1}x^{n+1}|}{|c_nx^n|}=\lim_{n\to\infty}\frac{|c_{n+1}|}{|c_n|}|x|=\rho|x|.$$

(1) 如 $0<\rho<+\infty$,则根据比值判别法,当 $\rho|x|<1$(即 $|x|<\dfrac{1}{\rho}$)时,原幂级数绝对收敛;当 $\rho|x|>1$(即 $|x|>\dfrac{1}{\rho}$)时,原幂级数发散,故 $R=\dfrac{1}{\rho}$.

(2) 如 $\rho=0$,则对所有的 $x\in(-\infty,+\infty)$,原幂级数绝对收敛,因此 $R=+\infty$.

(3) 如 $\rho=+\infty$,则除 $x=0$ 外的任何 $x$ 皆有 $\rho|x|>1$,故级数 $\sum\limits_{n=0}^{\infty}|c_nx^n|$ 发散.此时,由阿贝尔定理知原幂级数也同样发散,故 $R=0$. ■

**例 7.3.2** 求下列幂级数的收敛半径、收敛区间及收敛域:

(1) $\sum\limits_{n=0}^{\infty}\dfrac{x^n}{n+1}$;　　(2) $\sum\limits_{n=0}^{\infty}\dfrac{x^n}{n!}$;

(3) $\sum\limits_{n=0}^{\infty}n!\,x^n$;　　(4) $\sum\limits_{n=1}^{\infty}\dfrac{(-1)^n}{2n+1}\left(\dfrac{x}{2}\right)^n$.

**解** (1) 令 $c_n=\dfrac{1}{n+1}$,则

$$\rho=\lim_{n\to\infty}\left|\frac{c_{n+1}}{c_n}\right|=\lim_{n\to\infty}\left(\frac{1}{n+2}\Big/\frac{1}{n+1}\right)=1.$$

根据定理 7.3.2，原幂级数的收敛半径 $R=1$，收敛区间为 $(-1,1)$.

当 $x=1$ 或 $x=-1$ 时，幂级数分别变为 $\sum\limits_{n=0}^{\infty}\frac{1}{n+1}$ 和 $\sum\limits_{n=0}^{\infty}\frac{(-1)^n}{n+1}$. 易见 $\sum\limits_{n=0}^{\infty}\frac{1}{n+1}$ 发散而 $\sum\limits_{n=0}^{\infty}\frac{(-1)^n}{n+1}$ 收敛，故原幂级数的收敛域为 $[-1,1)$.

(2) 设 $c_n=\frac{1}{n!}$，则

$$\rho=\lim_{n\to\infty}\left|\frac{c_{n+1}}{c_n}\right|=\lim_{n\to\infty}\frac{n!}{(n+1)!}=0.$$

根据定理 7.3.2，原幂级数的收敛半径 $R=+\infty$，收敛区间与收敛域都是 $(-\infty,+\infty)$.

(3) 设 $c_n=n!$，则

$$\rho=\lim_{n\to\infty}\left|\frac{c_{n+1}}{c_n}\right|=\lim_{n\to\infty}\frac{(n+1)!}{n!}=+\infty.$$

根据定理 7.3.2，原幂级数的收敛半径 $R=0$，该级数在除 $x=0$ 外的其余各点都发散.

(4) 由于 $\sum\limits_{n=1}^{\infty}\frac{(-1)^n}{2n+1}\left(\frac{x}{2}\right)^n=\sum\limits_{n=1}^{\infty}\frac{(-1)^n}{2^n(2n+1)}x^n$.

设 $c_n=\frac{(-1)^n}{2^n(2n+1)}$，则

$$\rho=\lim_{n\to\infty}\frac{c_{n+1}}{c_n}=\lim_{n\to\infty}\left[\left|\frac{(-1)^{n+1}}{2^{n+1}(2n+3)}\right|\Big/\left|\frac{(-1)^n}{2^n(2n+1)}\right|\right]=\frac{1}{2}.$$

根据定理 7.3.2，幂级数的收敛半径 $R=2$，收敛区间为 $(-2,2)$.

当 $x=2$ 时，原幂级数变为 $\sum\limits_{n=1}^{\infty}\frac{(-1)^n}{2n+1}$，根据莱布尼茨判别法，该级数收敛；当 $x=-2$ 时，原幂级数变为 $\sum\limits_{n=1}^{\infty}\frac{1}{2n+1}$，该级数发散. 因此，所给幂级数的收敛域为 $(-2,2]$. ■

**例 7.3.3** 求下列幂级数的收敛半径、收敛区间及收敛域：

(1) $\sum\limits_{n=0}^{\infty}\frac{x^{2n}}{4^n(n+1)^2}$； (2) $\sum\limits_{n=1}^{\infty}\frac{3^n+(-2)^n}{n}(x-1)^n$.

**解** (1) 此级数只包含偶次幂项，即 $c_{2n+1}=0(n=0,1,2,\cdots)$，是一个缺项级数，因此不能用定理 7.3.2 直接求收敛半径. 我们可以直接用根值或比值判别法讨论求出收敛半径.

方法一：令 $u_n(x)=\frac{x^{2n}}{4^n(n+1)^2}$，则

$$\lim_{n\to\infty}\left|\frac{u_{n+1}(x)}{u_n(x)}\right|=\lim_{n\to\infty}\left[\frac{x^{2(n+1)}}{4^{n+1}(n+2)^2}\Big/\frac{x^{2n}}{4^n(n+1)^2}\right]=\frac{x^2}{4}.$$

因此，由比值判别法知，当 $|x|<2$ 时，该幂级数绝对收敛；当 $|x|>2$ 时，该幂级数发散. 因此，原幂级数的收敛半径 $R=2$，收敛区间为 $(-2,2)$.

当 $x=\pm 2$ 时，所给幂级数变为 $\sum\limits_{n=0}^{\infty}\frac{1}{(n+1)^2}$，该级数收敛. 因此，所给幂级数的收敛域为 $[-2,2]$.

注意到此题也可以通过变量替换 $t=x^2$，将原级数变为不缺项的级数.

方法二：令 $t=x^2$，所给幂级数变为

$$\sum_{n=1}^{\infty}\frac{t^n}{4^n(n+1)^2}. \tag{7.3.3}$$

令 $c_n=\dfrac{1}{4^n(n+1)^2}$，则

$$\rho=\lim_{n\to\infty}\left|\frac{c_{n+1}}{c_n}\right|=\lim_{n\to\infty}\left[\frac{1}{4^{n+1}(n+3)^2}\Big/\frac{1}{4^n(n+1)^2}\right]=\lim_{n\to\infty}\frac{(n+1)^2}{4(n+3)^2}=\frac{1}{4}.$$

根据定理 7.3.2，幂级数(7.3.3)的收敛半径 $R_1=4$. 故当 $0\leqslant t<4$，即 $x^2<4$ 时，原幂级数绝对收敛；当 $t>4$，即 $x^2>4$ 时，原幂级数发散. 因此，原幂级数的半径 $R=2$，收敛区间为 $(-2,2)$.

当 $x=\pm 2$ 时，所给幂级数变为 $\sum\limits_{n=0}^{\infty}\dfrac{1}{(n+1)^2}$，该级数收敛. 因此，所给幂级数的收敛域为 $[-2,2]$.

■

(2) 设 $t=x-1$，则原级数变为 $\sum\limits_{n=1}^{\infty}\dfrac{3^n+(-2)^n}{n}t^n$. 令 $c_n=\dfrac{3^n+(-2)^n}{n}$，则

$$\rho=\lim_{n\to\infty}\left|\frac{c_{n+1}}{c_n}\right|=\lim_{n\to\infty}\left[\left|\frac{3^{n+1}+(-2)^{n+1}}{n+1}\right|\Big/\left|\frac{3^n+(-2)^n}{n}\right|\right]=\lim_{n\to\infty}\frac{n}{n+1}\frac{3-2\left(-\frac{2}{3}\right)^n}{1+\left(-\frac{2}{3}\right)^n}=3.$$

根据定理 7.3.2，新的幂级数的收敛半径 $R_1=\dfrac{1}{3}$，从而当 $|t|<\dfrac{1}{3}$，即 $|x-1|<\dfrac{1}{3}$ 时，原幂级数绝对收敛；当 $|t|>\dfrac{1}{3}$，即 $|x-1|>\dfrac{1}{3}$ 时，原幂级数发散. 因此，原幂级数的收敛半径 $R=\dfrac{1}{3}$，收敛区间为 $\left(\dfrac{2}{3},\dfrac{4}{3}\right)$.

当 $x=\dfrac{2}{3}$ 时，原幂级数变为

$$\sum_{n=1}^{\infty}\frac{3^n+(-2)^n}{n}\left(-\frac{1}{3}\right)^n=\sum_{n=1}^{\infty}\frac{(-1)^n+\left(\frac{2}{3}\right)^n}{n},\tag{7.3.4}$$

易见，$\sum\limits_{n=1}^{\infty}\dfrac{(-1)^n}{n}$ 和 $\sum\limits_{n=1}^{\infty}\dfrac{1}{n}\left(\dfrac{2}{3}\right)^n$ 都收敛，故级数(7.3.4)收敛.

当 $x=\dfrac{4}{3}$ 时，原幂级数变为

$$\sum_{n=1}^{\infty}\frac{3^n+(-2)^n}{n}\left(\frac{1}{3}\right)^n=\sum_{n=1}^{\infty}\left[\frac{1}{n}+\frac{\left(-\frac{2}{3}\right)^n}{n}\right],$$

易见，此级数是发散级数 $\sum\limits_{n=1}^{\infty}\dfrac{1}{n}$ 与收敛级数 $\sum\limits_{n=1}^{\infty}\dfrac{\left(-\frac{2}{3}\right)^n}{n}$ 的和，故该级数发散.

综上所述，所给幂级数的收敛域为 $\left[\dfrac{2}{3},\dfrac{4}{3}\right)$.

■

如果 $\lim\limits_{n\to\infty}\sqrt[n]{c_n}$ 存在(或为 $+\infty$)，则可以用下面的定理求幂级数 $\sum\limits_{n=0}^{\infty}c_nx^n$ 的收敛半径.

**定理 7.3.3** 对于幂级数 $\sum\limits_{n=0}^{\infty}c_nx^n$，如果 $\lim\limits_{n\to\infty}\sqrt[n]{c_n}=\rho$(有限或 $+\infty$)，则

(1) 当 $0<\rho<+\infty$ 时，幂级数的收敛半径 $R=\dfrac{1}{\rho}$；

(2)当 $\rho=0$ 时,幂级数的收敛半径 $R=+\infty$;

(3)当 $\rho=+\infty$时,幂级数的收敛半径 $R=0$.

### 7.3.3 幂级数的性质及幂级数求和函数

幂级数的性质在幂级数求和以及函数展开成幂级数的研究中有着重要的应用,下面先介绍幂级数的代数性质.

**定理 7.3.4(代数性质)** 假设幂级数 $\sum\limits_{n=0}^{\infty} a_n x^n$ 与 $\sum\limits_{n=0}^{\infty} b_n x^n$ 的收敛半径分别为 $R_1$ 与 $R_2$. 令 $R=\min\{R_1,R_2\}$,则

(1) 两级数的线性组合 $\sum\limits_{n=0}^{\infty}(\alpha a_n+\beta b_n)x^n$ 在$(-R,R)$内收敛,且

$$\sum_{n=0}^{\infty}(\alpha a_n+\beta b_n)x^n=\alpha\sum_{n=0}^{\infty}a_n x^n+\beta\sum_{n=0}^{\infty}b_n x^n \quad (\alpha,\beta\in\mathbf{R}).$$

(2) 两级数的柯西乘积在$(-R,R)$内收敛,且

$$\left(\sum_{n=0}^{\infty}a_n x^n\right)\left(\sum_{n=0}^{\infty}b_n x^n\right)=\sum_{n=0}^{\infty}c_n x^n,$$

其中

$$c_n=a_0 b_n+a_1 b_{n-1}+\cdots+a_n b_0.$$

**注意** 两个幂级数的线性组合以及柯西乘积的收敛半径 $R$ 可能大于$\min\{R_1,R_2\}$.

例如,级数 $\sum\limits_{n=0}^{\infty}x^n$ 与 $-\sum\limits_{n=0}^{\infty}x^n$ 的收敛半径为 $R_1=R_2=1$,但是它们的和 $\sum\limits_{n=0}^{\infty}0x^n$ 的收敛半径为 $R=+\infty$.

**定理 7.3.5(解析性质)**

(1)幂级数的和函数在收敛域上连续(如果收敛域含有收敛区间的端点,端点连续是指单侧连续).

若幂级数 $\sum\limits_{n=0}^{\infty}c_n x^n$ 的和函数为 $S(x)$,则对于收敛域内任意一点 $x_0$,有 $\lim\limits_{x\to x_0}S(x)=S(x_0)$,即

$$\lim_{x\to x_0}\sum_{n=0}^{\infty}c_n x^n=\sum_{n=0}^{\infty}c_n x_0{}^n=\sum_{n=0}^{\infty}\lim_{x\to x_0}c_n x^n.$$

这说明极限号与求和号可以交换次序.

(2)幂级数的和函数在收敛区间内可导,并有逐项求导公式:

$$S'(x)=\left(\sum_{n=0}^{\infty}c_n x^n\right)'=\sum_{n=0}^{\infty}(c_n x^n)'=\sum_{n=1}^{\infty}nc_n x^{n-1},\quad x\in(-R,R).$$

并且,新的幂级数 $\sum\limits_{n=1}^{\infty}nc_n x^{n-1}$ 与原幂级数 $\sum\limits_{n=0}^{\infty}c_n x^n$ 有相同的收敛半径.

(3) 幂级数的和函数在收敛域上可积,并有逐项积分公式:

$$\int_0^x S(t)\mathrm{d}t=\int_0^x\left(\sum_{n=0}^{\infty}c_n t^n\right)\mathrm{d}t=\sum_{n=0}^{\infty}\int_0^x c_n t^n\mathrm{d}t=\sum_{n=0}^{\infty}\frac{c_n}{n+1}x^{n+1}.$$

并且,新的幂级数 $\sum\limits_{n=0}^{\infty}\frac{c_n}{n+1}x^{n+1}$ 与原幂级数 $\sum\limits_{n=0}^{\infty}c_n x^n$ 有相同的收敛半径.

由定理 7.3.4 和定理 7.3.5 可知,对和函数进行代数运算以及分析运算时,与多项式运算一样,将幂级数的每一项进行相应的运算即可.

**注意** 由定理 7.3.5 的第(2)部分可推断出,幂级数的和函数在其收敛区间内任意阶可导.

**例 7.3.4** 求幂级数 $\sum_{n=1}^{\infty} nx^n$ 的收敛域及其和函数.

**解** 设 $c_n=n$,则

$$\rho=\lim_{n\to\infty}\left|\frac{c_{n+1}}{c_n}\right|=\lim_{n\to\infty}\frac{n+1}{n}=1.$$

因此,幂级数的收敛半径 $R=1$,收敛区间为$(-1,1)$. 易见当 $x=\pm 1$ 时,原幂级数发散. 因此,所给幂级数的收敛域为$(-1,1)$.

设幂级数的和函数为 $S(x)$,即

$$S(x)=\sum_{n=1}^{\infty} nx^n = x\sum_{n=1}^{\infty} nx^{n-1}.$$

由于
$$\sum_{n=1}^{\infty} x^n=\frac{x}{1-x},\quad x\in(-1,1),$$

故
$$\sum_{n=1}^{\infty} nx^{n-1} = \left(\sum_{n=1}^{\infty} x^n\right)' = \left(\frac{x}{1-x}\right)' = \frac{1}{(1-x)^2},\quad x\in(-1,1).$$

所以,原幂级数的和函数为

$$S(x) = \sum_{n=1}^{\infty} nx^n=\frac{x}{(1-x)^2},\quad x\in(-1,1).$$ ■

**例 7.3.5** 求幂级数

$$\sum_{n=0}^{\infty}(-1)^n\frac{x^{n+1}}{n+1}=x-\frac{x^2}{2}+\frac{x^3}{3}-\cdots+(-1)^n\frac{x^{n+1}}{n+1}+\cdots \tag{7.3.5}$$

的收敛域及其和函数.

**解** 设 $c_n=\frac{(-1)^n}{n+1}$,则

$$\rho=\lim_{n\to\infty}\left|\frac{c_{n+1}}{c_n}\right|=\lim_{n\to\infty}\left[\left|\frac{(-1)^{n+1}}{n+2}\right|\Big/\left|\frac{(-1)^n}{n+1}\right|\right]=1.$$

因此,原幂级数的收敛半径 $R=1$,收敛区间为$(-1,1)$.

当 $x=1$ 时,级数(7.3.5)变为 $\sum_{n=1}^{\infty}\frac{(-1)^n}{n+1}$,根据莱布尼茨判别法,该级数收敛;当 $x=-1$ 时,级数(7.3.5)变为$-\sum_{n=1}^{\infty}\frac{1}{n+1}$,该级数发散. 因此,原幂级数的收敛域为$(-1,1]$.

下面我们首先求 $\sum_{n=0}^{\infty}(-1)^n\frac{x^{n+1}}{n+1}$ 在收敛区间$(-1,1)$内的和函数.

设该幂级数的和函数为 $S(x)$,即

$$S(x)=\sum_{n=0}^{\infty}(-1)^n\frac{x^{n+1}}{n+1},\quad x\in(-1,1). \tag{7.3.6}$$

为了求和函数 $S(x)$,将式(7.3.6)两端分别求导,得

$$S'(x)=\sum_{n=0}^{\infty}(-1)^n x^n=\frac{1}{1+x},\quad x\in(-1,1). \tag{7.3.7}$$

再将式(7.3.7)两端从 0 到 $x$ 积分得

$$S(x)-S(0)=\int_0^x \frac{1}{1+t}\mathrm{d}t=\ln(1+x),\quad x\in(-1,1).$$

由式(7.3.8)知 $S(0)=0$,因此

$$S(x)=\ln(1+x),\quad x\in(-1,1).$$

另外,由于幂级数 $\sum_{n=0}^{\infty}(-1)^n\frac{x^{n+1}}{n+1}$ 在 $x=1$ 处收敛,因此它的和函数 $S(x)$ 在这点左连续,即

$$S(1)=\sum_{n=0}^{\infty}\frac{(-1)^n}{n+1}=\lim_{x\to 1^-}\ln(1+x)=\ln 2,$$

从而

$$S(x)=\sum_{n=0}^{\infty}(-1)^n\frac{x^{n+1}}{n+1}=\ln(1+x),\ x\in(-1,1].$$

■

**例 7.3.6** 求幂级数

$$x-\frac{x^3}{3}+\frac{x^5}{5}+\cdots+(-1)^n\frac{x^{2n+1}}{(2n+1)}+\cdots,\quad x\in(-1,1)$$

的和函数.

**解** 设幂级数的和函数为 $S(x)$,即

$$S(x)=x-\frac{x^3}{3}+\frac{x^5}{5}+\cdots+(-1)^n\frac{x^{2n+1}}{(2n+1)}+\cdots,\quad x\in(-1,1).$$

将上式两端逐项求导得

$$S'(x)=1-x^2+x^4+\cdots+(-1)^n x^{2n}+\cdots,\quad x\in(-1,1),$$

它是一个首项为 1,公比为 $r=-x^2$ 的几何级数,故该级数的和函数为

$$S'(x)=\frac{1}{1+x^2},\quad x\in(-1,1).$$

对上式两端积分,可得

$$S(x)-S(0)=\int_0^x S'(t)\mathrm{d}t=\int_0^x\frac{1}{1+t^2}\mathrm{d}t=\arctan x,\quad x\in(-1,1).$$

易见 $S(0)=0$,因此和函数 $S(x)=\arctan x$,即

$$\arctan x=x-\frac{x^3}{3}+\frac{x^5}{5}+\cdots+(-1)^n\frac{x^{2n+1}}{(2n+1)}+\cdots,\quad x\in(-1,1).$$

■

**例 7.3.7** 求幂级数 $\sum_{n=1}^{\infty}\frac{x^n}{n!}=1+x+\frac{x^2}{2!}+\frac{x^3}{3!}+\cdots+\frac{x^n}{n!}+\cdots$ 的收敛域及其和函数.

**解** 易见幂级数的收敛域为$(-\infty,+\infty)$. 设幂级数的和函数为 $S(x)$,即

$$S(x)=1+x+\frac{x^2}{2!}+\frac{x^3}{3!}+\cdots+\frac{x^n}{n!}+\cdots.$$

对上式两边关于 $x$ 求导得

$$S'(x)=1+x+\frac{x^2}{2!}+\frac{x^3}{3!}+\cdots+\frac{x^n}{n!}+\cdots=S(x).$$

即和函数满足微分方程

$$S'(x)=S(x).$$

用分离变量法解此一阶微分方程得

$$S(x)=C\mathrm{e}^x\quad (C\text{ 为任意常数}).$$

由于 $S(0)=1$,将其代入上式得 $C=1$,所以 $S(x)=\mathrm{e}^x$ 便是所求的和函数. 从而有

$$e^x = \sum_{n=1}^{\infty} \frac{x^n}{n!} = 1 + x + \frac{x^2}{2!} + \frac{x^3}{3!} + \cdots + \frac{x^n}{n!} + \cdots, \quad x \in (-\infty, +\infty).$$ ■

## 习题 7.3 A

1. 阐述如何判断一个函数项级数的敛散性，并通过常数项级数的收敛准则求其收敛域.

2. 证明级数 $\sum_{n=1}^{\infty} (-1)^n \frac{x^2}{(1+x^2)^n}$ 在区间 $(-\infty, +\infty)$ 上收敛，并求其和函数.

3. 求下列函数项级数的收敛域：

(1) $\sum_{n=1}^{\infty} x^n$；　　(2) $\sum_{n=1}^{\infty} \frac{\sin nx}{2^n}$；

(3) $\sum_{n=1}^{\infty} \frac{(-1)^n}{n} \left(\frac{1}{1+x}\right)^n$；　　(4) $\sum_{n=1}^{\infty} n e^{-nx}$.

4. 幂级数 $\sum_{n=1}^{\infty} a_n (x-2)^n$ 是否同时满足在 $x=0$ 收敛，在 $x=3$ 发散？

5. 幂级数 $\sum_{n=1}^{\infty} a_n x^n$ 在 $x=-3$ 处条件收敛，能否确定它的收敛半径？

6. 下列推导是否正确？为什么？

已知：$\frac{x}{1-x} = x + x^2 + \cdots + x^n + \cdots$，$\frac{-x}{1-x} = \frac{1}{1-\frac{1}{x}} = 1 + \frac{1}{x} + \frac{1}{x^2} + \cdots + \frac{1}{x^n} + \cdots$. 所以两个级数的和为

$$\cdots + \frac{1}{x^n} + \cdots + \frac{1}{x^2} + \frac{1}{x} + 1 + x + x^2 + \cdots + x^n + \cdots = 0.$$

7. 求下列幂级数的收敛半径、收敛区间和收敛域：

(1) $\sum_{n=1}^{\infty} n x^n$；　　(2) $\sum_{n=1}^{\infty} (2x)^n$；

(3) $\sum_{n=1}^{\infty} \frac{x^n}{n 3^n}$；　　(4) $\sum_{n=1}^{\infty} n^n x^n$；

(5) $\sum_{n=1}^{\infty} \frac{x^n}{(\ln n)^n}$；　　(6) $\sum_{n=1}^{\infty} (-1)^n \frac{2^n}{\sqrt{n}} x^n$；

(7) $\sum_{n=1}^{\infty} \frac{(-1)^{n-1}}{n+\sqrt{n}} x^n$；　　(8) $\sum_{n=1}^{\infty} (x+5)^n$；

(9) $\sum_{n=1}^{\infty} \frac{(x+2)^n}{n 2^n}$；　　(10) $\sum_{n=1}^{\infty} n!(2x-1)^n$；

(11) $\sum_{n=1}^{\infty} \frac{(-1)^n (2x+3)^n}{n \ln n}$；　　(12) $\sum_{n=1}^{\infty} \frac{3^n + (-2)^n}{n} (2x-1)^n$；

(13) $\sum_{n=1}^{\infty} \frac{x^{2n}}{5^n}$；　　(14) $\sum_{n=1}^{\infty} \frac{n!}{n^n} x^{2n-1}$.

8. 你能用几种方法求幂级数 $\sum_{n=1}^{\infty} (-1)^n \frac{2+(-1)^n}{2^n} x^n$ 的收敛半径？

9. 求下列幂级数的收敛域及和函数：

(1) $\sum_{n=1}^{\infty} nx^{n-1}$；　　(2) $\sum_{n=0}^{\infty}(2n+1)x^n$；

(3) $\sum_{n=1}^{\infty}(n+1)(n+2)x^n$；　　(4) $\sum_{n=1}^{\infty} n(x-1)^n$；

(5) $\sum_{n=1}^{\infty}\frac{2n-1}{2^n}x^{2(n-1)}$；　　(6) $\sum_{n=1}^{\infty}(-1)^n n^2 x^n$；

(7) $\sum_{n=0}^{\infty}\frac{x^{2n+1}}{2n+1}$；　　(8) $\sum_{n=1}^{\infty}\frac{x^{4n+1}}{4n+1}$；

(9) $\sum_{n=1}^{\infty}\frac{x^n}{n(n+1)}$；　　(10) $\sum_{n=1}^{\infty}\frac{x^{n-1}}{n2^n}$.

## 习题 7.3　B

1. 已知幂级数 $\sum_{n=0}^{\infty}a_n x^n$ 的收敛半径为 $R=1$，有些同学用下列方法求幂级数 $\sum_{n=0}^{\infty}b_n x^n=\sum_{n=0}^{\infty}\frac{a_n}{n!}x^n$ 的收敛域：

因为 $R=1$，由定理 7.3.2 可知

$$\lim_{n\to\infty}\left|\frac{a_{n+1}}{a_n}\right|=1,$$

所以

$$\lim_{n\to\infty}\left|\frac{b_{n+1}}{b_n}\right|=\lim_{n\to\infty}\frac{1}{n+1}\left|\frac{a_{n+1}}{a_n}\right|=0.$$

因此，幂级数 $\sum_{n=0}^{\infty}b_n x^n$ 的收敛半径为 $R=+\infty$.

你认为这种方法正确吗？若不正确，请指出错误.

2. 设 $f(x)=\sum_{n=1}^{\infty}n3^{n-1}x^{n-1}$，

(1) 证明 $f(x)$ 在区间 $\left(-\frac{1}{3},\frac{1}{3}\right)$ 内连续；

(2) 求积分 $\int_0^{\frac{1}{8}}f(x)\mathrm{d}x$.

## 7.4　函数的幂级数展开

前面介绍了幂级数收敛半径、收敛区间、收敛域、幂级数的性质以及幂级数求和的问题.本节要研究相反的问题，即已知一个函数 $f(x)$，是否存在幂级数形式使得该幂级数的和即为给定的函数 $f(x)$？具体来说，包括以下问题：哪些函数可表示为幂级数？函数的幂级数表示是否唯一？如何求函数的幂级数表示式？

### 7.4.1 泰勒与麦克劳林级数

假设函数 $f(x)$ 在 $x_0$ 的某邻域内可用幂级数表示，即

$$f(x)=\sum_{n=0}^{\infty}c_n(x-x_0)^n \tag{7.4.1}$$

$$=c_0+c_1(x-x_0)+\cdots+c_n(x-x_0)^n+\cdots,\quad x\in(x_0-R,x_0+R).$$

此时，称函数 $f(x)$ 在区间 $(x_0-R,x_0+R)$ 内可展开为幂级数，且称此级数为函数 $f(x)$ 的幂级数展开.

若函数 $f(x)$ 可以表示成幂级数(7.4.1)的形式，我们尝试确定对应于函数 $f(x)$ 幂级数系数 $c_n$.

首先，若将 $x=x_0$ 代入式(7.4.1)，可得

$$f(x_0)=c_0.$$

此外，由定理 7.3.5，$f(x)$ 在 $(x_0-R,x_0+R)$ 内任意阶可导，并可对该级数进行逐项求导：

$$f'(x)=c_1+2c_2(x-x_0)+3c_3(x-x_0)^2+4c_4(x-x_0)^3+\cdots+nc_n(x-x_0)^{n-1}+\cdots,$$

$$f''(x)=2!\,c_2+3!\,c_3(x-x_0)+4\times 3c_4(x-x_0)^2+\cdots+n(n-1)c_n(x-x_0)^{n-2}+\cdots,$$

$$f'''(x)=3!\,c_3+4!\,c_4(x-x_0)+\cdots+n(n-1)(n-2)c_n(x-x_0)^{n-3}+\cdots,$$

$$\vdots$$

$$f^{(n)}(x)=n!\,c_n+(n+1)!\,c_{n+1}(x-x_0)+\cdots,$$

$$\vdots$$

将 $x=x_0$ 代入上式得

$$c_1=f'(x_0),\quad c_2=\frac{1}{2!}f''(x_0),\quad c_3=\frac{1}{3!}f'''(x_0),\quad \cdots,\quad c_n=\frac{1}{n!}f^{(n)}(x_0),\quad \cdots.$$

**定理 7.4.1** 若 $f(x)$ 在 $x_0$ 点处可展开为幂级数，即

$$f(x)=\sum_{n=0}^{\infty}c_n(x-x_0)^n,\quad x\in(x_0-R,x_0+R),$$

则幂级数的系数为

$$c_n=\frac{1}{n!}f^{(n)}(x_0),\quad n=0,1,2,\cdots.$$

由以上定理可知，函数的幂级数展开是唯一的. 唯一性定理为函数的幂级数展开提供了很大的便利，只要建立了一些基本函数的展开式之后，就可以通过代数、三角变形或者变量替换，级数逐项求导/求积分等方法求出比较复杂函数的幂级数展开式.

**定义 7.4.1(泰勒级数，麦克劳林级数)** 设 $f(x)$ 在 $x_0$ 点的某邻域内任意阶可导，则称幂级数

$$\sum_{n=0}^{\infty}\frac{f^{(n)}(x_0)}{n!}(x-x_0)^n$$

$$=f(x_0)+f'(x_0)(x-x_0)+\frac{f''(x_0)}{2!}(x-x_0)^2+\cdots+\frac{f^{(n)}(x_0)}{n!}(x-x_0)^n+\cdots$$

为 $f(x)$ 在 $x=x_0$ 处的**泰勒级数**. 特别地，

$$\sum_{n=0}^{\infty}\frac{f^{(n)}(0)}{n!}x^n=f(0)+f'(0)x+\frac{f''(0)}{2!}x^2+\cdots+\frac{f^{(n)}(0)}{n!}x^n+\cdots$$

称为 $f(x)$ 的**麦克劳林级数**.

若函数 $f(x)$ 在 $x_0$ 点的某邻域内任意阶可导，根据定义我们总可以求得与函数 $f(x)$ 对应的泰勒级数. 通过前面级数的学习，我们知道函数项级数的收敛是有一定范围的，所以一个函数对应的泰勒级数还有一个收敛的问题，即，该泰勒级数在什么范围内是收敛的？如果收敛，泰勒级数的和等于原函数 $f(x)$ 吗？

**例 7.4.1** 求函数 $f(x)=\dfrac{1}{x}$ 在 $x_0=2$ 处的泰勒级数. 该级数是否处处收敛到 $f(x)$？

**解** 由泰勒级数的定义，需要求 $f(2),f'(2),\cdots,f^{(n)}(2),\cdots$. 易知

$$f^{(n)}(x)=(-1)^n n!\ x^{-(n+1)},$$

$$f^{(n)}(2)=\frac{(-1)^n n!}{2^{(n+1)}},\quad n=1,2,\cdots.$$

故 $f(x)$ 在 $x_0=2$ 处的泰勒级数为

$$\begin{aligned}&f(2)+\frac{f'(2)}{1!}(x-2)+\frac{f''(2)}{2!}(x-2)^2+\cdots+\frac{f^{(n)}(2)}{n!}(x-2)n+\cdots\\&=\frac{1}{2}-\frac{(x-2)}{2^2}+\frac{(x-2)^2}{2^3}+\cdots+(-1)^n\frac{(x-2)^n}{2^{n+1}}+\cdots.\end{aligned}$$

它是一个首项为 $\dfrac{1}{2}$，公比 $r=-\dfrac{x-2}{2}$ 的几何级数. 它的收敛区间为 $(0,4)$，且其和为 $f(x)=\dfrac{1}{x}$. 因此，当 $x\in(0,4)$ 时，该级数收敛到 $f(x)$. ■

令 $S(x)$ 表示 $f(x)$ 在 $x_0$ 处的泰勒级数的和. 显然在例 7.4.1 中总有 $S(x_0)=f(x_0)$. 但注意到在收敛区间内，$S(x)$ 并不一定处处等于 $f(x)$. 事实上，这里有一个实例：$f$ 在 $x_0$ 处的幂级数在除了 $x=x_0$ 处外，其余各点都不收敛到 $f(x)$，其中 $f$ 的定义域与级数的收敛区间都是 $(-\infty,+\infty)$，详见例 7.4.2.

**例 7.4.2** 求函数

$$f(x)=\begin{cases}e^{-\frac{1}{x^2}}, & x\neq 0,\\ 0, & x=0\end{cases}$$

的麦克劳林级数. 该级数是否处处收敛到 $f(x)$？

**解** 由麦克劳林级数的定义，需要求 $f(0),f'(0),\cdots,f^{(n)}(0),\cdots$. 可以证明函数 $f$ 在 $x=0$ 处无穷次可微，且

$$f^{(n)}(0)=0,\quad n=1,2,\cdots.$$

故函数 $f(x)$ 的麦克劳林级数为

$$\sum_{n=0}^{\infty}\frac{f^{(n)}(0)}{n!}x^n=0+0x+\frac{0}{2!}x^2+\cdots+\frac{0}{n!}x^n+\cdots=0.$$

显然该级数在整个实数域上处处收敛，且和函数为 $S(x)=0$. 因此，当 $x\neq 0$ 时，$f(x)\neq S(x)$. ■

这个例子说明，具有任意阶导数的函数，其泰勒级数并不是都能收敛于函数本身. 下面将讨论：函数 $f(x)$ 具备什么条件时，它的泰勒级数能收敛于函数 $f(x)$ 本身.

令 $S_n(x)$ 表示泰勒级数的前 $n+1$ 项和，即

$$S_n(x)=\sum_{k=0}^{n}\frac{f^{(k)}(x_0)}{k!}(x-x_0)^k.$$

则级数在点 $x$ 处收敛到 $f(x)$ 的充分必要条件是 $\lim\limits_{n\to\infty}S_n(x)=f(x)$.

又由第 3 章讨论过的泰勒公式可得

$$f(x)=\sum_{k=0}^{n}\frac{f^{(k)}(x_0)}{k!}(x-x_0)^k+R_n(x)=S_n(x)+R_n(x),$$

其中 $$R_n(x)=\frac{f^{(n+1)}(\xi)}{(n+1)!}(x-x_0)^{n+1},\quad \xi\text{ 介于 }x_0\text{ 与 }x\text{ 之间}.$$

因此,马上可得如下定理.

**定理 7.4.2** 设函数 $f(x)$在点 $x_0$ 的某一邻域$U(x_0)=(x_0-R,x_0+R)$内具有任意阶导数,则函数 $f(x)$在该邻域内等于其泰勒级数的和函数的充分必要条件是:对任意的 $x\in(x_0-R,x_0+R)$,有

$$\lim_{n\to\infty}R_n(x)=0,$$

其中 $R_n(x)$是泰勒公式中的余项.

此时,我们称由函数 $f(x)$生成的泰勒级数为函数 $f(x)$的**泰勒展开式**.

**推论 7.4.1** 设函数 $f(x)$在点 $x_0$ 的某一邻域$U(x_0)=(x_0-R,x_0+R)$内具有任意阶导数.若存在 $M>0$ 及 $N\in\mathbf{N}_+$,使得当 $n>N$ 时,对任意 $x\in(x_0-R,x_0+R)$都有

$$|f^{(n)}(x)|\leqslant M,$$

那么 $f(x)$在$(x_0-R,x_0+R)$内必能展开为它在 $x_0$ 处的泰勒级数.

### 7.4.2 初等函数的幂级数展开式

为了将函数 $f\in C^{\infty}$ 展为幂级数,可首先写出它的泰勒级数,然后检验在区间$(x_0-R,x_0+R)$内是否满足定理 7.4.2 或者推论 7.4.1 的条件,如果满足,则泰勒级数就是函数 $f(x)$在区间$(x_0-R,x_0+R)$内的泰勒展开.下面给出一些常见初等函数的麦克劳林展开式.

**1. 直接展开法**

**例 7.4.3** 求 $k$ 次多项式 $f(x)=c_0+c_1x+c_2x^2+\cdots+c_kx^k$ 的麦克劳林展开式.

**解** 易见,对任意 $x\in(-\infty,+\infty)$,总有$\lim\limits_{n\to\infty}R_n(x)=0$.

由于 $$f^{(n)}(0)=\begin{cases}n!\ c_n, & n\leqslant k,\\ 0, & n>k,\end{cases}$$

因而,$f(x)$在$(-\infty,+\infty)$内能展开为麦克劳林级数,即

$$\begin{aligned}f(x)&=f(0)+\frac{f'(0)}{1!}x+\frac{f''(0)}{2!}x^2+\cdots+\frac{f^k(0)}{k!}x^k\\&=c_0+c_1x+c_2x^2+\cdots+c_kx^k,\quad x\in(-\infty,+\infty).\end{aligned}$$

即多项式函数的幂级数展开式就是它本身. ■

**例 7.4.4** 求函数 $f(x)=\mathrm{e}^x$ 的麦克劳林展开式.

**解** 由于 $$f^{(n)}(x)=\mathrm{e}^x,\quad f^{(n)}(0)=1,\quad n=0,1,2,\cdots,$$

所以 $f(x)$的拉格朗日余项为

$$R_n(x)=\frac{\mathrm{e}^{\theta x}}{(n+1)!}x^{n+1},\quad 0\leqslant\theta\leqslant1,$$

易见 $$|R_n(x)|\leqslant\frac{\mathrm{e}^{|x|}}{(n+1)!}|x|^{n+1}.$$

由于对任何 $x\in(-\infty,+\infty)$都有

$$\lim_{n\to\infty}\frac{e^{|x|}}{(n+1)!}|x|^{n+1}=0,$$

因此,对所有 $x\in(-\infty,+\infty)$,$\lim\limits_{n\to\infty}R_n(x)=0$. 由定理 7.4.2 知,$f(x)=e^x$ 在$(-\infty,+\infty)$内能展开为麦克劳林级数,即

$$e^x=\sum_{n=0}^{\infty}\frac{x^n}{n!}=1+x+\frac{x^2}{2!}+\cdots+\frac{x^n}{n!}+\cdots,\quad x\in(-\infty,+\infty).$$ ■

**例 7.4.5** 求函数 $f(x)=\sin x$ 的麦克劳林展开式.

**解** 由于 $f^{(n)}(x)=\sin\left(x+\frac{n\pi}{2}\right),\quad f^{(n)}(0)=\sin\frac{n\pi}{2},\quad n=0,1,2,\cdots,$

所以
$$f^{(n)}(0)=\begin{cases}(-1)^k, & n=2k+1,\\ 0, & n=2k,\end{cases}\quad k=0,1,2,\cdots.$$

现在考察 $\sin x$ 的拉格朗日余项 $R_n(x)$. 由于对所有 $n\in\mathbf{N}_+$ 和 $x\in(-\infty,+\infty)$,

$$|R_n(x)|=\left|\frac{\sin\left[\xi+(n+1)\frac{\pi}{2}\right]}{(n+1)!}x^{n+1}\right|\leqslant\frac{|x|^{n+1}}{(n+1)!}\to 0\quad(n\to\infty),$$

其中 $\xi$ 介于 0 和 $x$ 之间. 所以函数 $f(x)=\sin x$ 在$(-\infty,+\infty)$内能展开成麦克劳林级数,即

$$\begin{aligned}\sin x&=\sum_{n=0}^{\infty}(-1)^n\frac{x^{2n+1}}{(2n+1)!}\\&=x-\frac{x^3}{3!}+\frac{x^5}{5!}+\cdots+(-1)^n\frac{x^{2n+1}}{(2n+1)!}+\cdots,\quad x\in(-\infty,+\infty).\end{aligned}$$ ■

同样可证(或逐项求导),$\cos x$ 在$(-\infty,+\infty)$内也能展开成麦克劳林级数,即

$$\begin{aligned}\cos x&=\sum_{n=0}^{\infty}(-1)^n\frac{x^{2n}}{(2n)!}\\&=1-\frac{x^2}{2!}+\frac{x^4}{4!}+\cdots+(-1)^n\frac{x^{2n}}{(2n)!}+\cdots,\quad x\in(-\infty,+\infty).\end{aligned}$$

**例 7.4.6** 求函数 $f(x)=\ln(1+x)$的麦克劳林展开式.

**解** 由于

$$f(0)=0,\quad f^{(n)}(x)=(-1)^{n-1}\frac{(n-1)!}{(1+x)^n},\quad f^{(n)}(0)=(-1)^{n-1}(n-1)!,\quad n=1,2,\cdots,$$

所以,函数 $f(x)$的麦克劳林级数是

$$\sum_{n=0}^{\infty}(-1)^{n-1}\frac{x^n}{n}=\sum_{n=0}^{\infty}(-1)^n\frac{x^{n+1}}{n+1}=x-\frac{x^2}{2}+\frac{x^3}{3}-\frac{x^4}{4}+\cdots+(-1)^n\frac{x^{n+1}}{n+1}+\cdots.\tag{7.4.2}$$

设 $a_n=(-1)^n\frac{1}{n+1}$,因为$\lim\limits_{n\to\infty}\left|\frac{a_{n+1}}{a_n}\right|=\lim\limits_{n\to\infty}\left|\frac{n+1}{n+2}\right|=1$,所以幂级数的收敛半径为 $R=1$,收敛区间为$(-1,1)$. 易见当 $x=1$ 时该级数收敛,当 $x=-1$ 时该级数发散,因此级数(7.4.2)的收敛域为$(-1,1]$.

当 $x\in(-1,1]$时,$\ln(1+x)$的拉格朗日余项为

$$R_n(x)=(-1)^n\frac{1}{(n+1)(1+\xi)^{n+1}}x^{n+1},\quad \xi\text{ 介于 0 和 }x\text{ 之间}.$$

易见,当 $0<x\leqslant 1$ 时,

$$|R_n(x)|=\left|\frac{1}{(n+1)}\left(\frac{x}{1+\xi}\right)^{n+1}\right|\leqslant\frac{1}{(n+1)}\to 0\quad(n\to\infty).$$

但当 $x\in(-1,0)$ 时，证明 $\lim\limits_{n\to\infty}R_n(x)=0$ 并不容易. 但由例 7.3.5，知级数(7.4.2)在 $x\in(-1,1]$ 内收敛到 $\ln(1+x)$. 根据函数幂级数展开的唯一性知，当 $x\in(-1,1]$ 时，式(7.4.2)就是 $\ln(1+x)$ 的麦克劳林展开式，即

$$\begin{aligned}\ln(1+x)&=\sum_{n=0}^{\infty}(-1)^n\frac{x^{n+1}}{n+1}\\&=x-\frac{x^2}{2}+\frac{x^3}{3}-\frac{x^4}{4}+\cdots+(-1)^n\frac{x^{n+1}}{n+1}+\cdots,\quad x\in(-1,1].\end{aligned}$$ ■

**例 7.4.7** 求函数 $f(x)=(1+x)^{\alpha}$ ($\alpha$ 是实数)的麦克劳林展开式.

**解** 当 $\alpha$ 为整数时，由二项式定理直接展开，就得到 $f(x)$ 的展开式，这已经在例 7.4.3 中讨论过.

下面讨论 $\alpha$ 不等于整数时的情形. 这时由于

$$f^{(n)}(x)=\alpha(\alpha-1)\cdots(\alpha-n+1)(1+x)^{\alpha-n},$$
$$f^{(n)}(0)=\alpha(\alpha-1)\cdots(\alpha-n+1),\quad n=1,2,\cdots,$$

所以函数 $f(x)=(1+x)^{\alpha}$ 的麦克劳林级数是

$$1+\frac{\alpha}{1!}x+\frac{\alpha(\alpha-1)}{2!}x^2+\cdots+\frac{\alpha(\alpha-1)\cdots(\alpha-n+1)}{n!}x^n+\cdots.$$

设 $a_n=\dfrac{\alpha(\alpha-1)\cdots(\alpha-n+1)}{n!}$，因为 $\lim\limits_{n\to\infty}\left|\dfrac{a_{n+1}}{a_n}\right|=\lim\limits_{n\to\infty}\left|\dfrac{\alpha-n}{n+1}\right|=1$，所以幂级数的收敛半径 $R=1$，收敛区间为 $(-1,1)$.

当 $x\in(-1,1)$ 时，$(1+x)^{\alpha}$ 的拉格朗日余项为

$$R_n(x)=\frac{\alpha(\alpha-1)\cdots(\alpha-n)}{(n+1)!}\frac{x^{n+1}}{(1+\theta x)^{n+1-\alpha}},\quad\theta\in(0,1).$$

可见对任何 $x\in(-1,1)$，证明 $R_n(x)\to 0(n\to\infty)$ 并不容易. 为避免研究余项，我们直接求幂级数的和函数. 设级数在 $(-1,1)$ 内的和函数为 $S(x)$，即

$$S(x)=1+\frac{\alpha}{1!}x+\frac{\alpha(\alpha-1)}{2!}x^2+\cdots+\frac{\alpha(\alpha-1)\cdots(\alpha-n+1)}{n!}x^n+\cdots.\tag{7.4.3}$$

将式(7.4.3)求导得

$$\begin{aligned}S'(x)&=\alpha+\frac{\alpha(\alpha-1)}{1!}x+\cdots+\frac{\alpha(\alpha-1)\cdots(\alpha-n+1)}{(n-1)!}x^{n-1}+\cdots\\&=\alpha\left[1+(\alpha-1)x+\cdots+\frac{(\alpha-1)\cdots(\alpha-n+1)}{(n-1)!}x^{n-1}+\cdots\right].\end{aligned}$$

等式两端同乘以 $(1+x)$ 得

$$\begin{aligned}(1+x)S'(x)&=\alpha+[\alpha(\alpha-1)+\alpha]x+\cdots+\\&\quad\left[\frac{\alpha(\alpha-1)(\alpha-n+1)}{(n-1)!}+\frac{\alpha(\alpha-1)\cdots(\alpha-n)}{n!}\right]x^n+\cdots\\&=\alpha\left[1+\frac{\alpha}{1!}x+\cdots+\frac{\alpha(\alpha-1)\cdots(\alpha-n+1)}{n!}x^n+\cdots\right]=\alpha S(x),\end{aligned}$$

即
$$(1+x)S'(x)=\alpha S(x).$$

解以上微分方程得通解为 $S(x)=C(1+x)^{\alpha}$，$C$ 为任意常数. 因为 $S(0)=1$，所以 $C=1$，于是 $S(x)=(1+x)^{\alpha}$. 因此，有

$$(1+x)^{\alpha}=1+\frac{\alpha}{1!}x+\frac{\alpha(\alpha-1)}{2!}x^2+\cdots+\frac{\alpha(\alpha-1)\cdots(\alpha-n+1)}{n!}x^n+\cdots,\quad x\in(-1,1).$$

(7.4.4)

当 $\alpha$ 是整数时，式(7.4.4)就是二项式公式，即

$$(1+x)^n=1+nx+\frac{n(n-1)}{2!}x^2+\cdots+\frac{n(n-1)\cdots 1}{n!}x^n,$$

故式(7.4.4)又称为**二项式级数**.

当 $\alpha$ 不是整数时，式(7.4.4)就是幂级数，该级数在端点 $x=\pm 1$ 处级数是否收敛，根据 $\alpha$ 取值而定.

特别地，分别令 $\alpha$ 等于 $-1$ 和 $-\frac{1}{2}$，可得如下常用的麦克劳林展开式：

$$\frac{1}{1+x}=1-x+x^2-\cdots+(-1)^n x^n+\cdots,\quad x\in(-1,1);\qquad (7.4.5)$$

$$\frac{1}{\sqrt{1+x}}=1-\frac{1}{2}x+\frac{1\times 3}{2^2 2!}x^2-\cdots+(-1)^n\frac{1\times 3\times\cdots\times(2n-1)}{2^n n!}x^n+\cdots,\quad x\in(-1,1).$$

(7.4.6)■

我们可以利用以上麦克劳林展开式求其他函数的麦克劳林展开式或泰勒展开式.这种方法称为间接展开法.

**2. 间接展开法**

**例 7.4.8** 求函数 $f(x)=\arctan x$ 的麦克劳林展开式.

**解** 由于 $f'(x)=\frac{1}{1+x^2}$，且由(7.4.5)知

$$\frac{1}{1+x}=1-x+x^2-\cdots+(-1)^n x^n+\cdots,\quad x\in(-1,1).$$

故在上式中，将 $x$ 用 $x^2$ 替代得

$$\frac{1}{1+x^2}=1-x^2+x^4-\cdots+(-1)^n x^{2n}+\cdots,\quad x\in(-1,1).$$

所以对上式两端分别从 0 到 $x$ 积分得

$$\arctan x=\int_0^x\frac{1}{1+t^2}\mathrm{d}t=x-\frac{x^3}{3}+\frac{x^5}{5}-\cdots+(-1)^n\frac{x^{2n+1}}{2n+1}+\cdots,\quad x\in(-1,1).$$

注意到该级数在 $x=\pm 1$ 处收敛，故由和函数的连续性知

$$\arctan x=x-\frac{x^3}{3}+\frac{x^5}{5}-\cdots+(-1)^n\frac{x^{2n+1}}{2n+1}+\cdots,\quad x\in[-1,1].$$ ■

类似地，由于 $(\arcsin x)'=\frac{1}{\sqrt{1-x^2}}$，而由式(7.4.6)知

$$\frac{1}{\sqrt{1+x}}=1-\frac{1}{2}x+\frac{1\times 3}{2^2 2!}x^2-\cdots+(-1)^n\frac{1\times 3\times\cdots\times(2n-1)}{2^n n!}x^n+\cdots,\quad x\in(-1,1).$$

将上式两端的 $x$ 用 $-x^2$ 替代得

$$\frac{1}{\sqrt{1-x^2}}=1+\frac{1}{2}x^2+\frac{1\times 3}{2^2 2!}x^4+\cdots+\frac{1\times 3\times\cdots\times(2n-1)}{2^n n!}x^{2n}+\cdots,\quad x\in(-1,1).$$

进而对上式两端分别从 0 到 $x$ 积分得

$$\arcsin x = \int_0^x \frac{1}{\sqrt{1-t^2}}\mathrm{d}t$$
$$= x + \frac{1}{2}\frac{x^3}{3} + \frac{1\times 3}{2^2 2!}\frac{x^5}{5} + \cdots + \frac{1\times 3\times\cdots\times(2n-1)}{2^n n!}\frac{x^{2n+1}}{2n+1} + \cdots, \quad x\in(-1,1).$$

注意到该级数在 $x=\pm 1$ 处收敛，故由和函数的连续性知

$$\arcsin x = x + \frac{1}{2}\frac{x^3}{3} + \frac{1\times 3}{2^2 2!}\frac{x^5}{5} + \cdots + \frac{1\times 3\times\cdots\times(2n-1)}{2^n n!}\frac{x^{2n+1}}{2n+1} + \cdots, \quad x\in[-1,1].$$

**例 7.4.9** 求函数 $f(x)=\frac{1}{1-x-2x^2}$ 的麦克劳林展开式及 $f^{(n)}(0)$.

**解** 上面通用的展开式在这里不能直接运用. 我们先将 $f(x)$ 分成两项，即

$$f(x)=\frac{1}{(1+x)(1-2x)}=\frac{1}{3}\left(\frac{1}{1+x}+\frac{2}{1-2x}\right).$$

由于

$$\frac{1}{1+x} = \sum_{n=0}^{\infty}(-1)^n x^n = 1 - x + x^2 - \cdots + (-1)^n x^n + \cdots, \quad x\in(-1,1).$$

在上式中，将 $x$ 用 $-2x$ 代替得

$$\frac{1}{1-2x} = \sum_{n=0}^{\infty}(-1)^n(-2x)^n = \sum_{n=0}^{\infty}2^n x^n, \quad x\in\left(-\frac{1}{2},\frac{1}{2}\right).$$

因此

$$f(x) = \frac{1}{3}\sum_{n=0}^{\infty}(-1)^n x^n + \frac{2}{3}\sum_{n=0}^{\infty}2^n x^n = \sum_{n=0}^{\infty}\frac{(-1)^n + 2^{n+1}}{3}x^n, \quad x\in\left(-\frac{1}{2},\frac{1}{2}\right).$$

因为在麦克劳林公式中 $x^n$ 的系数是 $a_n=\frac{f^{(n)}(0)}{n!}$，故

$$f^{(n)}(0)=a_n n! = \frac{(-1)^n+2^{n+1}}{3}n!.$$ ■

**例 7.4.10** 求非初等函数 $f(x)=\int_0^x \mathrm{e}^{-t^2}\mathrm{d}t$ 的麦克劳林展开式.

**解** 由例 7.4.4 知

$$\mathrm{e}^x = \sum_{n=0}^{\infty}\frac{x^n}{n!} = 1 + \frac{x}{1!} + \frac{x^2}{2!} + \cdots + \frac{x^n}{n!} + \cdots, \quad x\in(-\infty,+\infty).$$

以 $-x^2$ 代替上式中的 $x$ 得

$$\mathrm{e}^{-x^2} = 1 - \frac{x^2}{1!} + \frac{x^4}{2!} - \frac{x^6}{3!} + \cdots + (-1)^n\frac{x^{2n}}{n!} + \cdots, \quad x\in(-\infty,+\infty).$$

再对上式两端从 0 到 $x$ 积分，得到 $f(x)$ 在 $(-\infty,+\infty)$ 的麦克劳林展开式为

$$\int_0^x \mathrm{e}^{-t^2}\mathrm{d}t = t\Big|_0^x - \frac{t^3}{1!3}\Big|_0^x + \frac{t^5}{2!5}\Big|_0^x - \frac{t^7}{3!7}\Big|_0^x + \cdots + (-1)^n\frac{t^{2n+1}}{n!(2n+1)}\Big|_0^x + \cdots$$
$$= x - \frac{x^3}{1!\ 3} + \frac{x^5}{2!\ 5} - \frac{x^7}{3!\ 7} + \cdots + (-1)^n\frac{x^{2n+1}}{n!\ (2n+1)} + \cdots, \quad x\in(-\infty,+\infty).$$ ■

**例 7.4.11** 求函数 $f(x)=\sin x$ 在 $x=\frac{\pi}{4}$ 处的泰勒展开式.

**解** 由于 $\sin x = \sin\left[\frac{\pi}{4}+\left(x-\frac{\pi}{4}\right)\right]$

$$=\sin\frac{\pi}{4}\cos\left(x-\frac{\pi}{4}\right)+\cos\frac{\pi}{4}\sin\left(x-\frac{\pi}{4}\right)$$

$$=\frac{1}{\sqrt{2}}\left[\cos\left(x-\frac{\pi}{4}\right)+\sin\left(x-\frac{\pi}{4}\right)\right],$$

且

$$\cos\left(x-\frac{\pi}{4}\right)=1-\frac{\left(x-\frac{\pi}{4}\right)^2}{2!}+\frac{\left(x-\frac{\pi}{4}\right)^4}{4!}+\cdots+(-1)^k\frac{\left(x-\frac{\pi}{4}\right)^{2k}}{(2k)!}+\cdots,\quad x\in(-\infty,+\infty),$$

$$\sin\left(x-\frac{\pi}{4}\right)=\left(x-\frac{\pi}{4}\right)-\frac{\left(x-\frac{\pi}{4}\right)^3}{3!}+\frac{\left(x-\frac{\pi}{4}\right)^5}{5!}+\cdots+(-1)^{k-1}\frac{\left(x-\frac{\pi}{4}\right)^{2k-1}}{(2k-1)!}+\cdots,\quad x\in(-\infty,+\infty).$$

故

$$\sin x=\frac{1}{\sqrt{2}}\left[1+\left(x-\frac{\pi}{4}\right)-\frac{\left(x-\frac{\pi}{4}\right)^2}{2!}-\frac{\left(x-\frac{\pi}{4}\right)^3}{3!}+\frac{\left(x-\frac{\pi}{4}\right)^4}{4!}+\frac{\left(x-\frac{\pi}{4}\right)^5}{5!}+\cdots\right],\quad x\in(-\infty,+\infty).$$

**例 7.4.12** 求函数 $f(x)=\frac{x-1}{3-x}$在 $x=1$ 处的泰勒展开式.

**解**

$$f(x)=\frac{x-1}{3-x}=-1+\frac{2}{3-x}=-1+\frac{1}{1-\frac{x-1}{2}}.$$

由于

$$\frac{1}{1-x}=\sum_{n=0}^{\infty}x^n=1+x+x^2+\cdots+x^n+\cdots,\quad x\in(-1,1),$$

故在上式中将 $x$ 用$\frac{x-1}{2}$替代得

$$\frac{1}{1-\frac{x-1}{2}}=1+\frac{x-1}{2}+\frac{(x-1)^2}{2^2}+\cdots+\frac{(x-1)^n}{2^n}+\cdots,\quad x\in(-1,3).$$

从而

$$\frac{x-1}{3-x}=\frac{x-1}{2}+\frac{(x-1)^2}{2^2}+\cdots+\frac{(x-1)^n}{2^n}+\cdots,\quad x\in(-1,3).$$

### 7.4.3 泰勒级数的应用

**1. 近似计算**

**例 7.4.13** 求 $\sqrt[5]{240}$的近似值,使误差不超过 $10^{-4}$.

**解** 因为

$$\sqrt[5]{240}=\sqrt[5]{243-3}=3\left(1-\frac{1}{3^4}\right)^{1/5},$$

根据$(1+x)^{\alpha}$ 的麦克劳林公式,取 $\alpha=\frac{1}{5}$和 $x=-\frac{1}{3^4}$,有

$$\sqrt[5]{240}=3\left[1-\frac{1}{5}\times\frac{1}{3^4}-\frac{1\times 4}{5^2\times 2!}\times\frac{1}{3^8}-\frac{1\times 4\times 9}{5^3\times 3!}\times\frac{1}{3^{12}}-\cdots-\right.$$

$$\left.\frac{1\times 4\times\cdots\times(5n-11)}{5^{n-1}(n-1)!}\frac{1}{3^{4(n-1)}}+R_n\left(-\frac{1}{3^4}\right)\right],$$

且

$$R_n\left(-\frac{1}{3^4}\right)=-\sum_{k=n+1}^{\infty}\frac{1\times 4\times\cdots\times(5k-11)}{5^{k-1}(k-1)!}\frac{1}{3^{4(k-1)}}.$$

因为

$$\begin{aligned}\left|3R_n\left(-\frac{1}{3^4}\right)\right| &= \left|3\sum_{k=n+1}^{\infty}\frac{1\times 4\times\cdots\times(5k-11)}{5^{k-1}(k-1)!}\frac{1}{3^{4(k-1)}}\right| \\ &< 3\times\frac{1\times 4\times\cdots\times(5n-6)}{5^n n!}\frac{1}{3^{4n}}\left[1+\frac{1}{3^4}+\left(\frac{1}{3^4}\right)^2+\cdots\right] \\ &= 3\times\frac{1\times 4\times\cdots\times(5n-6)}{5^n n!}\frac{1}{3^{4n}}\frac{1}{1-\frac{1}{81}} \\ &= \frac{1\times 4\times\cdots\times(5n-6)}{80\times 5^n\times n!}\frac{1}{3^{4n-5}}.\end{aligned}$$

只需取 $n=2$ 即可得

$$\left|3R_n\left(-\frac{1}{3^4}\right)\right|<\frac{1}{40\times 25\times 27}=\frac{1}{27\,000},$$

因此,取泰勒级数中的前两项得

$$\sqrt[5]{240}\approx 3\left(1-\frac{1}{5}\times\frac{1}{3^4}\right)\approx 2.992\,6.$$

■

**例 7.4.14** 求 $\ln 2$ 的近似值,使其误差不超过 $10^{-4}$.

**解** 根据 $\ln(1+x)$ 的麦克劳林公式,有

$$\ln 2=1-\frac{1}{2}+\frac{1}{3}-\cdots+(-1)^{n-1}\frac{1}{n}+\cdots.$$

如果我们用右端的级数去求其近似值,并使误差不超过 $10^{-4}$,需要求前 $10^4$ 项的代数和. 这是因为该交错级数的收敛速度太慢. 在科学计算中提高收敛速度是非常重要的. 为此,用函数 $\ln\frac{1+x}{1-x}$ 的麦克劳林展开式来替代 $\ln(1+x)$ 的麦克劳林展开式,易得如下展开式:

$$\ln\frac{1+x}{1-x}=\ln(1+x)-\ln(1-x)=2\left(x+\frac{x^3}{3}+\frac{x^5}{5}+\cdots+\frac{x^{2n+1}}{2n-1}+\cdots\right),\quad x\in(-1,1)$$

令 $\frac{1+x}{1-x}=2$,则 $x=\frac{1}{3}$,因此

$$\ln 2=2\left[\frac{1}{3}+\frac{1}{3}\left(\frac{1}{3}\right)^3+\frac{1}{5}\left(\frac{1}{3}\right)^5+\cdots+\frac{1}{2n-1}\left(\frac{1}{3}\right)^{2n-1}+\cdots\right].\tag{7.4.7}$$

因为

$$\left|R_n\left(\frac{1}{3}\right)\right|=\sum_{k=n+1}^{\infty}\frac{2}{2k-1}\left(\frac{1}{3}\right)^{2k-1}<\frac{1}{3n}\sum_{k=n+1}^{\infty}\left(\frac{1}{9}\right)^{k-1}<\frac{1}{n9^n},$$

容易看出要使 $\left|R_n\left(\frac{1}{3}\right)\right|<10^{-4}$,只需取 $n=4$. 取幂级数(7.4.7)的前四项,得

$$\ln 2\approx 0.693\,14.$$

**例 7.4.15** 求积分 $\int_0^1 e^{-x^2}dx$ 的近似值,使得误差不超过 $10^{-4}$.

**解** 由于被积函数 $e^{-x^2}$ 的原函数不是初等函数,故此积分不能用牛顿-莱布尼茨公式计算. 由例 7.4.10 知

$$\int_0^1 e^{-x^2}dx = x\Big|_0^1 - \frac{x^3}{1!3}\Big|_0^1 + \frac{x^5}{2!5}\Big|_0^1 - \frac{x^7}{3!7}\Big|_0^1 + \cdots + (-1)^n \frac{x^{2n+1}}{n!(2n+1)}\Big|_0^1 + \cdots$$

$$= 1 - \frac{1}{1!3} + \frac{1}{2!5} - \frac{1}{3!7} + \cdots + (-1)^n \frac{1}{n!(2n+1)} + \cdots.$$

根据交错级数理论，要使$\frac{1}{(2n+1)n!}<10^{-4}$，只需 $n\geqslant 7$. 取 $n=7$，得

$$\int_0^1 e^{-x^2}dx \approx \sum_{n=0}^{7}(-1)^n \frac{1}{n!(2n+1)} \approx 0.746\ 84.$$

**2. 欧拉公式**

对于复级数 $\sum_{n=1}^{\infty}(u_n+iv_n)$，若其实部级数 $\sum_{n=1}^{\infty}u_n$ 及虚部级数 $\sum_{n=1}^{\infty}v_n$ 都收敛，则称该复级数收敛，且定义

$$\sum_{n=1}^{\infty}(u_n+\mathrm{i}v_n) = \sum_{n=1}^{\infty}u_n + \mathrm{i}\sum_{n=1}^{\infty}v_n.$$

这里 $\mathrm{i}=\sqrt{-1}$是虚单位.

现在，考察 $e^x$ 的幂级数展开式：

$$e^x = \sum_{n=0}^{\infty}\frac{x^n}{n!} = 1 + x + \frac{x^2}{2!} + \cdots + \frac{x^n}{n!} + \cdots, \quad x\in(-\infty,+\infty).$$

若将 $x$ 用 $\mathrm{i}x$ 替代，则

$$\begin{aligned} e^{\mathrm{i}x} &= 1+\mathrm{i}x+\frac{(\mathrm{i}x)^2}{2!}+\frac{(\mathrm{i}x)^3}{3!}+\frac{(\mathrm{i}x)^4}{4!}+\cdots+\frac{(\mathrm{i}x)^n}{n!}+\cdots \\ &= 1+\mathrm{i}x-\frac{x^2}{2!}-\mathrm{i}\frac{x^3}{3!}+\frac{x^4}{4!}+\mathrm{i}\frac{x^5}{5!}-\frac{x^6}{6!}-\mathrm{i}\frac{x^7}{7!}+\frac{x^8}{8!}+\cdots \\ &= \left(1-\frac{x^2}{2!}+\frac{x^4}{4!}-\frac{x^6}{6!}+\cdots\right)+\mathrm{i}\left(x-\frac{x^3}{3!}+\frac{x^5}{5!}-\frac{x^7}{7!}+\cdots\right) \\ &= \cos x+\mathrm{i}\sin x, \quad x\in(-\infty,+\infty). \end{aligned}$$

因此，可得如下非常有用的欧拉公式：

$$e^{\mathrm{i}x} = \cos x + \mathrm{i}\sin x.$$

类似地，有

$$e^{-\mathrm{i}x} = \cos x - \mathrm{i}\sin x.$$

因此

$$\cos x = \frac{e^{\mathrm{i}x}+e^{-\mathrm{i}x}}{2}, \sin x = \frac{e^{\mathrm{i}x}-e^{-\mathrm{i}x}}{2\mathrm{i}}.$$

## 习题 7.4 A

1. 阐述函数 $f(x)$在点 $x_0$ 的泰勒级数与函数 $f$ 在 $x_0$ 处的泰勒展开之间的区别与联系.

2. 求下列函数的麦克劳林展开：

(1) $xe^{-x^2}$；　　(2) $\sin^2 x$；

(3) $\cosh\frac{x}{2}$；　　(4) $\arccos x$；

(5) $\frac{x^{10}}{1-x}$；　　(6) $\frac{x}{1+x-2x^2}$；

(7) $\ln(1-3x+2x^2)$；

(8) $(1+x)\ln(1+x)$；

(9) $\frac{2}{\sqrt{2-x}}$；

(10) $\frac{x}{\sqrt{1+x^2}}$.

3. 设 $f(x)=x^3\mathrm{e}^{-x^2}$，求 $f^{(n)}(0)$.

4. 求下列函数在给定点 $x_0$ 处的幂级数展开式：

(1) $x^3-2x+4$，　$x_0=2$；

(2) $\frac{1}{x}$，　$x_0=-3$；

(3) $\frac{1}{x^2}$，　$x_0=3$；

(4) $\frac{x}{x^2-5x+6}$，　$x_0=5$；

(5) $\mathrm{e}^x$，　$x_0=2$；

(6) $\cos x$，　$x_0=\frac{\pi}{3}$；

(7) $\ln x$，　$x_0=1$；

(8) $\frac{1}{4}\ln\frac{2+x}{2-x}$，　$x_0=1$；

(9) $\arctan(x-1)$，　$x_0=1$；

(10) $\int_0^x \frac{\sin t}{t}\mathrm{d}t$，　$x_0=0$.

## 习题 7.4　B

1. 估算下列值或积分，使误差小于 $10^{-4}$.

(1) e；

(2) $\cos 10°$；

(3) $\int_0^1 \frac{\sin x}{x}\mathrm{d}x$；

(4) $\int_0^{\frac{1}{4}} \sqrt{1+x^2}\,\mathrm{d}x$.

2. 考虑函数：

$$f(x)=\begin{cases}\mathrm{e}^{-\frac{1}{x^2}}, & x\neq 0,\\ 0, & x=0.\end{cases}$$

(1) 证明函数 $f$ 可微，且 $f'(0)=0$；

(2) 证明 $f$ 存在各阶导数，并证明 $f^{(n)}(0)=0, n=0,1,2,\cdots$；

(3) $f(x)$的麦克劳林级数是否收敛于 $f(x)$？

# 7.5　傅里叶级数

法国数学家傅里叶发现，任何周期函数都可以用正弦函数和余弦函数构成的无穷级数来表示，这种无穷级数就是本节要学习的傅里叶(Fourier)级数. 傅里叶级数为工程师提供了一个十分有效的数学工具，可以用它将一个波分解成不同的频率. 它在数论、组合数学、信号处理、概率论、统计学、密码学、声学、光学等领域都有着广泛的应用.

傅里叶级数是一种特殊的三角级数，形如

$$\frac{a_0}{2}+\sum_{n=1}^{\infty}(a_n\cos nx+b_n\sin nx)$$

的函数项级数被称为**三角级数**，其中 $a_0, a_n, b_n (n=1,2,\cdots)$是实常数. 本节中，我们将学习给定函数的三角级数表示.

### 7.5.1 正交三角函数系

**定义 7.5.1** **(正交性).** 若函数 $f$ 与 $g$ 在区间$[a,b]$都可积,且 $\int_a^b f(x)g(x)\mathrm{d}x=0$,则称函数 $f$ 与 $g$ 在区间$[a,b]$上**正交**. 此外,设$\{f_n(x)\}$是区间$[a,b]$上的函数列. 若其中任意两个不同的函数在区间$[a,b]$上正交且有 $\int_a^b f_n^2(x)\mathrm{d}x\neq 0(n=1,2,\cdots)$,则称$\{f_n(x)\}$是区间$[a,b]$上的**正交函数系**.

首先来看三角函数系

$$\{1,\cos x,\sin x,\cos 2x,\sin 2x,\cdots,\cos nx,\sin nx,\cdots\}. \tag{7.5.1}$$

通过直接计算,对任意 $m,n\in\mathbf{N}_+$,可以得到如下三角积分表(见表 7.5.1).

**表 7.5.1 三角积分表**

| | |
|---|---|
| $\int_{-\pi}^{\pi} 1\times\cos nx\,\mathrm{d}x=0$; | $\int_{-\pi}^{\pi} 1\times\sin nx\,\mathrm{d}x=0$; |
| $\int_{-\pi}^{\pi} \cos mx\cos nx\,\mathrm{d}x=0\quad(m\neq n)$; | $\int_{-\pi}^{\pi} \sin mx\sin nx\,\mathrm{d}x=0\quad(m\neq n)$; |
| $\int_{-\pi}^{\pi} \cos mx\sin nx\,\mathrm{d}x=0$; | $\int_{-\pi}^{\pi} 1^2\,\mathrm{d}x=2\pi$; |
| $\int_{-\pi}^{\pi} \cos^2 nx\,\mathrm{d}x=\int_{-\pi}^{\pi}\sin^2 nx\,\mathrm{d}x=\pi$. | |

表 7.5.1 表明,三角函数系中任意两个不同函数的乘积在区间$[-\pi,\pi]$上的积分等于零;且任何一个函数的平方在区间$[-\pi,\pi]$上的积分不等于零. 因此,由定义 7.5.1,三角函数列$\{1,\cos x,\sin x,\cos 2x,\sin 2x,\cdots,\cos nx,\sin nx,\cdots\}$在区间$[-\pi,\pi]$上是一个正交三角函数系.

### 7.5.2 傅里叶级数

设 $f$ 是一个周期为 $2\pi$ 的可积函数,且可以展开为三角级数,即

$$f(x)=\frac{a_0}{2}+\sum_{n=1}^{\infty}(a_n\cos nx+b_n\sin nx). \tag{7.5.2}$$

因此有如下问题:系数 $a_0,a_n,b_n$ 与函数 $f$ 有什么关系?

假定等式(7.5.2)右端的级数逐项可积,则可利用正交三角函数系(7.5.1)来计算级数的系数 $a_0,a_1,a_2,\cdots,b_1,b_2,\cdots$.

对等式(7.5.2)两边从 $-\pi$ 到 $\pi$ 积分得

$$\begin{aligned}\int_{-\pi}^{\pi} f(x)\mathrm{d}x&=\frac{a_0}{2}\int_{-\pi}^{\pi}\mathrm{d}x+\sum_{n=1}^{\infty}\left(a_n\int_{-\pi}^{\pi}\cos nx\,\mathrm{d}x+b_n\int_{-\pi}^{\pi}\sin nx\,\mathrm{d}x\right)\\&=\frac{a_0}{2}\int_{-\pi}^{\pi}\mathrm{d}x=\pi a_0,\end{aligned}$$

即

$$a_0=\frac{1}{\pi}\int_{-\pi}^{\pi} f(x)\mathrm{d}x.$$

等式(7.5.2)两边同乘以 $\cos kx(k=1,2,\cdots)$后积分得

$$\int_{-\pi}^{\pi} f(x)\cos kx\,\mathrm{d}x = \frac{a_0}{2}\int_{-\pi}^{\pi}\cos kx\,\mathrm{d}x + \sum_{n=1}^{\infty}\left(a_n\int_{-\pi}^{\pi}\cos nx\cos kx\,\mathrm{d}x + b_n\int_{-\pi}^{\pi}\sin nx\cos kx\,\mathrm{d}x\right)$$

$$= a_k\int_{-\pi}^{\pi}\cos^2 kx\,\mathrm{d}x = \pi a_k,$$

即

$$a_k = \frac{1}{\pi}\int_{-\pi}^{\pi} f(x)\cos kx\,\mathrm{d}x \quad (k=1,2,\cdots).$$

等式(7.5.2)两边同乘以 $\sin kx(k=1,2,\cdots)$后积分得

$$\int_{-\pi}^{\pi} f(x)\sin kx\,\mathrm{d}x = \frac{a_0}{2}\int_{-\pi}^{\pi}\sin kx\,\mathrm{d}x + \sum_{n=1}^{\infty}\left(a_n\int_{-\pi}^{\pi}\cos nx\sin kx\,\mathrm{d}x + b_n\int_{-\pi}^{\pi}\sin nx\sin kx\,\mathrm{d}x\right)$$

$$= b_k\int_{-\pi}^{\pi}\sin^2 kx\,\mathrm{d}x = \pi b_k,$$

即

$$b_k = \frac{1}{\pi}\int_{-\pi}^{\pi} f(x)\sin kx\,\mathrm{d}x \quad (k=1,2,\cdots).$$

综上所述,可得如下公式:

$$a_k = \frac{1}{\pi}\int_{-\pi}^{\pi} f(x)\cos kx\,\mathrm{d}x \quad (k=0,1,2,\cdots),$$

$$b_k = \frac{1}{\pi}\int_{-\pi}^{\pi} f(x)\sin kx\,\mathrm{d}x \quad (k=1,2,\cdots). \tag{7.5.3}$$

**定义 7.5.2** 一般地说,若 $f$ 是以 $2\pi$ 为周期且在$[-\pi,\pi]$上可积的函数,则可按公式(7.5.3)计算出 $a_n$ 和 $b_n$,它们称为函数 $f$ 的傅里叶系数,以 $f$ 的傅里叶系数为系数的三角级数(7.5.2)称为 $f$ 的傅里叶级数,记作

$$f(x)\sim\frac{a_0}{2}+\sum_{n=1}^{\infty}(a_n\cos nx+b_n\sin nx). \tag{7.5.4}$$

这里记号"~"表示上式右边是左边的傅里叶级数. 如右边的傅里叶级数收敛到 $f$,此时(7.5.4)的"~"就可以换为等号"=".

**例 7.5.1** 求函数

$$f(x)=\begin{cases}1, & -\pi<x<0,\\ x, & 0\leqslant x\leqslant\pi\end{cases}$$

的傅里叶级数.

**解** 显然 $f(x)$可积. 由傅里叶系数公式(7.5.3)有

$$a_0 = \frac{1}{\pi}\int_{-\pi}^{\pi} f(x)\,\mathrm{d}x = \frac{1}{\pi}\int_{-\pi}^{0}\mathrm{d}x + \frac{1}{\pi}\int_{0}^{\pi}x\,\mathrm{d}x$$

$$= 1+\frac{\pi}{2},$$

$$a_n = \frac{1}{\pi}\int_{-\pi}^{\pi} f(x)\cos nx\,\mathrm{d}x$$

$$= \frac{1}{\pi}\int_{-\pi}^{0}\cos nx\,\mathrm{d}x + \frac{1}{\pi}\int_{0}^{\pi}x\cos nx\,\mathrm{d}x$$

$$= \frac{1}{n\pi}(\sin nx)\Big|_{-\pi}^{0} + \frac{1}{n\pi}\left[x\sin nx\Big|_{0}^{\pi} - \int_{0}^{\pi}\sin nx\,\mathrm{d}x\right]$$

$$= \frac{1}{n^2\pi}[(-1)^n-1],$$

$$
\begin{aligned}
b_n &= \frac{1}{\pi}\int_{-\pi}^{\pi} f(x)\sin nx\,\mathrm{d}x \\
&= \frac{1}{\pi}\int_{-\pi}^{0} \sin nx\,\mathrm{d}x + \frac{1}{\pi}\int_{0}^{\pi} x\sin nx\,\mathrm{d}x \\
&= \frac{1}{n\pi}(-\cos nx)\Big|_{-\pi}^{0} + \frac{1}{n\pi}\left[-x\cos nx\Big|_{0}^{\pi} + \int_{0}^{\pi}\cos nx\,\mathrm{d}x\right] \\
&= \frac{(-1)^n(1-\pi)-1}{n\pi}.
\end{aligned}
$$

因此,所给函数的傅里叶级数为

$$
f(x) \sim \frac{1}{2}+\frac{\pi}{4}+\sum_{n=1}^{\infty}\left\{\frac{1}{n^2\pi}[(-1)^n-1]\cos nx+\frac{(-1)^n(1-\pi)-1}{n\pi}\sin nx\right\}.
$$

### 7.5.3 傅里叶级数的收敛性

由式(7.5.3)可知,若 $f$ 在区间$[-\pi,\pi]$上可积,则它存在傅里叶级数.可是,傅里叶级数(7.5.4)是否收敛?即使它收敛,它是否收敛到 $f$?由例 7.5.1 可以看出,$f$ 的傅里叶级数在某些点处有可能不收敛到 $f$.若 $f$ 的傅里叶级数的和函数在某些点处不等于函数 $f$,怎样求这些点的和函数呢?这些问题的研究结果建立了一个函数展开为三角级数的严密理论.这里我们不予证明,仅仅给出收敛定理.

**定理 7.5.1(狄利克雷(Dirichlet)收敛定理)** 设函数 $f$ 在区间$[-\pi,\pi]$上分段单调,且除了有限个第一类间断点外都连续.那么函数 $f$ 的傅里叶级数在$[-\pi,\pi]$上处处收敛且其和函数为

$$
S(x)=\begin{cases} f(x), & x\text{ 为 } f \text{ 的连续点;} \\ \dfrac{f(x-0)+f(x+0)}{2}, & x\text{ 为 } f \text{ 的间断点;} \\ \dfrac{f(-\pi+0)+f(\pi-0)}{2}, & x=\pm\pi. \end{cases}
$$

在上述定理中,并非对$[-\pi,\pi]$中的每个点 $x$,$f(x)$的傅里叶级数都收敛于 $f(x)$本身,但为方便起见,此时,常把傅里叶级数称为函数 $f$ 的**傅里叶展开式**.

**例 7.5.2** 设 $f$ 是一个周期为 $2\pi$ 的周期函数,它在$(-\pi,\pi]$上的定义为

$$
f(x)=\begin{cases} 0, & -\pi<x<0, \\ x, & 0\leqslant x\leqslant\pi. \end{cases}
$$

求函数 $f$ 的傅里叶展开式.

**解** 所给函数 $f$ 的图形,称为**锯齿形波**,如图 7.5.1 所示.显然,$f$ 分段连续且分段单调.由狄利克雷定理知函数 $f$ 可以展开为傅里叶级数.

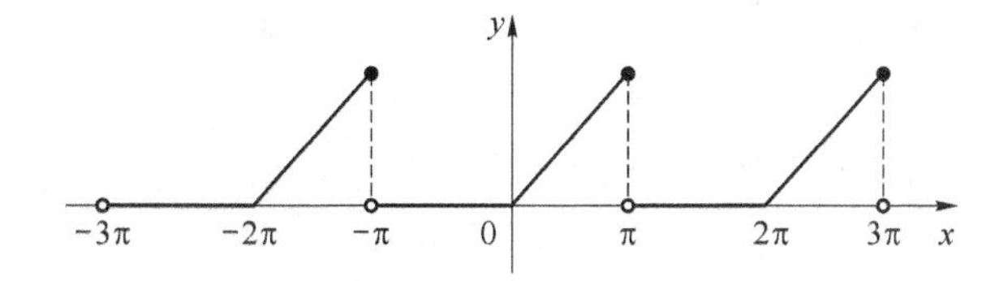


图 7.5.1

由傅里叶系数公式(7.5.3)可得

$$a_0=\frac{1}{\pi}\int_{-\pi}^{\pi}f(x)\mathrm{d}x=\frac{1}{\pi}\int_0^{\pi}x\mathrm{d}x=\frac{\pi}{2},$$

$$\begin{aligned}a_n&=\frac{1}{\pi}\int_{-\pi}^{\pi}f(x)\cos nx\,\mathrm{d}x=\frac{1}{\pi}\int_0^{\pi}x\cos nx\,\mathrm{d}x\\&=\frac{1}{n\pi}\left(x\sin nx\Big|_0^{\pi}-\int_0^{\pi}\sin nx\,\mathrm{d}x\right)\\&=\frac{(-1)^n-1}{n^2\pi}=\begin{cases}-\dfrac{2}{n^2\pi}, & n\text{ 是奇数},\\0, & n\text{ 是偶数},\end{cases}\end{aligned}$$

$$\begin{aligned}b_n&=\frac{1}{\pi}\int_{-\pi}^{\pi}f(x)\sin nx\,\mathrm{d}x=\frac{1}{\pi}\int_0^{\pi}x\sin nx\,\mathrm{d}x\\&=\frac{1}{n\pi}\left(-x\cos nx\Big|_0^{\pi}+\int_0^{\pi}\cos nx\,\mathrm{d}x\right)=\frac{(-1)^{n+1}}{n}.\end{aligned}$$

因此,所给函数的傅里叶级数为

$$\begin{aligned}f(x)&\sim\frac{\pi}{4}-\left(\frac{2}{\pi}\cos x-\sin x\right)-\frac{\sin 2x}{2}-\left(\frac{2}{3^2\pi}\cos 3x-\frac{1}{3}\sin 3x\right)-\cdots\\&=\frac{\pi}{4}-\sum_{k=1}^{\infty}\left[\frac{2}{(2k-1)^2\pi}\cos(2k-1)x+\frac{(-1)^k}{k}\sin kx\right].\end{aligned}\tag{7.5.5}$$

易见 $f(x)$ 在区间 $(-\pi,\pi)$ 内连续,故由狄利克雷定理可知,它在 $[-\pi,\pi]$ 上收敛于和函数:

$$S(x)=\begin{cases}f(x), & x\in(-\pi,\pi);\\\dfrac{f(-\pi+0)+f(\pi-0)}{2}=\dfrac{\pi}{2}, & x=\pm\pi.\end{cases}$$

下面考虑 $f(x)$ 的傅里叶级数在 $(-\infty,+\infty)$ 上的收敛性.

由 $f$ 的周期性知,$x=n\pi(n=\pm1,\pm3,\pm5,\cdots)$ 是函数的间断点,$f$ 的傅里叶级数在这些点处收敛到 $\frac{\pi}{2}$,且在 $(-\infty,+\infty)$ 上的其余各点均收敛到 $f(x)$.

由于傅里叶级数在 $x=\pi$ 收敛到 $\frac{\pi}{2}$,将 $x=\pi$ 代入式(7.5.5),可得常数项级数的和,即

$$\sum_{n=1}^{\infty}\frac{1}{(2n-1)^2}=\frac{\pi^2}{8}.$$ ■

**例 7.5.3** 设 $f$ 是周期为 $2\pi$ 的周期函数,且

$$f(x)=\begin{cases}0, & -\pi\leqslant x<0,\\1, & 0\leqslant x<\pi.\end{cases}$$

求它的傅里叶级数及和函数.

**解** 显然,$f$ 满足狄利克雷条件.根据公式(7.5.3)有

$$a_0=\frac{1}{\pi}\int_{-\pi}^{\pi}f(x)\mathrm{d}x=\frac{1}{\pi}\int_0^{\pi}1\mathrm{d}x=1,$$

$$a_n=\frac{1}{\pi}\int_{-\pi}^{\pi}f(x)\cos nx\,\mathrm{d}x=\frac{1}{\pi}\int_0^{\pi}\cos nx\,\mathrm{d}x=0,$$

$$\begin{aligned}b_n&=\frac{1}{\pi}\int_{-\pi}^{\pi}f(x)\sin nx\,\mathrm{d}x=\frac{1}{\pi}\int_0^{\pi}\sin nx\,\mathrm{d}x\\&=\frac{1-(-1)^n}{n\pi}\begin{cases}\dfrac{2}{n\pi}, & n\text{ 是奇数},\\0, & n\text{ 是偶数}.\end{cases}\end{aligned}$$

因此，$f$ 的傅里叶级数为

$$f(x) \sim \frac{1}{2} + \frac{2}{\pi}\sum_{k=1}^{\infty}\frac{\sin(2k-1)x}{2k-1}.$$

由狄利克雷定理可知，在区间$[-\pi,\pi]$上傅里叶级数的和函数为

$$S(x)=\begin{cases}0, & -\pi<x<0,\\ 1, & 0<x<\pi,\\ \frac{1}{2}, & x=0,\pm\pi.\end{cases}$$

下面考虑 $f$ 的傅里叶级数在$(-\infty,+\infty)$上的收敛性.

由函数 $f$ 的周期性知，$x=n\pi(n=0,\pm1,\pm2,\cdots)$是函数的间断点，且 $f$ 的傅里叶级数在这些点处收敛到$\frac{1}{2}$，且在$(-\infty,+\infty)$上的其余各点均收敛到 $f(x)$.

可简记为

$$f(x)=\frac{1}{2}+\frac{2}{\pi}\sum_{n=1}^{\infty}\frac{\sin(2k-1)x}{2k-1}, \quad -\infty<x<+\infty, x\neq n\pi,$$

且称它为函数 $f$ 的傅里叶展开式.

区间$[-\pi,\pi)$上函数 $f(x)$的傅里叶级数的部分和如图 7.5.2 所示，其中

$$S_1(x) = \frac{1}{2}+\frac{2}{\pi}\sin x,$$

$$S_2(x) = \frac{1}{2}+\frac{2}{\pi}\left(\sin x+\frac{\sin 3x}{3}\right),$$

$$S_3(x) = \frac{1}{2}+\frac{2}{\pi}\left(\sin x+\frac{\sin 3x}{3}+\frac{\sin 5x}{5}\right),$$

$$S_4(x) = \frac{1}{2}+\frac{2}{\pi}\sum_{k=1}^{4}\frac{\sin(2k-1)x}{2k-1}.$$

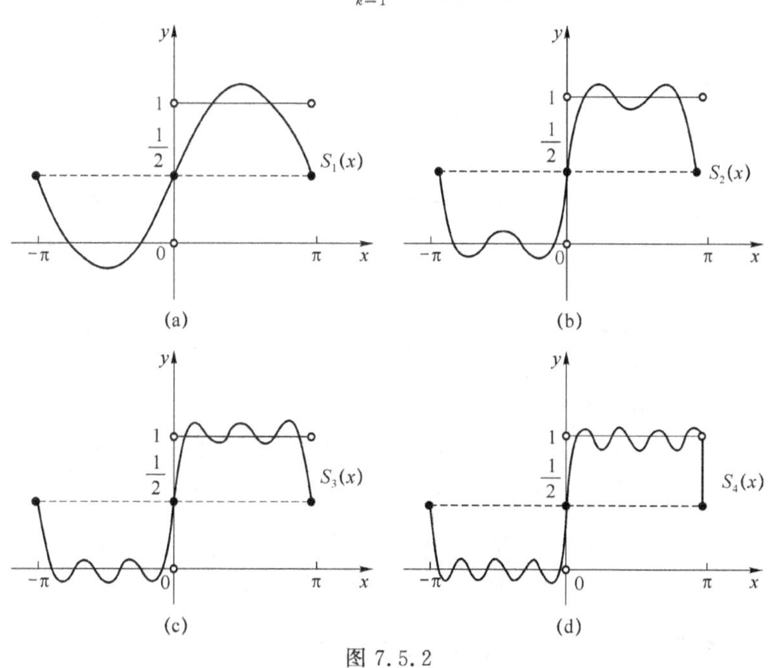


图 7.5.2

■

**例 7.5.4** 设 $f$ 是周期为 $2\pi$ 的周期函数，它在区间 $[-\pi,\pi)$ 上的定义如下：

$$f(x)=\begin{cases}-\dfrac{3}{\pi}x, & -\pi\leqslant x<0,\\ \dfrac{3}{\pi}x, & 0\leqslant x<\pi.\end{cases}$$

求它的傅里叶展开式.

**解** 函数 $f$ 的波形图，在电子学中称为**三角波**，如图 7.5.3 所示. 显然它满足狄利克雷条件.

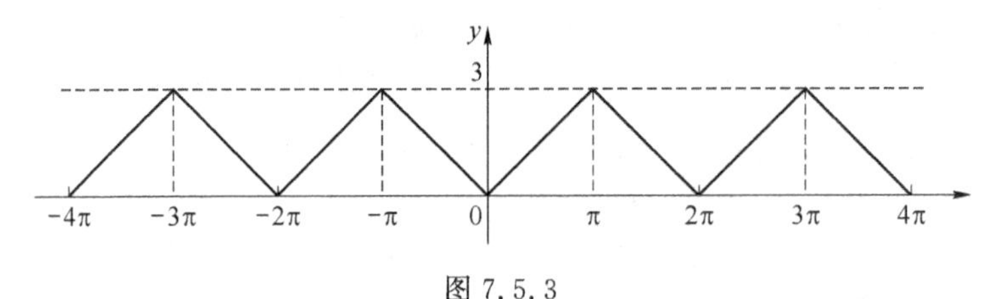


图 7.5.3

因为 $f$ 是偶函数，故由傅里叶系数公式有

$$b_n=\frac{1}{\pi}\int_{-\pi}^{\pi}f(x)\sin nx\,\mathrm{d}x=0,$$

且

$$a_0=\frac{2}{\pi}\int_0^{\pi}f(x)\,\mathrm{d}x=\frac{2}{\pi}\int_0^{\pi}\frac{3}{\pi}x\,\mathrm{d}x=3,$$

$$\begin{aligned}a_n&=\frac{2}{\pi}\int_0^{\pi}f(x)\cos nx\,\mathrm{d}x=\frac{6}{\pi^2}\int_0^{\pi}x\cos nx\,\mathrm{d}x\\&=\frac{6}{n\pi^2}\left[x\sin nx\Big|_0^{\pi}-\int_0^{\pi}\sin nx\,\mathrm{d}x\right]\\&=\frac{6}{n^2\pi^2}[(-1)^n-1]=\begin{cases}0, & n\text{ 是偶数},\\ -\dfrac{12}{n^2\pi^2}, & n\text{ 是奇数}.\end{cases}\end{aligned}$$

因此，函数 $f$ 的傅里叶级数为

$$f(x)\sim\frac{3}{2}-\frac{12}{\pi^2}\sum_{k=1}^{\infty}\frac{\cos(2k-1)x}{(2k-1)^2}.$$

易见 $f(x)$ 在区间 $(-\pi,\pi)$ 内连续，故由狄利克雷定理可知，在区间 $[-\pi,\pi]$ 上傅里叶级数的和函数为

$$S(x)=\begin{cases}f(x), & x\in(-\pi,\pi),\\ \dfrac{f(-\pi+0)+f(\pi-0)}{2}=3, & x=\pm\pi.\end{cases}$$

下面考虑 $f$ 的傅里叶级数在 $(-\infty,\infty)$ 上的收敛性.

由 $f$ 的周期性知 $f(x)$ 在 $(-\infty,+\infty)$ 上连续，故 $f(x)$ 在 $(-\infty,+\infty)$ 上的傅里叶展开式为

$$f(x)=\frac{3}{2}-\frac{12}{\pi^2}\sum_{k=1}^{\infty}\frac{\cos(2k-1)x}{(2k-1)^2},\quad x\in(-\infty,+\infty).$$ ■

## 7.5.4 将定义在 $[0,\pi]$ 上的函数展成正弦级数或余弦级数

傅里叶级数在数学物理以及工程中都具有重要的应用，但在求解振动性质的物理问题时，

要将一个定义在$[0,\pi]$区间，满足狄利克雷条件的函数展开成傅里叶级数. 现在，我们来研究这类函数的傅里叶展开.

**定义 7.5.3** 设函数 $f$ 在区间$[0,\pi]$上有定义.

(1) 若将 $f(x)$延拓成$[-\pi,\pi]$上的奇函数，即

$$F(x)=\begin{cases} f(x), & x\in(0,\pi], \\ 0, & x=0, \\ -f(-x), & x\in[-\pi,0), \end{cases}$$

这种延拓函数定义域的过程称为**奇延拓**.

(2) 若将 $f(x)$延拓成$[-\pi,\pi]$上的偶函数，即

$$F(x)=\begin{cases} f(x), & x\in[0,\pi], \\ f(-x), & x\in[-\pi,0), \end{cases}$$

这种延拓函数定义域的过程称为**偶延拓**.

**定义 7.5.4** 设函数 $f$ 在区间$[0,\pi]$上有定义，则称

$$\frac{a_0}{2}+\sum_{n=1}^{\infty}a_n\cos nx$$

为函数 $f(x)$的傅里叶**余弦级数**；称

$$\sum_{n=1}^{\infty}b_n\sin nx$$

为函数 $f(x)$的傅里叶**正弦级数**. 其中

$$a_0=\frac{2}{\pi}\int_0^{\pi}f(x)\mathrm{d}x,$$

$$a_n=\frac{2}{\pi}\int_0^{\pi}f(x)\cos nx\,\mathrm{d}x \quad (n=1,2,3,\cdots),$$

$$b_n=\frac{2}{\pi}\int_0^{\pi}f(x)\sin nx\,\mathrm{d}x \quad (n=1,2,3,\cdots).$$

要将一个定义在$[0,\pi]$区间，满足狄利克雷条件的函数展开成傅里叶正弦级数或余弦级数. 对于这个问题，我们的求解思路是：

将 $f(x)$延拓成$[-\pi,\pi]$上的奇(或偶)函数 $F(x)$，再将 $F(x)$展开成傅里叶级数，这个级数就是傅里叶正弦(或余弦)级数，最后限制 $x$ 在$(0,\pi)$上，便得到 $f(x)$的傅里叶正弦(或余弦)级数展开式. 在 $x=0$ 或 $x=\pi$ 处，正弦(或余弦)级数分别收敛于$\frac{[F(0+0)+F(0-0)]}{2}$或$\frac{[F(-\pi+0)+F(\pi-0)]}{2}$.

**例 7.5.5** 求函数

$$f(x)=\begin{cases} 1, & 0\leqslant x\leqslant\frac{\pi}{2}, \\ 0, & \frac{\pi}{2}<x\leqslant\pi \end{cases}$$

在区间$[0,\pi]$上的傅里叶余弦级数.

**解** 根据题目要求，首先对函数进行偶延拓(实际计算不涉及延拓函数的具体表达式)，则

$$b_n=0,$$

$$a_0=\frac{2}{\pi}\int_0^{\frac{\pi}{2}}1\mathrm{d}x=1,$$

且 $$a_n=\frac{2}{\pi}\int_0^{\frac{\pi}{2}}f(x)\cos nx\,\mathrm{d}x=\frac{2}{\pi}\int_0^{\frac{\pi}{2}}\cos nx\,\mathrm{d}x=\frac{2}{n\pi}\sin\frac{n\pi}{2},\quad n=1,2,\cdots.$$

因此，$f$ 的傅里叶余弦级数为

$$f(x)\sim\frac{1}{2}+\sum_{n=1}^{\infty}\frac{2}{n\pi}\sin\frac{n\pi}{2}\cos nx.$$

显然延拓后的函数在区间$[0,\frac{\pi}{2})\cup(\frac{\pi}{2},\pi]$上均连续，故

$$f(x)=\frac{1}{2}+\sum_{n=1}^{\infty}\frac{2}{n\pi}\sin\frac{n\pi}{2}\cos nx,\quad x\in[0,\frac{\pi}{2})\cup(\frac{\pi}{2},\pi].$$

当 $x=\frac{\pi}{2}$时，此级数收敛于$\frac{[f(-\frac{\pi}{2}+0)+f(\frac{\pi}{2}-0)]}{2}=\frac{1}{2}$. ■

**例 7.5.6** 求函数

$$f(x)=\begin{cases}1, & 0\leqslant x\leqslant\frac{\pi}{2},\\ 0, & \frac{\pi}{2}<x\leqslant\pi\end{cases}$$

在区间$[0,\pi]$上的傅里叶正弦级数.

**解** 根据题目要求，首先对函数进行奇延拓(实际计算不涉及延拓函数的具体表达式)，则

$$a_n=0,\quad n=0,1,2,\cdots,$$

且 $$b_n=\frac{2}{\pi}\int_0^{\pi}f(x)\sin nx\,\mathrm{d}x=\frac{2}{\pi}\int_0^{\frac{\pi}{2}}\sin nx\,\mathrm{d}x=\frac{2}{n\pi}\left(1-\cos\frac{n\pi}{2}\right),\quad n=1,2,\cdots.$$

因此，$f$ 的傅里叶正弦级数为

$$f(x)\sim\sum_{n=1}^{\infty}\frac{2}{n\pi}\left(1-\cos\frac{n\pi}{2}\right)\sin nx.$$

显然延拓后的函数在区间$\left(0,\frac{\pi}{2}\right)\cup\left(\frac{\pi}{2},\pi\right]$上均连续，故

$$f(x)=\sum_{n=1}^{\infty}\frac{2}{n\pi}\left(1-\cos\frac{n\pi}{2}\right)\sin nx,\quad x\in(0,\frac{\pi}{2})\cup(\frac{\pi}{2},\pi].$$

当 $x=0$ 时，此级数收敛于 0；当 $x=\frac{\pi}{2}$时，此级数收敛于$\frac{[f(-\frac{\pi}{2}+0)+f(\frac{\pi}{2}-0)]}{2}=\frac{1}{2}$. ■

## 习题 7.5 A

1. 设$\{f_n(x)\}$是定义在区间$[a,b]$上的一列函数，若满足

$$\int_a^b f_n(x)f_m(x)\,\mathrm{d}x=\begin{cases}0, & n\neq m,\\ C_n\neq 0, & n=m,\end{cases}$$

则称此函数系为区间$[a,b]$上的正交函数系. 证明三角函数系：

$$\sin\omega t,\sin 2\omega t,\cdots,\sin n\omega t,\cdots,\omega=\frac{2\pi}{T},$$

在$\left[0,\frac{T}{2}\right]$上是一个正交函数系.

2. 函数的傅里叶展开与傅里叶级数有什么区别？

3. 求下列函数在给定区间内的傅里叶展开：

(1) $f(x)=1(-\pi<x<\pi)$；　(2) $f(x)=x^2(-\pi<x<\pi)$；

(3) $f(x)=1-x(-\pi<x<\pi)$；　(4) $f(x)=2\sin\frac{x}{3}(-\pi<x<\pi)$；

(5) $f(x)=\begin{cases}0, & -\pi\leqslant x<0,\\ 1, & 0<x\leqslant\pi;\end{cases}$　(6) $f(x)=|x|(-\pi\leqslant x\leqslant\pi)$.

4. 求下列函数的傅里叶级数，它们在一个周期内分别定义为

(1) $f(x)=e^x+1\quad(-\pi\leqslant x<\pi)$；　(2) $f(x)=\begin{cases}-1, & -\pi<x<0,\\ 1, & 0<x\leqslant\pi;\end{cases}$

(3) $f(x)=\begin{cases}x, & -\pi<x\leqslant 0,\\ 2x, & 0<x\leqslant\pi.\end{cases}$

5. 设 $f$ 是一个以 $2\pi$ 为周期的周期函数，在一个周期内的表达式为

$$f(x)=\begin{cases}0, & 2<|x|\leqslant\pi,\\ x, & |x|\leqslant 2.\end{cases}$$

写出 $f(x)$ 的傅里叶级数在区间 $[-\pi,\pi]$ 上的和函数 $S(x)$ 的表达式，并求出 $S(\pi)$，$S\left(\frac{3}{2}\pi\right)$，$S(-10)$.

6. 按给定的形式把下列函数展开成傅里叶级数：

(1) $f(x)=|2x-1|, x\in[0,\pi]$，展开成余弦级数；

(2) $f(x)=\begin{cases}0, & x\in\left[0,\frac{\pi}{2}\right),\\ \pi-x, & x\in\left[\frac{\pi}{2},\pi\right],\end{cases}$ 展开成余弦级数；

(3) $f(x)=\frac{1}{2}(\pi-x), x\in[0,\pi]$，展开成正弦级数.

## 习题 7.5　B

1. 证明下列等式在区间 $[0,\pi]$ 上成立：

(1) $x(\pi-x)=\frac{\pi^2}{6}-\sum_{n=1}^{\infty}\frac{\cos 2nx}{n^2}$；　(2) $x(\pi-x)=\frac{8}{\pi}\sum_{n=1}^{\infty}\frac{\sin(2n-1)x}{(2n-1)^3}$.

2. 利用上题的结论，证明：

(1) $\sum_{n=1}^{\infty}\frac{(-1)^{n-1}}{n^2}=\frac{\pi^2}{12}$；　(2) $\sum_{n=1}^{\infty}\frac{(-1)^{n-1}}{(2n-1)^3}=\frac{\pi^3}{32}$.

## 7.6　其他形式的傅里叶级数

### 7.6.1　周期为 $2l$ 的周期函数的傅里叶展开式

在实际应用问题中，我们有时会遇到函数的周期是 $2l$ 而不是 $2\pi$. 设 $f$ 是周期为 $2l$ 的周期

函数，其中 $l$ 是任意正实数. 现在，我们来研究这类函数的傅里叶展开.

为了应用式(7.5.3)和式(7.5.4)，做如下变换：

$$x=\frac{l}{\pi}t,$$

由于 $x\in[-l,l]$，易知 $t\in[-\pi,\pi]$，且复合函数 $F(t)=f\left(\frac{l}{\pi}t\right)$ 刚好也是周期为 $2\pi$ 的周期函数. 由上一节所学知识，可得函数 $F$ 的傅里叶级数为

$$F(x)\sim\frac{a_0}{2}+\sum_{n=1}^{\infty}(a_n\cos nt+b_n\sin nt),$$

其中

$$\begin{cases}a_n=\dfrac{1}{\pi}\displaystyle\int_{-\pi}^{\pi}F(t)\cos nt\,\mathrm{d}t=\dfrac{1}{\pi}\displaystyle\int_{-\pi}^{\pi}f\left(\frac{l}{\pi}t\right)\cos nt\,\mathrm{d}t & (n=0,1,2,\cdots),\\ b_n=\dfrac{1}{\pi}\displaystyle\int_{-\pi}^{\pi}F(t)\sin nt\,\mathrm{d}t=\dfrac{1}{\pi}\displaystyle\int_{-\pi}^{\pi}f\left(\frac{l}{\pi}t\right)\sin nt\,\mathrm{d}t & (n=1,2,\cdots).\end{cases}$$

用 $x$ 替换 $t$，可得函数 $f$ 在 $[-l,l]$ 的傅里叶级数展开式. 我们有如下定义.

**定义 7.6.1** 一般地说，若 $f$ 是以 $2l$ 为周期且在 $[-l,l]$ 上可积的函数，则三角级数

$$\frac{a_0}{2}+\sum_{n=1}^{\infty}\left(a_n\cos\frac{n\pi}{l}x+b_n\sin\frac{n\pi}{l}x\right)$$

称为函数 $f$ 的傅里叶级数，其中系数 $a_n$ 及 $b_n$ 可由下面的公式求得：

$$\begin{cases}a_n=\dfrac{1}{l}\displaystyle\int_{-l}^{l}f(x)\cos\frac{n\pi x}{l}\mathrm{d}x & (n=0,1,2,\cdots),\\ b_n=\dfrac{1}{l}\displaystyle\int_{-l}^{l}f(x)\sin\frac{n\pi x}{l}\mathrm{d}x & (n=1,2,\cdots).\end{cases}\tag{7.6.1}$$

与周期为 $2\pi$ 的函数类似，周期为 $2l$ 的函数的傅里叶级数有如下收敛定理.

**定理 7.6.1(狄利克雷(Dirichlet)收敛定理)** 设函数 $f$ 在区间 $[-l,l]$ 上分段单调，且除了有限个第一类间断点外都连续. 那么函数 $f$ 的傅里叶级数在 $[-l,l]$ 上处处收敛且其和函数为

$$S(x)=\begin{cases}f(x), & x\text{ 为 }f\text{ 的连续点},\\ \dfrac{f(x-0)+f(x+0)}{2}, & x\text{ 为 }f\text{ 的间断点},\\ \dfrac{f(-l+0)+f(l-0)}{2}, & x=\pm l.\end{cases}$$

这时，称此级数为函数 $f$ 的**傅里叶展开式**.

**例 7.6.1** 设 $f$ 是周期为 $2l=4$ 的周期函数，其在区间 $[-2,2]$ 上的定义如下：

$$f(x)=\begin{cases}x, & -2\leqslant x<0,\\ 1, & 0\leqslant x<1,\\ 0, & 1\leqslant x<2.\end{cases}$$

求函数 $f$ 的傅里叶展开式及其和函数.

**解** 因为函数 $f$ 在区间 $[-2,2]$ 上满足狄利克雷条件，故由狄利克雷收敛定理知，函数可以展开成傅里叶级数. 由公式(7.6.1)可得

$$a_0=\frac{1}{2}\int_{-2}^{2}f(x)\mathrm{d}x=\frac{1}{2}\int_{-2}^{0}x\mathrm{d}x+\frac{1}{2}\int_{0}^{1}1\mathrm{d}x=-\frac{1}{2},$$

$$\begin{aligned}a_n&=\frac{1}{2}\int_{-2}^{2}f(x)\cos\frac{n\pi}{2}x\mathrm{d}x\\&=\frac{1}{2}\int_{-2}^{0}x\cos\frac{n\pi}{2}x\mathrm{d}x+\frac{1}{2}\int_{0}^{1}\cos\frac{n\pi}{2}x\mathrm{d}x\\&=\frac{2}{n^2\pi^2}(1-\cos n\pi)+\frac{1}{n\pi}\sin\frac{n\pi}{2},\end{aligned}$$

且

$$\begin{aligned}b_n&=\frac{1}{2}\int_{-2}^{2}f(x)\sin\frac{n\pi}{2}x\mathrm{d}x\\&=\frac{1}{2}\int_{-2}^{0}x\sin\frac{n\pi}{2}x\mathrm{d}x+\frac{1}{2}\int_{0}^{1}\sin\frac{n\pi}{2}x\mathrm{d}x\\&=\frac{1}{n\pi}\left(1-\cos\frac{n\pi}{2}-2\cos n\pi\right).\end{aligned}$$

因此，$f(x)$的傅里叶级数为

$$f(x)\sim-\frac{1}{4}+\sum_{n=1}^{\infty}\left\{\left[\frac{2}{n^2\pi^2}(1-\cos n\pi)+\frac{1}{n\pi}\sin\frac{n\pi}{2}\right]\cos\frac{n\pi}{2}x+\frac{1}{n\pi}\left(1-\cos\frac{n\pi}{2}-2\cos n\pi\right)\sin\frac{n\pi}{2}x\right\}.$$

易见 $f$ 在区间$(-2,0)\cup(0,1)\cup(1,2)$内连续，故由狄利克雷定理可知，$f$ 的傅里叶级数在$[-2,2]$上收敛于和函数：

$$S(x)=\begin{cases}f(x), & x\in(-2,0)\cup(0,1)\cup(1,2),\\ \dfrac{f(0+0)+f(0-0)}{2}=\dfrac{1}{2}, & x=0,\\ \dfrac{f(1+0)+f(1-0)}{2}=\dfrac{1}{2}, & x=1,\\ \dfrac{f(-2+0)+f(2-0)}{2}=-1, & x=\pm2.\end{cases}$$

现考虑傅里叶级数在$(-\infty,+\infty)$上的收敛性.

由 $f$ 的周期性知，$A=\{x\,|\,x=4k-2,4k,4k+1,k=0,\pm1,\pm2,\cdots\}$是函数的间断点，故 $f$ 的傅里叶级数在 $x=4k-2$ 处收敛到$-1$，在 $x=4k$ 及 $x=4k+1$ 处收敛到$\frac{1}{2}$，其中 $k=0,\pm1,\pm2,\cdots$，而在$(-\infty,+\infty)$上的其余各点处均收敛到 $f(x)$. ■

**例 7.6.2** 设 $f$ 是以 $2l=6$ 为周期的周期函数，且其在$[-3,3]$上定义为

$$f(x)=\begin{cases}-1, & -3\leqslant x<0,\\ 1, & 0\leqslant x<3.\end{cases}$$

求函数 $f$ 的傅里叶展开式.

**解** 因为函数 $f$ 在区间$[-3,3]$上满足狄利克雷条件，故由狄利克雷收敛定理知，函数可以展开成傅里叶级数. 观察到 $f(x)$是区间$[-3,3]$上的奇函数，因此

$$a_n=0\quad(n=0,1,2,\cdots),$$

且

$$\begin{aligned}b_n&=\frac{2}{l}\int_{0}^{l}f(x)\sin\frac{n\pi}{l}x\mathrm{d}x=\frac{2}{3}\int_{0}^{3}\sin\frac{n\pi}{3}x\mathrm{d}x\\&=-\frac{2}{n\pi}\left(\cos\frac{n\pi}{3}x\Big|_{0}^{3}\right)=-\frac{2}{n\pi}(\cos n\pi-1)\end{aligned}$$

$$= \frac{2}{n\pi}[1-(-1)^n] = \begin{cases} 0, & n=2k, \\ \frac{4}{\pi(2k-1)}, & n=2k-1, \end{cases} \quad k=1,2,\cdots.$$

因此，$f$ 的傅里叶级数为

$$f(x) \sim \sum_{k=1}^{\infty} \frac{4}{\pi(2k-1)} \sin \frac{(2k-1)\pi}{3} x.$$

易见 $f$ 在区间 $(-3,0)\cup(0,3)$ 内连续，故由狄利克雷定理可知，$f$ 的傅里叶级数在 $[-3,3]$ 上收敛于和函数

$$S(x)=\begin{cases} f(x), & x\in(-3,0)\cup(0,3), \\ \frac{f(0+0)+f(0-0)}{2}=0, & x=0, \\ \frac{f(-3+0)+f(3-0)}{2}=0, & x=\pm 3. \end{cases}$$

现考虑傅里叶级数在 $(-\infty,+\infty)$ 上的收敛性.

由 $f$ 的周期性知，$A=\{x|x=3k,k=0,\pm1,\pm2,\cdots\}$ 是函数的间断点，且 $f$ 的傅里叶级数在这些点处均收敛到 0，在 $(-\infty,+\infty)$ 上的其余各点处收敛到 $f(x)$. ■

**例 7.6.3** 设 $f$ 是以 $2l=4$ 为周期的周期函数，其在 $[-2,2]$ 上的定义为

$$f(x)=\begin{cases} \frac{1}{2\delta}, & |x|<\delta, \\ 0, & \delta\leqslant|x|\leqslant 2. \end{cases}$$

求函数 $f$ 的傅里叶展开式.

**解** 函数 $f$ 的波形图被称为**矩形脉冲**，如图 7.6.1 所示.

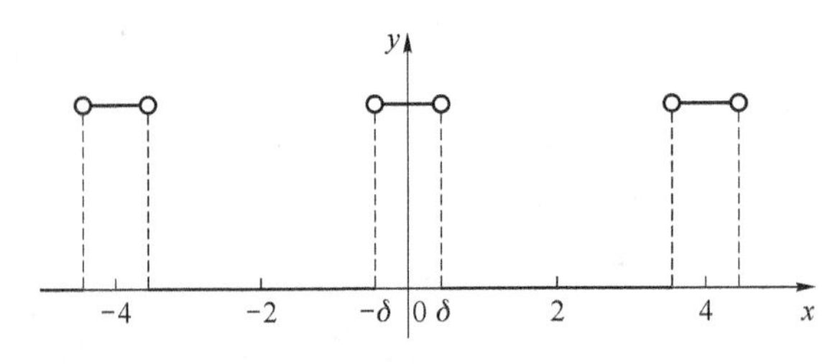


图 7.6.1

因为函数 $f$ 在区间 $[-2,2]$ 上满足狄利克雷条件，故由狄利克雷收敛定理知，函数可以展开成傅里叶级数. 观察到 $f(x)$ 是一个偶函数，因此

$$b_n=0 \quad (n=1,2,\cdots),$$

$$a_0 = \frac{2}{l}\int_0^l f(x)\mathrm{d}x = \int_0^\delta \frac{1}{2\delta}\mathrm{d}x = \frac{1}{2},$$

$$a_n = \frac{2}{l}\int_0^l f(x)\cos\frac{n\pi}{l}x\,\mathrm{d}x = \int_0^\delta \frac{1}{2\delta}\cos\frac{n\pi}{2}x\,\mathrm{d}x$$

$$= \frac{1}{n\pi\delta}\sin\frac{n\pi\delta}{2} \quad (n=1,2,\cdots).$$

因此，$f$ 的傅里叶级数为

$$f(x)\sim\frac{1}{4}+\frac{1}{\pi\delta}\sum_{n=1}^{\infty}\frac{1}{n}\sin\frac{n\pi\delta}{2}\cos\frac{n\pi x}{2}.$$

易见 $f$ 在区间 $(-2,-\delta)\cup(-\delta,\delta)\cup(\delta,2)$ 内连续,故由狄利克雷定理可知,$f$ 的傅里叶级数在 $[-2,2]$ 上收敛于和函数

$$S(x)=\begin{cases} f(x), & x\in(-2,-\delta)\cup(-\delta,\delta)\cup(\delta,2), \\ \dfrac{f(\pm\delta+0)+f(\pm\delta-0)}{2}=\dfrac{1}{4\delta}, & x=\pm\delta, \\ \dfrac{f(-2+0)+f(2-0)}{2}=0, & x=\pm 2. \end{cases}$$

现考虑傅里叶级数在 $(-\infty,+\infty)$ 上的收敛性.

由 $f$ 的周期性知,$A=\{x\mid x=4n\pm\delta,n=0,\pm1,\pm2,\cdots\}$ 是函数的间断点,且 $f$ 的傅里叶级数在这些点处均收敛到 $\frac{1}{4\delta}$,在 $(-\infty,+\infty)$ 上的其余各点处收敛到 $f(x)$. ■

### *7.6.2 傅里叶级数的复数形式

在这一部分介绍傅里叶级数的复数形式,它在信号处理等方面的应用非常广.

设函数 $f$ 是以 $2l$ 为周期的周期函数. 它的傅里叶级数为

$$\frac{a_0}{2}+\sum_{n=1}^{\infty}\left(a_n\cos\frac{n\pi}{l}x+b_n\sin\frac{n\pi}{l}x\right),$$

其中系数为

$$\begin{cases} a_n=\dfrac{1}{l}\displaystyle\int_{-l}^{l}f(x)\cos\frac{n\pi x}{l}\mathrm{d}x & (n=0,1,2,\cdots), \\ b_n=\dfrac{1}{l}\displaystyle\int_{-l}^{l}f(x)\sin\frac{n\pi x}{l}\mathrm{d}x & (n=1,2,\cdots). \end{cases}$$

令 $\omega=\frac{\pi}{l}$. 根据欧拉公式,有

$$\cos\frac{n\pi x}{l}=\cos n\omega x=\frac{1}{2}(\mathrm{e}^{\mathrm{i}n\omega x}+\mathrm{e}^{-\mathrm{i}n\omega x}),$$

$$\sin\frac{n\pi x}{l}=\sin n\omega x=\frac{1}{2\mathrm{i}}(\mathrm{e}^{\mathrm{i}n\omega x}-\mathrm{e}^{-\mathrm{i}n\omega x}),$$

将这些代入到级数里有

$$\begin{aligned} &\frac{a_0}{2}+\sum_{n=1}^{\infty}\left[\frac{a_n}{2}(\mathrm{e}^{\mathrm{i}n\omega x}+\mathrm{e}^{-\mathrm{i}n\omega x})-\frac{b_n\mathrm{i}}{2}(\mathrm{e}^{\mathrm{i}n\omega x}-\mathrm{e}^{-\mathrm{i}n\omega x})\right] \\ =&\frac{a_0}{2}+\sum_{n=1}^{\infty}\left(\frac{a_n-\mathrm{i}b_n}{2}\mathrm{e}^{\mathrm{i}n\omega x}+\frac{a_n+\mathrm{i}b_n}{2}\mathrm{e}^{-\mathrm{i}n\omega x}\right). \end{aligned}$$

令

$$c_0=\frac{a_0}{2},\quad c_n=\frac{a_n-\mathrm{i}b_n}{2},\quad c_{-n}=\frac{a_n+\mathrm{i}b_n}{2}\quad(n=1,2,\cdots),$$

傅里叶级数的复数形式为

$$\sum_{n=-\infty}^{\infty}c_n\mathrm{e}^{\mathrm{i}n\omega x}. \tag{7.6.2}$$

这里

$$c_0=\frac{a_0}{2}=\frac{1}{2l}\int_{-l}^{l}f(x)\mathrm{d}x,$$

且
$$c_{\pm n} = \frac{a_n \mp \mathrm{i}b_n}{2} = \frac{1}{2l}\int_{-l}^{l} f(x)(\cos n\omega x \mp \mathrm{i}\sin n\omega x)\mathrm{d}x$$
$$= \frac{1}{2l}\int_{-l}^{l} f(x)\mathrm{e}^{\mp \mathrm{i}n\omega x}\mathrm{d}x \quad (n=1,2,\cdots).$$
系数的统一形式为
$$c_n = \frac{1}{2l}\int_{-l}^{l} f(x)\mathrm{e}^{-\mathrm{i}n\omega x}\mathrm{d}x \quad (n=0,\pm1,\pm2,\cdots). \tag{7.6.3}$$
则称具有形如(7.6.3)系数的级数(7.6.2)为函数 $f$ 的傅里叶展开式的复数形式.

**例 7.6.4** 将例 7.6.3 中的矩形脉冲的傅里叶展开式化为复数形式.

**解** 根据例 7.6.3 的结果,容易看出
$$c_0 = \frac{a_0}{2} = \frac{1}{4},$$
$$c_n = \frac{a_n - \mathrm{i}b_n}{2} = \frac{1}{2n\pi\delta}\sin\frac{n\pi\delta}{2} \quad (n=\pm1,\pm2,\cdots).$$
因此
$$f(x) = \frac{1}{4} + \frac{1}{2\pi\delta}\sum_{\substack{n=-\infty \\ (n\neq 0)}}^{\infty}\frac{1}{n}\sin\frac{n\pi\delta}{2}\mathrm{e}^{\mathrm{i}n\omega x}, \quad x\in[-2,2]\setminus\{-\delta,\delta\}. \tag{7.6.4}$$
根据周期性,展开式(7.6.4)在数轴上除了点 $x=4n\pm\delta(n=0,\pm1,\pm2,\cdots)$外,其余各点全都成立. ■

本题中展开式(7.6.4)也可以利用复数形式的公式(7.6.3)而直接求得.

## 习题 7.6 A

1. 在指定区间把下列级数展开成傅里叶级数:

(1) $f(x)=x(l-x)$, $x\in(-l,l), l\neq 0$; (2) $f(x)=1-|x|$, $x\in(-1,1)$;

(3) $f(x)=\begin{cases}-x, & x\in[-2,0),\\ 2, & x\in(0,2];\end{cases}$

(4) $f(x)=\begin{cases}1+\cos\pi x, & x\in(-1,1),\\ 0, & x\in[-2,-1]\cup[1,2].\end{cases}$

2. 求下列函数的傅里叶级数,它们在一个周期内分别定义为

(1) $f(x)=|x|, x\in[-2,2]$; (2) $f(x)=\begin{cases}2-x, & x\in[0,4],\\ x-6, & x\in(4,8).\end{cases}$

3. 将函数 $f(x)=x, x\in[0,2]$展开成正弦级数.

## 习题 7.6 B

1. 把 $f(x)=x-1, x\in[0,2]$展开成余弦级数,并用傅里叶展开求常数项级数 $\sum_{n=1}^{\infty}\frac{1}{n^2}$的和.

2. 假设一个周期为 $b-a$ 的周期函数在区间$(a,b)$($a,b$ 为非零实数)上满足狄利克雷条件,求出其傅里叶展开及在区间$[a,b]$上的系数公式.

3. 把周期函数 $f(t)=\frac{h}{T}t, t\in[0,T]$$(h\neq 0)$按周期 $T$ 展开成复数形式的傅里叶级数.

# 第8章

# 向量与空间解析几何

这一章介绍向量和空间解析几何的基本概念.这些概念不仅对第9章多元函数的微分学的学习很重要,而且可以应用到物理、机械等其他学科以及工程领域.

## 8.1 平面向量和空间向量

### 8.1.1 向量

自然界中的某些量既有大小又有方向.例如,力由其大小和作用方向确定,它不可能仅由大小或者仅由作用方向确定;运动物体的速度用速度大小和运动方向来描述.

向量理论的建立最初用于处理涉及力和速度的问题.用有向线段表示力(或者速度)很自然.力的大小(或者运动物体的速度快慢)用线段的长度表示,而力的方向(或者运动方向)用箭头和线段的位置表示.因此,向量最初就定义为有向线段,然后人们将它进行了推广和加工,从代数的角度将向量定义为$n$元有序数组,写作$[\nu_1,\nu_2,\cdots,\nu_n]$.现在,向量作为线性代数的一个术语,被定义为线性空间的元素,与有向线段已经没有太多直观上的联系.

尽管向量的代数定义在表示的简单化和有效性方面有诸多好处,但以这种方式介绍向量可能让人感觉不到定义的来源,并且很难将理论与几何问题或物理问题联系起来,因此我们更倾向于向量的几何定义.

**定义8.1.1** 向量是一个既有大小又有方向的量,它通常用一条有向线段来表示.

我们将用黑体字母或者明确的起点和终点来表示向量.

这样图8.1.1中的向量从O到P,用$\overrightarrow{OP}$或者$\boldsymbol{a}$来表示.点$O$称为这个向量的起点,点$P$称为它的终点.

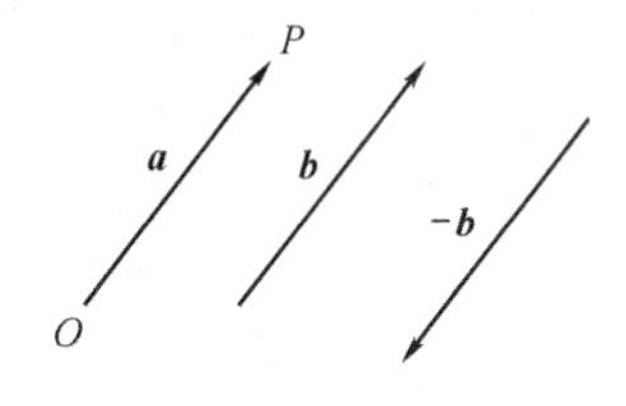


图8.1.1

**定义8.1.2** 如果两个向量$\boldsymbol{a}$和$\boldsymbol{b}$具有相同的大小和方向,则称它们**相等**,记为$\boldsymbol{a}=\boldsymbol{b}$.向

量 $\boldsymbol{b}$ 的负向量,是指与向量 $\boldsymbol{b}$ 有相同大小,但方向相反的向量,记作 $-\boldsymbol{b}$.

根据上面的定义,我们知道大小相同但方向不同的向量是不同的向量.同时,方向相同但大小不同的向量也是不同的向量.

值得注意的是,一个点可以看作是长度为零的向量.因为点没有特定的方向,与我们前面定义的向量有点不同,因此在定义8.1.1中我们补充一个特殊的向量,记作 $\mathbf{0}$,称为零向量.由定义知,零向量是唯一的长度为 0 的向量.当我们谈到向量时,一个向量为零向量的条件是当且仅当这个向量的起点和终点是重合的.向量 $\boldsymbol{a}$ 的长度或者大小记作 $|\boldsymbol{a}|$,它总是个非负数.长度为 1 的向量称为单位向量.如果 $\boldsymbol{a}\neq\mathbf{0}$,那么 $\frac{\boldsymbol{a}}{|\boldsymbol{a}|}$ 是一个与向量 $\boldsymbol{a}$ 同方向的单位向量.两个非零向量 $\boldsymbol{a}$ 和 $\boldsymbol{b}$ 如果具有相同或者相反的方向,则称它们平行或者共线,记作 $\boldsymbol{a}/\!/\boldsymbol{b}$.在此情形下,通过平行移动,可以将 $\boldsymbol{a}$ 和 $\boldsymbol{b}$ 移到同一条线上.因为零向量的方向是任意的,所以对于任意一个向量 $\boldsymbol{a}$,我们都有 $\mathbf{0}/\!/\boldsymbol{a}$.如果两个非零向量 $\boldsymbol{a}$ 和 $\boldsymbol{b}$ 的方向垂直,那么称它们是垂直的或者正交的,记作 $\boldsymbol{a}\perp\boldsymbol{b}$.对于向量 $\boldsymbol{a}_1,\boldsymbol{a}_2,\cdots,\boldsymbol{a}_k(k\geqslant 3)$,如果当它们的起点移动到同一点时,它们的终点和起点在同一个平面上,则称它们共面.

### 8.1.2 向量的运算

在创造一个数学理论时,对于一些新引入的量,我们必须从判定其加、减、乘等运算的意义出发.向量的加、减、乘不同于实数的相应运算.这些新运算可以为研究力、速度等其他物理概念提供合适的理论.

**定义 8.1.3** 设 $\boldsymbol{a}$ 和 $\boldsymbol{b}$ 是两个向量,从 $\boldsymbol{a}$ 的终点画一个等于 $\boldsymbol{b}$ 的向量,那么 $\boldsymbol{a}$ 与 $\boldsymbol{b}$ 的和 $\boldsymbol{a}+\boldsymbol{b}$ 是从 $\boldsymbol{a}$ 的起点指向 $\boldsymbol{b}$ 的终点的向量.

这个定义可以用图 8.1.2 解释.注意在做向量的和时向量不需要是平行的或者垂直的.向量的和通常称为合力,每个和项称为合力的分量.我们用三个向量 $\boldsymbol{a},\boldsymbol{b}$ 以及 $\boldsymbol{a}+\boldsymbol{b}$ 作一个三角形,称为**向量三角形**.这种方法常常在物理学中使用.例如,两个力作用在一个物体上等于其合力单独作用在这个物体上.

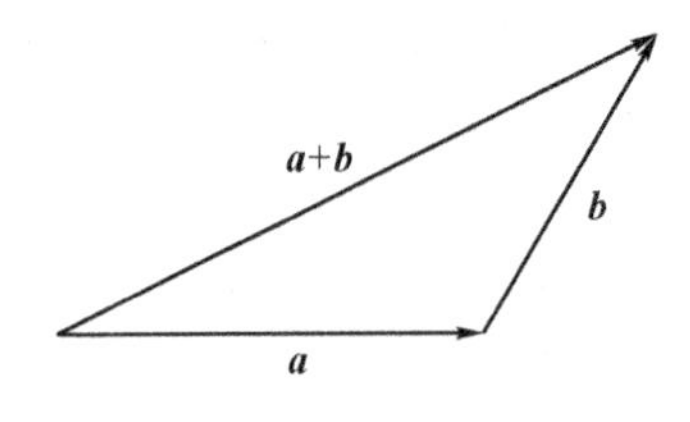


图 8.1.2

**定理 8.1.1** 向量加法满足交换律,即两个向量的和与加法的顺序无关.

**证明** 对于任意两个向量 $\boldsymbol{a}$ 和 $\boldsymbol{b}$,下证 $\boldsymbol{a}+\boldsymbol{b}=\boldsymbol{b}+\boldsymbol{a}$.参见图 8.1.3,当产生向量的和 $\boldsymbol{a}+\boldsymbol{b}$ 时,$\boldsymbol{a}$ 和 $\boldsymbol{b}$ 是平行四边形的下半部分,而当产生向量的和 $\boldsymbol{b}+\boldsymbol{a}$ 时,$\boldsymbol{a}$ 和 $\boldsymbol{b}$ 是同一个平行四边形的上半部分,因此 $\boldsymbol{a}+\boldsymbol{b}$ 和 $\boldsymbol{b}+\boldsymbol{a}$ 是这个平行四边形的同一条对角线,故等式成立.

**定理 8.1.2** 对任意向量 $\boldsymbol{a}$,有

$$\mathbf{0}+\boldsymbol{a}=\boldsymbol{a}+\mathbf{0}=\boldsymbol{a}.$$

**证明** 由零向量和向量加法的定义易得.

**定理 8.1.3** 向量加法满足结合律.

**证明** 设 $\boldsymbol{a},\boldsymbol{b},\boldsymbol{c}$ 是三个向量,下证

$$(\boldsymbol{a}+\boldsymbol{b})+\boldsymbol{c}=\boldsymbol{a}+(\boldsymbol{b}+\boldsymbol{c}).$$

由图 8.1.4 知$\overrightarrow{OE}=\boldsymbol{a}+\boldsymbol{b}$,然后加 $\boldsymbol{c}$ 得到

$$\overrightarrow{OF}=(\boldsymbol{a}+\boldsymbol{b})+\boldsymbol{c}.$$

同理,$\overrightarrow{DF}=\boldsymbol{b}+\boldsymbol{c}$,然后加 $\boldsymbol{a}$ 得到$\overrightarrow{OF}=\boldsymbol{a}+(\boldsymbol{b}+\boldsymbol{c})$,故两个向量和$(\boldsymbol{a}+\boldsymbol{b})+\boldsymbol{c}$ 与 $\boldsymbol{a}+(\boldsymbol{b}+\boldsymbol{c})$有相同合力,从而向量加法满足结合律.

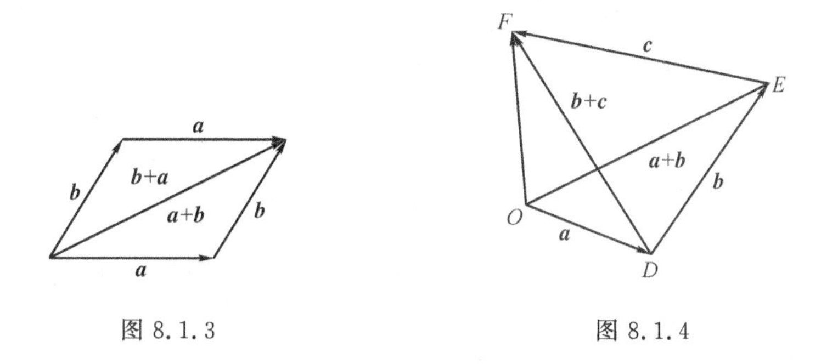


图 8.1.3　　　　图 8.1.4

**定义 8.1.4**　向量 $\boldsymbol{a}$ 与向量 $\boldsymbol{b}$ 之差等于 $\boldsymbol{a}$ 与 $\boldsymbol{b}$ 的负向量之和,即

$$\boldsymbol{a}-\boldsymbol{b}=\boldsymbol{a}+(-\boldsymbol{b}).$$

参见图 8.1.5 中的平行四边形 $OPQR$,从 $O$ 到 $P$ 的向量等于 $\boldsymbol{a}-\boldsymbol{b}$,从 $R$ 到 $Q$ 的向量也等于 $\boldsymbol{a}-\boldsymbol{b}$,因此,如果 $\boldsymbol{a}$ 和 $\boldsymbol{b}$ 的起点相同,那么从 $\boldsymbol{b}$ 的终点指向 $\boldsymbol{a}$ 的终点的向量就是 $\boldsymbol{a}-\boldsymbol{b}$. 如果将向量 $\boldsymbol{a}$ 加到它自身上,那么得到相同方向上的一个向量,只是长度是 $\boldsymbol{a}$ 的两倍,记作 $\boldsymbol{a}+\boldsymbol{a}=2\boldsymbol{a}$. 当数字和向量同时出现时,为了区别,我们把数字称为标量或者数量.

**定义 8.1.5**　标量 $m$ 和向量 $\boldsymbol{a}$ 的积,记作 $m\boldsymbol{a}$. 当 $m$ 是正数时,其积是一个与 $\boldsymbol{a}$ 同方向,长度是 $\boldsymbol{a}$ 的 $m$ 倍的向量;当 $m$ 是负数时,其积是一个与 $\boldsymbol{a}$ 方向相反,长度是 $\boldsymbol{a}$ 的 $m$ 倍的向量.

这个定义可以用图 8.1.6 解释.

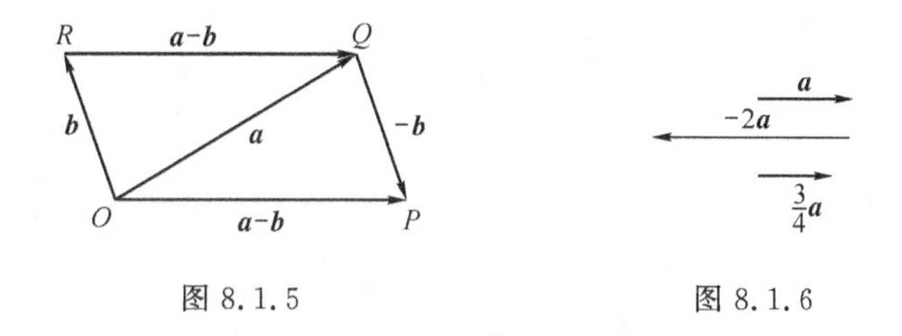


图 8.1.5　　　　图 8.1.6

**定理 8.1.4**　标量与向量的乘法满足分配律,即对于标量 $m$,$n$ 和向量 $\boldsymbol{a}$,$\boldsymbol{b}$,有

$$m(\boldsymbol{a}+\boldsymbol{b})=m\boldsymbol{a}+m\boldsymbol{b} \tag{8.1.1}$$

和

$$(m+n)\boldsymbol{a}=m\boldsymbol{a}+n\boldsymbol{a}. \tag{8.1.2}$$

### 8.1.3　平面向量

在前面的几小节中,尽管向量的引入在逻辑上是完全正确的,但读者可能仍然有疑问:因为不清楚如何使用向量进行计算,因此无法真正使用它们. 鉴于此,我们现在所需要的是向量的表示方法. 事实上,坐标系是一个好办法,我们将看到,向量的许多运算通过坐标系来操作将有很多好处.

在本小节的后文中,假定所有的向量都共面. 在这个平面中,我们引入通常的 $x$ 坐标轴和

$y$ 坐标轴. 对于这个坐标系,引入两个特殊的单位向量,一个与 $x$ 轴正向同方向,记作 $\boldsymbol{i}$;另外一个与 $y$ 轴正向同方向,记作 $\boldsymbol{j}$. 因为每个向量可以平行移动,所以可以认为 $\boldsymbol{i}$ 是从(0,0)到(1,0)的向量. 同理,可以认为 $\boldsymbol{j}$ 是从(0,0)到(0,1)的向量(见图 8.1.7).

由定义,当 $m$ 是一个正数时,积 $m\boldsymbol{i}$ 是长度为 $m$,与 $\boldsymbol{i}$ 同方向的向量. 当 $m$ 是一个负数时,积 $m\boldsymbol{i}$ 是长度为 $m$,与 $\boldsymbol{i}$ 方向相反的向量. 同理,$m\boldsymbol{j}$ 也是这样. 进而,我们发现任何向量都可以用单位向量 $\boldsymbol{i}$ 和 $\boldsymbol{j}$ 来线性表示. 事实上,设 $\boldsymbol{v}$ 是一个从原点指向点$(a,b)$的向量,如图8.1.8所示. 显然,$a\boldsymbol{i}$ 和 $b\boldsymbol{j}$ 是给定向量的水平分量和垂直分量,故 $\boldsymbol{v}=a\boldsymbol{i}+b\boldsymbol{j}$. 向量 $a\boldsymbol{i}$ 称为 $\boldsymbol{v}$ 的 $x$ **分量**,$b\boldsymbol{j}$ 称为 $\boldsymbol{v}$ 的 $y$ **分量**. 向量 $a\boldsymbol{i}$ 也称为 $\boldsymbol{v}$ 在 $x$ 轴上的**投影向量**,$b\boldsymbol{j}$ 称为 $\boldsymbol{v}$ 在 $y$ 轴上的**投影向量**. 标量 $a$ 和 $b$ 分别称为 $\boldsymbol{v}$ 在 $x$ 轴和 $y$ 轴上的**投影**.

图 8.1.7　　图 8.1.8

对于向量 $\boldsymbol{v}$,可以用平行四边形定理去求 $\boldsymbol{v}$ 的长度. 因为 $\boldsymbol{v}$ 的 $x$ 分量长度是 $a$,$\boldsymbol{v}$ 的 $y$ 分量长度是 $b$,所以有

$$|\boldsymbol{v}|=\sqrt{a^2+b^2}.$$

向量 $\boldsymbol{v}$ 除以 $|\boldsymbol{v}|$ 的结果是一个与 $\boldsymbol{v}$ 同向的单位向量. 例如,对于向量 $\boldsymbol{v}=\boldsymbol{i}-\boldsymbol{j}$,其长度为

$$|\boldsymbol{v}|=\sqrt{1^2+1^2}=\sqrt{2},$$

因此

$$\frac{\boldsymbol{v}}{|\boldsymbol{v}|}=\frac{\boldsymbol{i}-\boldsymbol{j}}{\sqrt{2}}=\frac{\sqrt{2}}{2}\boldsymbol{i}-\frac{\sqrt{2}}{2}\boldsymbol{j}$$

是一个与 $\boldsymbol{i}-\boldsymbol{j}$ 同向的单位向量.

**定理 8.1.5**　如果 $\boldsymbol{v}_1=a_1\boldsymbol{i}+b_1\boldsymbol{j}$,$\boldsymbol{v}_2=a_2\boldsymbol{i}+b_2\boldsymbol{j}$,那么

$$\boldsymbol{v}_1+\boldsymbol{v}_2=(a_1+a_2)\boldsymbol{i}+(b_1+b_2)\boldsymbol{j} \tag{8.1.3}$$

且

$$\boldsymbol{v}_1-\boldsymbol{v}_2=(a_1-a_2)\boldsymbol{i}+(b_1-b_2)\boldsymbol{j}. \tag{8.1.4}$$

**证明**　由定理 8.1.1、定理 8.1.3 以及定理 8.1.4,有

$$\begin{aligned}\boldsymbol{v}_1+\boldsymbol{v}_2&=(a_1\boldsymbol{i}+b_1\boldsymbol{j})+(a_2\boldsymbol{i}+b_2\boldsymbol{j})\\&=a_1\boldsymbol{i}+b_1\boldsymbol{j}+a_2\boldsymbol{i}+b_2\boldsymbol{j}\\&=(a_1+a_2)\boldsymbol{i}+(b_1+b_2)\boldsymbol{j}.\end{aligned}$$

将式(8.1.4)的证明留给读者.

值得注意的是,如果 $P_1(x_1,y_1)$ 和 $P_2(x_2,y_2)$ 是两个点,那么

$$\overrightarrow{P_1P_2}=(x_2-x_1)\boldsymbol{i}+(y_2-y_1)\boldsymbol{j}.$$

这很容易理解,因为假定 $O$ 是原点,那么

$$\overrightarrow{OP_1}=x_1\boldsymbol{i}+y_1\boldsymbol{j},\quad \overrightarrow{OP_2}=x_2\boldsymbol{i}+y_2\boldsymbol{j},\quad 且\ \overrightarrow{P_1P_2}=\overrightarrow{OP_2}-\overrightarrow{OP_1}.$$

**定理 8.1.6**　设 $\boldsymbol{v}=a\boldsymbol{i}+b\boldsymbol{j}$,$m$ 是任意数,那么 $m\boldsymbol{v}=(ma)\boldsymbol{i}+(mb)\boldsymbol{j}$.

**证明**　由定理 8.1.4 和 $(mn)\boldsymbol{v}=m(n\boldsymbol{v})$ 易得.

**例 8.1.1**　给定 $\boldsymbol{a}=4\boldsymbol{i}+3\boldsymbol{j}$,$\boldsymbol{b}=-2\boldsymbol{i}+\boldsymbol{j}$,求 $3\boldsymbol{a}$,$-4\boldsymbol{b}$,$3\boldsymbol{a}-4\boldsymbol{b}$ 及 $3\boldsymbol{a}+4\boldsymbol{b}$.

**解** 由定理 8.1.5 和定理 8.1.6,有

$$3\boldsymbol{a}=3(4\boldsymbol{i}+3\boldsymbol{j})=12\boldsymbol{i}+9\boldsymbol{j},$$

$$-4\boldsymbol{b}=-4(-2\boldsymbol{i}+\boldsymbol{j})=8\boldsymbol{i}-4\boldsymbol{j},$$

$$3\boldsymbol{a}-4\boldsymbol{b}=(12\boldsymbol{i}+9\boldsymbol{j})+(8\boldsymbol{i}-4\boldsymbol{j})=20\boldsymbol{i}+5\boldsymbol{j},$$

$$3\boldsymbol{a}+4\boldsymbol{b}=(12\boldsymbol{i}+9\boldsymbol{j})+4(-2\boldsymbol{i}+\boldsymbol{j})=4\boldsymbol{i}+13\boldsymbol{j}.$$

**例 8.1.2** 求连接点 $P(-2,4)$ 和 $Q(8,2)$ 线段中点的坐标.

**解** 先求从原点到该线段中点的向量,它等于从原点到点 $P$ 的向量加上从 $P$ 到 $Q$ 的向量的一半(见图 8.1.9). 从原点到 $P$ 和 $Q$ 的向量分别记作 $\boldsymbol{a}$ 和 $\boldsymbol{b}$,则有

$$\boldsymbol{a}=-2\boldsymbol{i}+4\boldsymbol{j},$$

$$\boldsymbol{b}=8\boldsymbol{i}+2\boldsymbol{j},$$

$$\boldsymbol{b}-\boldsymbol{a}=10\boldsymbol{i}-2\boldsymbol{j}.$$

从而所求向量为

$$\begin{aligned}\boldsymbol{v}&=\boldsymbol{a}+\frac{1}{2}(\boldsymbol{b}-\boldsymbol{a})\\&=(-2\boldsymbol{i}+4\boldsymbol{j})+\frac{1}{2}(10\boldsymbol{i}-2\boldsymbol{j})\\&=3\boldsymbol{i}+3\boldsymbol{j}.\end{aligned}$$

这个结果表明 $\boldsymbol{v}$ 的终点是点(3,3),它们是 $PQ$ 中点的坐标.

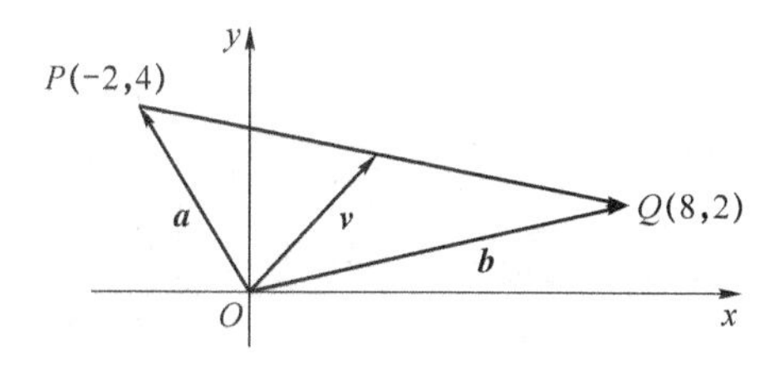


图 8.1.9

## 8.1.4 直角坐标系

为了确定三维空间中点的位置,必须有固定的参照系. 选定一个点 $O$ 作为原点,从 $O$ 引出三条两两互相垂直的有向线段(见图 8.1.10),这三条线分别称为 **$x$ 轴**、**$y$ 轴**以及 **$z$ 轴**.

为了方便,习惯将 $x$ 轴和 $y$ 轴画在水平面上,而将 $z$ 轴画在垂直面上. 三条轴有相同的原点 $O$ 和长度单位. 它们的正向符合**右手规则**:伸出右手握住 $z$ 轴,使得四个手指从 $x$ 轴的正向逆时针转向 $y$ 轴的正向,大拇指的指向就是 $z$ 轴的正向(见图 8.1.10). 这三条坐标轴形成空间**直角坐标系**,点 $O$ 称为**坐标原点**或者简称**原点**. 这样一个坐标系称为**右手坐标系**. 将 $z$ 轴的正向和负向交换,则可得到**左手坐标系**. 尽管左手坐标系有时也用到,但我们在这里仅考虑右手坐标系.

$x$ 轴和 $y$ 轴一起决定的水平平面称为 **$xy$ 平面**. 同理,**$xz$ 平面**是包含 $x$ 轴和 $z$ 轴的垂直平面,**$yz$ 平面**是由 $y$ 轴和 $z$ 轴确定的平面. 空间中 $x,y,z$ 坐标都是正数的点构成的集合称为**第**

**一卦限**，其他七个卦限如图 8.1.11 所示.

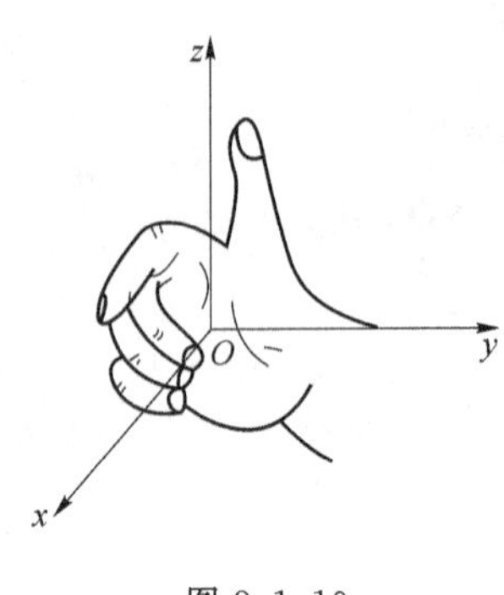


图 8.1.10

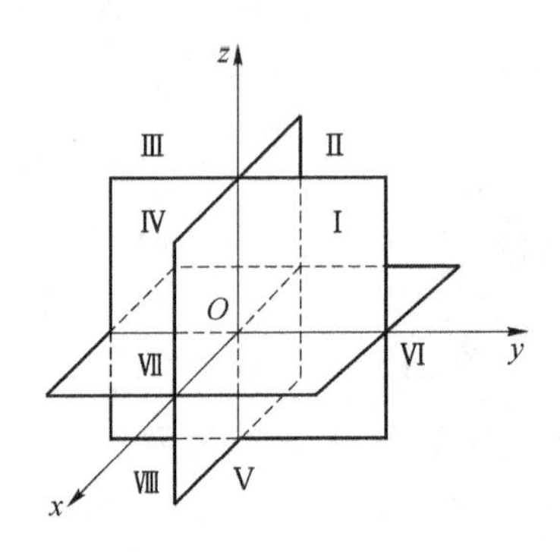


图 8.1.11

如果 $P$ 是空间中的任意一点，对于固定的参照系它有三个坐标，这些坐标记作 $P(x,y,z)$. $P$ 的 **$x$ 坐标**表示点 $P$ 到 $yz$ 平面的有向距离，而 **$y$ 坐标**表示从点 $P$ 到 $xz$ 平面的有向距离，而 **$z$ 坐标**表示从点 $P$ 到 $xy$ 平面的有向距离，见图 8.1.12，它们分别是有向距离 $DP$，$EP$ 以及 $FP$. 这些线段是一个长方体的边，长方体的每个面垂直于其中的一个坐标轴. 在图 8.1.12中，$A$ 是 $P$ 在 $x$ 轴上的投影，$B$ 是 $P$ 在 $y$ 轴上的投影，$C$ 是 $P$ 在 $z$ 轴上的投影. 显然，$P$ 的坐标也可以这样定义：$x$ 是有向距离 $OA$，$y$ 是有向距离 $OB$，$z$ 是有向距离 $OC$.

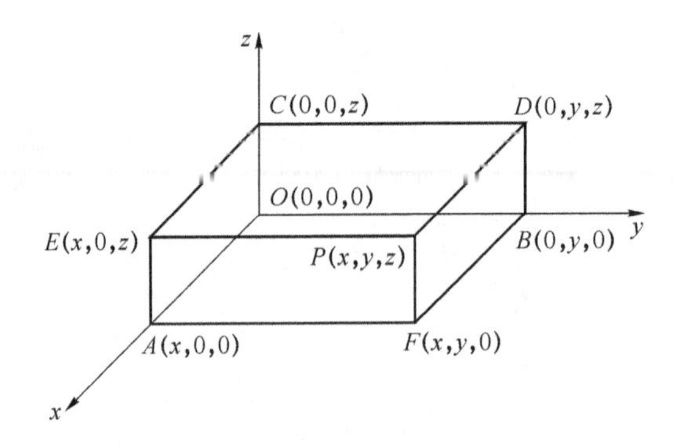


图 8.1.12

前面的讨论说明了下列事实.

**定理 8.1.7** 对于给定的坐标轴，空间的点和三元有序实数组 $(x,y,z)$ 一一对应，即每个点 $P$ 唯一决定了一个有序三元实数组 $(x,y,z)$，它们是 $P$ 的坐标；反过来，每个有序三元实数组 $(x,y,z)$ 唯一确定了以它们为坐标的空间中的一个点. 很多平面几何中的定理均可以推广到立体几何中. 作为一个简单例子，我们有下面的定理.

**定理 8.1.8** 从原点 $O$ 到点 $P(x,y,z)$ 的距离等于 $\sqrt{x^2+y^2+z^2}$.

**证明** 证明留给读者.

### 8.1.5 空间中的向量

为了表示三维空间中的向量，我们在单位向量 $\boldsymbol{i}$ 和 $\boldsymbol{j}$ 的基础上，引入第三个单位向量 $\boldsymbol{k}$. 约定 $\boldsymbol{i},\boldsymbol{j},\boldsymbol{k}$ 分别是从原点到点 $(1,0,0)$，$(0,1,0)$ 和 $(0,0,1)$ 的三个两两互相垂直的单位向量. 空

间中的任何向量可以用这些单位向量来表示.对于任何点 $P(a,b,c)$，向量 $\boldsymbol{r}=\overrightarrow{OP}$称为点 $P$ 的**位置向量**，有

$$\overrightarrow{OP}=a\boldsymbol{i}+b\boldsymbol{j}+c\boldsymbol{k}. \tag{8.1.5}$$

向量 $a\boldsymbol{i}$，$b\boldsymbol{j}$ 和 $c\boldsymbol{k}$ 分别是向量 $r$ 的 $x$，$y$ 和 $z$ 分量.

因为任何向量均可以平行移动，因此可以认为向量是从坐标原点开始的，从而任何向量都能写成式(8.1.5)的形式.下面的结果是 8.1.3 节中定理 8.1.10 在三维空间中的推广，其证明与平面向量的情形类似，不再赘述.

**定理 8.1.9** 如果 $\boldsymbol{v}_1=a_1\boldsymbol{i}+b_1\boldsymbol{j}+c_1\boldsymbol{k}$，且 $\boldsymbol{v}_2=a_2\boldsymbol{i}+b_2\boldsymbol{j}+c_2\boldsymbol{k}$，那么

$$\boldsymbol{v}_1+\boldsymbol{v}_2=(a_1+a_2)\boldsymbol{i}+(b_1+b_2)\boldsymbol{j}+(c_1+c_2)\boldsymbol{k}, \tag{8.1.6}$$

且

$$\boldsymbol{v}_1-\boldsymbol{v}_2=(a_1-a_2)\boldsymbol{i}+(b_1-b_2)\boldsymbol{j}+(c_1-c_2)\boldsymbol{k}. \tag{8.1.7}$$

同理，如果 $\boldsymbol{v}=a\boldsymbol{i}+b\boldsymbol{j}+c\boldsymbol{k}$，$m$ 是任意数，那么 $m\boldsymbol{v}=(ma)\boldsymbol{i}+(mb)\boldsymbol{j}+(mc)\boldsymbol{k}$.

**例 8.1.3** 求分点 $V$ 的坐标，使得从 $P$ 点到 $V$ 点的向量是从 $P(2,5,6)$点到$Q(6,-7,-2)$点的向量的$\frac{3}{4}$.

**解** 注意从 $P$ 到 $Q$ 的向量是$\overrightarrow{OQ}-\overrightarrow{OP}$，要求的是$\overrightarrow{OP}+\frac{3}{4}(\overrightarrow{OQ}-\overrightarrow{OP})$的终点.因此有

$$\overrightarrow{OP}=2\boldsymbol{i}+5\boldsymbol{j}+6\boldsymbol{k},$$
$$\overrightarrow{OQ}=6\boldsymbol{i}-7\boldsymbol{j}-2\boldsymbol{k},$$
$$\overrightarrow{OQ}-\overrightarrow{OP}=4\boldsymbol{i}-12\boldsymbol{j}-8\boldsymbol{k}.$$

于是，从原点到所求点的向量是

$$\begin{aligned}\boldsymbol{v}&=2\boldsymbol{i}+5\boldsymbol{j}+6\boldsymbol{k}+\frac{3}{4}(4\boldsymbol{i}-12\boldsymbol{j}-8\boldsymbol{k})\\&=5\boldsymbol{i}-4\boldsymbol{j}-0\boldsymbol{k}.\end{aligned}$$

故所求点的坐标是(5，-4，0).

根据定理 8.1.8，向量 $\boldsymbol{r}=x\boldsymbol{i}+y\boldsymbol{j}+z\boldsymbol{k}$ 的长度为

$$|\boldsymbol{r}|=\sqrt{x^2+y^2+z^2}. \tag{8.1.8}$$

当我们指定向量 $\boldsymbol{r}$ 沿着三个坐标轴的分量 $x$，$y$ 和 $z$ 时，这个向量就完全确定了.而当指定向量的长度以及它与每个坐标轴的夹角时，这个向量也完全确定了.这些夹角称为此向量的**方向角**，记作 $\alpha$，$\beta$ 和 $\gamma$，如图 8.1.13 所示：

$\alpha$ 是该向量与 $x$ 轴正向的夹角；
$\beta$ 是该向量与 $y$ 轴正向的夹角；
$\gamma$ 是该向量与 $z$ 轴正向的夹角.

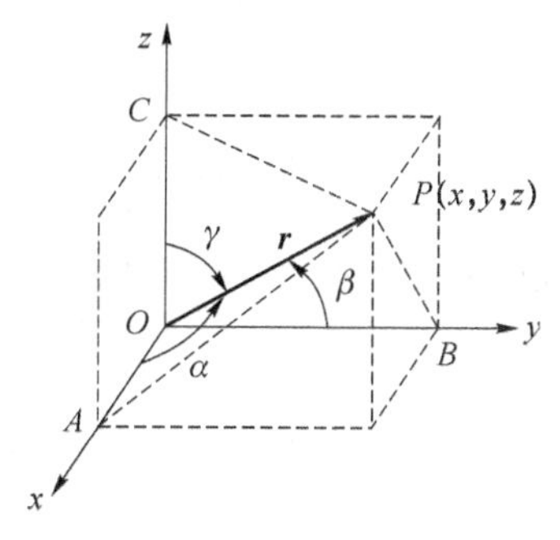


图 8.1.13

由定义知，这些夹角位于 0 到 $\pi$ 之间，事实上，我们更对这些夹角的余弦值感兴趣．如果 $P$ 在第一卦限，则由图 8.1.13 中直角三角形知

$$\cos\alpha=\frac{x}{\sqrt{x^2+y^2+z^2}}，\text{直角三角形 } OAP；$$
$$\cos\beta=\frac{y}{\sqrt{x^2+y^2+z^2}}，\text{直角三角形 } OBP；\tag{8.1.9}$$
$$\cos\gamma=\frac{z}{\sqrt{x^2+y^2+z^2}}，\text{直角三角形 } OCP.$$

当然，如果 $P$ 不在第一卦限，那么 $\cos\alpha$，$\cos\beta$ 和 $\cos\gamma$ 中的某些数值将是负的．例如，如果 $P$ 位于 $xz$ 平面的左边，那么 $\beta$ 是钝角，从而 $\cos\beta$ 是负的．在此情形下，$y$ 也是负的．对于任何位置的点 $P$，只要 $|\boldsymbol{r}|\neq 0$，等式(8.1.9)都成立．

三元有序数组$(\cos\alpha,\cos\beta,\cos\gamma)$称为向量 $\boldsymbol{r}$ 的**方向余弦**，显然，它们确定了 $\boldsymbol{r}$ 的方向．但是，这些方向余弦不能是任意的，因为它们需要满足条件

$$\cos^2\alpha+\cos^2\beta+\cos^2\gamma=1.$$

上式可从式(8.1.9)得到，即

$$\begin{aligned}\cos^2\alpha+\cos^2\beta+\cos^2\gamma&=\frac{x^2}{x^2+y^2+z^2}+\frac{y^2}{x^2+y^2+z^2}+\frac{z^2}{x^2+y^2+z^2}\\&=\frac{x^2+y^2+z^2}{x^2+y^2+z^2}=1.\end{aligned}$$

如果 $m$ 是任何非零常数，那么三元有序数组

$$(m\cos\alpha,m\cos\beta,m\cos\gamma)$$

也指定了 $\boldsymbol{r}$ 的方向，这样的三元有序数组称为向量 $\boldsymbol{r}$ 的**方向数**，反过来，对于给定的方向数，我们总能找到向量的方向余弦，见下面例子．

最后需要指出的是，如果知道了向量的长度和方向余弦，那么这个向量完全被确定了．结合式(8.1.8)和式(8.1.9)有

$$\boldsymbol{r}=|\boldsymbol{r}|(\cos\alpha\,\boldsymbol{i}+\cos\beta\,\boldsymbol{j}+\cos\gamma\,\boldsymbol{k}).$$

因为 $x=|\boldsymbol{r}|\cos\alpha$，$y=|\boldsymbol{r}|\cos\beta$，$z=|\boldsymbol{r}|\cos\gamma$，所以向量的分量显然是一组方向数．用方向余弦乘以$|\boldsymbol{r}|$得到分量；反过来，分量除以$|\boldsymbol{r}|$得到方向余弦．

**例 8.1.4** 设 $\boldsymbol{r}$ 是一个长度为 21 且方向数为$(2,-3,6)$的向量，求 $\boldsymbol{r}$ 的方向余弦和分量．

**解** 由条件知，$\boldsymbol{r}$ 平行于向量 $\boldsymbol{s}=2\boldsymbol{i}-3\boldsymbol{j}+6\boldsymbol{k}$，故 $|\boldsymbol{s}|=\sqrt{2^2+(-3)^2+6^2}=7$，从而，对于 $\boldsymbol{s}$ 和 $\boldsymbol{r}$ 的方向余弦，有

$$\cos\alpha=\frac{2}{7},\quad \cos\beta=-\frac{3}{7},\quad \cos\gamma=\frac{6}{7}.$$

那么
$$\boldsymbol{r}=21\left(\frac{2}{7}\boldsymbol{i}-\frac{3}{7}\boldsymbol{j}+\frac{6}{7}\boldsymbol{k}\right)=6\boldsymbol{i}-9\boldsymbol{j}+18\boldsymbol{k}.$$

**例 8.1.5** 求从 $P(4,8,-3)$到 $Q(-1,6,2)$向量的方向余弦．

**解** 显然，$\overrightarrow{PQ}=\overrightarrow{OQ}-\overrightarrow{OP}$，故

$$\begin{aligned}\overrightarrow{PQ}&=-\boldsymbol{i}+6\boldsymbol{j}+2\boldsymbol{k}-(4\boldsymbol{i}+8\boldsymbol{j}-3\boldsymbol{k})\\&=-5\boldsymbol{i}-2\boldsymbol{j}+5\boldsymbol{k}.\end{aligned}$$

那么$|\overrightarrow{PQ}|=\sqrt{(-5)^2+(-2)^2+5^2}=3\sqrt{6}$,从而由式(8.1.9)得到

$$\cos\alpha=\frac{-5}{3\sqrt{6}},\quad \cos\beta=\frac{-2}{3\sqrt{6}},\quad \cos\gamma=\frac{5}{3\sqrt{6}}.$$

这个例子蕴含着下面的定理.

**定理 8.1.10** 从$P(a_1,a_2,a_3)$到$Q(b_1,b_2,b_3)$的向量长度为

$$|\overrightarrow{PQ}|=\sqrt{(b_1-a_1)^2+(b_2-a_2)^2+(b_3-a_3)^2},\tag{8.1.10}$$

且当$P$和$Q$是不同点时,那么$\overrightarrow{PQ}$的方向余弦为

$$\cos\alpha=\frac{b_1-a_1}{|\overrightarrow{PQ}|},\quad \cos\beta=\frac{b_2-a_2}{|\overrightarrow{PQ}|},\quad \cos\gamma=\frac{b_3-a_3}{|\overrightarrow{PQ}|}.$$

**证明**

$$\begin{aligned}\overrightarrow{PQ}&=\overrightarrow{OQ}-\overrightarrow{OP}\\&=b_1\boldsymbol{i}+b_2\boldsymbol{j}+b_3\boldsymbol{k}-(a_1\boldsymbol{i}+a_2\boldsymbol{j}+a_3\boldsymbol{k})\\&=(b_1-a_1)\boldsymbol{i}+(b_2-a_2)\boldsymbol{j}+(b_3-a_3)\boldsymbol{k}.\end{aligned}$$

故定理成立.

根据上面的定理,式(8.1.10)给出了点$P(a_1,a_2,a_3)$到$Q(b_1,b_2,b_3)$的距离.

## 习题 8.1 A

1. 向量$\boldsymbol{a}=2\boldsymbol{i}+\boldsymbol{j}-2\boldsymbol{k}$是一个单位向量吗?如果不是,求与$\boldsymbol{a}$同方向的单位向量.

2. 设$\boldsymbol{p}$是从原点到点$P$的向量,$\boldsymbol{q}$是从原点到点$Q$的向量,求向量$\boldsymbol{p},\boldsymbol{q},\overrightarrow{PQ},\boldsymbol{p}+\boldsymbol{q},\boldsymbol{p}-\boldsymbol{q}$的分量形式:

(1) $P(3,2),Q(5,-4)$;　　(2) $P(0,8,-6),Q(4,-3,6)$.

3. 设$\boldsymbol{a}=\boldsymbol{i}+2\boldsymbol{j}+3\boldsymbol{k},\boldsymbol{b}=4\boldsymbol{i}-3\boldsymbol{j}-\boldsymbol{k},\boldsymbol{c}=-5\boldsymbol{i}-3\boldsymbol{j}+5\boldsymbol{k},\boldsymbol{d}=-7\boldsymbol{i}+\boldsymbol{j}-15\boldsymbol{k}$且$\boldsymbol{e}=4\boldsymbol{i}-7\boldsymbol{k}$.计算下列向量:

(1) $2\boldsymbol{a}-\boldsymbol{c}$;　　(2) $3\boldsymbol{a}-2\boldsymbol{b}+\boldsymbol{c}-2\boldsymbol{d}+\boldsymbol{e}$;

(3) $4\boldsymbol{a}+2\boldsymbol{b}+\boldsymbol{c}+\boldsymbol{d}$.

4. 设向量$\boldsymbol{a}=-2\boldsymbol{i}+3\boldsymbol{j}+x\boldsymbol{k}$和$\boldsymbol{b}=y\boldsymbol{i}-6\boldsymbol{j}+2\boldsymbol{k}$共线,求$x$和$y$的值.

5. 点$P(-1,2,3)$和$N(2,3,-1)$位于哪个卦限?求点$P$分别关于坐标平面、坐标轴以及原点的对称点的坐标.

6. 求向量$\boldsymbol{a}=2\boldsymbol{i}+\boldsymbol{j}-2\boldsymbol{k}$和$\boldsymbol{b}=6\boldsymbol{i}-3\boldsymbol{j}+2\boldsymbol{k}$的方向余弦.

7. 假定向量$\boldsymbol{b}$平行于向量$\boldsymbol{a}=\boldsymbol{i}+\boldsymbol{j}-\boldsymbol{k}$,且$\boldsymbol{b}$和$z$轴正向的夹角是锐角,求$\boldsymbol{b}$的方向余弦.

8. 是否存在一个向量,使得其方向角为$\frac{\pi}{4},\frac{\pi}{4},\frac{\pi}{3}$?

9. 求从第一个点到第二个点的向量长度:

(1) $(3,2,-2),(7,4,2)$;　　(2) $(5,-1,-6),(-3,-5,2)$.

10. 给定点$A(1,1,1)$和点$B(1,2,0)$,如果点$P$将线段$AB$分成比例为$2:1$的两个部分,求点$P$的坐标.

## 习题 8.1 B

1. 假定 $\boldsymbol{a}=-\boldsymbol{i}+3\boldsymbol{j}+\boldsymbol{k}$, $\boldsymbol{b}=8\boldsymbol{i}+2\boldsymbol{j}-4\boldsymbol{k}$, $\boldsymbol{c}=\boldsymbol{i}+2\boldsymbol{j}-\boldsymbol{k}$,且 $\boldsymbol{d}=-\boldsymbol{i}+\boldsymbol{j}+3\boldsymbol{k}$,求标量 $m,n$ 以及 $p$ 使得

$$m\boldsymbol{a}+n\boldsymbol{b}+p\boldsymbol{c}=\boldsymbol{d}.$$

2. 假设向量 $\boldsymbol{a}_1$ 和 $\boldsymbol{a}_2$ 不共线,$\overrightarrow{AB}=\boldsymbol{a}_1-2\boldsymbol{a}_2$,$\overrightarrow{BC}=2\boldsymbol{a}_1+3\boldsymbol{a}_2$,$\overrightarrow{CD}=-\boldsymbol{a}_1-5\boldsymbol{a}_2$. 证明 $A,B,D$ 三点共线.

3. 假定三个力 $\boldsymbol{F}_1=(1,2,3)$,$\boldsymbol{F}_2=(-2,3,-4)$ 和 $\boldsymbol{F}_3=(3,-4,-1)$ 作用在同一点上,求合力 $\boldsymbol{F}$ 的大小和方向.

4. 设点 $P_0$,$P_1$ 和 $P_2$ 共线,且依次出现:

(1) 如果 $P_0P_2|=2|P_0P_1|$ 且 $P_0$ 和 $P_1$ 分别为 $(1,2,3)$ 和 $(4,6,-9)$,求点 $P_2$ 的坐标;

(2) 如果 $2|P_0P_1|=3|P_1P_2|$ 且 $P_0$ 和 $P_1$ 分别为 $(-2,7,4)$ 和 $(7,-2,1)$,求点 $P_2$ 的坐标.

5. 证明任何三角形的三条中线对应的向量构成一个三角形.

# 8.2 向量的乘积

### 8.2.1 两个向量的数量积

到目前为止,我们尚未定义两个向量 $\boldsymbol{a}$ 和 $\boldsymbol{b}$ 的乘积. 事实上,有两种不同的方式来定义,它们在物理、工程以及其他领域里都有重要意义. 我们先定义数量积然后定义向量积. 向量 $\boldsymbol{a}$ 和 $\boldsymbol{b}$ 的**数量积**(或者**点积**)$\boldsymbol{a}\cdot\boldsymbol{b}$ 是一个数,而 $\boldsymbol{a}$ 和 $\boldsymbol{b}$ 的**向量积**(或者**叉积**)$\boldsymbol{a}\times\boldsymbol{b}$ 是一个向量. 本小节讲数量积,接下来的小节讲向量积.

向量的数量积有代数定义,也有几何定义. 对于几何定义,我们有更深的理解,但一些定理的证明可能比较麻烦;对于代数定义,尽管用它很容易证明我们所需要的定理,但读者理解起来困难些. 因此,采取折中办法,在证明中用代数定义,同时讨论其几何性质.

数量积的代数定义(看起来不是很自然)如下.

**定义 8.2.1** 设 $\boldsymbol{a}=a_1\boldsymbol{i}+a_2\boldsymbol{j}+a_3\boldsymbol{k}$, $\boldsymbol{b}=b_1\boldsymbol{i}+b_2\boldsymbol{j}+b_3\boldsymbol{k}$,那么 $\boldsymbol{a}$ 和 $\boldsymbol{b}$ 的**数量积**或者**点积**,记作$\boldsymbol{a}\cdot\boldsymbol{b}$,定义为

$$\boldsymbol{a}\cdot\boldsymbol{b}=a_1b_1+a_2b_2+a_3b_3. \tag{8.2.1}$$

**例 8.2.1** 设 $\boldsymbol{a}=3\boldsymbol{i}-2\boldsymbol{j}+\boldsymbol{k}$, $\boldsymbol{b}=2\boldsymbol{i}+4\boldsymbol{j}-\boldsymbol{k}$,求 $\boldsymbol{a}\cdot\boldsymbol{b}$.

**解** 由公式(8.2.1)有

$$\boldsymbol{a}\cdot\boldsymbol{b}=3\times 2+(-2)\times 4+1\times(-1)=-3.$$

注意所得结果是一个数.

$\boldsymbol{a}\cdot\boldsymbol{b}$ 的不同寻常的定义源自下面这个定理.

**定理 8.2.1** 两个向量 $\boldsymbol{a}$ 和 $\boldsymbol{b}$ 的数量积是它们各自的长度乘以它们夹角 $\theta$ 的余弦值,即

$$\boldsymbol{a}\cdot\boldsymbol{b}=|\boldsymbol{a}||\boldsymbol{b}|\cos\theta. \tag{8.2.2}$$

尽管空间中的两个向量 $\boldsymbol{a}$ 和 $\boldsymbol{b}$ 可能不相交,但我们可以移动它们,使得原点是它们的公共起点,因此 $\boldsymbol{a}$ 和 $\boldsymbol{b}$ 之间的夹角 $\theta$ 的定义是合理的.定义名称中的"数量"是因为该积确实是一个数量.

因为 $\cos\theta=\cos(-\theta)$,所以夹角 $\theta$ 取正取负没有关系.但是我们限制 $\theta$ 在 0 到 $\pi$ 之间.如果 $\boldsymbol{a}$ 与 $\boldsymbol{b}$ 方向相同,则夹角为 0;如果 $\boldsymbol{a}$ 与 $\boldsymbol{b}$ 方向相反,则夹角为 $\pi$.显然,如果 $\boldsymbol{a}$ 与 $\boldsymbol{b}$ 是非零向量,那么 $\boldsymbol{a}$ 与 $\boldsymbol{b}$ 互相垂直当且仅当 $\boldsymbol{a}\cdot\boldsymbol{b}=0$,而 $\boldsymbol{a}$ 与 $\boldsymbol{b}$ 平行当且仅当 $\boldsymbol{a}\cdot\boldsymbol{b}=\pm|\boldsymbol{a}||\boldsymbol{b}|$.

在给出定理 8.2.1 的证明之前,先看一些简单的事实.

**定理 8.2.2** 对于任何向量 $\boldsymbol{a},\boldsymbol{b},\boldsymbol{c}$ 以及数量 $m$,有

(1) $\boldsymbol{0}\cdot\boldsymbol{a}=\boldsymbol{a}\cdot\boldsymbol{0}=0$;

(2) 当 $\boldsymbol{a}\neq\boldsymbol{0}$ 时,$\boldsymbol{a}\cdot\boldsymbol{a}>0$;

(3) $\boldsymbol{a}\cdot\boldsymbol{b}=\boldsymbol{b}\cdot\boldsymbol{a}$;

(4) $\boldsymbol{a}\cdot(\boldsymbol{b}+\boldsymbol{c})=\boldsymbol{a}\cdot\boldsymbol{b}+\boldsymbol{a}\cdot\boldsymbol{c}$;

(5) $(m\boldsymbol{a})\cdot\boldsymbol{b}=m(\boldsymbol{a}\cdot\boldsymbol{b})=\boldsymbol{a}\cdot(m\boldsymbol{b})$.

**证明** 只证(4)和(5),将(1)~(3)的证明留给读者.设 $\boldsymbol{a}=a_1\boldsymbol{i}+a_2\boldsymbol{j}+a_3\boldsymbol{k}$,$\boldsymbol{b}=b_1\boldsymbol{i}+b_2\boldsymbol{j}+b_3\boldsymbol{k}$,$\boldsymbol{c}=c_1\boldsymbol{i}+c_2\boldsymbol{j}+c_3\boldsymbol{k}$,对于(4),有

$$\begin{aligned}\boldsymbol{a}\cdot(\boldsymbol{b}+\boldsymbol{c})&=(a_1\boldsymbol{i}+a_2\boldsymbol{j}+a_3\boldsymbol{k})\cdot[(b_1+c_1)\boldsymbol{i}+(b_2+c_2)\boldsymbol{j}+(b_3+c_3)\boldsymbol{k}]\\&=a_1(b_1+c_1)+a_2(b_2+c_2)+a_3(b_3+c_3)\\&=a_1b_1+a_1c_1+a_2b_2+a_2c_2+a_3b_3+a_3c_3\\&=(a_1b_1+a_2b_2+a_3b_3)+(a_1c_1+a_2c_2+a_3c_3)\\&=\boldsymbol{a}\cdot\boldsymbol{b}+\boldsymbol{a}\cdot\boldsymbol{c},\end{aligned}$$

即

$$\boldsymbol{a}\cdot(\boldsymbol{b}+\boldsymbol{c})=\boldsymbol{a}\cdot\boldsymbol{b}+\boldsymbol{a}\cdot\boldsymbol{c}.$$

对于(5),因为

$$m\boldsymbol{a}=m(a_1\boldsymbol{i}+a_2\boldsymbol{j}+a_3\boldsymbol{k})=(ma_1)\boldsymbol{i}+(ma_2)\boldsymbol{j}+(ma_3)\boldsymbol{k}$$

且

$$\boldsymbol{b}=b_1\boldsymbol{i}+b_2\boldsymbol{j}+b_3\boldsymbol{k},$$

有

$$\begin{aligned}(m\boldsymbol{a})\cdot\boldsymbol{b}&=(ma_1)b_1+(ma_2)b_2+(ma_3)b_3\\&=m(a_1b_2+a_2b_2+a_3b_3)\\&=m(\boldsymbol{a}\cdot\boldsymbol{b}).\end{aligned}$$

同理可得第二个等式.

**推论 8.2.1** 对于任意向量 $\boldsymbol{a}$,有 $\boldsymbol{a}\cdot\boldsymbol{a}=|\boldsymbol{a}|^2$.

**证明** 设 $\boldsymbol{a}=a_1\boldsymbol{i}+a_2\boldsymbol{j}+a_3\boldsymbol{k}$,由定义知,

$$\begin{aligned}\boldsymbol{a}\cdot\boldsymbol{a}&=(a_1\boldsymbol{i}+a_2\boldsymbol{j}+a_3\boldsymbol{k})\cdot(a_1\boldsymbol{i}+a_2\boldsymbol{j}+a_3\boldsymbol{k})\\&=a_1^2+a_2^2+a_3^2\\&=|a|^2.\end{aligned}$$

得证.

对于单位向量 $\boldsymbol{i},\boldsymbol{j},\boldsymbol{k}$,由定义 8.2.1 有

$$\begin{aligned}&\boldsymbol{i}\cdot\boldsymbol{i}=1, \quad \boldsymbol{i}\cdot\boldsymbol{j}=0, \quad \boldsymbol{i}\cdot\boldsymbol{k}=0;\\&\boldsymbol{j}\cdot\boldsymbol{i}=0, \quad \boldsymbol{j}\cdot\boldsymbol{j}=1, \quad \boldsymbol{j}\cdot\boldsymbol{k}=0;\\&\boldsymbol{k}\cdot\boldsymbol{i}=0, \quad \boldsymbol{k}\cdot\boldsymbol{j}=0, \quad \boldsymbol{k}\cdot\boldsymbol{k}=1.\end{aligned}$$

现在来证明定理 8.2.1.

如图 8.2.1 所示，不妨设给定的向量 $\boldsymbol{a}$ 和 $\boldsymbol{b}$ 都以原点作为起点，设点 $A(a_1,a_2,a_3)$ 和 $B(b_1,b_2,b_3)$ 分别为它们的终点. 考虑三角形 $OAB$，用三角形的余弦定理来决定角 $\theta$ 对边的长度，有

$$|\boldsymbol{b}-\boldsymbol{a}|^2=|\boldsymbol{a}|^2+|\boldsymbol{b}|^2-2|\boldsymbol{a}||\boldsymbol{b}|\cos\theta,$$

即

$$|\boldsymbol{a}||\boldsymbol{b}|\cos\theta=\frac{1}{2}(|\boldsymbol{a}|^2+|\boldsymbol{b}|^2-|\boldsymbol{b}-\boldsymbol{a}|^2). \tag{8.2.3}$$

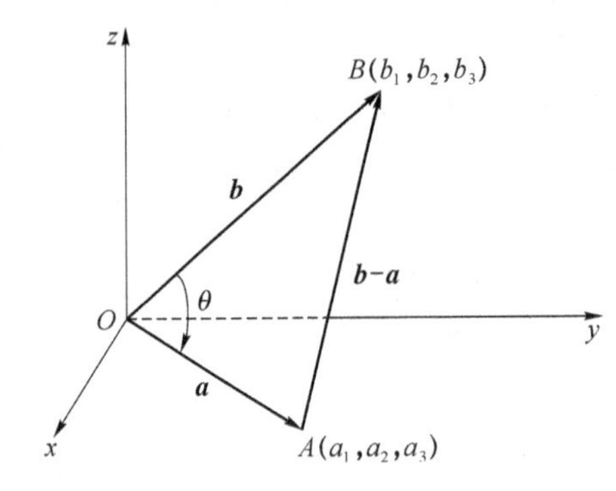


图 8.2.1

对于等式(8.2.3)右边的向量长度，应用式(8.1.8)和式(8.1.10)得

$$\begin{aligned}|\boldsymbol{a}||\boldsymbol{b}|\cos\theta&=\frac{1}{2}[a_1^2+a_2^2+a_3^2+b_1^2+b_2^2+b_3^2-(b_1-a_1)^2-(b_2-a_2)^2-(b_3-a_3)^2]\\&=a_1b_1+a_2b_2+a_3b_3\\&=\boldsymbol{a}\cdot\boldsymbol{b}.\end{aligned}$$

故得证.

**例 8.2.2** 设点 $A(1,-4,3)$，$B(3,-1,2)$，$C(6,1,9)$，$D(1,2,2)$，证明：过点 $A$ 和 $B$ 的直线与过点 $C$ 和 $D$ 的线垂直.

**证明** 向量$\overrightarrow{AB}$和$\overrightarrow{CD}$表示了这两条直线的方向，如果这两个向量的数量积为 0，那么这两条线是垂直的. 事实上，

$$\overrightarrow{AB}=\overrightarrow{OB}-\overrightarrow{OA}=3\boldsymbol{i}-\boldsymbol{j}+2\boldsymbol{k}-(\boldsymbol{i}-4\boldsymbol{j}+3\boldsymbol{k})=2\boldsymbol{i}+3\boldsymbol{j}-\boldsymbol{k},$$

$$\overrightarrow{CD}=\overrightarrow{OD}-\overrightarrow{OC}=\boldsymbol{i}+2\boldsymbol{j}+2\boldsymbol{k}-(6\boldsymbol{i}+\boldsymbol{j}+9\boldsymbol{k})=-5\boldsymbol{i}+\boldsymbol{j}-7\boldsymbol{k}.$$

由定义，数量积为

$$\begin{aligned}\overrightarrow{AB}\cdot\overrightarrow{CD}&=(2\boldsymbol{i}+3\boldsymbol{j}-\boldsymbol{k})\cdot(-5\boldsymbol{i}+\boldsymbol{j}-7\boldsymbol{k})\\&=2(-5)+3\times1+(-1)(-7)\\&=0.\end{aligned}$$

故这两条线是垂直的.

**例 8.2.3** 证明：向量 $\boldsymbol{a}=2\boldsymbol{i}-3\boldsymbol{j}-4\boldsymbol{k}$ 与 $\boldsymbol{b}=-6\boldsymbol{i}+9\boldsymbol{j}+12\boldsymbol{k}$ 平行.

**证明** 向量 $\boldsymbol{a}$ 和 $\boldsymbol{b}$ 的数量积为

$$\boldsymbol{a}\cdot\boldsymbol{b}=2\times(-6)+(-3)\times9+(-4)\times12=-87.$$

又

$$|\boldsymbol{a}|=\sqrt{2^2+(-3)^2+(-4)^2}=\sqrt{29},$$

$$|\boldsymbol{b}|=\sqrt{(-6)^2+9^2+12^2}=3\sqrt{29}.$$

从而有 $|\boldsymbol{a}||\boldsymbol{b}|=87$，故 $\boldsymbol{a}\cdot\boldsymbol{b}=-|\boldsymbol{a}||\boldsymbol{b}|$，因此这两个向量是平行的.

**例 8.2.4** 如果两个向量分别为从原点到点 $A(1,-2,-2)$ 和 $B(6,3,-2)$ 的向量，求夹角 $AOB$.

**解** 用 $\boldsymbol{a}$ 记$\overrightarrow{OA}$，用 $\boldsymbol{b}$ 记$\overrightarrow{OB}$，则有

$$\boldsymbol{a}=\boldsymbol{i}-2\boldsymbol{j}-2\boldsymbol{k},$$
$$\boldsymbol{b}=6\boldsymbol{i}+3\boldsymbol{j}-2\boldsymbol{k}.$$

为了求夹角，将其代入下面的等式

$$\boldsymbol{a}\cdot\boldsymbol{b}=|\boldsymbol{a}||\boldsymbol{b}|\cos\theta.$$

左边的积为

$$\boldsymbol{a}\cdot\boldsymbol{b}=1\times6+(-2)\times3+(-2)\times(-2)=4.$$

$\boldsymbol{a}$ 和 $\boldsymbol{b}$ 的长度分别为

$$|\boldsymbol{a}|=\sqrt{1^2+(-2)^2+(-2)^2}=3,$$
$$|\boldsymbol{b}|=\sqrt{6^2+3^2+(-2)^2}=7,$$

于是

$$\cos\theta=\frac{\boldsymbol{a}\cdot\boldsymbol{b}}{|\boldsymbol{a}||\boldsymbol{b}|}=\frac{4}{21},$$

从而

$$\theta=\arccos\frac{4}{21}\approx79^\circ.$$

除了上面提到的几何应用，数量积在机械方面也很有用. 假设力 $\boldsymbol{F}$ 作用在物体 $O$ 上(见图 8.2.2). 如果这个力使物体移动了一个位移，那么说力 $\boldsymbol{F}$ 做功了. 用向量 $\boldsymbol{s}$ 表示位移的大小和方向，这个功的大小被定义为移动的距离和力 $\boldsymbol{F}$ 沿着 $\boldsymbol{s}$ 方向上的分量的乘积，即

$$W=|\boldsymbol{s}||\boldsymbol{F}|\cos\theta,$$

其中 $\theta$ 是 $\boldsymbol{F}$ 和 $\boldsymbol{s}$ 的夹角，这等价于

$$W=\boldsymbol{s}\cdot\boldsymbol{F}.$$

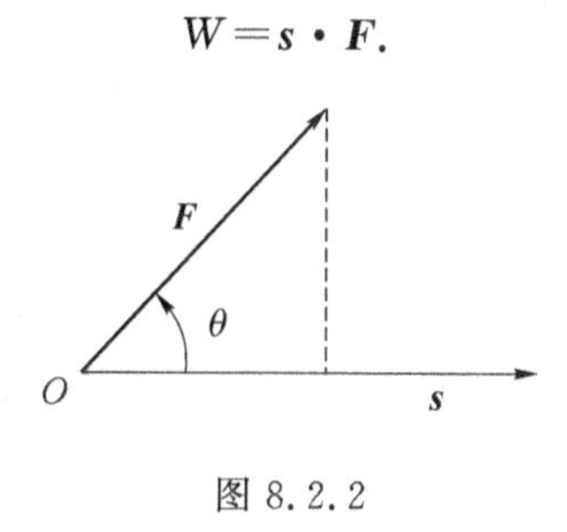


图 8.2.2

### 8.2.2 两个向量的向量积

与数量积一样，我们可以给出向量积的代数定义和几何定义，代数定义看上去不是很自然，但在某些结果的证明中很方便.

**定义 8.2.2** 设 $\boldsymbol{a}=a_1\boldsymbol{i}+a_2\boldsymbol{j}+a_3\boldsymbol{k}$ 和 $\boldsymbol{b}=b_1\boldsymbol{i}+b_2\boldsymbol{j}+b_3\boldsymbol{k}$ 是两个向量，它们的**向量积**(或者**叉积**)记作 $\boldsymbol{a}\times\boldsymbol{b}$，定义为

$$\boldsymbol{a}\times\boldsymbol{b}=(a_2b_3-a_3b_2)\boldsymbol{i}+(a_3b_1-a_1b_3)\boldsymbol{j}+(a_1b_2-a_2b_1)\boldsymbol{k}. \tag{8.2.4}$$

乍一看，这个定义有点怪，可能很难理解为什么要以如此复杂的方式定义 $\boldsymbol{a}\times\boldsymbol{b}$，但是这样定义的 $\boldsymbol{a}\times\boldsymbol{b}$ 有很重要的几何性质，见下面的定理.

**定理 8.2.3** 两个向量 $\boldsymbol{a}$ 和 $\boldsymbol{b}$ 的向量积 $\boldsymbol{a}\times\boldsymbol{b}$ 是一个向量，其长度为 $|\boldsymbol{a}||\boldsymbol{b}|\sin\theta$，且垂直于 $\boldsymbol{a}$ 和 $\boldsymbol{b}$ 所在的平面，使得 $\boldsymbol{a}$，$\boldsymbol{b}$ 以及 $\boldsymbol{a}\times\boldsymbol{b}$ 符合右手规则，记作

$$\boldsymbol{a}\times\boldsymbol{b}=(|\boldsymbol{a}||\boldsymbol{b}|\sin\theta)\boldsymbol{e}, \tag{8.2.5}$$

其中 $\boldsymbol{e}$ 是垂直于 $\boldsymbol{a}$ 和 $\boldsymbol{b}$ 所在平面的单位向量，且 $\boldsymbol{a},\boldsymbol{b}$ 以及 $\boldsymbol{e}$ 形成右手规则（见图 8.2.3）.

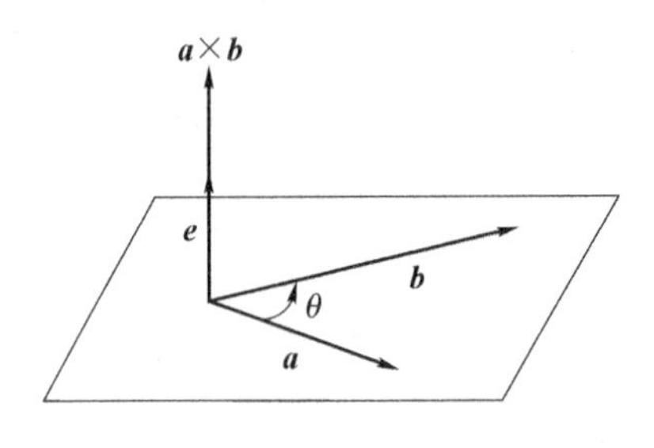


图 8.2.3

注意，如果 $\boldsymbol{a}$ 和 $\boldsymbol{b}$ 平行，那么它们没有确定一个平面，从而向量 $\boldsymbol{e}$ 没有定义，但在此情形下，$\theta=0$或者$\theta=\pi$，从而 $\sin\theta=0$，故在等式(8.2.5)中，$\boldsymbol{a}\times\boldsymbol{b}=\boldsymbol{0}$，此时没有必要确定 $\boldsymbol{e}$.

我们也可以说 $\boldsymbol{e}$ 是一个单位向量，当右手指从 $\boldsymbol{a}$ 逆时针旋转角度 $\theta$ 到 $\boldsymbol{b}$ 时，大拇指的指向就是 $\boldsymbol{e}$ 的方向.

为了证明定理 8.2.3，我们需要做一些准备. 先回到 $\boldsymbol{a}\times\boldsymbol{b}$ 定义中的式(8.2.4)，看看从它我们能得到什么启发. 首先，式(8.2.4)很难记. 如果我们熟悉行列式，能接受向量作为行列式的元素，那么有

$$\begin{vmatrix}\boldsymbol{i} & \boldsymbol{j} & \boldsymbol{k}\\ a_1 & a_2 & a_3\\ b_1 & b_2 & b_3\end{vmatrix}=\boldsymbol{i}\begin{vmatrix}a_2 & a_3\\ b_2 & b_3\end{vmatrix}-\boldsymbol{j}\begin{vmatrix}a_1 & a_3\\ b_1 & b_3\end{vmatrix}+\boldsymbol{k}\begin{vmatrix}a_1 & a_2\\ b_1 & b_2\end{vmatrix}$$

$$=(a_2b_3-a_3b_2)\boldsymbol{i}+(a_3b_1-a_1b_3)\boldsymbol{j}+(a_1b_2-a_2b_1)\boldsymbol{k}.$$

这就是式(8.2.4)的右边，因此证明了下面的定理.

**定理 8.2.4** 如果 $\boldsymbol{a}=a_1\boldsymbol{i}+a_2\boldsymbol{j}+a_3\boldsymbol{k},\boldsymbol{b}=b_1\boldsymbol{i}+b_2\boldsymbol{j}+b_3\boldsymbol{k}$，那么

$$\boldsymbol{a}\times\boldsymbol{b}=\begin{vmatrix}\boldsymbol{i} & \boldsymbol{j} & \boldsymbol{k}\\ a_1 & a_2 & a_3\\ b_1 & b_2 & b_3\end{vmatrix}. \tag{8.2.6}$$

尽管有多种方式展开该行列式，但最终结果都是一样的，就是等式(8.2.4)的右边.

**例 8.2.5** 求 $\boldsymbol{a}\times\boldsymbol{b}$，其中 $\boldsymbol{a}=\boldsymbol{i}+2\boldsymbol{j}-3\boldsymbol{k},\boldsymbol{b}=4\boldsymbol{i}-5\boldsymbol{j}-6\boldsymbol{k}$.

**解** 由式(8.2.6)有

$$\boldsymbol{a}\times\boldsymbol{b}=\begin{vmatrix}\boldsymbol{i} & \boldsymbol{j} & \boldsymbol{k}\\ 1 & 2 & -3\\ 4 & -5 & -6\end{vmatrix}=-27\boldsymbol{i}-6\boldsymbol{j}-13\boldsymbol{k}. \tag{8.2.7}$$

**定理 8.2.5** 设 $\boldsymbol{a},\boldsymbol{b},\boldsymbol{c}$ 是三个向量，$m$ 是一个数量，则

(1) $\boldsymbol{a}\times\boldsymbol{0}=\boldsymbol{0}\times\boldsymbol{a}=\boldsymbol{0}$；

(2) $m(\boldsymbol{a}\times\boldsymbol{b})=(m\boldsymbol{a})\times\boldsymbol{b}=\boldsymbol{a}\times(m\boldsymbol{b})$；

(3) $(\boldsymbol{a}+\boldsymbol{b})\times\boldsymbol{c}=\boldsymbol{a}\times\boldsymbol{c}+\boldsymbol{b}\times\boldsymbol{c}$；

(4) $\boldsymbol{a}\times(\boldsymbol{b}+\boldsymbol{c})=\boldsymbol{a}\times\boldsymbol{b}+\boldsymbol{a}\times\boldsymbol{c}$；

(5) $\boldsymbol{a}\times\boldsymbol{b}=-(\boldsymbol{b}\times\boldsymbol{a})$.

**证明** 我们使用式(8.2.6)和行列式的性质来证明.

对于(1)，如果行列式的任意行全为 0，那么行列式为 0，故

$$\boldsymbol{a}\times\boldsymbol{0}=\begin{vmatrix}\boldsymbol{i}&\boldsymbol{j}&\boldsymbol{k}\\a_1&a_2&a_3\\0&0&0\end{vmatrix}=0\boldsymbol{i}+0\boldsymbol{j}+0\boldsymbol{k}=\boldsymbol{0}.$$

同理可证 $\boldsymbol{0}\times\boldsymbol{a}=\boldsymbol{0}$.

对于(2)的前一半,先看 $(m\boldsymbol{a})\times\boldsymbol{b}$,

$$(m\boldsymbol{a})\times\boldsymbol{b}=\begin{vmatrix}\boldsymbol{i}&\boldsymbol{j}&\boldsymbol{k}\\ma_1&ma_2&ma_3\\b_1&b_2&b_3\end{vmatrix}=m\begin{vmatrix}\boldsymbol{i}&\boldsymbol{j}&\boldsymbol{k}\\a_1&a_2&a_3\\b_1&b_2&b_3\end{vmatrix}=m(\boldsymbol{a}\times\boldsymbol{b}).$$

同理可证 $\boldsymbol{a}\times(m\boldsymbol{b})=m(\boldsymbol{a}\times\boldsymbol{b})$.

对于(3),其中 $\boldsymbol{c}=c_1\boldsymbol{i}+c_2\boldsymbol{j}+c_3\boldsymbol{k}$,

$$\begin{aligned}(\boldsymbol{a}+\boldsymbol{b})\times\boldsymbol{c}&=\begin{vmatrix}\boldsymbol{i}&\boldsymbol{j}&\boldsymbol{k}\\a_1+b_1&a_2+b_2&a_3+b_3\\c_1&c_2&c_3\end{vmatrix}\\&=\begin{vmatrix}\boldsymbol{i}&\boldsymbol{j}&\boldsymbol{k}\\a_1&a_2&a_3\\c_1&c_2&c_3\end{vmatrix}+\begin{vmatrix}\boldsymbol{i}&\boldsymbol{j}&\boldsymbol{k}\\b_1&b_2&b_3\\c_1&c_2&c_3\end{vmatrix}\\&=\boldsymbol{a}\times\boldsymbol{c}+\boldsymbol{b}\times\boldsymbol{c}.\end{aligned}$$

同理可证(4).

最后,对于(5),交换行列式的两行得

$$\boldsymbol{a}\times\boldsymbol{b}=\begin{vmatrix}\boldsymbol{i}&\boldsymbol{j}&\boldsymbol{k}\\a_1&a_2&a_3\\b_1&b_2&b_3\end{vmatrix}=-\begin{vmatrix}\boldsymbol{i}&\boldsymbol{j}&\boldsymbol{k}\\b_1&b_2&b_3\\a_1&a_2&a_3\end{vmatrix}=-\boldsymbol{b}\times\boldsymbol{a}.$$

值得注意的是,上面定理中的(5)告诉我们向量积不满足交换律.改变乘积因子的顺序时,结果相差一个负号,故这条规则称为乘法的反交换律.

下面结果是定理 8.2.4 的一部分,它给出了 $\boldsymbol{a}\times\boldsymbol{b}$ 的长度.

**定理 8.2.6** 设 $\boldsymbol{a}$ 和 $\boldsymbol{b}$ 是任意两个向量,则

$$|\boldsymbol{a}\times\boldsymbol{b}|=|\boldsymbol{a}||\boldsymbol{b}|\sin\theta.$$

**证明** 将证明 $|\boldsymbol{a}\times\boldsymbol{b}|^2=|\boldsymbol{a}|^2|\boldsymbol{b}|^2-(\boldsymbol{a}\cdot\boldsymbol{b})^2$,这需要大量的计算.由式(8.2.4)得

$$\begin{aligned}|\boldsymbol{a}\times\boldsymbol{b}|^2&=(a_2b_3-a_3b_2)^2+(a_3b_1-a_1b_3)^2+(a_1b_2-a_2b_1)^2\\&=a_2^2b_3^2+a_3^2b_2^2+a_3^2b_1^2+a_1^2b_3^2+a_1^2b_2^2+a_2^2b_1^2-2a_2a_3b_2b_3-2a_1a_3b_1b_3-2a_1a_2b_1b_2\\&=(a_1^2+a_2^2+a_3^2)(b_1^2+b_2^2+b_3^2)-(a_1b_1+a_2b_2+a_3b_3)^2\\&=|\boldsymbol{a}|^2|\boldsymbol{b}|^2-(\boldsymbol{a}\cdot\boldsymbol{b})^2.\end{aligned}$$

由定理 8.2.1 有 $\boldsymbol{a}\cdot\boldsymbol{b}=|\boldsymbol{a}||\boldsymbol{b}|\cos\theta$,则

$$\begin{aligned}|\boldsymbol{a}\times\boldsymbol{b}|^2&=|\boldsymbol{a}|^2|\boldsymbol{b}|^2-|\boldsymbol{a}|^2|\boldsymbol{b}|^2\cos^2\theta\\&=|\boldsymbol{a}|^2|\boldsymbol{b}|^2(1-\cos^2\theta)\\&=|\boldsymbol{a}|^2|\boldsymbol{b}|^2\sin^2\theta.\end{aligned}$$

因为 $\theta\in[0,\pi]$,故 $\sin\theta\geqslant0$,从而 $|\boldsymbol{a}\times\boldsymbol{b}|=|\boldsymbol{a}||\boldsymbol{b}|\sin\theta$.

**例 8.2.6** 设向量 $\boldsymbol{a}=\boldsymbol{i}+2\boldsymbol{j}-3\boldsymbol{k}$ 与 $\boldsymbol{b}=4\boldsymbol{i}-5\boldsymbol{j}-6\boldsymbol{k}$ 之间的夹角为 $\theta$,求 $\sin\theta$.

**解** 对于上面的向量,已经在例 8.2.5 中计算出 $\boldsymbol{a}\times\boldsymbol{b}=-27\boldsymbol{i}-6\boldsymbol{j}-13\boldsymbol{k}$.由定理 8.2.6 得

$$\sin\theta=\frac{|\boldsymbol{a}\times\boldsymbol{b}|}{|\boldsymbol{a}||\boldsymbol{b}|}=\frac{\sqrt{(-27)^2+(-6)^2+(-13)^2}}{\sqrt{1^2+2^2+(-3)^2}\sqrt{4^2+(-5)^2+(-6)^2}}=\frac{\sqrt{467}}{7\sqrt{11}}.$$

当 $\theta\in(0,\pi)$ 时，$\sin\theta>0$，故如果我们希望判断给定向量之间的夹角 $\theta$ 是锐角还是钝角，通过向量积计算 $\sin\theta$ 是没用的. 为此，我们计算 $\boldsymbol{a}\cdot\boldsymbol{b}$. 当 $\theta\in\left[0,\frac{\pi}{2}\right)$ 时，$\boldsymbol{a}\cdot\boldsymbol{b}>0$，而当$\theta\in\left(\frac{\pi}{2},\pi\right]$时，$\boldsymbol{a}\cdot\boldsymbol{b}<0$.

下面的推论是定理 8.2.6 的一个直接结果.

**推论 8.2.2** 如果 $\boldsymbol{a}$ 和 $\boldsymbol{b}$ 是平行四边形的相邻边，那么该平行四边形的面积是 $|\boldsymbol{a}\times\boldsymbol{b}|$.

**例 8.2.7** 设 $A(1,0,-1)$，$B(3,-1,-5)$，$C(4,2,0)$ 是三角形的顶点，求该三角形的面积.

**解** 向量$\overrightarrow{AB}$和$\overrightarrow{AC}$是三角形的两条边，这两个向量的向量积的大小等于以它们为相邻边的平行四边形的面积，而所求三角形的面积等于这个平行四边形面积的一半，故由

$$\overrightarrow{AB}=2\boldsymbol{i}-\boldsymbol{j}-4\boldsymbol{k},$$

$$\overrightarrow{AC}=3\boldsymbol{i}+2\boldsymbol{j}+\boldsymbol{k},$$

得

$$\overrightarrow{AB}\times\overrightarrow{AC}=\begin{vmatrix}\boldsymbol{i} & \boldsymbol{j} & \boldsymbol{k}\\ 2 & -1 & -4\\ 3 & 2 & 1\end{vmatrix}=7\boldsymbol{i}-14\boldsymbol{j}+7\boldsymbol{k}.$$

于是，这个向量的大小为 $\sqrt{7^2+(-14)^2+7^2}=7\sqrt{6}$，故所求三角形的面积为$\frac{7\sqrt{6}}{2}$.

下面结果很容易由定理 8.2.6 得到.

**推论 8.2.3** $\boldsymbol{a}\times\boldsymbol{b}=0$ 当且仅当 $\boldsymbol{a}$ 与 $\boldsymbol{b}$ 平行.

同数量积一样，单位向量 $\boldsymbol{i},\boldsymbol{j},\boldsymbol{k}$ 之间向量积的结果如下：

$$\boldsymbol{i}\times\boldsymbol{i}=\boldsymbol{0},\quad \boldsymbol{i}\times\boldsymbol{j}=\boldsymbol{k},\quad \boldsymbol{i}\times\boldsymbol{k}=-\boldsymbol{j};$$

$$\boldsymbol{j}\times\boldsymbol{i}=-\boldsymbol{k},\quad \boldsymbol{j}\times\boldsymbol{j}=\boldsymbol{0},\quad \boldsymbol{j}\times\boldsymbol{k}=\boldsymbol{i};$$

$$\boldsymbol{k}\times\boldsymbol{i}=\boldsymbol{j},\quad \boldsymbol{k}\times\boldsymbol{j}=-\boldsymbol{i},\quad \boldsymbol{k}\times\boldsymbol{k}=\boldsymbol{0}.$$

### 8.2.3 向量的三元数量积

在物理和工程问题中，有些积涉及三个或者更多的向量. 对于给定的三个向量 $\boldsymbol{a},\boldsymbol{b}$ 和 $\boldsymbol{c}$，有很多种方法通过数量积和向量积来定义积：$\boldsymbol{a}\cdot\boldsymbol{b}\cdot\boldsymbol{c}$，$(\boldsymbol{a}\times\boldsymbol{b})\times\boldsymbol{c}$，$\boldsymbol{a}\times(\boldsymbol{b}\times\boldsymbol{c})$，$\boldsymbol{a}\cdot(\boldsymbol{b}\times\boldsymbol{c})$以及$(\boldsymbol{a}\times\boldsymbol{b})\cdot\boldsymbol{c}$.

上面第一种方式没有意义，因为 $\boldsymbol{a}\cdot\boldsymbol{b}$ 是一个数，故得到数 $\boldsymbol{a}\cdot\boldsymbol{b}$ 与向量 $\boldsymbol{c}$ 的数量积，而这是不可能的.

一般情况下，三元向量积$(\boldsymbol{a}\times\boldsymbol{b})\times\boldsymbol{c}$ 和 $\boldsymbol{a}\times(\boldsymbol{b}\times\boldsymbol{c})$是不相等的. 这两个积都能直接由向量表示，后面我们将导出它们的计算公式. 可以证明 $\boldsymbol{a}\cdot(\boldsymbol{b}\times\boldsymbol{c})$与$(\boldsymbol{a}\times\boldsymbol{b})\cdot\boldsymbol{c}$ 是相等的，因为这个积的结果是一个数量，故称为三个向量的**三元数量积**.

**1. 三元数量积**

三元数量积有下面的几何意义.

**定理 8.2.7** 如果向量 $\boldsymbol{a},\boldsymbol{b},\boldsymbol{c}$ 符合右手规则(不共面)，那么$\boldsymbol{a}\cdot(\boldsymbol{b}\times\boldsymbol{c})$是以 $\boldsymbol{a},\boldsymbol{b}$ 和 $\boldsymbol{c}$ 为相

邻边的平行六面体的体积(见图 8.2.4).

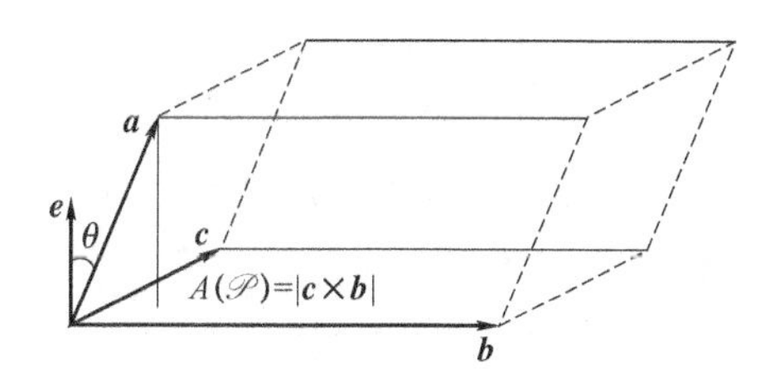


图 8.2.4

**证明** 用 $\mathbf{A}(\mathscr{P})$ 表示以 $\boldsymbol{b}$ 和 $\boldsymbol{c}$ 为相邻边的平行四边形的面积,用 $\boldsymbol{h}$ 表示以该平行四边形为底的平行六面体的高,由初等几何知平行六面体的体积 $\mathbf{V}=\mathbf{A}(\mathscr{P})h$. 根据推论 8.2.2 有 $A(\mathscr{P})=|\boldsymbol{b}\times\boldsymbol{c}|$,而且 $\boldsymbol{b}\times\boldsymbol{c}$ 是一个垂直于 $\boldsymbol{b}$ 和 $\boldsymbol{c}$ 所在平面的向量,与 $\boldsymbol{a}$ 位于同一侧,这是因为 $\boldsymbol{a},\boldsymbol{b}$ 和 $\boldsymbol{c}$ 符合右手规则,从而 $\boldsymbol{b}\times\boldsymbol{c}=A(\mathscr{P})\boldsymbol{e}$,其中 $\boldsymbol{e}$ 是图8.2.4 中的单位向量. 进一步,

$$\boldsymbol{a}\cdot\boldsymbol{e}=|\boldsymbol{a}||\boldsymbol{e}|\cos\theta=|\boldsymbol{a}|\cos\theta=h,$$

故

$$\boldsymbol{a}\cdot(\boldsymbol{b}\times\boldsymbol{c})=\boldsymbol{a}\cdot(A(\mathscr{P})\boldsymbol{e})=A(\mathscr{P})\boldsymbol{a}\cdot\boldsymbol{e}=A(\mathscr{P})\boldsymbol{h}=V.$$

如果 $\boldsymbol{a},\boldsymbol{b}$ 和 $\boldsymbol{c}$ 符合左手规则,那么 $\boldsymbol{a}\cdot(\boldsymbol{b}\times\boldsymbol{c})=-V$. 在此情形下,$\boldsymbol{b}\times\boldsymbol{c}$ 指向“错误”方向,并且 $\boldsymbol{a}\cdot(\boldsymbol{b}\times\boldsymbol{c})$ 是负数. 当然,如果 $\boldsymbol{a},\boldsymbol{b}$ 和 $\boldsymbol{c}$ 共面,那么“六面体”是平的,从而 $V=0$.

由此我们得到下面的结果.

**定理 8.2.8** 设 $\boldsymbol{a},\boldsymbol{b},\boldsymbol{c}$ 是三个向量,则

$$\boldsymbol{a}\cdot(\boldsymbol{b}\times\boldsymbol{c})=\boldsymbol{b}\cdot(\boldsymbol{c}\times\boldsymbol{a})=\boldsymbol{c}\cdot(\boldsymbol{a}\times\boldsymbol{b}) \tag{8.2.8}$$

且

$$\boldsymbol{a}\cdot(\boldsymbol{b}\times\boldsymbol{c})=(\boldsymbol{a}\times\boldsymbol{b})\cdot\boldsymbol{c}. \tag{8.2.9}$$

**证明** 首先假定 $\boldsymbol{a},\boldsymbol{b}$ 和 $\boldsymbol{c}$ 符合右手规则,那么式(8.2.8)中的三项给出了同一个平行六面体的体积. 第一项是将 $\boldsymbol{b}$ 和 $\boldsymbol{c}$ 作为底,第二项是将 $\boldsymbol{c}$ 和 $\boldsymbol{a}$ 作为底,而第三项是将 $\boldsymbol{a}$ 和 $\boldsymbol{b}$ 作为底,故这三项相等. 当 $\boldsymbol{a},\boldsymbol{b}$ 和 $\boldsymbol{c}$ 共面或者符合左手规则时,我们将证明留给读者.

因为数量积满足交换律,故 $\boldsymbol{c}\cdot(\boldsymbol{a}\times\boldsymbol{b})=(\boldsymbol{a}\times\boldsymbol{b})\cdot\boldsymbol{c}$,从而由式(8.2.8)得到式(8.2.9).

式(8.2.8)说明 $\boldsymbol{a},\boldsymbol{b},\boldsymbol{c}$ 的任何循环置换不会改变三元数量积的结果. 式(8.2.9)说明我们可以把数量积和向量积放在任何位置,只要每对向量之间有乘积符号. 比三元数量积简单很多的一种涉及三个向量的积是 $(\boldsymbol{a}\cdot\boldsymbol{b})\boldsymbol{c}$,其中数量 $m=\boldsymbol{a}\cdot\boldsymbol{b}$ 乘以 $\boldsymbol{c}$ 直接写作 $m\boldsymbol{c}$.

***2. 三元向量积**

下面我们考虑向量积 $(\boldsymbol{a}\times\boldsymbol{b})\times\boldsymbol{c}$.

**定理 8.2.9** 设 $\boldsymbol{a},\boldsymbol{b},\boldsymbol{c}$ 是三个向量,则

$$(\boldsymbol{a}\times\boldsymbol{b})\times\boldsymbol{c}=(\boldsymbol{a}\cdot\boldsymbol{c})\boldsymbol{b}-(\boldsymbol{b}\cdot\boldsymbol{c})\boldsymbol{a}, \tag{8.2.10}$$

$$\boldsymbol{a}\times(\boldsymbol{b}\times\boldsymbol{c})=(\boldsymbol{a}\cdot\boldsymbol{c})\boldsymbol{b}-(\boldsymbol{a}\cdot\boldsymbol{b})\boldsymbol{c}. \tag{8.2.11}$$

**证明** 首先证明式(8.2.10),分三种情形讨论:

情形 1. 有一个向量为零向量,此时,式(8.2.10)两边都为 0,故成立.

情形 2. 所有向量都不是零向量,但如果存在某个数量 $m$ 使得 $\boldsymbol{b}=m\boldsymbol{a}$,那么,式(8.2.10)两边都为 0.

情形 3. 现在假定没有向量为零向量,且 $\boldsymbol{a}$ 和 $\boldsymbol{b}$ 不平行,则式(8.2.10)左边的向量与 $\boldsymbol{a}$ 和 $\boldsymbol{b}$ 所在平面平行,故存在某个数量 $m$ 和 $n$ 使得

$$(\boldsymbol{a}\times\boldsymbol{b})\times\boldsymbol{c}=m\boldsymbol{a}+n\boldsymbol{b}. \tag{8.2.12}$$

为了简化 $m$ 和 $n$ 的计算,我们在 $\boldsymbol{a}$ 和 $\boldsymbol{b}$ 所在的平面引入正交单位向量 $\boldsymbol{i}'$ 和 $\boldsymbol{j}'$,其中

$\boldsymbol{i}'=\boldsymbol{a}/|\boldsymbol{a}|$,以及第三个单位向量 $\boldsymbol{k}'=\boldsymbol{i}'\times\boldsymbol{j}'$,将所有向量用单位向量 $\boldsymbol{i}',\boldsymbol{j}',\boldsymbol{k}'$表示:

$$\boldsymbol{a}=a_1\boldsymbol{i}',$$
$$\boldsymbol{b}=b_1\boldsymbol{i}'+b_2\boldsymbol{j}',$$
$$\boldsymbol{c}=c_1\boldsymbol{i}'+c_2\boldsymbol{j}'+c_3\boldsymbol{k}'.$$

则
$$\boldsymbol{a}\times\boldsymbol{b}=a_1b_2\boldsymbol{k}',$$
且
$$(\boldsymbol{a}\times\boldsymbol{b})\times\boldsymbol{c}=-a_1b_2c_2\boldsymbol{i}'+a_1b_2c_1\boldsymbol{j}'.$$

把它与式(8.2.12)的右边比较,得

$$m(a_1\boldsymbol{i}')+n(b_1\boldsymbol{i}'+b_2\boldsymbol{j}')=-a_1b_2c_2\boldsymbol{i}'+a_1b_2c_1\boldsymbol{j}'.$$

这等价于数量等式

$$ma_1+nb_1=-a_1b_2c_2,$$
$$nb_2=a_1b_2c_1.$$

如果 $b_2$ 是 0,那么 $\boldsymbol{a}$ 平行于 $\boldsymbol{b}$,与条件矛盾,故 $b_2$ 不为 0.可以解上面方程求出 $n$,

$$n=a_1c_1=\boldsymbol{a}\cdot\boldsymbol{c}.$$

代入得

$$ma_1=-nb_1-a_1b_2c_2=-a_1c_1b_1-a_1b_2c_2,$$

因为 $|\boldsymbol{a}|=a_1\neq0$,除以 $a_1$ 得

$$m=-(b_1c_1+b_2c_2)=-(\boldsymbol{b}\cdot\boldsymbol{c}).$$

把 $m$ 和 $n$ 的值代入式(8.2.12),得到式(8.2.10).

对于式(8.2.11),由式(8.2.10)通过交换字母 $\boldsymbol{a},\boldsymbol{b}$ 和 $\boldsymbol{c}$ 得到等式

$$(\boldsymbol{b}\times\boldsymbol{c})\times\boldsymbol{a}=(\boldsymbol{b}\cdot\boldsymbol{a})\boldsymbol{c}-(\boldsymbol{c}\cdot\boldsymbol{a})\boldsymbol{b}.$$

如果交换因子 $\boldsymbol{b}\times\boldsymbol{c}$ 与 $\boldsymbol{a}$,必须改变等式右边的符号,这将得到式(8.2.11),从而定理得证.

式(8.2.10)和式(8.2.11)可以用于简化三个或者更多个向量的乘积表达式.

**例 8.2.8** 用式(8.2.10)和式(8.2.11)来表示 $(\boldsymbol{a}\times\boldsymbol{b})\times(\boldsymbol{c}\times\boldsymbol{d})$.

**解** 为了方便,记 $\boldsymbol{c}\times\boldsymbol{d}=\boldsymbol{v}$,由式(8.2.10)得

$$(\boldsymbol{a}\times\boldsymbol{b})\times\boldsymbol{v}=(\boldsymbol{a}\cdot\boldsymbol{v})\boldsymbol{b}-(\boldsymbol{b}\cdot\boldsymbol{v})\boldsymbol{a},$$

或者
$$(\boldsymbol{a}\times\boldsymbol{b})\times(\boldsymbol{c}\times\boldsymbol{d})=[\boldsymbol{a}\cdot(\boldsymbol{c}\times\boldsymbol{d})]\boldsymbol{b}-[\boldsymbol{b}\cdot(\boldsymbol{c}\times\boldsymbol{d})]\boldsymbol{a}.$$

上式将结果表示成数量乘以向量 $\boldsymbol{b}$ 与数量乘以向量 $\boldsymbol{a}$ 的差,也可以将该结果表示成数量乘以向量 $\boldsymbol{c}$ 与数量乘以向量 $\boldsymbol{d}$ 的差.

### 8.2.4 向量乘积的应用

数量积和向量积对解决三维空间几何问题很有用.

**例 8.2.9** 求点 $A(1,2,3)$到连接点 $B(-1,2,1)$和 $C(4,3,2)$的直线的距离.

**解** 画一个经过三点的平面,如图 8.2.5 所示,显然,距离 $s$ 可以由式

$$s=|\overrightarrow{BA}|\sin\theta$$

计算出.因为$\overrightarrow{BA}\times\overrightarrow{BC}=(|\overrightarrow{BA}||\overrightarrow{BC}|\sin\theta)\boldsymbol{e}$,我们能通过$\overrightarrow{BA}\times\overrightarrow{BC}$的大小,并且除以$\overrightarrow{BC}$的大小求出 $s$,从而

$$s=\frac{|\overrightarrow{BA}\times\overrightarrow{BC}|}{|\overrightarrow{BC}|}.$$

通过上面的计算有

$$\overrightarrow{BA}=2\boldsymbol{i}+2\boldsymbol{k},\quad \overrightarrow{BC}=5\boldsymbol{i}+\boldsymbol{j}+\boldsymbol{k},$$

$$\overrightarrow{BA}\times\overrightarrow{BC}=\begin{vmatrix}\boldsymbol{i} & \boldsymbol{j} & \boldsymbol{k}\\ 2 & 0 & 2\\ 5 & 1 & 1\end{vmatrix}=-2\boldsymbol{i}+8\boldsymbol{j}+2\boldsymbol{k},$$

$$s=\frac{|-2\boldsymbol{i}+8\boldsymbol{j}+2\boldsymbol{k}|}{|5\boldsymbol{i}+\boldsymbol{j}+\boldsymbol{k}|}=\frac{\sqrt{(-2)^2+8^2+2^2}}{\sqrt{5^2+1^2+1^2}}=\frac{2}{3}\sqrt{6}.$$

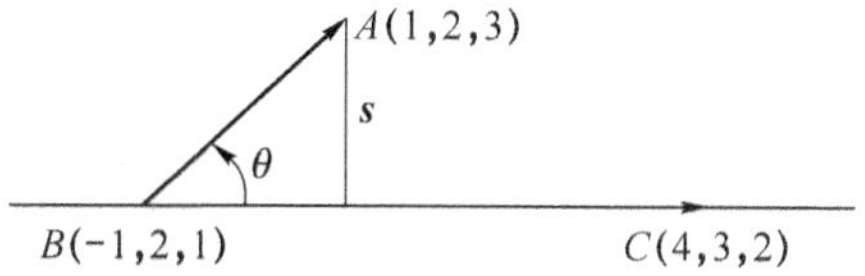

图 8.2.5

**例 8.2.10** 求点 $P(2,2,9)$ 到点 $A(2,1,3)$，$B(3,3,5)$，$C(1,3,6)$ 所在平面的距离.

**解** 如图 8.2.6 所示，向量 $\overrightarrow{AB}$ 和 $\overrightarrow{AC}$ 位于给定三点所在的平面 $\mathscr{P}$ 上，故 $\overrightarrow{AB}\times\overrightarrow{AC}$ 给出了垂直于平面 $\mathscr{P}$ 的单位向量 $\boldsymbol{e}$ 的方向，从而

$$\boldsymbol{e}=\frac{\overrightarrow{AB}\times\overrightarrow{AC}}{|\overrightarrow{AB}\times\overrightarrow{AC}|}.$$

那么点 $P$ 到平面 $\mathscr{P}$ 的距离为

$$s=|\overrightarrow{AP}|\cos\alpha=\overrightarrow{AP}\cdot\boldsymbol{e}=\frac{\overrightarrow{AP}\cdot(\overrightarrow{AB}\times\overrightarrow{AC})}{|\overrightarrow{AB}\times\overrightarrow{AC}|}.$$

通过计算有

$$\overrightarrow{AB}=\boldsymbol{i}+2\boldsymbol{j}+2\boldsymbol{k},\quad \overrightarrow{AC}=-\boldsymbol{i}+2\boldsymbol{j}+3\boldsymbol{k},\quad \overrightarrow{AP}=\boldsymbol{j}+6\boldsymbol{k},$$

$$\overrightarrow{AB}\times\overrightarrow{AC}=\begin{vmatrix}\boldsymbol{i} & \boldsymbol{j} & \boldsymbol{k}\\ 1 & 2 & 2\\ -1 & 2 & 3\end{vmatrix}=2\boldsymbol{i}-5\boldsymbol{j}+4\boldsymbol{k},$$

$$s=\frac{(\boldsymbol{j}+6\boldsymbol{k})\cdot(2\boldsymbol{i}-5\boldsymbol{j}+4\boldsymbol{k})}{|2\boldsymbol{i}-5\boldsymbol{j}+4\boldsymbol{k}|}=\frac{1\times(-5)+6\times4}{\sqrt{2^2+(-5)^2+4^2}}=\frac{19}{15}\sqrt{5}.$$

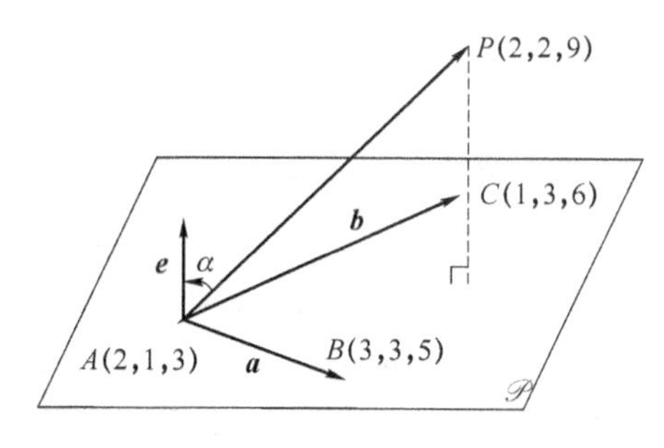


图 8.2.6

**例 8.2.11** 求两条线 $\mathscr{L}_1$ 和 $\mathscr{L}_2$ 的距离，其中 $\mathscr{L}_1$ 过点 $A(1,2,1)$ 和 $B(2,7,3)$，而 $\mathscr{L}_2$ 过点 $C(2,3,5)$ 和 $D(0,6,6)$.

**解** 如果 $\boldsymbol{n}=\overrightarrow{AB}\times\overrightarrow{CD}$，那么 $\boldsymbol{n}$ 是一个与两条线 $\mathscr{L}_1$ 和 $\mathscr{L}_2$ 都垂直的向量，过直线 $\mathscr{L}_1$ 的平面

$\mathscr{P}_1$ 且平行于过直线 $\mathscr{L}_2$ 的平面 $\mathscr{P}_2$，故这两个平面都垂直于向量 $\boldsymbol{n}$，如图 8.2.7 所示. 如果在两个平面上各取一个点，将连接这两点的线段投影到公垂线，可以得到这两个平面之间的距离，设为 $s$，它也是两条直线之间的距离. 这样，如果选择点 $\boldsymbol{A}$ 和 $\boldsymbol{D}$，且 $\boldsymbol{n}_0=\boldsymbol{n}/|\boldsymbol{n}|$ 作为单位法向量，那么

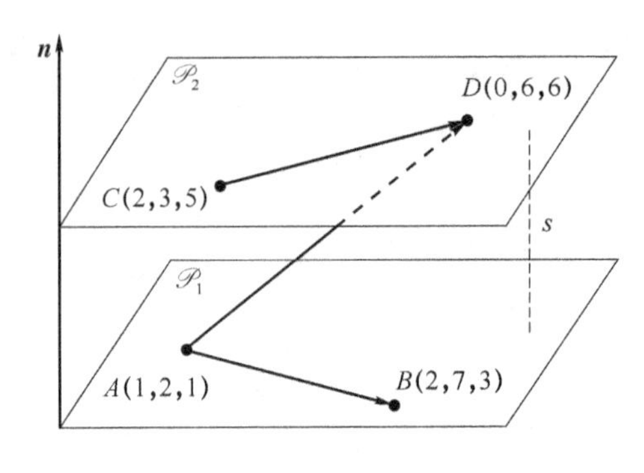


图 8.2.7

$$s=|\overrightarrow{AD}\cdot\boldsymbol{n}_0|=\left|\overrightarrow{AD}\cdot\frac{\overrightarrow{AB}\times\overrightarrow{CD}}{|\overrightarrow{AB}\times\overrightarrow{CD}|}\right|.$$

在这个公式中，如果用 $\overrightarrow{AC}$ 或 $\overrightarrow{BC}$ 或 $\overrightarrow{BD}$ 代替 $\overrightarrow{AD}$，将得到相同的结果. 通过计算有

$$\overrightarrow{AB}=\boldsymbol{i}+5\boldsymbol{j}+2\boldsymbol{k},\quad \overrightarrow{CD}=-2\boldsymbol{i}+3\boldsymbol{j}+\boldsymbol{k},$$

$$\boldsymbol{n}=\overrightarrow{AB}\times\overrightarrow{CD}=\begin{vmatrix}\boldsymbol{i}&\boldsymbol{j}&\boldsymbol{k}\\1&5&2\\-2&3&1\end{vmatrix}=-\boldsymbol{i}-5\boldsymbol{j}+13\boldsymbol{k},$$

$$|\boldsymbol{n}|=|\overrightarrow{\boldsymbol{AB}}\times\overrightarrow{\boldsymbol{CD}}|=\sqrt{(-1)^2+(-5)^2+13^2}=\sqrt{195}.$$

最后，由 $\overrightarrow{AD}=-\boldsymbol{i}+4\boldsymbol{j}+5\boldsymbol{k}$ 得

$$s=\left|\frac{(-\boldsymbol{i}+4\boldsymbol{j}+5\boldsymbol{k})\cdot(-\boldsymbol{i}-5\boldsymbol{j}+13\boldsymbol{k})}{\sqrt{195}}\right|=\frac{(-1)\times(-1)+4\times(-5)+5\times 13}{\sqrt{195}}=\frac{46}{\sqrt{195}}.$$

## 习题 8.2　A

1. 求数量积 $\boldsymbol{a}\cdot\boldsymbol{b}$ 和这两个向量之间夹角的余弦值：

(1) $\boldsymbol{a}=8\boldsymbol{i}+8\boldsymbol{j}-4\boldsymbol{k},\boldsymbol{b}=\boldsymbol{i}-2\boldsymbol{j}-3\boldsymbol{k}$；　(2) $\boldsymbol{a}=\boldsymbol{i}-2\boldsymbol{j}+2\boldsymbol{k},\boldsymbol{b}=\boldsymbol{i}+\boldsymbol{j}+\boldsymbol{k}$；

(3) $\boldsymbol{a}=\boldsymbol{i}-\boldsymbol{j}-\boldsymbol{k},\boldsymbol{b}=4\boldsymbol{i}-8\boldsymbol{j}+\boldsymbol{k}$；　(4) $\boldsymbol{a}=2\boldsymbol{i}-2\boldsymbol{j}-\boldsymbol{k},\boldsymbol{b}=16\boldsymbol{i}+8\boldsymbol{j}+2\boldsymbol{k}$.

2. 设向量 $\boldsymbol{b}$ 和 $\boldsymbol{a}=2\boldsymbol{i}-\boldsymbol{j}+2\boldsymbol{k}$ 共线，且 $\boldsymbol{a}\cdot\boldsymbol{b}=-18$，求向量 $\boldsymbol{b}$.

3. 求向量积 $\boldsymbol{a}\times\boldsymbol{b}$ 和垂直于给定向量的单位向量：

(1) $\boldsymbol{a}=3\boldsymbol{i}-4\boldsymbol{j}-2\boldsymbol{k},\boldsymbol{b}=\boldsymbol{i}-2\boldsymbol{j}-2\boldsymbol{k}$；　(2) $\boldsymbol{a}=2\boldsymbol{i}-\boldsymbol{k},\boldsymbol{b}=\boldsymbol{j}+2\boldsymbol{k}$；

(3) $\boldsymbol{a}=4\boldsymbol{i}-3\boldsymbol{j},\boldsymbol{b}=3\boldsymbol{i}+4\boldsymbol{j}$.

4. 求 $z$ 使得向量 $\boldsymbol{i}+2\boldsymbol{j}+3\boldsymbol{k}$ 与 $4\boldsymbol{i}+5\boldsymbol{j}+z\boldsymbol{k}$ 垂直.

5. 求一个与 $\boldsymbol{i}+\boldsymbol{j}$ 和 $\boldsymbol{j}+\boldsymbol{k}$ 都垂直的单位向量.

6. 如果一个三角形的顶点是 $A(1,1,1)$，$B(-1,-1,1)$，$C(1,-1,-1)$，计算该三角形每

个角的余弦值.

7. 计算立方体的对角线与它的一个面上的对角线夹角的余弦值.

8. 设 $\boldsymbol{a}$ 和 $\boldsymbol{b}$ 是单位向量,证明 $\boldsymbol{a}+\boldsymbol{b}$ 平分 $\boldsymbol{a}$ 与 $\boldsymbol{b}$ 的夹角.

9. 用习题 8 的结果求一个向量,使其平分 $3\boldsymbol{i}+2\boldsymbol{j}+6\boldsymbol{k}$ 与 $9\boldsymbol{i}+6\boldsymbol{j}+2\boldsymbol{k}$ 的夹角.

10. 判断下面哪些向量互相平行,哪些向量互相垂直:

(1) $\boldsymbol{a}=\boldsymbol{i}+3\boldsymbol{j}-5\boldsymbol{k},\boldsymbol{b}=4\boldsymbol{i}+2\boldsymbol{j}+2\boldsymbol{k}$;　　(2) $\boldsymbol{a}=6\boldsymbol{i}+9\boldsymbol{j}-15\boldsymbol{k},\boldsymbol{b}=2\boldsymbol{i}+3\boldsymbol{j}-5\boldsymbol{k}$;

(3) $\boldsymbol{a}=3\boldsymbol{i}-2\boldsymbol{j}+7\boldsymbol{k},\boldsymbol{b}=\boldsymbol{i}-2\boldsymbol{j}-\boldsymbol{k}$.

11. 如果 $\boldsymbol{a}+3\boldsymbol{b}$ 和 $7\boldsymbol{a}-5\boldsymbol{b}$ 垂直,$\boldsymbol{a}-4\boldsymbol{b}$ 和 $7\boldsymbol{a}-2\boldsymbol{b}$ 垂直,求 $\boldsymbol{a}$ 和 $\boldsymbol{b}$ 之间的夹角.

12. 计算下列平行四边形的面积:

(1) $\boldsymbol{a}=3\boldsymbol{i}+2\boldsymbol{j}$ 和 $\boldsymbol{b}=\boldsymbol{i}-\boldsymbol{j}$ 是相邻边;

(2) $\boldsymbol{a}=4\boldsymbol{i}-\boldsymbol{j}+\boldsymbol{k}$ 和 $\boldsymbol{b}=3\boldsymbol{i}+\boldsymbol{j}+\boldsymbol{k}$ 是相邻边.

13. 设 $|\boldsymbol{a}|=1,|\boldsymbol{b}|=2$,它们之间的夹角是 $\pi/3$,计算 $|2\boldsymbol{a}-3\boldsymbol{b}|$,并且求以 $\boldsymbol{a}$ 和 $\boldsymbol{b}$ 为相邻边的平行四边形的面积.

14. 计算以 $A(1,2,3),B(3,4,5),C(2,4,7)$ 为顶点的三角形的面积.

15. 计算以 $A(3,0,0),B(0,3,0),C(0,0,2),D(4,5,6)$ 为顶点的平行六面体的体积.

16. 计算下列平行六面体的体积,其中三条边分别是向量 $\boldsymbol{a},\boldsymbol{b},\boldsymbol{c}$:

(1) $\boldsymbol{a}=\boldsymbol{i}-\boldsymbol{j}-\boldsymbol{k},\boldsymbol{b}=\boldsymbol{i}+3\boldsymbol{j}+\boldsymbol{k},\boldsymbol{c}=2\boldsymbol{i}+3\boldsymbol{j}+5\boldsymbol{k}$;

(2) $\boldsymbol{a}=2\boldsymbol{i}-\boldsymbol{j}+\boldsymbol{k},\boldsymbol{b}=\boldsymbol{i}+2\boldsymbol{j}+3\boldsymbol{k},\boldsymbol{c}=\boldsymbol{i}+\boldsymbol{j}-2\boldsymbol{k}$.

17. 求点 $A(3,-1,2)$ 到过点 $B(1,1,3)$ 和 $C(1,3,5)$ 的直线的距离.

18. 求点 $P(2,1,1)$ 到点 $A(1,-1,1),B(-2,4,3),C(0,1,2)$ 所在平面的距离.

## 习题 8.2　B

1. 设 $\boldsymbol{a}$ 是空间中任意一个向量,证明 $\boldsymbol{a}=(\boldsymbol{a}\cdot\boldsymbol{i})\boldsymbol{i}+(\boldsymbol{a}\cdot\boldsymbol{j})\boldsymbol{j}+(\boldsymbol{a}\cdot\boldsymbol{k})\boldsymbol{k}$.

2. 设单位向量 $\boldsymbol{a},\boldsymbol{b}$ 和 $\boldsymbol{c}$ 满足 $\boldsymbol{a}+\boldsymbol{b}+\boldsymbol{c}=\boldsymbol{0}$,求 $\boldsymbol{a}\cdot\boldsymbol{b}+\boldsymbol{b}\cdot\boldsymbol{c}+\boldsymbol{c}\cdot\boldsymbol{a}$.

3. (1) 如果 $\boldsymbol{a}\cdot\boldsymbol{b}=\boldsymbol{c}\cdot\boldsymbol{b},\boldsymbol{b}\neq\boldsymbol{0}$,那么 $\boldsymbol{a}=\boldsymbol{c}$ 成立吗? 如果 $\boldsymbol{a}\neq\boldsymbol{c}$,那么 $\boldsymbol{a},\boldsymbol{b},\boldsymbol{c}$ 之间的关系是什么?

(2) 如果 $\boldsymbol{a}\times\boldsymbol{b}=\boldsymbol{c}\times\boldsymbol{b},\boldsymbol{b}\neq\boldsymbol{0},\boldsymbol{a}\neq\boldsymbol{c}$,那么 $\boldsymbol{a},\boldsymbol{b},\boldsymbol{c}$ 之间的关系是什么?

4. 设 $\boldsymbol{a}+\boldsymbol{b}+\boldsymbol{c}=\boldsymbol{0}$,证明 $\boldsymbol{a}\times\boldsymbol{b}=\boldsymbol{b}\times\boldsymbol{c}=\boldsymbol{c}\times\boldsymbol{a}$,并给出几何解释.

5. 证明下列等式:

(1) $(\boldsymbol{a}\times\boldsymbol{b})\cdot(\boldsymbol{c}\times\boldsymbol{d})=(\boldsymbol{a}\cdot\boldsymbol{c})(\boldsymbol{b}\cdot\boldsymbol{d})-(\boldsymbol{a}\cdot\boldsymbol{d})(\boldsymbol{b}\cdot\boldsymbol{c})$;

(2) $\boldsymbol{a}\times(\boldsymbol{b}\times\boldsymbol{c})+\boldsymbol{b}\times(\boldsymbol{c}\times\boldsymbol{a})+\boldsymbol{c}\times(\boldsymbol{a}\times\boldsymbol{b})=\boldsymbol{0}$.

6. 证明顶点为 $A(x_1,y_1,0),B(x_2,y_2,0),C(x_3,y_3,0)$ 的三角形的面积等于下面行列式的绝对值

$$\frac{1}{2}\begin{vmatrix} x_1 & y_1 & 1 \\ x_2 & y_2 & 1 \\ x_3 & y_3 & 1 \end{vmatrix}.$$

# 8.3 平面和空间直线

在空间解析几何中，将处理与平面解析几何同样的两个问题：建立曲面和空间曲线的方程；用方程来了解曲面和曲线的形状和性质.本节将介绍用数量积和向量积来建立平面和空间直线的方程.

## 8.3.1 平面方程

平面可以由它上面不共线的三个点确定，也可以由平面上的一个点和它的方向确定，这个方向定义为与平面垂直的向量.

首先，证明一元、二元和三元线性方程表示的图形都是平面.

**定理 8.3.1** 空间直角坐标系下，每个平面都可以用线性方程表示.反过来，每个线性方程表示的图形都是平面.

**证明** 设点 $\mathbf{P}_1(\mathbf{x}_1,\mathbf{y}_1,\mathbf{z}_1)$ 是给定平面的一个点，且

$$\boldsymbol{n}=A\boldsymbol{i}+B\boldsymbol{j}+C\boldsymbol{k}$$

与平面垂直(见图 8.3.1)，则 $P(x,y,z)$ 在平面上当且仅当向量

$$\overrightarrow{P_1P}=(x-x_1)\boldsymbol{i}+(y-y_1)\boldsymbol{j}+(z-z_1)\boldsymbol{k}$$

垂直于 $\boldsymbol{n}$，故它们的数量积为 0，从而有

$$\boldsymbol{n}\cdot\overrightarrow{P_1P}=0$$

或者

$$A(x-x_1)+B(y-y_1)+C(z-z_1)=0. \tag{8.3.1}$$

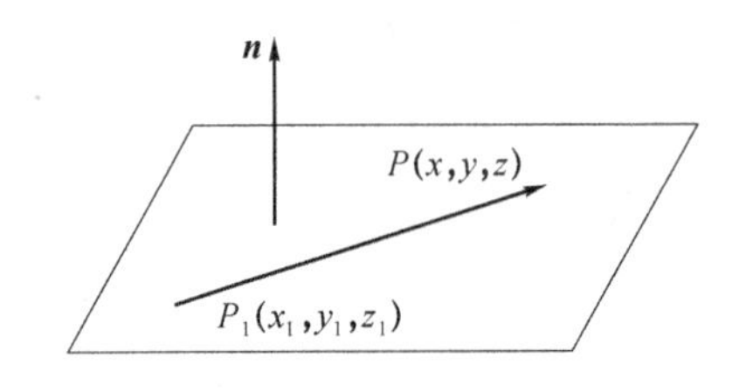


图 8.3.1

这是过点 $P_1(x_1,y_1,z_1)$ 且与向量 $\boldsymbol{n}=A\boldsymbol{i}+B\boldsymbol{j}+C\boldsymbol{k}$ 垂直的平面方程.令 $D$ 为常数 $-Ax_1-By_1-Cz_1$，那么方程为

$$Ax+By+Cz+D=0. \tag{8.3.2}$$

反过来，形式为式(8.3.2)的方程表示一个平面.从这个方程出发，可以找到一个满足方程的点 $P_1(x_1,y_1,z_1)$，因此

$$Ax_1+By_1+Cz_1+D=0.$$

减去式(8.3.2)得

$$A(x-x_1)+B(y-y_1)+C(z-z_1)=0,$$

它具有式(8.3.1)的形式，故式(8.3.2)表示一个与向量 $\boldsymbol{n}=A\boldsymbol{i}+B\boldsymbol{j}+C\boldsymbol{k}$ 垂直的平面.

注意，与平面垂直的任何非零向量称为该平面的**法线向量**.例如，向量 $\boldsymbol{n}=A\boldsymbol{i}+B\boldsymbol{j}+C\boldsymbol{k}$ 是

方程(8.3.1)表示的平面的一个法线向量.我们已经知道,平面完全由它上的一个点和一个法线向量确定,故方程(8.3.1)称为**平面的点法式方程**,而方程(8.3.2)称为**平面的一般式方程**.

**例 8.3.1** 写出过点 $P_1(4,-3,2)$ 且与向量 $\boldsymbol{n}=2\boldsymbol{i}-3\boldsymbol{j}+5\boldsymbol{k}$ 垂直的平面方程.

**解** 用 $\boldsymbol{i},\boldsymbol{j}$ 和 $\boldsymbol{k}$ 的系数作为 $x,y$ 和 $z$ 的系数,得到方程

$$2x-3y+5z+D=0.$$

对于 $D$ 的任何值,上面方程表示与给定向量垂直的平面.如果

$$2\times4+(-3)\times(-3)+5\times2+D=0 \quad 或 \quad D=-27,$$

那么此方程满足给定点的坐标,故所求平面方程为

$$2x-3y+5z-27=0.$$

下面的例子告诉我们怎样求不共线的三点确定的平面方程.

**例 8.3.2** 求过点 $P_1(1,2,6),P_2(4,4,1)$ 和 $P_3(2,3,5)$ 的平面方程.

**解** 与三角形 $P_1P_2P_3$ 的两条边垂直的向量是三角形所在平面的法线向量,为了求这样一个向量,记

$$\overrightarrow{P_1P_2}=3\boldsymbol{i}+2\boldsymbol{j}-5\boldsymbol{k},$$

$$\overrightarrow{P_1P_3}=\boldsymbol{i}+\boldsymbol{j}-\boldsymbol{k},$$

$$\boldsymbol{n}=A\boldsymbol{i}+B\boldsymbol{j}+C\boldsymbol{k}.$$

求系数 $A,B$ 和 $C$ 使得 $\boldsymbol{n}$ 与其他向量垂直,故

$$\boldsymbol{n}\cdot\overrightarrow{P_1P_2}=3A+2B-5C=0,$$

$$\boldsymbol{n}\cdot\overrightarrow{P_1P_3}=A+B-C=0.$$

解这些方程得 $A=3C$ 和 $B=-2C$,取 $C=1$,有 $\boldsymbol{n}=3\boldsymbol{i}-2\boldsymbol{j}+\boldsymbol{k}$.则平面 $3x-2y+z+D=0$ 垂直于向量 $\boldsymbol{n}$,代入给定点的坐标得 $D=-5$,故所求平面方程为

$$3x-2y+z-5=0.$$

当然,我们能用平面的一般式方程(8.3.2)去求不共线三点所在平面的方程,这涉及解线性方程组.假定平面与 $x$ 轴,$y$ 轴,$z$ 轴的交点分别为 $a,b$ 和 $c$,其中 $a,b,c$ 是非零常数,即点 $(a,0,0),(0,b,0)$ 和 $(0,0,c)$ 位于平面上.容易验证平面的方程能写成如下形式:

$$\frac{x}{a}+\frac{y}{b}+\frac{z}{c}=1. \tag{8.3.3}$$

它称为**平面的截距式方程**.

下面考虑一些特殊平面的方程.

(1) 如果平面过原点 $O(0,0,0)$,那么由等式(8.3.2)得 $D=0$,从而过原点的平面方程有如下形式:

$$Ax+By+Cz=0.$$

(2) 如果平面平行于 $z$ 轴,那么它的法线向量 $\boldsymbol{n}=A\boldsymbol{i}+B\boldsymbol{j}+C\boldsymbol{k}$ 垂直于 $\boldsymbol{k}$,从而,$\boldsymbol{n}\cdot\boldsymbol{k}=C=0$,故平面方程为

$$Ax+By+D=0.$$

同理,平行于 $x$ 轴的平面方程和平行于 $y$ 轴的平面方程分别为

$$By+Cz+D=0 \quad 和 \quad Ax+Cz+D=0.$$

(3) 由(1)和(2)知,过 $x$ 轴,$y$ 轴和 $z$ 轴的平面方程分别为

$$By+Cz=0,\quad Ax+Cz=0,\quad Ax+By=0.$$

(4) 如果平面垂直于 $z$ 轴,那么 $\boldsymbol{n}$ 平行于 $\boldsymbol{k}$,从而 $A=B=0$,故方程为

$$Cz+D=0\quad 或\quad z=-\frac{D}{C},$$

方程右边是一个常数.

同理,垂直于 $x$ 轴和 $y$ 轴的平面方程分别为

$$Ax+D=0\quad 和\quad By+D=0.$$

特别地,$x=0$,$y=0$ 以及 $z=0$ 分别是坐标平面 $yz$ 平面,$xz$ 平面以及 $xy$ 平面的方程.

下面介绍两个平面的夹角. 假定两个平面的方程为 $\mathscr{P}_i$:$A_ix+B_iy+C_iz+D_i=0$,$i=1,2$. 如果两个平面不互相垂直,那么**两平面的夹角**定义为它们法线向量的夹角,并且是锐角. 如果两个平面互相垂直,那么**两平面的夹角**规定为$\frac{\pi}{2}$,故这个夹角可以由下列公式计算出来:

$$\cos\theta=\frac{|\boldsymbol{n}_1\cdot\boldsymbol{n}_2|}{|\boldsymbol{n}_1||\boldsymbol{n}_2|}=\frac{|A_1A_2+B_1B_2+C_1C_2|}{\sqrt{A_1^2+B_1^2+C_1^2}\sqrt{A_2^2+B_2^2+C_2^2}},\tag{8.3.4}$$

其中
$$\boldsymbol{n}_i=A_i\boldsymbol{i}+B_i\boldsymbol{j}+C_i\boldsymbol{k}\quad(i=1,2).$$

显然,$\mathscr{P}_1$ 和 $\mathscr{P}_2$ 平行或者重合当且仅当$\frac{A_1}{A_2}=\frac{B_1}{B_2}=\frac{C_1}{C_2}$,而 $\mathscr{P}_1$ 和 $\mathscr{P}_2$ 垂直当且仅当 $A_1A_2+B_1B_2+C_1C_2=0$.

**例 8.3.3** 求两个平面 $2x+y-2z=5$ 和 $3x-6y-2z=7$ 的夹角.

**解** 由平面的方程,知道它们的法线向量:

$$\boldsymbol{n}_1=2\boldsymbol{i}+\boldsymbol{j}-2\boldsymbol{k},\quad \boldsymbol{n}_2=3\boldsymbol{i}-6\boldsymbol{j}-2\boldsymbol{k}.$$

由式(8.3.4)得

$$\cos\theta=\frac{|\boldsymbol{n}_1\cdot\boldsymbol{n}_2|}{|\boldsymbol{n}_1||\boldsymbol{n}_2|}=\frac{4}{21},\quad \theta=\arccos\frac{4}{21}\approx 79^\circ.$$

**例 8.3.4** 求一个平行于例 8.3.4 中两个平面的交线的向量.

**解** 所求向量为

$$\boldsymbol{v}=\boldsymbol{n}_1\times\boldsymbol{n}_2=\begin{vmatrix}\boldsymbol{i}&\boldsymbol{j}&\boldsymbol{k}\\2&1&-2\\3&-6&-2\end{vmatrix}=-14\boldsymbol{i}-2\boldsymbol{j}-15\boldsymbol{k}.$$

我们通过给出点到平面的距离公式来结束这一小节.

**定理 8.3.2** 设 $Ax+By+Cz+D=0$ 是一个平面,$P_1(x_1,y_1,z_1)$是该平面外的点,那么点 $P_1$ 到该平面的距离

$$d=\frac{|Ax_1+By_1+Cz_1+D|}{\sqrt{A^2+B^2+C^2}}.\tag{8.3.5}$$

**证明** 假定 $P_2(x_2,y_2,z_2)$是给定平面上的一个点,$\boldsymbol{n}=\pm(A\boldsymbol{i}+B\boldsymbol{j}+C\boldsymbol{k})$的起点为 $P_2$,且垂直于平面,选择 $\boldsymbol{n}$ 的符号使得它与 $P_1$ 位于同一侧,如图 8.3.2 所示,则所求距离 $d=|\overrightarrow{P_2P_1}|\cos\theta$. 注意,

$$\overrightarrow{P_2P_1}=(x_1-x_2)\boldsymbol{i}+(y_1-y_2)\boldsymbol{j}+(z_1-z_2)\boldsymbol{k},$$

故 $$d=|\overrightarrow{P_2P_1}|\cos\theta$$
$$=\frac{\boldsymbol{n}\cdot\overrightarrow{P_2P_1}}{|\boldsymbol{n}|}$$
$$=\frac{\pm(A\boldsymbol{i}+B\boldsymbol{j}+C\boldsymbol{k})\cdot[(x_1-x_2)\boldsymbol{i}+(y_1-y_2)\boldsymbol{j}+(z_1-z_2)\boldsymbol{k}]}{\sqrt{A^2+B^2+C^2}}$$
$$=\frac{\pm[A(x_1-x_2)+B(y_1-y_2)+C(z_1-z_2)]}{\sqrt{A^2+B^2+C^2}}$$
$$=\frac{\pm(Ax_1+By_1+Cz_1-Ax_2-By_2-Cz_2)}{\sqrt{A^2+B^2+C^2}}.$$

由于 $P_2$ 在平面上，所以 $-Ax_2-By_2-Cz_2=D$. 为了去掉符号带来的模糊性，取分子的绝对值得

$$d=\frac{|Ax_1+By_1+Cz_1+D|}{\sqrt{A^2+B^2+C^2}},$$

定理得证.

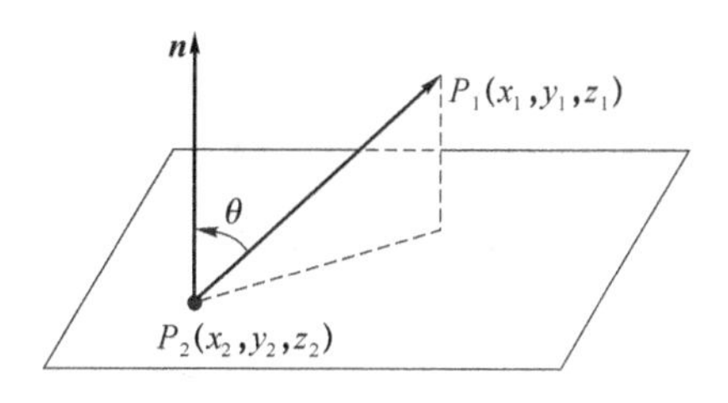


图 8.3.2

**例 8.3.5** 求点(4，−6，1)到平面 $2x+3y-6z-2=0$ 的距离.

**解** 将 $A,B,C,D,x_1,y_1$，以及 $z_1$ 值代入式(8.3.5)得

$$d=\frac{|2\times4+3(-6)+(-6)\times1-2|}{\sqrt{2^2+3^2+(-6)^2}}=\frac{18}{7}.$$

## 8.3.2 空间直线的方程

空间直线完全由其上的两个点确定，或者由该线上的一个点和它的方向确定.

直线 $\mathscr{L}$ 的方向可以由平行于直线的向量给出. 与直线 $\mathscr{L}$ 平行的任何非零向量 $\boldsymbol{a}=(l,m,n)$ 都称为这条直线的**方向向量**，且数 $l,m$ 和 $n$ 称为直线 $\mathscr{L}$ 的**方向数**. 如果点 $P_0(x_0,y_0,z_0)$ 和 $P_1(x_1,y_1,z_1)$ 位于直线上，那么

$$\overrightarrow{P_0P_1}=\overrightarrow{OP_1}-\overrightarrow{OP_0}=(x_1-x_0)\boldsymbol{i}+(y_1-y_0)\boldsymbol{j}+(z_1-z_0)\boldsymbol{k},$$

给出了直线的方向.

为了得到直线的向量方程，可以先从 $O$ 走到 $P_0$，然后沿着该直线走向量 $P_0P_1$ 的某个 $t$ 倍，即可到达该直线上的任何点 $P$，如图 8.3.3 所示. 这样如果 $\boldsymbol{r}$ 是点 $P$ 的位置向量，那么存在数量 $t$ 使得

$$\boldsymbol{r}=\overrightarrow{OP_0}+t\,\overrightarrow{P_0P_1}. \tag{8.3.6}$$

反过来，对每个实数 $t$，方程(8.3.6)中的向量 $\boldsymbol{r}$ 是经过点 $\boldsymbol{P}_0$ 和 $\boldsymbol{P}_1$ 的直线上点的位置向

量，从而证明了式(8.3.6)是过点 $\boldsymbol{P}_0$ 和 $\boldsymbol{P}_1$ 的直线的**向量方程**. 注意，如果 $t\in[0,1]$，那么 $\boldsymbol{P}$ 在连接点 $\boldsymbol{P}_0$ 和 $\boldsymbol{P}_1$ 的线段上. 如果 $t>1$，那么从左到右的点依次为 $\boldsymbol{P}_0,\boldsymbol{P}_1,\boldsymbol{P}$. 如果 $t<0$，那么从左到右的点依次为 $\boldsymbol{P},\boldsymbol{P}_0,\boldsymbol{P}_1$.

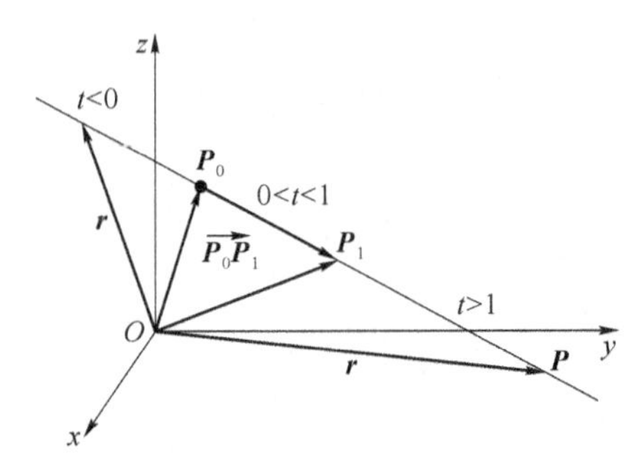


图 8.3.3

设 $\boldsymbol{r}=x\boldsymbol{i}+y\boldsymbol{j}+z\boldsymbol{k}$，那么方程(8.3.6)可以写成

$$x\boldsymbol{i}+y\boldsymbol{j}+z\boldsymbol{k}=x_0\boldsymbol{i}+y_0\boldsymbol{j}+z_0\boldsymbol{k}+t(x_1-x_0)\boldsymbol{i}+t(y_1-y_0)\boldsymbol{j}+t(z_1-z_0)\boldsymbol{k}. \tag{8.3.7}$$

由式(8.3.7)两边的分量对应相等得

$$\begin{aligned} x&=x_0+t(x_1-x_0),\\ y&=y_0+t(y_1-y_0),\\ z&=z_0+t(z_1-z_0). \end{aligned} \tag{8.3.8}$$

这给出了直线的参数式方程.

简单起见，令 $x_1-x_0=a, y_1-y_0=b, z_1-z_0=c$，那么向量 $a\boldsymbol{i}+b\boldsymbol{j}+c\boldsymbol{k}$ 平行于该直线且 $(a,b,c)$ 是该直线的方向数，于是式(8.3.8)等价于

$$x=x_0+at,\quad y=y_0+bt,\quad z=z_0+ct. \tag{8.3.9}$$

因为式(8.3.9)是关于 $t$ 的方程组，只要 $a$,$b$ 和 $c$ 不全为 0，消去 $t$ 得

$$\frac{x-x_0}{a}=\frac{y-y_0}{b}=\frac{z-z_0}{c}, \tag{8.3.10}$$

这称为直线的**对称式方程**. 总之，式(8.3.6)、式(8.3.8)、式(8.3.9)和式(8.3.10)都表示同一条空间直线，且向量 $a\boldsymbol{i}+b\boldsymbol{j}+c\boldsymbol{k}$ 平行于该直线，其中

$$a=x_1-x_0,\quad b=y_1-y_0,\quad c=z_1-z_0.$$

方程(8.3.6)是直线的**向量方程**，而式(8.3.8)或者式(8.3.9)是直线的**参数式方程**，式(8.3.10)是直线的对称式方程，其中分母是方向数. 注意，式(8.3.10)可以看作

$$\frac{x-x_0}{a}=\frac{y-y_0}{b}\quad 和\quad \frac{y-y_0}{b}=\frac{z-z_0}{c},$$

其中 $a$,$b$ 和 $c$ 不能同时取 0，且第一个方程是垂直于 $xy$ 平面的平面方程，第二个方程是垂直于 $yz$ 平面的平面方程，而直线就是这两个平面的交线. 回忆 8.3.1 节中的最后两个例子，我们知道任何两个相交的平面确定了一条空间直线，且只有交线上的点才能同时满足这两个平面方程，故线性方程组

$$\begin{cases} A_1x+B_1y+C_1z+D_1=0,\\ A_2x+B_2y+C_2z+D_2=0 \end{cases} \tag{8.3.11}$$

表示两个平面的交线，从而式(8.3.11)称为直线的**一般式方程**.

**例 8.3.6** 求过点 $P_1(1,0,-1)$ 和 $P_2(-1,2,1)$ 且平行于两个平面 $3x+y-2z-6=0$ 和

$4x-y+3z=0$ 交线的平面方程.

**解** 我们的主要问题是找一个所求平面的法线向量 $\boldsymbol{n}=\overrightarrow{P_1P_2}\times\boldsymbol{v}$,两个给定平面的交线平行于向量

$$\boldsymbol{v}=\boldsymbol{n}_1\times\boldsymbol{n}_2=\begin{vmatrix}\boldsymbol{i} & \boldsymbol{j} & \boldsymbol{k}\\ 3 & 1 & -2\\ 4 & -1 & 3\end{vmatrix}=\boldsymbol{i}-17\boldsymbol{j}-7\boldsymbol{k},$$

其中 $\boldsymbol{n}_1$ 和 $\boldsymbol{n}_2$ 是两个给定平面的法线向量. 向量 $\overrightarrow{P_1P_2}=-2\boldsymbol{i}+2\boldsymbol{j}+2\boldsymbol{k}$ 位于所求平面上. 现在平行移动 $\boldsymbol{v}$ 直到它也位于所求平面上,取

$$\boldsymbol{n}=\overrightarrow{P_1P_2}\times\boldsymbol{v}=20\boldsymbol{i}-12\boldsymbol{j}+32\boldsymbol{k}$$

作为平面的法线向量. 事实上,

$$\frac{1}{4}\boldsymbol{n}=5\boldsymbol{i}-3\boldsymbol{j}+8\boldsymbol{k}$$

也可以作为平面的法线向量. 将

$$A=5,\quad B=-3,\quad C=8$$

代入方程(8.3.1),因为 $P_1(1,0,-1)$ 在这个平面上,故 $x_1=1,y_1=0,z_1=-1$,从而所求平面方程为

$$5(x-1)-3(y-0)+8(z+1)=0,$$

或

$$5x-3y+8z+3=0.$$

**例 8.3.7** 求过点 $P(1,2,3)$ 和 $Q(-1,1,2)$ 的直线的向量方程. 该直线与 $xy$ 平面相交于哪里?

**解** 显然,$\overrightarrow{PQ}=-2\boldsymbol{i}-\boldsymbol{j}-\boldsymbol{k}$,故得到向量方程

$$\boldsymbol{r}=\boldsymbol{i}+2\boldsymbol{j}+3\boldsymbol{k}+t(-2\boldsymbol{i}-\boldsymbol{j}-\boldsymbol{k}).$$

这给出了参数方程

$$x=1-2t,\quad y=2-t,\quad z=3-t.$$

当 $z=0$ 时,这条直线与 $xy$ 平面相交,解这个参数方程组得 $t=3$,从而 $x=-5$ 和 $y=-1$,故交点是$(-5,-1,0)$.

**例 8.3.8** 求连接点 $P_0$ 和 $P_1$ 的线段中点的坐标公式.

**解** 见图 8.3.3,显然,中点的位置向量是

$$\boldsymbol{r}=\overrightarrow{OP_0}+\frac{1}{2}\overrightarrow{P_0P_1}.$$

在方程(8.3.7)或方程(8.3.8)中令 $t=1/2$,有

$$x=x_0+\frac{1}{2}(x_1-x_0),\quad y=y_0+\frac{1}{2}(y_1-y_0),\quad z=z_0+\frac{1}{2}(z_1-z_0),$$

或

$$x=\frac{x_0+x_1}{2},\quad y=\frac{y_0+y_1}{2},\quad z=\frac{z_0+z_1}{2}.$$

**例 8.3.9** 求过点$(2,-1,3)$且平行于向量 $\boldsymbol{v}=2\boldsymbol{i}-5\boldsymbol{j}+6\boldsymbol{k}$ 的直线的对称式方程和参数式方程.

**解** 显然,直线的方向数是$(2,-5,6)$. 由方程(8.3.10)得直线的对称式方程

$$\frac{x-2}{2}=\frac{y+1}{-5}=\frac{z-3}{6}.$$

令这个方程的每个部分都为 $t$,解出 $x,y$ 和 $z$,得到参数式方程

$$x=2+2t,\quad y=-1-5t,\quad z=3+6t.$$

这里我们从对称式方程得到参数式方程，反过来，也能从参数式方程得到对称式方程.

**例 8.3.10** 求过两个相交平面 $\mathscr{P}_1: 2x+5y-3z+4=0$ 和 $\mathscr{P}_2: -x-3y+z-1=0$ 的交线 $\mathscr{L}$ 且垂直于平面 $\mathscr{P}_2$ 的平面 $\mathscr{P}$ 的方程.

**解** 解法Ⅰ 取 $z=0$，方程 $\mathscr{P}_1$ 和 $\mathscr{P}_2$ 联立得

$$\begin{cases}2x+5y=-4,\\-x-3y=1.\end{cases}$$

解上面的线性方程组，得

$$x=-7,\quad y=2,$$

从而 $P_0(-7,2,0)$ 是 $\mathscr{L}$ 上的点. 又因为两个平面的法线向量的向量积为

$$\boldsymbol{n}_1\times\boldsymbol{n}_2=\begin{vmatrix}\boldsymbol{i} & \boldsymbol{j} & \boldsymbol{k}\\2 & 5 & -3\\-1 & -3 & 1\end{vmatrix}=(-4,1,-1),$$

故 $\mathscr{L}$ 的方向向量可以取

$$\boldsymbol{a}=(4,-1,1).$$

令 $\boldsymbol{n}$ 是 $\mathscr{P}$ 的法线向量，那么由条件知 $\boldsymbol{n}\perp\boldsymbol{a}$. 因为 $\boldsymbol{n}\perp\boldsymbol{n}_2$，其中 $\boldsymbol{n}_2=(-1,-3,1)$ 是 $\mathscr{P}_2$ 的法线向量，$\boldsymbol{n}$ 可以取

$$\boldsymbol{n}=\boldsymbol{a}\times\boldsymbol{n}_2=\begin{vmatrix}\boldsymbol{i} & \boldsymbol{j} & \boldsymbol{k}\\4 & -1 & 1\\-1 & -3 & 1\end{vmatrix}=(2,-5,-13).$$

因为点 $P_0(-7,2,0)$ 在平面 $\mathscr{P}$ 上，故 $\mathscr{P}$ 的方程为

$$2(x+7)-5(y-2)-13z=0,$$

或

$$2x-5y-13z+24=0.$$

解法Ⅱ(**平面束方法**) 设 $\mathscr{L}$ 的方程为

$$\begin{cases}A_1x+B_1y+C_1z+D_1=0,\\A_2x+B_2y+C_2z+D_2=0.\end{cases}$$

构造方程

$$A_1x+B_1y+C_1z+D_1+t(A_2x+B_2y+C_2z+D_2)=0,$$

即

$$(A_1+tA_2)x+(B_1+tB_2)y+(C_1+tC_2)z+(D_1+tD_2)=0,\tag{8.3.12}$$

其中参数 $t$ 是任意实常数. 易证方程(8.3.12)表示除了平面 $A_2x+B_2y+C_2z+D_2=0$ 以外的所有过直线 $\mathscr{L}$ 的平面，其中参数 $t$ 的取值范围为$(-\infty,+\infty)$，故方程(8.3.12)称为过直线 $\mathscr{L}$ 的平面束方程. 现在用平面束方法求平面 $\mathscr{P}$ 的方程. 过直线 $\mathscr{L}$ 的平面束方程为

$$2x+5y-3z+4+t(-x-3y+z-1)=0,$$

或

$$(2-t)x+(5-3t)y+(-3+t)z+4-t=0.$$

因为平面 $\mathscr{P}$ 与 $\mathscr{P}_2$ 垂直，故

$$(2-t)\times(-1)+(5-3t)\times(-3)+(-3+t)\times1=0.$$

解上面方程得 $t=\dfrac{20}{11}$，从而 $\mathscr{P}$ 的方程为

$$2x-5y-13z+24=0.$$

这一节的最后定义两个夹角：两条直线的夹角；直线与平面的夹角.

两条直线如果不垂直，那么它们的方向向量的夹角中的锐角称为**这两条直线的夹角**，否则称其夹角为$\frac{\pi}{2}$. 设

$$\mathscr{L}_1: \frac{x-x_1}{a_1}=\frac{y-y_1}{b_1}=\frac{z-z_1}{c_1},$$

$$\mathscr{L}_2: \frac{x-x_2}{a_2}=\frac{y-y_2}{b_2}=\frac{z-z_2}{c_2}$$

是两条给定直线，那么它们的方向向量可以分别选 $\boldsymbol{l}_1=a_1\boldsymbol{i}+b_1\boldsymbol{j}+c_1\boldsymbol{k}$ 和$\boldsymbol{l}_2=a_2\boldsymbol{i}+b_2\boldsymbol{j}+c_2\boldsymbol{k}$. 设 $\theta$ 是这两条直线 $\mathscr{L}_1$ 和 $\mathscr{L}_2$ 的夹角，则

$$\cos\theta=\frac{|\boldsymbol{l}_1\cdot\boldsymbol{l}_2|}{|\boldsymbol{l}_1||\boldsymbol{l}_2|}=\frac{|a_1a_2+b_1b_2+c_1c_2|}{\sqrt{a_1^2+b_1^2+c_1^2}\sqrt{a_2^2+b_2^2+c_2^2}}. \tag{8.3.13}$$

显然，$\mathscr{L}_1$ 和 $\mathscr{L}_2$ 平行或者重合当且仅当$\frac{a_1}{a_2}=\frac{b_1}{b_2}=\frac{c_1}{c_2}$，且 $\mathscr{L}_1$ 和 $\mathscr{L}_2$ 垂直当且仅当 $a_1a_2+b_1b_2+c_1c_2=0$.

下面看一个简单例子.

**例 8.3.11** 求 $\mathscr{L}_1: \frac{x-1}{1}=\frac{y}{-4}=\frac{z+3}{1}$和 $\mathscr{L}_2: \frac{x}{2}=\frac{y+2}{-2}=\frac{z}{-1}$的夹角 $\theta$.

**解** 把 $a_1, a_2, b_1, b_2, c_1$ 以及 $c_2$ 的值代入式(8.3.13)，得

$$\cos\theta=\frac{|1\times2+(-4)\times(-2)+1\times(-1)|}{\sqrt{1^2+(-4)^2+1^2}\sqrt{2^2+(-2)^2+(-1)^2}}=\frac{1}{\sqrt{2}},$$

故

$$\theta=\frac{\pi}{4}.$$

下面介绍直线和平面的夹角. 设 $\mathscr{L}: \frac{x-x_0}{a}=\frac{y-y_0}{b}=\frac{z-z_0}{c}$是一条直线，$\mathscr{P}: Ax+By+Cz+D=0$ 是一个平面，如果直线 $\mathscr{L}$ 与平面 $\mathscr{P}$ 不垂直，**直线与平面的夹角**定义为直线 $\mathscr{L}$ 与它在平面 $\mathscr{P}$ 上的投影直线之间的锐角(见图 8.3.4)，否则称直线与平面的夹角为$\frac{\pi}{2}$.

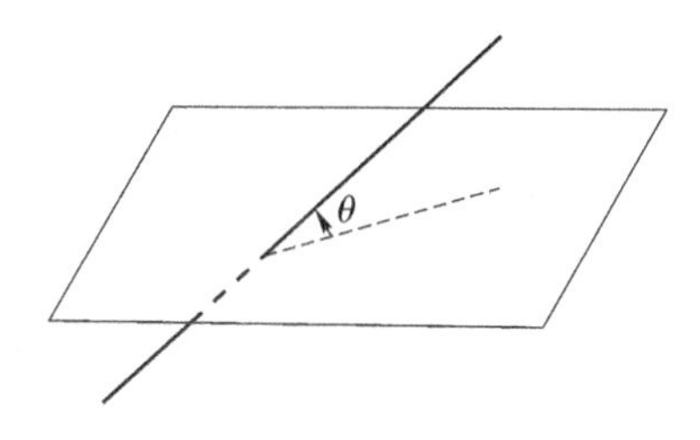


图 8.3.4

设 $\theta$ 是直线 $\mathscr{L}$ 与平面 $\mathscr{P}$ 的夹角. 显然，直线 $\mathscr{L}$ 的方向向量 $a\boldsymbol{i}+b\boldsymbol{j}+c\boldsymbol{k}$ 与平面 $\mathscr{P}$ 的法线向量 $A\boldsymbol{i}+B\boldsymbol{j}+C\boldsymbol{k}$ 的夹角是$\frac{\pi}{2}-\theta$ 或者是$\frac{\pi}{2}+\theta$，这意味着

$$\sin\theta=\left|\cos\left(\frac{\pi}{2}\pm\theta\right)\right|=\frac{|Aa+Bb+Cc|}{\sqrt{A^2+B^2+C^2}\sqrt{a^2+b^2+c^2}}. \tag{8.3.14}$$

易证，$\mathscr{L}$ 平行于或者位于 $\mathscr{P}$ 上当且仅当 $Aa+Bb+Cc=0$，因为前者等价于直线 $\mathscr{L}$ 的方向向量垂直于 $\mathscr{P}$ 的法线向量. 注意，$\mathscr{L}$ 垂直于 $\mathscr{P}$ 当且仅当$\frac{A}{a}=\frac{B}{b}=\frac{C}{c}$，因为前者等价于直线 $\mathscr{L}$ 的方向向

量平行于 $\mathscr{P}$ 的法线向量.

**例 8.3.12** 给出过点 $(4,-2,8)$ 且垂直于平面 $2x-3y+z-4=0$ 的直线 $\mathscr{L}$ 的方程.

**解** 因为 $\mathscr{L}$ 垂直于平面 $2x-3y+z-4=0$,可以取平面的法线向量 $2\boldsymbol{i}-3\boldsymbol{j}+\boldsymbol{k}$ 作为 $\mathscr{L}$ 的方向向量,故直线 $\mathscr{L}$ 的方程为

$$\frac{x-4}{2}=\frac{y+2}{-3}=\frac{z-8}{1}.$$

## 习题 8.3 A

1. 求过点 $(2,-3,5)$ 且与平面 $3x+5y-7z=11$ 平行的平面方程.

2. 求三点 $(2,-4,3)$,$(-3,5,1)$ 和 $(4,0,6)$ 所在的平面方程.

3. 求过点 $(1,1,1)$ 且与平面 $2x+2y+z=3$ 和 $3x-y-2z=5$ 都垂直的平面方程.

4. 求 $C$ 使得平面 $2x-6y+Cz=5$ 与 $x-3y+2z=4$ 互相垂直.

5. 求两个平面的夹角的余弦值:

(1) $2x+y+2z-5=0$,$2x-3y+6z+5=0$;

(2) $3x-2y+z-9=0$,$x-3y-9z+4=0$.

6. 写出直线 $\begin{cases}x-y+z=1,\\2x+y+z=4\end{cases}$ 的对称式方程和参数式方程.

7. 求过点 $P(-9,4,3)$ 且垂直于平面 $2x+6y+9z=0$ 的直线的对称式方程,并且求这条线和平面的交点 $Q$.

8. 求过点 $P(3,-1,0)$ 且与平面 $x-2y+z=3$ 和 $3x+y-3z=6$ 都平行的直线的对称式方程.

9. 求过原点且和三个坐标轴的夹角都相同的直线的对称式方程.

10. 求过点 $M(3,-2,1)$ 和 $N(-1,0,2)$ 的直线方程.

11. 求过点 $(4,-1,3)$ 且平行于直线 $\frac{x-3}{2}=y=\frac{z-1}{5}$ 的直线方程.

12. 证明直线 $\begin{cases}x+2y-z=7,\\-2x+y+z=7\end{cases}$ 平行于 $\begin{cases}3x+6y-3z=8,\\2x-y-z=0.\end{cases}$

13. 求下面两条直线之间的夹角:$\begin{cases}5x-3y+3z=9,\\3x-2y+z=1\end{cases}$ 和 $\begin{cases}2x+2y-z=-23,\\3x+8y+z=18.\end{cases}$

14. 求直线 $\begin{cases}x+y+3z=0,\\x-y-z=0\end{cases}$ 和平面 $x-y-z+1=0$ 之间的夹角.

15. 求过点 $(2,0,-3)$ 且与直线 $\begin{cases}x-2y+4z-7=0,\\3x+5y-2z+1=0\end{cases}$ 垂直的平面方程.

16. 求过点 $(3,1,-2)$ 和直线 $\frac{x-4}{5}=\frac{y+3}{2}=z$ 的平面方程.

17. 求过点 $(1,2,1)$ 且与直线 $\begin{cases}x+2y-z+1=0,\\x-y+z-1=0\end{cases}$ 和 $\begin{cases}2x-y+z=0,\\x-y+z=0\end{cases}$ 平行的平面方程.

18. 求垂直于平面 $z=0$ 且过点 $(1,-1,1)$ 到直线 $\begin{cases}y-z+1=0,\\x=0\end{cases}$ 的垂线的平面方程.

19. 证明直线$\frac{x-1}{9}=\frac{y-6}{-4}=\frac{z-3}{-6}$在平面 $2x-3y+5z=-1$ 上.

20. 求下列过点 $P$ 和 $Q$ 的直线与平面的交点：

(1) $P(-1,5,1)$，$Q(-2,8,-1)$，$2x-3y+z=10$；

(2) $P(-1,0,9)$，$Q(-3,1,14)$，$3x+2y-z=6$.

21. 求下列向量，使其垂直于过点 $P_1$，$P_2$ 和 $P_3$ 的平面：

(1) $P_1(1,3,5)$，$P_2(2,-1,3)$，$P_3(-3,2,-6)$；

(2) $P_1(2,4,6)$，$P_2(-3,1,-5)$，$P_3(2,-6,1)$.

22. 求下列点到平面的距离：

(1) $(2,-4,3)$，$6x+2y-3z+2=0$；

(2) $(-1,1,2)$，$4x-2y+z-2=0$.

23. 设一条直线过点$(3,2,1)$且平行于向量 $2\boldsymbol{i}+\boldsymbol{j}-2\boldsymbol{k}$，求点$(-3,-1,3)$到这条直线的距离.

24. 求点 $P_1(x_1,y_1,z_1)$到下列直线或者平面的距离：

(1) $x$ 轴；

(2) 平面 $x=2$；

(3) 平面 $y=-3$ 和 $z=5$ 的交线.

## 习题 8.3 B

1. 证明下列两个方程表示同一条直线：

$$\frac{x-1}{3}=\frac{y-2}{4}=\frac{z-3}{-12} \quad \text{和} \quad \frac{x+5}{-6}=\frac{y+6}{-8}=\frac{z-27}{24}.$$

2. 求常数 $k$，使得下列三个平面过同一条直线，并且求这条直线的对称式方程：

$$\mathscr{P}_1: 3x+2y+4z=1,$$
$$\mathscr{P}_2: x-8y-2z=3,$$
$$\mathscr{P}_3: kx-3y+z=2.$$

3. 求下列两条直线间的距离：

$$\frac{x-1}{2}=\frac{y-2}{3}=\frac{z+1}{-1} \quad \text{和} \quad \frac{x+1}{3}=\frac{y-1}{2}=\frac{z-2}{1}.$$

4. 求下列两个平面之间的距离：

$$2x-3y-6z=5 \quad \text{和} \quad 4x-6y-12z=-11.$$

# 8.4 曲面和空间曲线

在本节，我们将目光从平面解析几何转移到空间解析几何.先介绍柱面、锥面以及旋转曲面，然后介绍二次曲面，最后介绍两种不同于直角坐标系的坐标系，它们对解决空间问题很有用.我们先介绍曲面的概念.坐标满足形如 $F(x,y,z)=0$ 方程的全体点构成的集合称为**曲面**.最简单的曲面是平面，我们已经知道平面的方程是一个线性方程.与平面解析几何中曲线和方程一样，在空间解析几何中，主要解决两类问题：已知图形求曲面方程和画出已知曲面方程的图形.

**例 8.4.1** **球面**是到定点 $P_0$ 的距离为常数的全体点 $P$ 构成的集合. 求以点 $P_0(h,k,m)$ 为球心, 半径为 $r$ 的球面方程.

**解** 设 $P(x,y,z)$ 是球面上的任意点, 由距离公式得

$$(x-h)^2+(y-k)^2+(z-m)^2=r^2. \tag{8.4.1}$$

反过来, 如果点 $P_1(x_1,y_1,z_1)$ 的坐标满足式(8.4.1), 那么点 $P_1$ 到点 $P_0$ 的距离为 $r$, 故它在球面上, 从而式(8.4.1)就是所求的球面方程.

## 8.4.1 柱面

仅次于平面的简单曲面是**柱面**. 一般情况下, **柱面**是一条直线沿着给定曲线, 且始终保持与某条直线平行移动所生成的曲面. 给定曲线称为柱面的准线, 动直线称为柱面的母线. 例如, 给定的曲线可能是 $xy$ 平面上的

$$f(x,y)=0, \tag{8.4.2}$$

生成柱面的直线总是平行于 $z$ 轴移动. 如果点 $P_0(x,y,0)$ 在曲线(8.4.1)上, 那么跟它有相同的 $x$ 坐标和 $y$ 坐标, 但 $z$ 是任意的点 $P(x,y,z)$ 在曲面上. 也就是说, 无论点 $P$ 的 $z$ 坐标是什么, 只要点 $P$ 的 $x$ 坐标和 $y$ 坐标满足方程 $f(x,y)=0$, 那么点 $P$ 就在柱面上; 反过来, 如果点 $P(x,y,z)$ 在柱面上, 那么点 $P_0(x,y,0)$ 在 $xy$ 平面中的曲线上, 故点 $P$ 的 $x$ 坐标和 $y$ 坐标满足方程(8.4.2).

这样, 如果将方程 $f(x,y)=0$ 看作是空间轨迹的方程, 而不是平面曲线的方程, 那么平行于 $z$ 轴(方程中未出现的变量)且以平面 $z=0$ 中的曲线

$$f(x,y)=0$$

作为横截面的轨迹是柱面.

**例 8.4.2** 柱面

$$y=x^2$$

上的点平行于 $z$ 轴, 且横截面是平面 $z=0$ 上的抛物线(见图 8.4.1), 这是一个抛物柱面.

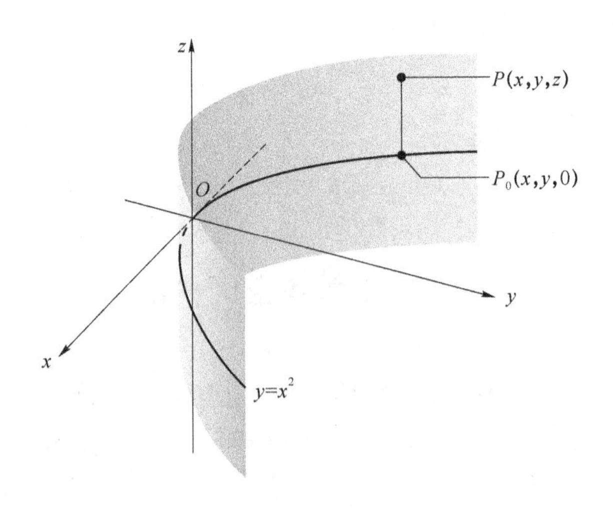


图 8.4.1

一般地,方程

$$\frac{x^2}{a^2}+\frac{y^2}{b^2}=1,\quad \frac{x^2}{a^2}-\frac{y^2}{b^2}=1,\quad x^2=2py$$

分别为**椭圆柱面**,**双曲柱面**,**抛物柱面**(见图 8.4.2). 特别地,当 $a=b$ 时,方程 $\frac{x^2}{a^2}+\frac{y^2}{b^2}=1$ 为 $x^2+y^2=a^2$,这是一个圆柱面.

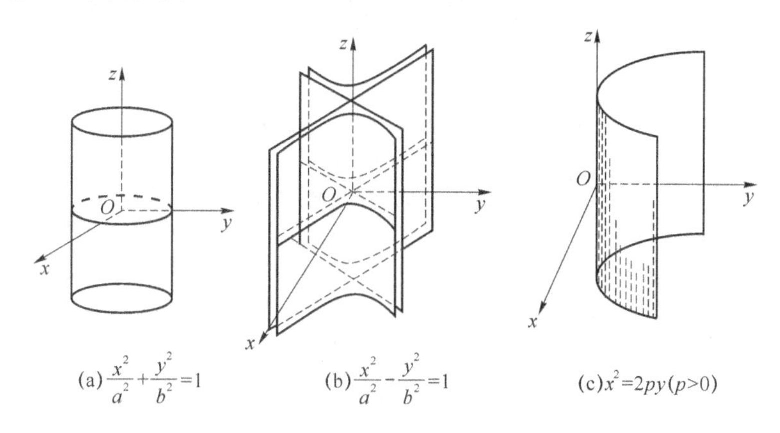


图 8.4.2

显然,上面的讨论也适用于平行于其他坐标轴的柱面. 总之,直角坐标下的有变量缺失的方程表示空间的一个柱面,其点平行于这个缺失变量表示的坐标轴. 例如,平行于 $z$ 轴的柱面方程为

$$Ax^2+Bxy+Cy^2+Dx+Ey+F=0.$$

平面 $x+3y-6=0$ 就是这样一个特殊的柱面. 同理可以给出平行于其他坐标轴的柱面方程.

**例 8.4.3** 曲面

$$y^2+4z^2=4$$

是母线平行于 $x$ 轴的椭圆柱面(见图 8.4.3),它可以沿着 $x$ 轴向正方向和负方向无限伸展. 在此情形,因为 $x$ 轴通过柱面的横截面——椭圆的中心,故称它为柱面的轴.

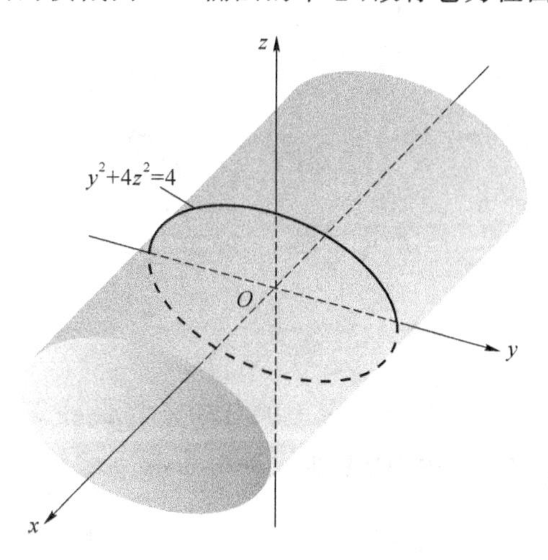


图 8.4.3

## 8.4.2 锥面

在本小节，主要介绍锥面的概念.

过固定点 $M_0$ 的动直线 $\mathscr{L}$ 沿着固定曲线 $C$ 移动形成的曲面 $S$ 称为**锥面**，其中直线 $\mathscr{L}$ 称为锥面的**母线**，曲线 $C$ 称为锥面的**准线**，点 $M_0$ 称为锥面的**顶点**. 显然，锥面由它的顶点 $M_0$ 和准线 $C$ 唯一确定，但锥面的准线不唯一.

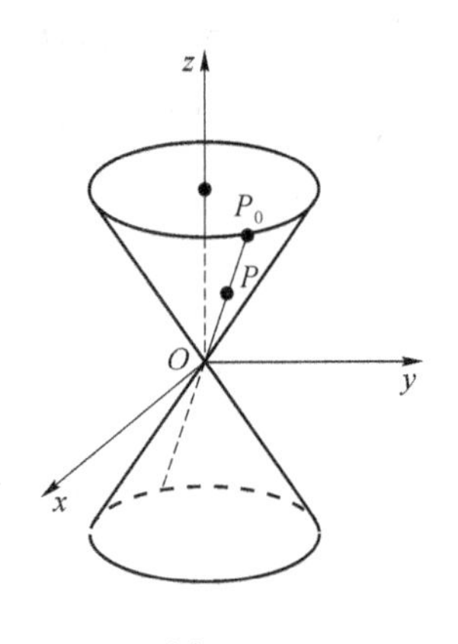


图 8.4.4

设 $S$ 是顶点为 $O(0,0,0)$ 且准线为 $C$：$\begin{cases} f(x,y)=0, \\ z=z_0 \end{cases}$ 的锥面，其中 $z_0$ 是一个常数. 如果 $P(x,y,z)$ 是锥面 $S$ 上的点(见图 8.4.4)，那么点 $P$ 一定位于母线 $OP$ 上，且 $OP$ 与 $C$ 交于点 $P_0(x_0,y_0,z_0)$. 易证点 $P$ 和点 $P_0$ 的坐标满足下列方程：

$$\frac{x}{x_0}=\frac{y}{y_0}=\frac{z}{z_0}.$$

故

$$x_0=\frac{z_0x}{z}, y_0=\frac{z_0y}{z}.$$

因为 $P_0\in C$，则 $f(x_0,y_0)=0$，即

$$f\left(\frac{z_0x}{z},\frac{z_0y}{z}\right)=0. \tag{8.4.3}$$

这是顶点为原点且准线为平面 $z=z_0$ 上的曲线 $C$：$f(x,y)=0$ 的锥面方程.

例如，顶点为原点 $O$ 且准线为椭圆 $\begin{cases} \dfrac{x^2}{a^2}+\dfrac{y^2}{b^2}=1, \\ z=c \end{cases}$ ($c$ 是常数)的锥面方程为

$$\frac{1}{a^2}\left(\frac{cx}{z}\right)^2+\frac{1}{b^2}\left(\frac{cy}{z}\right)^2=1,$$

即

$$\frac{x^2}{a^2}+\frac{y^2}{b^2}=\frac{z^2}{c^2}. \tag{8.4.4}$$

这称为**椭圆锥面**. 当 $a=b$ 时，它变成

$$x^2+y^2=k^2z^2, \tag{8.4.5}$$

其中 $k=\dfrac{a}{c}$ 是一个常数，这就是一个圆锥曲面.

## 8.4.3 旋转曲面

设 $C$ 是平面 $\mathscr{P}$ 上的一条曲线，且 $\mathscr{L}$ 是 $\mathscr{P}$ 上的固定直线. 曲线 $C$ 绕固定直线 $\mathscr{L}$ 旋转一周形成的曲面称为**旋转曲面**，其中曲线 $C$ 称为旋转曲面的**母线**，固定直线 $\mathscr{L}$ 称为旋转曲面的**轴**.

设 $C$：$\begin{cases} f(y,z)=0, \\ x=0 \end{cases}$ 是 $yz$ 平面上的给定曲线，且 $C$ 绕 $z$ 轴旋转一周得到旋转曲面 $S$. 下面来求旋转曲面 $S$ 的方程.

设 $M(x,y,z)$ 是曲面 $S$ 上的点，它是从点 $M_0(0,y_0,z)\in C$ 通过旋转得到的(见图 8.4.5)，故

$f(y_0, z)=0$. 从 $M_0$ 到 $z$ 轴的距离 $|y_0|$ 等于从 $M$ 到 $z$ 轴的距离 $d=\sqrt{x^2+y^2}$,故

$$y_0=\pm\sqrt{x^2+y^2}.$$

由 $f(y_0, z)=0$ 知

$$f(\pm\sqrt{x^2+y^2}, z)=0. \tag{8.4.6}$$

也就是说,如果 $M(x,y,z)\in S$,那么 $M$ 的坐标一定满足方程(8.4.6). 显然,如果 $M\notin S$,那么 $M$ 的坐标不满足该方程,故方程(8.4.6)是旋转曲面 $S$ 的方程.

事实上,上面已经给出了求旋转曲面方程的方法:为了求由曲线 $C:\begin{cases}f(y,z)=0,\\x=0\end{cases}$ 绕 $z$ 轴旋转一周得到的旋转曲面的方程,只需要把方程 $f(y,z)=0$ 中的 $y$ 用 $\pm\sqrt{x^2+y^2}$ 代替就可以得到所求旋转曲面的方程. 同理,$f(y,\pm\sqrt{x^2+z^2})=0$ 就是曲线 $C$ 绕 $y$ 轴旋转一周得到的旋转曲面的方程,其他情形留给读者. 例如,抛物线 $\begin{cases}y^2=2pz,\\x=0\end{cases}$ 绕 $z$ 轴旋转一周得到的旋转曲面方程为 $x^2+y^2=2pz$,这个曲面称为**旋转抛物面**(见图 8.4.6).

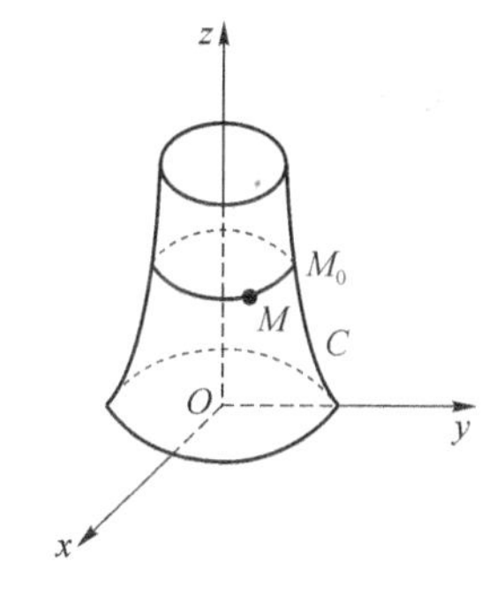


图 8.4.5

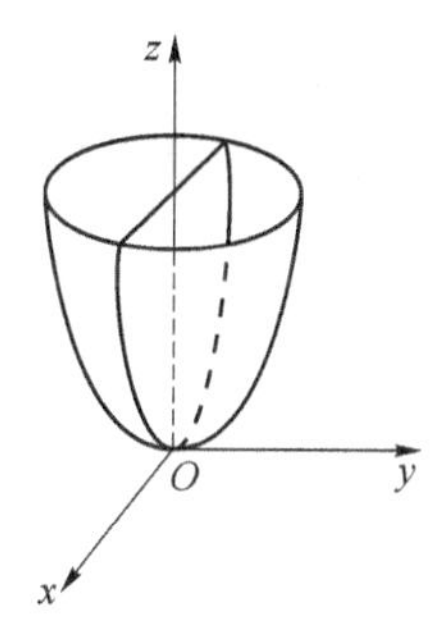


图 8.4.6

双曲线 $\begin{cases}\dfrac{x^2}{a^2}-\dfrac{y^2}{b^2}=1,\\z=0\end{cases}$ 分别绕 $x$ 轴和 $y$ 轴旋转一周得到的旋转曲面方程为

$$\frac{x^2}{a^2}-\frac{y^2+z^2}{b^2}=1 \quad 和 \quad \frac{x^2+z^2}{a^2}-\frac{y^2}{b^2}=1,$$

它们分别称为**双叶旋转双曲面**(见图 8.4.7)和**单叶旋转双曲面**(见图 8.4.8).

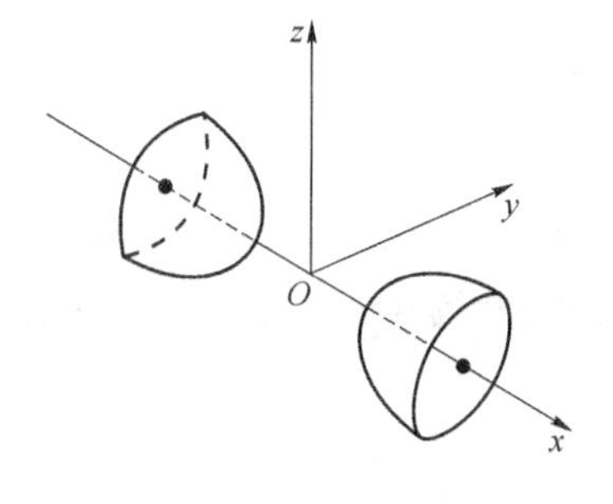


图 8.4.7

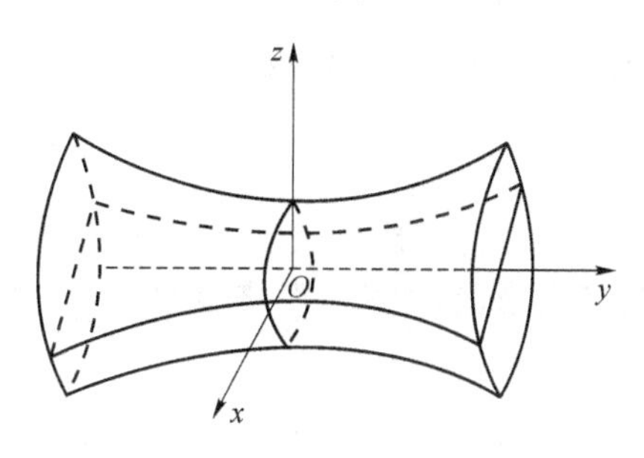


图 8.4.8

### 8.4.4 二次曲面

变元为 $x,y,z$ 的三元二次方程表示的曲面称为**二次曲面**.对于二次曲面,我们不会做深入的讨论,主要介绍几种简单的、常见的,并且可以从方程辨别的二次曲面.就像平面曲线有抛物线、椭圆曲线以及双曲线,二次曲面相应地有**抛物面**、**椭球面**以及**双曲面**.我们通过分析方程来研究垂直于坐标轴的平面

$$x=\text{常数}, \quad y=\text{常数}, \quad z=\text{常数}$$

与给定曲面相交的曲线的本质特征,这将使我们知道曲面的形状.

在下面例子中,我们选择合适的坐标轴,以使得曲面方程形式比较简单.例如,在下面例8.4.4中我们取原点作为椭球面的中心.如果中心是点$(h,k,m)$,那么分别用$x-h$,$y-k$和$z-m$代替方程中的$x$,$y$和$z$即可.注意,$a$,$b$和$c$始终都是正的常数.

**例 8.4.4 椭球面**

$$\frac{x^2}{a^2}+\frac{y^2}{b^2}+\frac{z^2}{c^2}=1$$

与坐标轴交于$(\pm a,0,0)$,$(0,\pm b,0)$和$(0,0,\pm c)$,故它位于下面长方体盒子中

$$|x|\leqslant a, \quad |y|\leqslant b, \quad |z|\leqslant c.$$

因为方程中只出现了$x$,$y$和$z$的偶次幂,故这个曲面关于每个坐标平面对称.它与坐标平面的截面是椭圆.例如,当$z=0$时,有

$$\frac{x^2}{a^2}+\frac{y^2}{b^2}=1,$$

它被每个平面

$$z=z_1 \quad (|z_1|<c)$$

所截的截面都是一个椭圆

$$\frac{x^2}{a^2\left(1-\frac{z_1^2}{c^2}\right)}+\frac{y^2}{b^2\left(1-\frac{z_1^2}{c^2}\right)}=1,$$

其中心都在$z$轴上,且半长轴和半短轴分别为

$$\frac{a}{c}\sqrt{c^2-z_1^2} \quad \text{和} \quad \frac{b}{c}\sqrt{c^2-z_1^2}.$$

基于这些事实,我们已经知道了曲面的形状,如图8.4.9所示.

当三个半轴$a$,$b$和$c$中的两个相等时,对应的曲面是旋转椭球面;当三个半轴都相等时,对应的曲面是球面.

**例 8.4.5** 考虑**椭圆抛物面**

$$\frac{x^2}{a^2}+\frac{y^2}{b^2}=\frac{z}{c},$$

如图8.4.10所示,这个曲面关于平面$x=0$和$y=0$对称.它与坐标轴的唯一交点是原点.因为方程的左边是非负的,故曲面位于区域$z\geqslant 0$内,即曲面始终在$xy$平面的上方.曲面被$yz$平面所截的截线为

$$x=0, \quad y^2=\frac{b^2}{c}z,$$

这是顶点在原点且开口方向向上的抛物线.同理,可以得到

$$y=0,\quad x^2=\frac{a^2}{c}z,$$

它也表示这样一个抛物线. 而当 $z=0$ 时，交线退化为一个点(0,0,0)，曲面与每个垂直于 $z$ 轴的平面$z=z_1>0$的交线是半轴分别为

$$a\sqrt{z_1/c}\quad 和\quad b\sqrt{z_1/c}$$

的椭圆，这些半轴随着 $z_1$ 增加而增加. 抛物面无限向上延伸.

当 $a=b$ 时，抛物面是一个旋转抛物面.

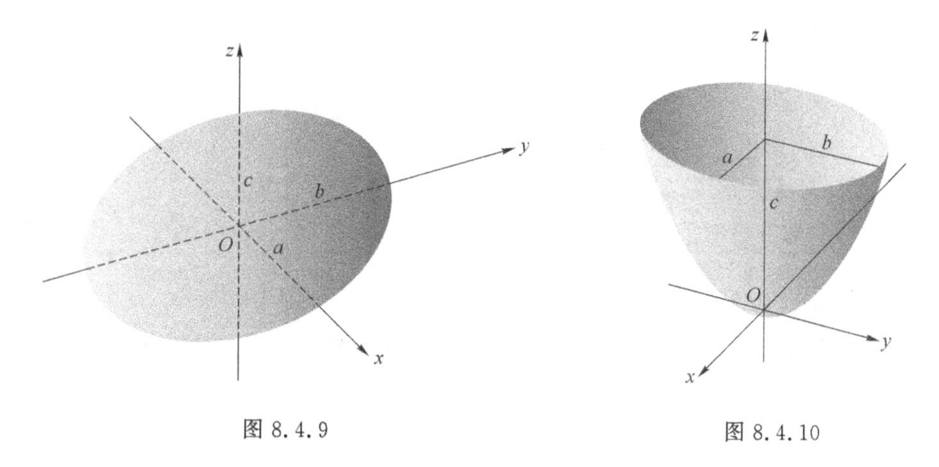


图 8.4.9　　　　图 8.4.10

**例 8.4.6**　图 8.4.11 中的椭圆锥面

$$\frac{x^2}{a^2}+\frac{y^2}{b^2}=\frac{z^2}{c^2}\tag{8.4.7}$$

关于三个坐标平面对称. 平面 $z=0$ 与该曲面相交于单个点(0,0,0)，而平面 $x=0$ 与该曲面交于两条相交直线

$$x=0,\quad \frac{y}{b}=\pm\frac{z}{c}\tag{8.4.8}$$

平面 $y=0$ 与曲面交于两条相交直线

$$y=0,\quad \frac{x}{a}=\pm\frac{z}{c}.\tag{8.4.9}$$

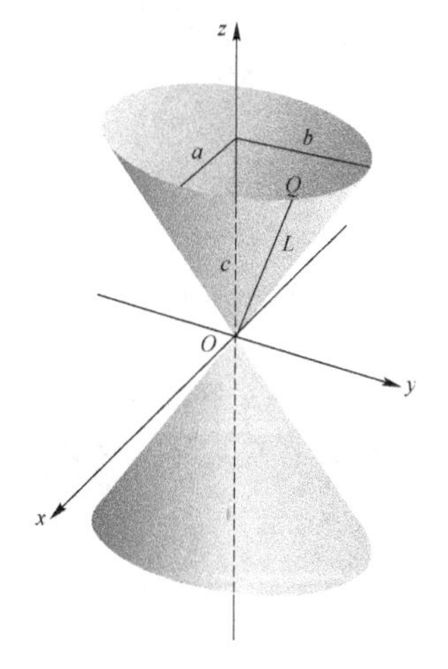


图 8.4.11

该曲面与平面 $z=z_1>0$ 相交于中心在 $z$ 轴上且顶点位于直线(8.4.8)和直线(8.4.9)上的一个椭圆. 事实上,整个曲面由过原点和椭圆

$$z=c,\quad \frac{x^2}{a^2}+\frac{y^2}{b^2}=1$$

上的点 $Q$ 的直线 $\mathscr{L}$ 生成,当点 $Q$ 跑遍椭圆时,直线 $\mathscr{L}$ 生成曲面,它是一个截线为椭圆的锥面. 为了证明这一事实,假定 $Q(x_1,y_1,z_1)$ 是曲面上的点,$t$ 是任意一个数量,那么从点 $O$ 到 $P(tx_1,ty_1,tz_1)$ 的向量就是 $\overrightarrow{OQ}$ 的 $t$ 倍,故当 $t$ 在 $(-\infty,+\infty)$ 变换时,点 $P$ 跑遍直线 $\mathscr{L}$. 但因为 $Q$ 在曲面上,故它满足方程

$$\frac{x_1^2}{a^2}+\frac{y_1^2}{b^2}=\frac{z_1^2}{c^2}$$

两边同乘以 $t^2$,我们知道点 $P(tx_1,ty_1,tz_1)$ 也在该曲面上. 这证明了由过点 $O$ 和椭圆上点 $Q$ 的直线 $\mathscr{L}$ 生成的曲面是锥面. 如果 $a=b$,那么所对应的锥面是一个圆锥面.

**例 8.4.7** 下面看**单叶双曲面**

$$\frac{x^2}{a^2}+\frac{y^2}{b^2}-\frac{z^2}{c^2}=1, \tag{8.4.10}$$

如图 8.4.12 所示,这个曲面关于三个坐标平面对称. 它与坐标平面的交线为

$$\text{双曲线}\quad \frac{y^2}{b^2}-\frac{z^2}{c^2}=1,\quad x=0, \tag{8.4.11}$$

$$\text{双曲线}\quad \frac{x^2}{a^2}-\frac{z^2}{c^2}=1,\quad y=0, \tag{8.4.12}$$

$$\text{椭圆}\quad \frac{x^2}{a^2}+\frac{y^2}{b^2}=1,\quad z=0. \tag{8.4.13}$$

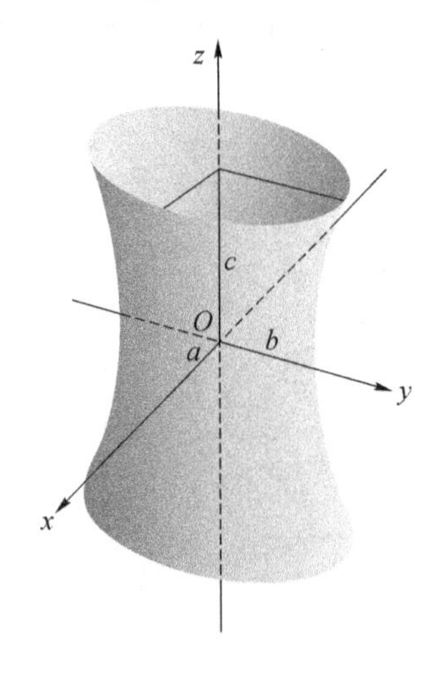


图 8.4.12

平面 $z=z_1$ 截曲面得到中心在 $z$ 上且顶点在双曲线(8.4.11)和(8.4.12)上的椭圆. 曲面是连通的,即可以不离开曲面本身从曲面上的任意一点到达其他任意点. 正是因为这一点,称为单叶双曲面,区别于下面的双叶双曲面.

当 $a=b$ 时,曲面是一个旋转双曲面.

**例 8.4.8** 下面看**双叶双曲面**

$$\frac{z^2}{c^2}-\frac{x^2}{a^2}-\frac{y^2}{b^2}=1, \tag{8.4.14}$$

如图 8.4.13 所示，这个曲面关于三个坐标平面对称. 平面 $z=0$ 与曲面不相交. 事实上，对于方程(8.4.14)中 $x$ 和 $y$ 的任何实数值，有

$$|z|\geqslant c.$$

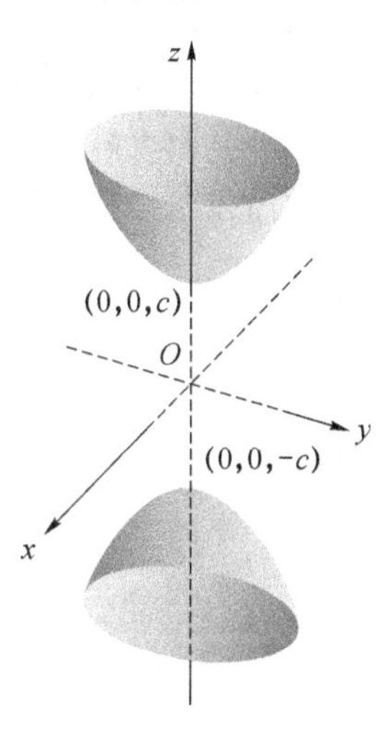


图 8.4.13

截得的双曲线

$$\frac{z^2}{c^2}-\frac{y^2}{b^2}=1, \quad x=0, \tag{8.4.15}$$

$$\frac{z^2}{c^2}-\frac{x^2}{a^2}=1, \quad y=0, \tag{8.4.16}$$

其顶点和焦点都在 $z$ 轴上. 曲面被分成两个部分，一部分在平面 $z=c$ 的上方，另一部分在平面 $z=-c$ 的下方，故命名为双叶双曲面.

注意，式(8.4.10)和式(8.4.14)的不同在于方程右边为 1 时，左边表达式中的负项个数，这个数目正好对应于双曲面中的叶数. 如果将这两个方程与式(8.4.7)作比较，我们用 0 代替式(8.4.10)或者式(8.4.14)右边的 1 即得到锥面的方程. 事实上，这个锥面渐近双曲面(8.4.10)和(8.4.14)的方式与

$$\frac{y^2}{b^2}-\frac{z^2}{c^2}=0$$

渐近 $yz$ 平面上的两条双曲线

$$\frac{y^2}{b^2}-\frac{z^2}{c^2}=\pm 1$$

的方式一样.

**例 8.4.9** 如图 8.4.14 所示，**双曲抛物面**

$$\frac{y^2}{b^2}-\frac{x^2}{a^2}=\frac{z}{c} \tag{8.4.17}$$

关于平面 $x=0$ 和 $y=0$ 对称，与这些平面的交线为

$$y^2=b^2\,\frac{z}{c}, \quad x=0, \tag{8.4.18}$$

$$x^2=-a^2\ \frac{z}{c}, \quad y=0, \tag{8.4.19}$$

它们都是抛物线. 在平面 $x=0$ 上，抛物线开口向上且顶点在原点. 在平面 $y=0$ 上的抛物线有相同顶点，但开口向下. 如果用平面 $z=z_1>0$ 去截曲面，截线为双曲线

$$\frac{y^2}{b^2}-\frac{x^2}{a^2}=\frac{z_1}{c}, \tag{8.4.20}$$

其焦轴平行于 $y$ 轴且顶点在抛物线(8.4.18)上. 如果(8.4.20)中的 $z_1$ 是负的，那么双曲线的焦轴平行于 $x$ 轴，且顶点位于抛物线(8.4.19)上. 在原点附近，曲面像一个马鞍. 当沿着曲面在 $yz$ 平面上移动时，原点是极小值点. 另外，当沿着曲面在 $xz$ 平面上移动时，原点是极大值点. 这个点称为曲面的**极小极大点**或者**鞍点**.

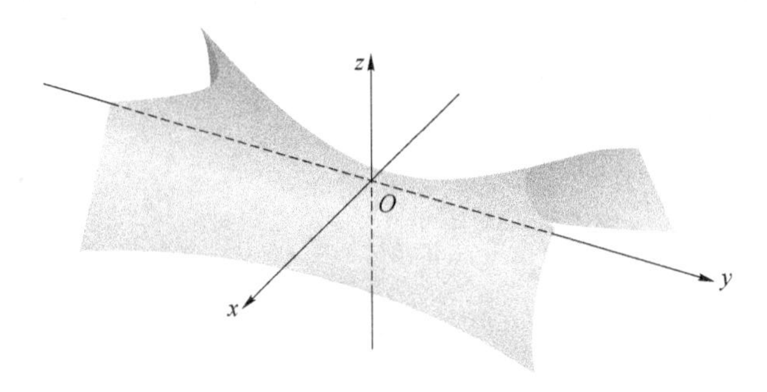


图 8.4.14

如果方程(8.4.17)中 $a=b$，那么曲面不是旋转曲面，但当我们把 $x$ 轴、$y$ 轴旋转 $\pi/4$ 得到新的 $x'$轴、$y'$轴，方程可以表示为

$$\frac{2x'y'}{a^2}=\frac{z}{c}.$$

## 8.4.5 空间曲线

在本小节，我们介绍空间曲线方程的两种形式，同时，也讨论空间曲线在坐标平面上的投影.

### 1. 空间曲线的一般形式

我们已经知道空间直线可以看作两个相交平面的交线，同样地，空间曲线可以看作两个相交曲面的交线. 设

$$F(x,y,z)=0 \quad 和 \quad G(x,y,z)=0$$

是两个曲面的方程，那么两个曲面的交线 $C$ 上的任意点 $P(x,y,z)$ 一定同时在两个曲面上，这样它的坐标一定同时满足这两个曲面方程. 反过来，如果点 $P$ 的坐标同时满足这两个曲面方程，那么点 $P$ 一定同时在这两个曲面上，即点 $P$ 位于交线 $C$ 上，故方程组

$$\begin{cases} F(x,y,z)=0, \\ G(x,y,z)=0 \end{cases} \tag{8.4.21}$$

表示这条空间曲线 $C$，称为空间曲线 $C$ 的**一般方程**(或者**直角坐标方程**).

例如，如果 $C$ 是球面 $x^2+y^2+z^2=3$ 与平面 $z=1$ 的交线，那么空间曲线 $C$ 的一般方程为

$$\begin{cases} x^2+y^2+z^2=3, \\ z=1. \end{cases}$$

将方程 $z=1$ 代入 $x^2+y^2+z^2=3$,空间曲线 $C$ 的一般方程也可以写成

$$\begin{cases}x^2+y^2=2,\\ z=1.\end{cases}$$

易证,$C$ 是平面 $z=1$ 上的一个以(0,0,1)为中心且半径为$\sqrt{2}$的圆(见图 8.4.15).

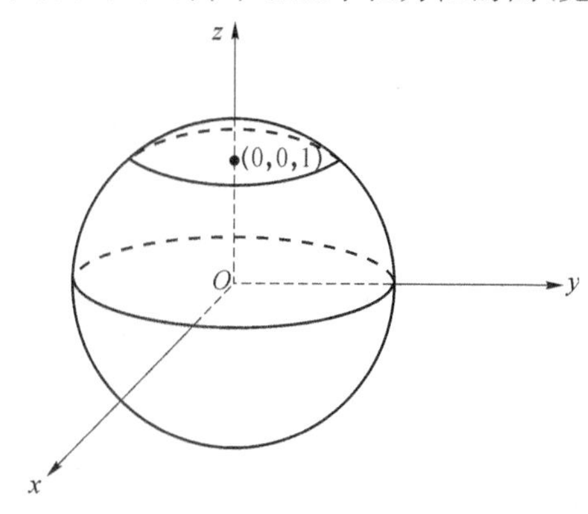


图 8.4.15

**2. 空间曲线的参数方程**

空间曲线可以像空间直线一样用参数方程表示.例如,利用圆的参数方程,上面曲线 $C$ 的参数方程可以写成

$$\begin{cases}x=\sqrt{2}\cos\theta,\\ y=\sqrt{2}\sin\theta,\\ z=1,\theta\in[0,2\pi).\end{cases}$$

这是以 $\theta$ 为参数的曲线 $C$ 的参数方程.

一般地,当一个物体在时间范围 $I$ 内在空间移动时,认为该物体的坐标可以定义为 $I$ 上的函数:

$$x=f(t),\quad y=g(t),\quad z=h(t),\quad t\in I. \tag{8.4.22}$$

点$(x,y,z)=(f(t),g(t),h(t))$,$t\in I$,形成了空间曲线,我们称该曲线为物体的**轨迹**,称方程(8.4.22)为曲线的**参数方程**.

空间曲线也可以用向量形式表示.从原点到时刻 $t$ 时物体位置 $P(f(t),g(t),h(t))$的向量

$$\boldsymbol{r}(t)=\overrightarrow{OP}=f(t)\boldsymbol{i}+g(t)\boldsymbol{j}+h(t)\boldsymbol{k} \tag{8.4.23}$$

是物体的位置向量,函数 $\boldsymbol{f}$,$\boldsymbol{g}$ 和 $\boldsymbol{h}$ 是位置向量的**分量函数**,我们把物体的轨迹看作是由 $\boldsymbol{r}$ 跑遍时间范围 $I$ 形成的曲线.由式(8.4.23)知对每个实数 $t\in I$,存在唯一一个空间向量,记作 $\boldsymbol{r}(t)$,这样式(8.4.23)定义了一个区间 $I\subseteq\mathbf{R}$ 上的函数,且值域为空间向量的一个集合,这样的函数称为**向量值函数**.空间曲线 $C$ 也可以用向量值函数 $\boldsymbol{r}(t)=(f(t),g(t),h(t))$,$t\in I$,表示.

**例 8.4.10** 画出向量值函数 $\boldsymbol{r}(t)=(\cos t)\boldsymbol{i}+(\sin t)\boldsymbol{j}+t\boldsymbol{k}$ 的图形.

**解** 向量值函数

$$\boldsymbol{r}(t)=(\cos t)\boldsymbol{i}+(\sin t)\boldsymbol{j}+t\boldsymbol{k}$$

对所有实数 $t$ 都有定义,由 $\boldsymbol{r}$ 形成的曲线是圆柱面 $x^2+y^2=1$ 上的螺旋曲线,其上半部分如图 8.4.16 所示.因为 $\boldsymbol{r}$ 的 $\boldsymbol{i}$ 和 $\boldsymbol{j}$ 分量满足柱面的方程

$$x^2+y^2=(\cos t)^2+(\sin t)^2=1,$$

故曲线在柱面上.曲线随着 $\boldsymbol{k}$ 分量 $z=t$ 增加而上升,每当 $t$ 增加 $2\pi$ 时,曲线就绕着柱面跑一圈.方程

$$x=\cos t,\quad y=\sin t,\quad z=t$$

是螺旋线的参数方程,其中 $-\infty<t<\infty$.

**3. 空间曲线在坐标平面上的投影**

设 $\Gamma$ 是一条空间曲线,以 $\Gamma$ 为准线,母线平行于 $z$ 轴的柱面称为 $\Gamma$ 在 $xy$ 平面上的**投影柱面**,投影柱面与 $xy$ 平面的交线称为 $\Gamma$ 在 $xy$ 平面上的**投影曲线**(或者**投影**,见图 8.4.17).

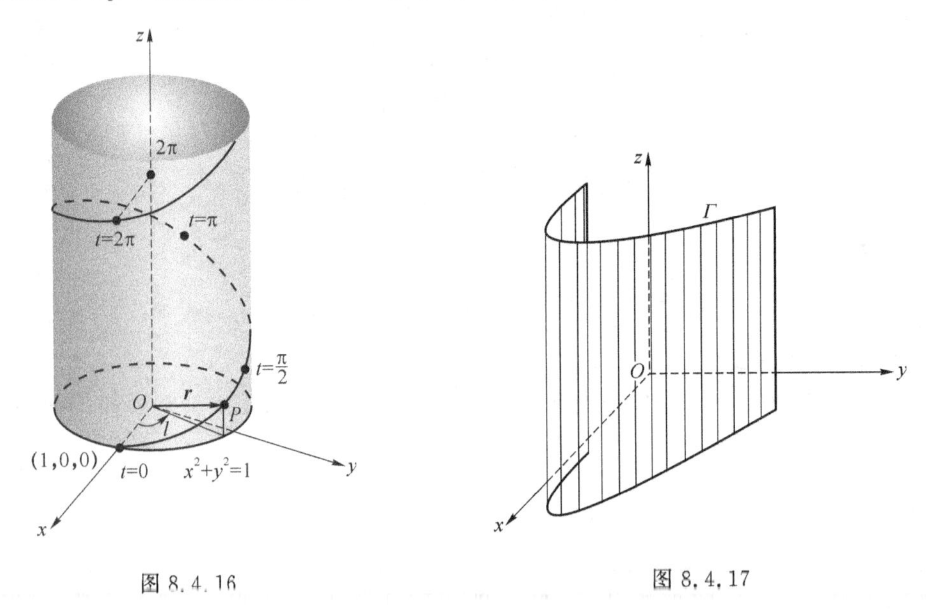


图 8.4.16　　　　图 8.4.17

设空间曲线 $\Gamma$ 的一般方程为

$$\begin{cases}F(x,y,z)=0,\\ G(x,y,z)=0.\end{cases}\tag{8.4.24}$$

为了求 $\Gamma$ 在 $xy$ 平面上的投影曲线的方程,只需要求 $\Gamma$ 在 $xy$ 平面上的投影柱面的方程.因为这个柱面的母线平行于 $z$ 轴,故这个柱面方程不含变量 $z$.如果方程组(8.4.24)中有方程不含变量 $z$,那么它就是所求的 $\Gamma$ 在 $xy$ 平面上的投影柱面的方程;如果方程组(8.4.24)中两个方程都包含变量 $z$,那么由这两个方程消去变量 $z$ 得到方程

$$\varphi(x,y)=0.$$

这表示一个母线平行于 $z$ 轴的柱面.因为 $\Gamma$ 上任意点的坐标均满足这个不含变量 $z$ 的方程,故它就是 $\Gamma$ 在 $xy$ 平面上的投影柱面的方程,从而 $\Gamma$ 在 $xy$ 平面上的投影曲线的方程为

$$\begin{cases}\varphi(x,y)=0,\\ z=0.\end{cases}$$

同理,如果从 $\Gamma$ 的方程消去 $x$ 或者 $y$,那么分别可以得到 $\Gamma$ 在 $yz$ 平面或者 $xz$ 平面上的投影曲线的方程.

**例 8.4.11**　分别求曲线 $C$

$$\begin{cases}z=\sqrt{4-x^2-y^2},\\ x^2+y^2=2y\end{cases}$$

在三个坐标平面上的投影曲线方程.

**解** 显然,$C$ 是上半球面 $z=\sqrt{4-x^2-y^2}$ 和圆柱面 $x^2+y^2=2y$ 的交线,如图 8.4.18 所示.因为曲线 $C$ 位于圆柱面上且这个方程不含变量 $z$,故 $C$ 在 $xy$ 平面上的投影柱面方程就是 $x^2+y^2=2y$,从而 $C$ 在 $xy$ 平面上的投影曲线方程为

$$\begin{cases}x^2+y^2=2y,\\ z=0.\end{cases}$$

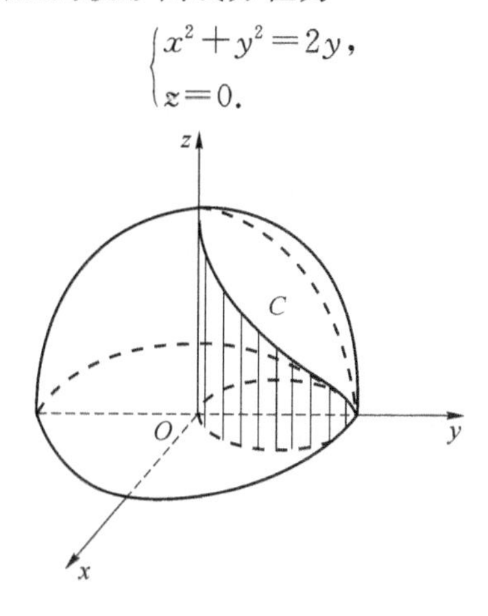


图 8.4.18

从 $C$ 的方程消去变量 $x$ 得 $z=\sqrt{4-2y}$,故 $C$ 在 $yz$ 平面上的投影曲线方程为

$$\begin{cases}z=\sqrt{4-2y},\\ x=0\end{cases}\quad(0\leqslant y\leqslant 2).$$

同理,从 $C$ 的方程消去变量 $y$ 得 $x^2+\frac{1}{4}z^4-z^2=0$,故 $C$ 在 $xz$ 平面上的投影曲线方程为

$$\begin{cases}x^2+\frac{1}{4}z^4-z^2=0,\\ y=0\end{cases}\quad(|x|\leqslant 1,0\leqslant z\leqslant 2).$$

### 8.4.6 柱面坐标系

除了直角坐标系以外,还有另外两种坐标系对解决三维空间中的问题很有用,它们是柱面坐标系和球面坐标系,下面先介绍柱面坐标系,然后介绍球面坐标系.

柱面坐标系通过把 $z$ 轴放在极坐标的“上方”得到,如图 8.4.19 所示,如果 $O$ 是平面极坐标系的极点,$z$ 轴直立于点 $O$ 且垂直于该平面,那么空间点的坐标$(\rho,\theta,z)$确定了点的位置.

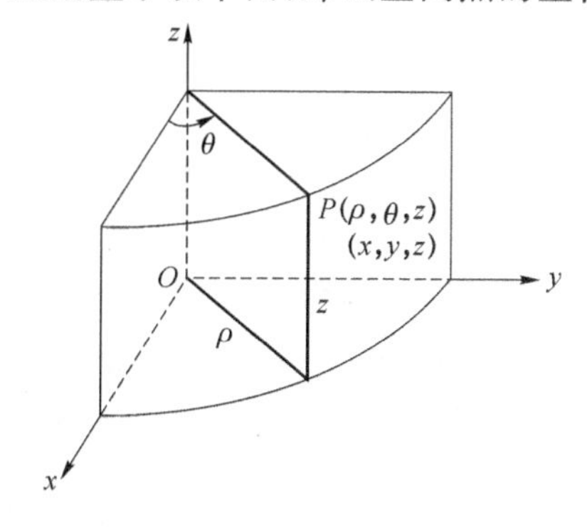


图 8.4.19

在柱面坐标的许多应用中，如果点 $P$ 不在 $z$ 轴上，那么 $P$ 有唯一的柱面坐标，这可以通过限制条件 $\rho\geqslant 0$ 和 $0\leqslant\theta\leqslant 2\pi$ 达到. 我们总是认为柱面坐标系以下列方式叠加在直角坐标系上，两个坐标系的原点和 $z$ 轴重合，$x$ 轴的正半部分落在极轴上，那么对于给定的一个点，在两个坐标系下的坐标有下列关系：

$$x=\rho\cos\theta,\quad y=\rho\sin\theta,\quad z=z. \tag{8.4.25}$$

**例 8.4.12** 指出下列曲面的图形：

(1) $\theta=\pi/3$；　　(2) $\rho=5$；

(3) $z+\rho=7$；　　(4) $\rho(2\sin\theta+3\cos\theta)+4z=0$.

**解** (1) 曲面 $\theta=\pi/3$ 是一个包含 $z$ 轴的半平面，它与 $xy$ 平面交于一条直线，该直线与 $x$ 轴的正半部分成 $\pi/3$ 的角度.

(2) 曲面 $\rho=5$ 就是一个以 $z$ 轴为中心线半径为 5 的圆柱面.

(3) 对于曲面 $z+\rho=7$，考虑它与 $yz$ 平面($\theta=\pi/2$)的交线，那么 $\rho=y$，从而得到直线 $z+y=7$. 但原方程不含 $\theta$，故曲面就是由直线 $z+y=7$ 绕 $z$ 轴旋转一周得到的锥面.

(4) 用方程(8.4.25)可以把方程 $\rho(2\sin\theta+3\cos\theta)+4z=0$ 变成 $3x+2y+4z=0$，故曲面就是一个过原点且法线向量为 $3\boldsymbol{i}+2\boldsymbol{j}+4\boldsymbol{k}$ 的平面.

**例 8.4.13** 求马鞍面 $z=x^2-y^2$ 的柱面坐标方程.

**解** 利用方程(8.4.25)，给定的马鞍面方程可以变成

$$z=x^2-y^2=\rho^2\cos^2\theta-\rho^2\sin^2\theta=\rho^2(\cos^2\theta-\sin^2\theta)=\rho^2\cos 2\theta.$$

从而，$z=\rho^2\cos 2\theta$ 是马鞍面的柱面坐标方程.

### 8.4.7 球面坐标系

在图 8.4.20 中，将球面坐标系叠加在直角坐标系上，点 $P$ 的球面坐标为 $(r,\varphi,\theta)$，其中 $r$ 是点 $O$ 到点 $P$ 的距离，故 $r\geqslant 0$，且 $\varphi$ 是 $z$ 轴正半部分与半径 $OP$ 的夹角. 注意，$\varphi$ 属于区间 $[0,\pi]$. 最后，$\theta$ 是 $x$ 轴正半部分与射线 $OP$ 在 $xy$ 平面上的投影 $OP'$ 的夹角. 在球面坐标里，$\theta$ 位于区间 $[0,2\pi)$ 上，故点 $P$ 的球面坐标 $(r,\varphi,\theta)$ 总是满足下列条件：

$$r\geqslant 0,\quad \varphi\in[0,\pi],\quad \theta\in[0,2\pi).$$

夹角 $\varphi$ 称为点 $P$ 的**余纬度**，而 $\theta$ 称为 $P$ 的**经度**. 如图 8.4.20 所示，显然 $|\overrightarrow{OP'}|=r\sin\varphi=\rho\geqslant 0$，其中 $(\rho,\theta)$ 是 $P'$ 的极坐标，故 $x=\rho\cos\theta=(r\sin\varphi)\cos\theta$，$y=\rho\sin\theta=(r\sin\varphi)\sin\theta$，从而

$$x=r\sin\varphi\cos\theta,\quad y=r\sin\varphi\sin\theta,\quad z=r\cos\varphi$$

是从球面坐标到直角坐标的变换公式.

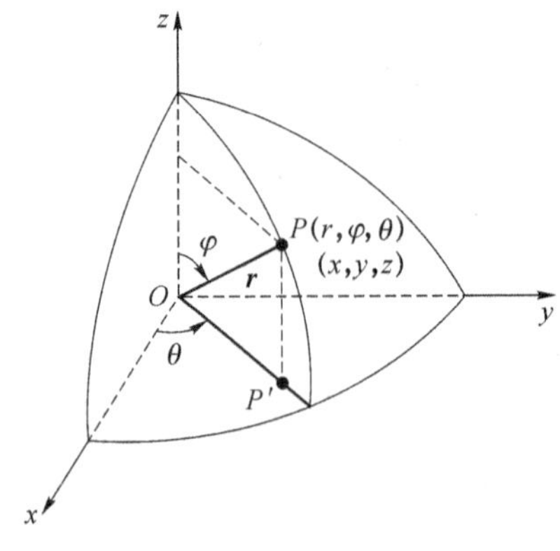


图 8.4.20

**例 8.4.14** 指出下列曲面的图形：

(1) $r=5$； (2) $\varphi=2\pi/3$；

(3) $\theta=\pi/2$； (4) $r=2\sin\varphi$.

**解** (1) 曲面是以原点为球心半径为 5 的球面.

(2) 曲面 $\varphi=2\pi/3$ 是半个锥面，这个锥面的轴为 $z$ 轴，轴与它上任意一点的夹角为 $\pi/3$. 因为只有 $xy$ 平面上的点或者位于 $xy$ 平面下的点才能在该曲面上，故它只是半个锥面.

(3) 曲面 $\theta=\pi/2$ 是 $yz$ 平面的位于 $z$ 轴右边的那一半.

(4) 方程 $r=2\sin\varphi$ 与 $\theta$ 无关，故得到以 $z$ 轴为旋转轴的旋转曲面. 在 $yz$ 平面，方程 $r=2\sin\varphi$给出了单位圆，如图 8.4.21 所示. 完整的曲面是这个圆绕 $z$ 轴旋转一周得到的，故它是一个退化的圆环面，其洞的半径为 0.

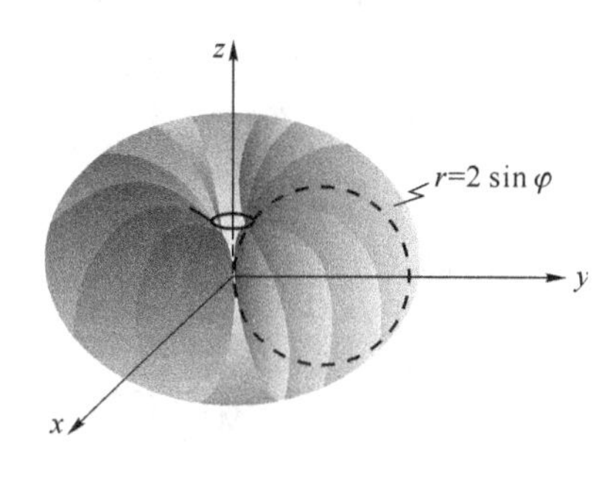


图 8.4.21

**例 8.4.15** 求图 8.4.21 中曲面 $r=2\sin\varphi$ 的直角坐标方程.

**解** 由 $r=2\sin\varphi$，知 $r^2=2r\sin\varphi$，平方得

$$r^4=4r^2\sin^2\varphi=4r^2(1-\cos^2\varphi)=4r^2-4r^2\cos^2\varphi.$$

因为 $r^2=x^2+y^2+z^2$，故

$$(x^2+y^2+z^2)^2=4(x^2+y^2+z^2)-4z^2,$$

或

$$(x^2+y^2+z^2)^2=4(x^2+y^2).$$

## 习题 8.4 A

1. 指出下列曲面的图形. 如果曲面是旋转曲面，解释它是怎样得到的：

(1) $x^2-3y^2=4$； (2) $4y^2+z^2=1$；

(3) $x^2=2y$； (4) $2(x-1)^2+(y-2)^2=z^2$；

(5) $4(x-1)^2+9(y-2)^2+4z^2=36$； (6) $\dfrac{x^2}{4}+\dfrac{y^2}{4}+\dfrac{z^2}{9}=1$；

(7) $4x^2-y^2-(z-1)^2=4$； (8) $4x^2-y^2+z=0$；

(9) $x^2-\dfrac{y^2}{4}+z^2=1$； (10) $x^2-4y^2-4z^2=1$.

2. 求以点 $P(2,-3,6)$为球心半径为 7 的球面方程.

3. 求过原点且球心为 $P(1,3,-2)$的球面方程.

4. 求到点(2,3,1)和(4,5,6)距离相等的动点的轨迹方程.

5. 已知三维空间中的动点 $P$ 到点 $A(0,2,0)$的距离总是它到点 $B(0,5,0)$的距离的两倍，

证明点 $P$ 在球面上，并且求该球面的中心和半径.

6. 求下列动点的轨迹方程：

(1) 动点到点$(1,2,1)$和$(2,0,1)$的距离分别为 3 和 2；

(2) 动点到点$(5,0,0)$和$(-5,0,0)$的距离之和为 20；

(3) 动点到 $x$ 轴的距离是它到 $yz$ 平面的距离的两倍.

7. 求下列曲线 $C$ 绕给定坐标轴旋转一周得到的旋转曲面的方程：

(1) $C$：$\begin{cases} x^2+\dfrac{y^2}{4}=1, \\ z=0, \end{cases}$ $x$ 轴；

(2) $C$：$\begin{cases} z=\sqrt{y-1} \quad (1\leqslant y\leqslant 3), \\ x=0, \end{cases}$ $y$ 轴；

(3) $C$：$\begin{cases} \dfrac{z^2}{4}-\dfrac{y^2}{9}=1, \\ x=0, \end{cases}$ $z$ 轴.

8. 求下列曲线在每个坐标平面上的投影曲线的方程：

(1) $\begin{cases} z=2x^2+y^2, \\ z=2y; \end{cases}$

(2) $\begin{cases} x^2+y^2+z^2=a^2, \\ x^2+y^2+(z-a)^2=R^2 \end{cases}$ $(0<R<a)$；

(3) $\begin{cases} x^2+y^2=ay, \\ z=\dfrac{h}{a}\sqrt{x^2+y^2} \end{cases}$ $(a>0,h>0)$.

9. 将下列给定方程转换成柱面坐标方程：

(1) $x^2+y^2+z^2=16$； (2) $z=x^3-3xy^2$.

10. 将下列给定方程转换成直角坐标方程：

(1) $\rho=4\cos\theta$； (2) $\rho^3=z^2\sin^3\theta$.

11. 将下列给定方程转换成球面坐标方程，并指出曲面的形状：

(1) $x^2+y^2+z^2-8z=0$； (2) $z=10-x^2-y^2$.

12. 将下列给定方程转换成直角坐标方程，并指出曲面的形状：

(1) $r\sin\varphi=10$； (2) $r=2\cos\varphi+4\sin\varphi\cos\theta$.

## 习题 8.4 B

1. 已知椭球体的主轴与坐标轴重合，且它过椭圆 $\begin{cases} \dfrac{x^2}{9}+\dfrac{y^2}{16}=1, \\ z=0 \end{cases}$ 和点 $M(1,2,\sqrt{23})$，求该椭球体的方程.

2. 已知椭圆抛物面的顶点是原点，它关于 $xy$ 平面和 $xz$ 平面对称，且过点$(1,2,0)$和$\left(\dfrac{1}{3},-1,1\right)$，求该椭圆抛物面的方程.

3. 求以 $C:\begin{cases} y=x^2, \\ z=0 \end{cases}$ 为准线且母线平行于向量 $\boldsymbol{i}+2\boldsymbol{j}+\boldsymbol{k}$ 的柱面方程.

4. 证明平面 $2x+12y-z+16=0$ 和曲面 $x^2-4y^2=2z$ 的交线是一条直线，并且求该直线的方程.

5. 已知点 $A$ 和 $B$ 的直角坐标分别为(1,0,0)和(0,1,1)，求由线段 $AB$ 绕 $z$ 轴旋转一周得到的旋转曲面 $S$ 的方程. 用定积分求由曲面 $S$ 和平面 $z=0$ 和 $z=1$ 所围成的体积.

# 第9章

# 多元函数微分学

在上册中，我们讨论的函数只有一个自变量，即所谓的一元函数，然而在实际问题中常常会有这样的问题，一个变量依赖于两个或更多的变量，这就是我们将要学习的多元函数. 本章讨论多元函数的微分法，多元函数是一元函数的推广，它的一些基本概念及研究问题的思想方法与一元函数有许多类似之处，但是由于自变量个数的增加，它与一元函数又存在着某些区别，这些区别之处在学习中要加以注意.

## 9.1 多元函数

讨论一元函数时，都是基于 $R$ 中的点集、邻域和区间的概念. 在多元函数讨论中，首先需要把这些概念加以推广. 为此先引入平面点集的一些概念，将有关概念从 $\mathbf{R}$ 中的情形推广到 $\mathbf{R}^2$ 中，然后引入 $n$ 维空间，以便推广到一般的 $\mathbf{R}^n$ 中.

### 9.1.1 平面点集与n维空间

**1. $\mathbf{R}^2$ 空间的点集**

由平面解析几何知道，当在平面上确定了一个直角坐标系后，平面上的点与二元有序实数组 $(x,y)$ 之间就建立了一一对应. 于是，我们常把二元有序实数组 $(x,y)$ 与平面上的点看作是等同的. 这种建立了坐标系的平面称为**坐标平面**.

二元有序实数组 $(x,y)$ 的全体，即 $\mathbf{R}^2=\{(x,y)\mid x,y\in\mathbf{R}\}$ 就表示坐标平面.

坐标平面上满足某种条件 $C$ 的点的集合，称为**平面点集**，记作

$$E=\{(x,y)\mid(x,y)\text{满足条件}C\}.$$

例如，平面上以原点为中心，$r$ 为半径的圆内所有点的集合是

$$E=\{(x,y)\mid x^2+y^2<r^2\}.$$

在 $\mathbf{R}^2$ 空间中，引入一个称为距离的概念来刻画两点之间的远近.

**定义 9.1.1(两点之间的距离)** 对平面 $\mathbf{R}^2$ 中的任意两点 $P_1$ 和 $P_2$，其中 $P_1=(x_1,y_1)$ 且 $P_2=(x_2,y_2)$，则它们之间的距离定义为

$$d(P_1,P_2)=\sqrt{(x_2-x_1)^2+(y_2-y_1)^2}. \tag{9.1.1}$$

为能够描述空间 $\mathbf{R}^2$ 中的点集，需要引入 $\mathbf{R}^2$ 中点的邻域的概念，它其实是 $\mathbf{R}^2$ 中一个特殊的点集.

**定义 9.1.2(邻域)** 设 $P_0(x_0,y_0)$ 是 $xOy$ 平面上的一个点，$\delta$ 是某一正数，与点 $P_0(x_0,y_0)$

距离小于 $\delta$ 的点的全体，称为点 $P_0$ 的 $\delta$ 邻域，记为 $U(P_0,\delta)$，即

$$U(P_0,\delta)=\left\{(x,y)\mid \sqrt{(x-x_0)^2+(y-y_0)^2}<\delta\right\}.$$

邻域的几何意义：邻域 $U(P_0,\delta)$ 就是平面上以点 $P_0$ 为中心，$\delta$ 为半径的圆的内部的点的全体.

上述邻域 $U(P_0,\delta)$ 去掉中心点 $P_0(x_0,y_0)$ 后，称为 $P_0(x_0,y_0)$ 的**去心邻域**，记作 $\mathring{U}(P_0,\delta)$.

$$\mathring{U}(P_0,\delta)=\left\{(x,y)\,\middle|\, 0<\sqrt{(x-x_0)^2+(y-y_0)^2}<\delta\right\}.$$

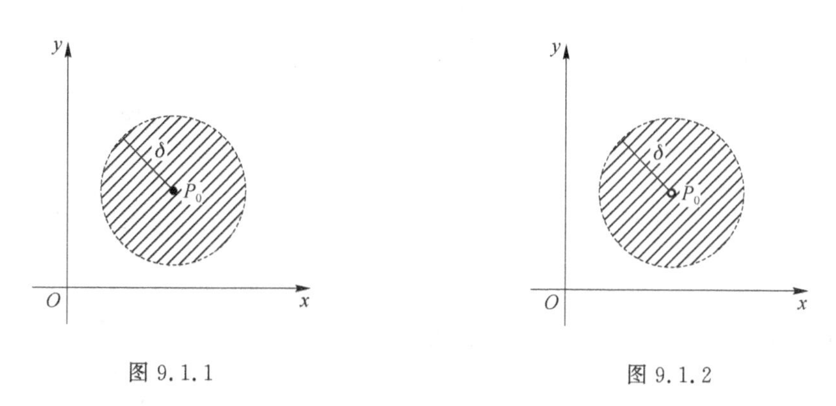


图 9.1.1　　　　图 9.1.2

如果不需要强调邻域的半径 $\delta$，则用 $U(P_0)$ 表示点 $P_0(x_0,y_0)$ 的邻域，用 $\mathring{U}(P_0)$ 表示 $P_0(x_0,y_0)$ 的去心邻域.

下面用邻域来描述平面上点与点集之间的关系.

任意一点 $P\in\mathbf{R}^2$ 与任意一个点集 $E\subset\mathbf{R}^2$ 之间必有以下三种关系之一：

(1) **内点**：若存在点 $P$ 的某个邻域 $U(P)$，使得 $U(P)\subset E$，则称点 $P$ 是点集 $E$ 的**内点**.

(2) **外点**：如果存在点 $P$ 的某个邻域 $U(P)$，使得 $U(P)\cap E=\varnothing$，则称点 $P$ 是点集 $E$ 的**外点**.

(3) **边界点**：如果在点 $P$ 的任何邻域内既含有属于 $E$ 的点，又含有不属于 $E$ 的点，则称点 $P$ 是点集 $E$ 的**边界点**.

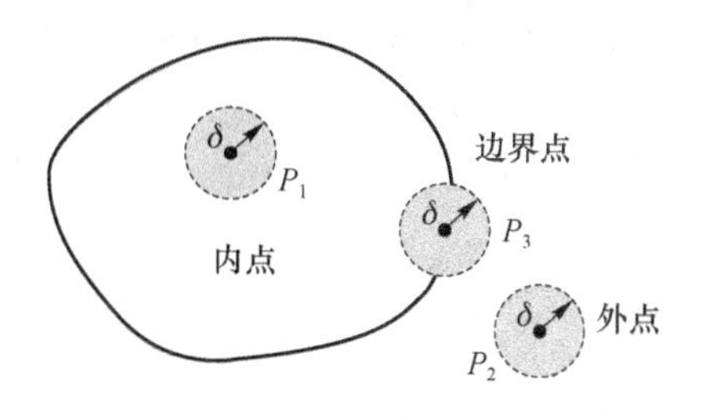


图 9.1.3

$E$ 的内点必定属于 $E$；$E$ 的外点必定不属于 $E$；$E$ 的边界点可能属于 $E$，也可能不属于 $E$.

**定义 9.1.3(内部、外部和边界)**　设 $E$ 为 $\mathbf{R}^2$ 上的点集，则 $E$ 的所有内点构成的集合称为 $E$ 的内部，记为 $\mathrm{int}\,E$；集合 $E$ 的所有外点的集合称为 $E$ 的**外部**，记为 $\mathrm{ext}\,E$；集合 $E$ 的所有边界点的集合称为 $E$ 的**边界**，记为 $\partial E$.

**例 9.1.1**　考虑如下 $\mathbf{R}^2$ 中的点集，并用记号表示其内部、外部和边界：

$$E=\{(x,y)\mid 1\leqslant x^2+y^2<4\}.$$

**解** 如图 9.1.4 所示，容易得到

$$\operatorname{int} E=\{(x,y)\mid 1<x^2+y^2<4\},$$

$$\operatorname{ext} E=\{(x,y)\mid x^2+y^2<1,\text{或 } x^2+y^2>4\},$$

$$\partial E=\{(x,y)\mid x^2+y^2=1,\text{或 } x^2+y^2=4\}.$$

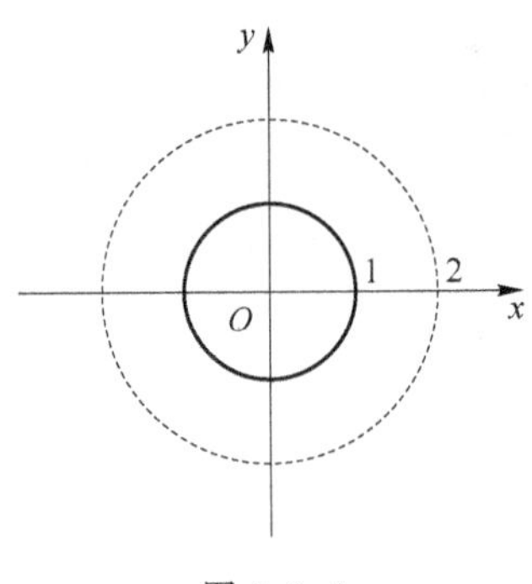


图 9.1.4

■

点和点集还有另外一种关系，这就是下面定义的聚点.

**定义 9.1.4(聚点和孤立点)** 若点 $P$ 的任何去心邻域 $\mathring{U}(P_0)$ 内总有 $E$ 中的点，则称 $P$ 为点集 $E$ 的**聚点**. 若一个边界点 $P$ 存在邻域 $U(P)$，除点 $P$ 外均不是 $E$ 中的点，则 $P$ 称为点集 $E$ 的**孤立点**.

显然，$E$ 的内点一定是 $E$ 的聚点，$E$ 的外点一定不是 $E$ 的聚点，$E$ 的边界点有可能是聚点，也有可能不是聚点.

例如，点集 $E=\{(x,y)\mid 1\leqslant x^2+y^2<4,\text{或 } x^2+y^2=0\}$，则容易看到，集合 $E$ 的所有聚点为

$$A=\{(x,y)\mid 1\leqslant x^2+y^2\leqslant 4\}, \tag{9.1.2}$$

而且，边界点 $P(2,0)\notin E$ 是 $E$ 中的聚点，但边界点 $P(0,0)\in E$ 不是 $E$ 中的聚点.

现在，可以开始对点集进行分类了. 一维情形时，“区间”可以为如下的三种形式：开集、闭集和半开半闭集. 但是在高维空间，这些类型并不容易定义. 下面给出平面上开集和闭集的一般定义，这些定义也可以推广到更高维的空间.

**定义 9.1.5(开集和闭集)** 设 $E$ 为一个 $\mathbf{R}^2$ 中的点集. 如果 $E$ 的所有点均为其内点，即 $\operatorname{int} E=E$，则 $E$ 称为**开集**；如果点集 $E$ 的所有边界点都属于 $E$，即 $\partial E\in E$，则 $E$ 称为**闭集**.

例如，集合 $\{(x,y)\mid 1<x^2+y^2<4\}$ 是开集；集合 $\{(x,y)\mid 1\leqslant x^2+y^2\leqslant 4\}$ 是闭集；而集合 $\{(x,y)\mid 1\leqslant x^2+y^2<4\}$ 既非开集，也非闭集. 此外，还约定 $\varnothing$(空集)及 $\mathbf{R}^2$(全空间)既是开集又是闭集.

**定义 9.1.6(连通集、区域和闭区域)** 若点集 $E$ 中任意两点都可以用完全含于 $E$ 的有限条直线段所组成的折线相连接，则称 $E$ 是**连通集**. 连通的开集称为**区域或开区域**. 开区域连同它的边界一起构成的集合，称为**闭区域**. 如图 9.1.5 所示.

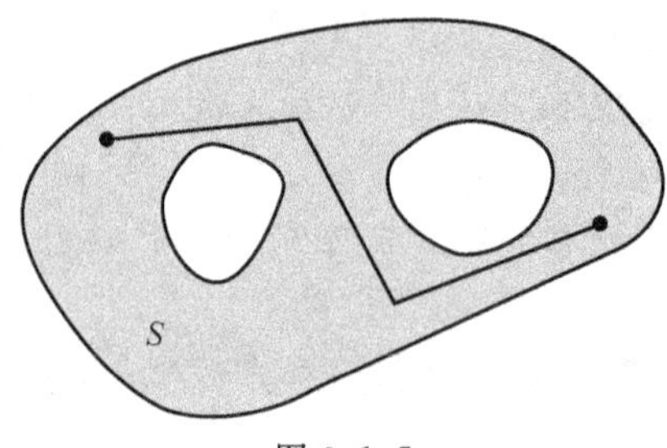


图 9.1.5

例如，$\{(x,y)\mid 1<x^2+y^2<4\}$是区域，$\{(x,y)\mid 1\leqslant x^2+y^2\leqslant 4\}$是闭区域.

**定义 9.1.7(有界集和无界集)** 对于点集 $E$，如果能包含在以原点为中心的某个圆内，则称 $E$ 是**有界集**. 否则称为**无界集**.

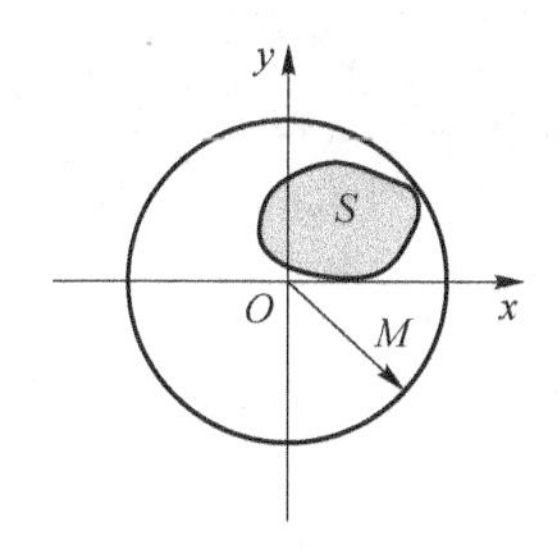


图 9.1.6 有界集

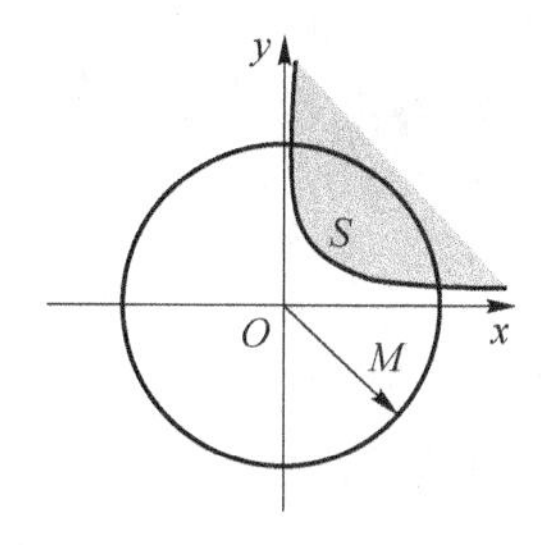


图 9.1.7 无界集

**2. $n$ 维空间 $\mathbf{R}^n$**

如果称数轴上的点的全体为一维空间，平面上的点$(x,y)$的全体为二维空间，空间的点$(x,y,z)$的全体为三维空间的话，那么，就可以用数或数组之间的关系来描述空间点之间的关系了. 下面引入 $n$ 维空间的概念.

设 $n$ 为取定的一个自然数，称 $n$ 元数组$(x_1,x_2,\cdots,x_n)$的全体为 $n$ 维空间，而每个 $n$ 元数组$(x_1,x_2,\cdots,x_n)$称为 $n$ 维向量，$n$ 维空间记为 $\mathbf{R}^n$.

为了在集合 $\mathbf{R}^n$ 中的元素之间建立联系，在 $\mathbf{R}^n$ 中定义线性运算如下:

设 $\boldsymbol{x}=(x_1,x_2,\cdots,x_n)$，$\boldsymbol{y}=(y_1,y_2,\cdots,y_n)$为 $\mathbf{R}^n$ 中任意两个元素，$a\in\mathbf{R}$，规定

$$\boldsymbol{x}+\boldsymbol{y}=(x_1+y_1,x_2+y_2,\cdots,x_n+y_n),\quad a\boldsymbol{x}=(ax_1,ax_2,\cdots,ax_n).$$

假设两个向量 $\boldsymbol{x}$ 与 $\boldsymbol{y}$ 在空间 $\mathbf{R}^n$ 内，则 $\boldsymbol{x}$ 与 $\boldsymbol{y}$ 的内积定义为

$$\langle\boldsymbol{x},\boldsymbol{y}\rangle=x_1y_+x_2y_2+\cdots+x_ny_n.$$

$\mathbf{R}^n$ 中点 $\boldsymbol{x}=(x_1,x_2,\cdots,x_n)$和点 $\boldsymbol{y}=(y_1,y_2,\cdots,y_n)$间的距离，记作 $\rho(\boldsymbol{x},\boldsymbol{y})$，规定

$$\rho(\boldsymbol{x},\boldsymbol{y})=\sqrt{(x_1-y_1)^2+(x_2-y_2)^2+\cdots+(x_n-y_n)^2}.$$

显然 $n=1,2,3$ 时，上述规定与数轴上、直角坐标系下平面及空间中两点间的距离一致. $\mathbf{R}^n$ 中元素 $\boldsymbol{x}=(x_1,x_2,\cdots,x_n)$与零元 $\mathbf{0}$ 之间的距离 $\rho(\boldsymbol{x},\mathbf{0})$记作$\|\boldsymbol{x}\|$，即

$$\|\boldsymbol{x}\|=\sqrt{x_1^2+x_2^2+\cdots+x_1^2}.$$

采用这一记号，结合向量的线性运算，得

$$\|\boldsymbol{x}-\boldsymbol{y}\|=\sqrt{(x_1-y_1)^2+(x_2-y_2)^2+\cdots+(x_n-y_n)^2}=\rho(\boldsymbol{x},\boldsymbol{y}).$$

显然，上面的概念都是直接从二维空间 $\mathbf{R}^2$ 扩展来的. 此外，其他的概念也可列举如下.

(1) **邻域**. 令 $\boldsymbol{a}$ 为$\mathbf{R}^n$ 中的一个点，且 $\delta>0$ 为一个常数. $\mathbf{R}^n$ 中包含所有到点 $\boldsymbol{a}$ 距离小于 $\delta$ 的点的集合称为 $\boldsymbol{a}$ 的 $\delta$ 邻域，记为 $U(\boldsymbol{a},\delta)$.

$$U(\boldsymbol{a},\delta)=\{\boldsymbol{x}\in\mathbf{R}^n\mid\|\boldsymbol{x}-\boldsymbol{a}\|<\delta\}.\tag{9.1.3}$$

$\boldsymbol{a}$ 的 $\delta$ 去心邻域$(\boldsymbol{a},\delta)$定义为

$$\mathring{U}(\boldsymbol{a},\delta)=U(\boldsymbol{a},\delta)\setminus\{\boldsymbol{a}\}.\tag{9.1.4}$$

与$\mathbf{R}^2$ 空间类似，若无须强调半径 $\delta$，则 $\boldsymbol{a}$ 的邻域可以写为 $U(\boldsymbol{a})$. 直线 $Ox$ 上，邻域 $U(\boldsymbol{a},\delta)$仅为一个开区间$(\boldsymbol{a}-\delta,\boldsymbol{a}+\delta)$. 在平面 $x_1Ox_2$ 上，$U(\boldsymbol{a},\delta)$为一个圆盘内点的集合，$D=\{(x_1,x_2)\mid\sqrt{(x_1-a_1)^2+(x_2-a_2)^2}<\delta\}$，其中$(a_1,a_2)$为点 $\boldsymbol{a}$ 的坐标. 在三维空间中，$U(\boldsymbol{a},\delta)$为一个中心

在点 $\boldsymbol{a}$，半径为 $\delta$ 的球内的点.

(2) **内点**、**外点**和**边界点**. 假设 $A\subseteq\mathbf{R}^n$ 且 $\boldsymbol{a}\in A$. 若存在一个邻域 $U(\boldsymbol{a})$，使得 $U(\boldsymbol{a})\subset A$，则 $\boldsymbol{a}$ 称为集合 $A$ 的一个内点，且包含集合 $A$ 的所有内点的集合称为 $A$ 的内部，记为 $\operatorname{int} A$. 对一个点 $\boldsymbol{a}\in\mathbf{R}^n$，若存在一个邻域 $U(\boldsymbol{a})$ 使得 $U(\boldsymbol{a})$ 中的点都不属于 $A$，或 $U(\boldsymbol{a})\in A^c$，则 $\boldsymbol{a}$ 称为集合 $A$ 的一个外点. 包含集合 $A$ 的所有外点的集合称为 $A$ 的外部，记为 $\operatorname{ext} A$. 对于点 $\boldsymbol{a}\in\mathbf{R}^n$（可以属于 $A$ 也可以不属于集合 $A$），若满足，对任意的 $\delta>0$，邻域 $U(\boldsymbol{a},\delta)$ 总包含一个 $A$ 内的点和一个 $A$ 外的点，则称其为集合 $A$ 的边界点. 包含 $A$ 的所有边界点的集合称为 $A$ 的边界，记为 $\partial A$.

(3) **聚点**. 令 $A\subseteq\mathbf{R}^n$ 且点 $\boldsymbol{a}\in\mathbf{R}^n$（$\boldsymbol{a}$ 无须属于 $A$）. 若对任意的 $\delta>0$，去心邻域 $\mathring{U}(\boldsymbol{a},\delta)$ 至少包含 $A$ 中的一个点，则 $\boldsymbol{a}$ 称为 $A$ 的一个聚点.

(4) **开集**和**闭集**. 考虑集合 $A\subseteq\mathbf{R}^n$. 若 $A$ 中的点均为 $A$ 的内点，也即 $\operatorname{int} A=A$，则 $A$ 称为 $\mathbf{R}^n$ 中的一个开集；若 $A$ 的补集 $A^c$ 为一个开集，则 $A$ 称为一个闭集.

(5) **区域**. 令 $\boldsymbol{a}$ 和 $\boldsymbol{b}$ 为 $\mathbf{R}^n$ 中不同的点. 点集

$$\{\boldsymbol{a}+(1-t)\boldsymbol{b}\,|\,t\in\mathbf{R},0\leqslant t\leqslant 1\} \tag{9.1.5}$$

称为连接 $\mathbf{R}^n$ 中的点 $\boldsymbol{a}$ 和点 $\boldsymbol{b}$ 的线段. 设 $A$ 为一个开集. 若 $A$ 中的任意两点均可被有限条线段组成的折线连接（满足这个性质的集合称为连通的），则 $A$ 称为一个开区域或简称一个**区域**. 换句话说，区域为一个连通的开集. 一个区域连同其边界称为**闭区域**.

(6) **有界集**和**无界集**. 设 $A\subseteq\mathbf{R}^n$. 若存在一个常数 $M>0$，使得 $\|\boldsymbol{x}\|<M$ 对一切 $\boldsymbol{x}\in A$ 均成立，则 $A$ 称为**有界集**；否则 $A$ 称为**无界集**. 显然，有界集的几何解释就是存在一个中心在 $\mathbf{0}$ 半径为 $M$ 的开球 $U(\boldsymbol{a},M)$，可以包含这个集合.

### 9.1.2 多元函数的定义

粗略地说，一个多元函数就是具有多个变量的函数. 有多个变量的函数通常用于数学地描述复杂的物理模型等. 下面是一些多元函数的例子.

**例 9.1.2** 设 $A$ 为宽 $W$ 高 $H$ 的矩形面积. 显然有如下的计算公式

$$A=W\times H \tag{9.1.6}$$

于是，式(9.1.6)就建立了一个将矩形的宽和高映射为其面积的关系. 当 $W$ 及 $H$ 独立变化的时候，$A$ 也将改变其取值.

**例 9.1.3** 设 $T$ 为一个房间的温度. 若用直角坐标系 $Oxyz$ 表示屋子中的每一个点，则 $T$ 可以说是依赖于 $x,y,z$ 和时间 $t$ 的变化而变化的. 尽管很难将这个关系精确给出，但仍然知道 $x,y,z$ 和 $t$ 的变化将会导致 $T$ 的变化.

例 9.1.2 和例 9.1.3 中，都有从一些变量到某一变量的对应关系，这些类型的关系通常称为多元函数. 更为正式地，有以下定义.

**定义 9.1.8** 设 $D$ 是 $\mathbf{R}^n$ 中的一个非空点集，如果存在一个对应法则 $f$，使得对于 $D$ 中的每一个点 $P(x_1,x_2,\cdots,x_n)$，都能由 $f$ 唯一地确定一个实数 $y$，则称 $f$ 为定义在 $D$ 上的 $n$ 元函数，记为

$$y=f(x_1,x_2,\cdots,x_n),\quad (x_1,x_2,\cdots,x_n)\in D.$$

其中 $x_1,x_2,\cdots,x_n$ 为**自变量**，$y$ 为**因变量**，点集 $D$ 为函数的**定义域**，常记作 $D(f)$. 取定 $(x_1,x_2,\cdots,x_n)\in D$，对应的 $f(x_1,x_2,\cdots,x_n)$ 叫做 $(x_1,x_2,\cdots,x_n)$ 所对应的函数值. 全体函数值的集合叫做函数 $f$ 的**值域**，常记为 $f(D)$[或 $R(f)$]，即

$$f(D)=\{y \mid y=f(x_1,x_2,\cdots,x_n),(x_1,x_2,\cdots,x_n)\in D(f)\}.$$

当 $n=2$ 时,$D$ 为 $xOy$ 平面上的一个点集,可得二元函数的定义,即二元函数一般记作 $z=f(x,y),(x,y)\in D,D\subset \mathbf{R}^2$;当 $n=3$ 时,$D$ 为空间上的一个点集,可得三元函数的定义,即三元函数一般记作 $u=f(x,y,z),(x,y,z)\in D,D\subset \mathbf{R}^3$.

二元及二元以上的函数统称为**多元函数**.多元函数的概念与一元函数一样,包含**对应法则**和**定义域**这两个要素.

多元函数的定义域的求法,与一元函数类似.若函数的自变量具有某种实际意义,则根据它的实际意义来决定其取值范围,从而确定函数的定义域.对一般的用解析式表示的函数,使表达式有意义的自变量的取值范围,就是函数的定义域.

**例 9.1.4** 求函数 $z=\ln(y-x)+\dfrac{\sqrt{x}}{\sqrt{1-x^2-y^2}}$ 的定义域 $D$,并画出 $D$ 的图形.

**解** 要使函数的解析式有意义,必须满足

$$\begin{cases} y-x>0, \\ x\geqslant 0, \\ 1-x^2-y^2>0, \end{cases}$$

即 $D=\{(x,y)\mid x\geqslant 0,x<y,x^2+y^2<1\}$,如图 9.1.8 划斜线的部分. ■

**例 9.1.5** 求函数 $w=\dfrac{1}{\sqrt{z-x^2-y^2}}$ 的定义域.

**解** 注意到分母不能为零且平方根要能够计算,因此在根号内的表达式必须取非负值,故

$$z-x^2-y^2\neq 0 \tag{9.1.7}$$

且

$$z-x^2-y^2\geqslant 0 \tag{9.1.8}$$

式(9.1.7)和式(9.1.8)可被化简为

$$z>x^2+y^2$$

于是 $w$ 的定义域可以写为

$$D=\{(x,y,z)\in \mathbf{R}^3 \mid z>x^2+y^2\}.$$

这个定义域为 $\mathbf{R}^3$ 中的一个无界区域,其边界为抛物面 $z=x^2+y^2$(见图 9.1.9). ■

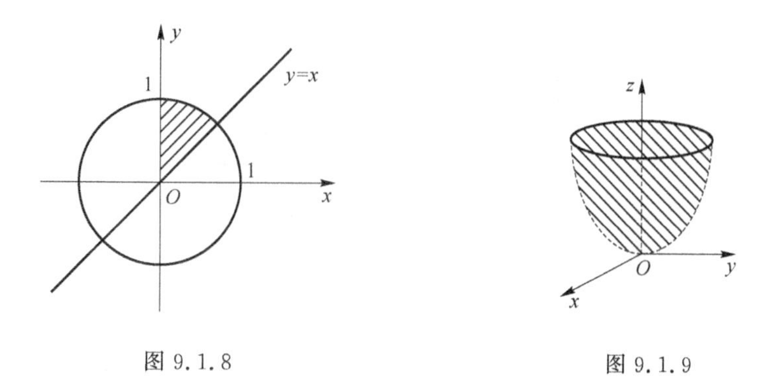


图 9.1.8　　图 9.1.9

## 9.1.3 函数的可视化

对于多元函数,将着重讨论二元函数.在掌握了二元函数的有关理论与研究方法之后,可以把它推广到一般的多元函数中去.

**1. 函数的图形**

设函数 $z=f(x,y)$ 的定义域为平面区域 $D$，对于 $D$ 中的任意一点 $P(x,y)$，对应一确定的函数值 $z(z=f(x,y))$. 这样便得到一个三元有序数组 $(x,y,z)$，相应地在空间可得到一点 $M(x,y,z)$. 当点 $P$ 在 $D$ 内变动时，相应的点 $M$ 就在空间中变动，当点 $P$ 取遍整个定义域 $D$ 时，点 $M$ 就在空间描绘出一张曲面 $S$（图 9.1.10），其中

$$S=\{(x,y,z)\mid z=f(x,y),(x,y)\in D\}.$$

而函数的定义域 $D$ 就是曲面 $S$ 在 $xOy$ 面上的投影区域.

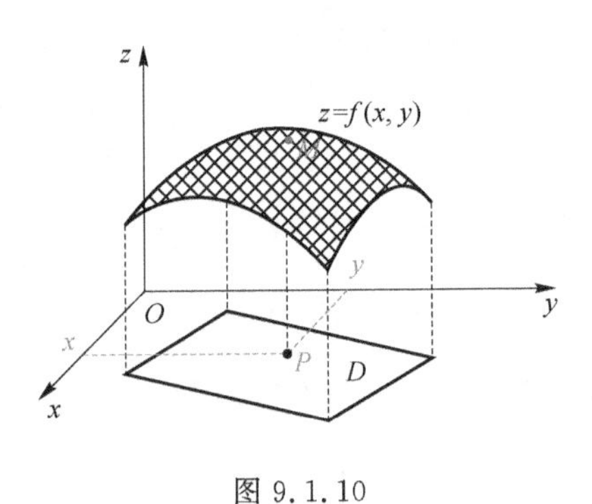

图 9.1.10

例如，$z=ax+by+c$ 表示一平面；$z=\sqrt{1-x^2-y^2}$ 表示球心在原点，半径为 1 的上半球面.

**2. 等高线**

另一种绘制多元函数图形的方法称为“等高线”或“等高面”. 这种类型的图形广泛地被用于地图的绘制及天气预报.

**定义 9.1.9（二元函数的等高线）** 设 $z=f(x,y)$ 为一个定义在 $A\subseteq\mathbf{R}^2$ 上的二元函数. $f:A\to R(f)\subseteq\mathbf{R}^2$ 的等高线为如下定义的点集

$$\{(x,y)\mid f(x,y)=C,(x,y)\in A\},\tag{9.1.9}$$

其中 $C\in\mathbf{R}$ 为一个常数.

显然，若定义 9.1.9 中的常数 $C$ 发生改变，等高线也会相应改变.

若将一系列不同 $C$ 所对应的等高线绘制在同一个坐标系中，不妨设在 $xOy$ 平面中，就可以得到**等高线图**.

**例 9.1.6** 绘制函数 $z=xy$ 的等高线图.

**解** 函数 $z=xy$ 在 $xOy$ 平面内的等高线为 $xy=C$（见图 9.1.11）.

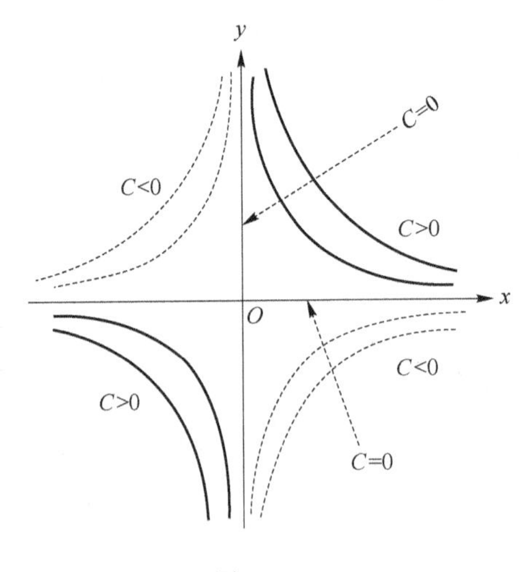

图 9.1.11

若 $C>0$，其等高线为一两分支在一、三卦限中的双曲线；若 $C=0$，等高线为两条直线 $x=0$ 和 $y=0$；若 $C<0$，其等高线为一两分支在二、四卦限中的双曲线. 因此函数 $z=xy$ 描述的曲面

在第一、三卦限向上弯曲，在第二、四卦限向下弯曲．原点称为这个函数的**鞍点**． ■

## 习题 9.1 A

1. 下列集合是开集还是闭集？对每个集合给出它们的内部、边界：

(1) $A=\{(x,y)\in \mathbf{R}^2 \mid x\geqslant 0, y\geqslant 0, x+y\leqslant 1\}$；

(2) $A=\{(x,y)\in \mathbf{R}^2 \mid y<x^2\}$；

(3) $A=\{x\in \mathbf{R}^2 \mid \|x\|=1\}$；

(4) $A=\{(x,y)\in \mathbf{R}^2 \mid -1<x<1, y=0\}$．

2. 在习题 1 中的哪个集合是区域？是有界还是无界？试说明之．

3. 确定下列函数的定义域：

(1) $z=x+\sqrt{y}$；　　(2) $z=\arccos \dfrac{y}{x}$；

(3) $z=\sqrt{\dfrac{2x-x^2-y^2}{x^2+y^2-x}}$；　　(4) $z=\arcsin \dfrac{x}{y^2}+\arcsin(1-y)$；

(5) $u=\mathrm{e}^z+\ln(x^2+y^2-1)$；　　(6) $u=\arcsin \dfrac{z}{\sqrt{x^2+y^2}}$．

4. 绘制下列函数的图形：

(1) $z=x+2y-1$；　　(2) $z=\sqrt{x^2+2y^2}$；

(3) $z=xy$；　　(4) $z=\mathrm{e}^{-(x^2+y^2)}$；

(5) $z=3-2x^2-y^2$；　　(6) $z=\sqrt{1-x^2-2y^2}$．

5. 绘制函数的等高线草图：

(1) $f(x,y)=x-y^2$；　　(2) $f(x,y)=\mathrm{e}^{x^2+y^2}$．

6. 绘制函数的等值面草图；

(1) $f(x,y,z)=x+2y+z$；　　(2) $f(x,y)=x^2-y^2+z^2$．

# 9.2 二元函数的极限与连续

## 9.2.1 二元函数的极限

设二元函数 $z=f(x,y)$ 定义在平面点集 $D$ 上，$P_0(x_0,y_0)$ 为点集 $D$ 的聚点，我们来讨论当点 $P(x,y)\to P_0(x_0,y_0)$，即点 $x\to x_0$，$y\to y_0$ 时，函数 $z=f(x,y)$ 的极限．这里 $P(x,y)\to P_0(x_0,y_0)$ 是指点 $P$ 以任意的方式趋于 $P_0$，亦即两点 $P$ 与 $P_0$ 之间的距离趋于零，也就是

$$|P_0P|=\sqrt{(x-x_0)^2+(y-y_0)^2}\to 0.$$

与一元函数的极限概念类似，如果在 $P(x,y)\to P_0(x_0,y_0)$ 的过程中，$P(x,y)$ 所对应的函数值 $f(x,y)$ 无限接近于一个常数 $A$，则称当 $P(x,y)\to P_0(x_0,y_0)$ 时，函数 $z=f(x,y)$ 以 $A$ 为极限．下面用"$\varepsilon$-$\delta$"语言来描述这个极限的概念．

**定义 9.2.1** 设二元函数 $z=f(x,y)$ 的定义域为 $D$，$P_0(x_0,y_0)$ 是 $D$ 的聚点，存在 $A$ 是一个常数. 如果对于任意给定的正数 $\varepsilon$，总存在正数 $\delta$，使得当 $P(x,y)\in\mathring{U}(P_0,\delta)\cap D$ 时，恒有

$$|f(P)-A|=|f(x,y)-A|<\varepsilon$$

成立，则称当 $P(x,y)\to P_0(x_0,y_0)$ 时，函数 $z=f(x,y)$ 以 $A$ 为极限，记为

$$\lim_{(x,y)\to(x_0,y_0)} f(x,y)=A \quad 或 \quad \lim_{\substack{x\to x_0\\ y\to y_0}} f(x,y)=A,$$

也记作

$$\lim_{P\to P_0} f(P)=A.$$

二元函数的极限也称为**二重极限**. 若找不到定义中常数 $A$，则称函数函数 $z=f(x,y)$ 在 $P_0(x_0,y_0)$ 极限不存在.

**注** 1. 定义中要求 $P_0$ 是定义域 $D$ 的聚点，是为了保证在 $P_0$ 的任何邻域内都有 $D$ 中的点.

2. 注意到平面上的点 $P$ 趋近于 $P_0$ 的方式可以多种多样：$P$ 可以从四面八方趋于 $P_0$，沿不同形式的曲线或点列趋于 $P_0$（见图 9.2.1）. 定义 9.2.1 指出：只有当 $P$ 以任何方式趋近于 $P_0$，相应的 $f(P)$ 都趋近于同一常数 $A$ 时，才称 $A$ 为 $f(P)$ 当 $P\to P_0$ 时的极限. 如果 $P(x,y)$ 以某些特殊方式（如沿某几条直线或几条曲线）趋于 $P_0(x_0,y_0)$ 时，即使函数值 $f(P)$ 趋于同一常数 $A$，我们也不能由此断定函数的极限存在. 但是反过来，当 $P$ 在 $D$ 内沿不同的路径趋于 $P_0$ 时，$f(P)$ 趋于不同的值，则可以断定函数的极限不存在.

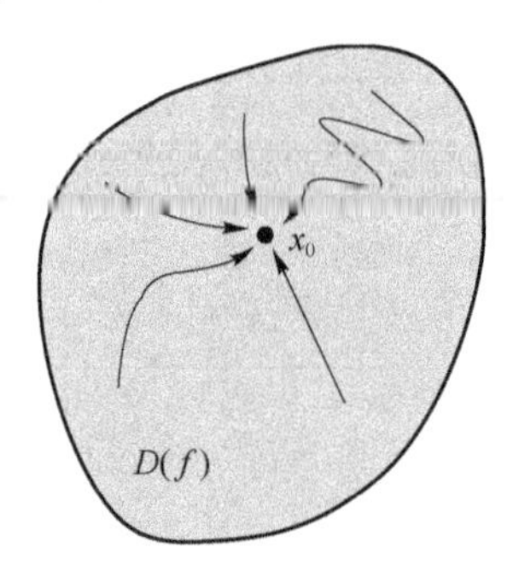


图 9.2.1

3. 二重极限的概念和单变量情形时完全类似，因此，可以期望在单变量情形下成立的关于极限的性质，在二元情形下也是成立的. 容易证明在二元情形下，极限的唯一性、局部有界性、局部保号性、局部保序性、夹逼定理及 Heine 定理都是成立的.

**例 9.2.1** 证明 $\lim\limits_{(x,y)\to(0,0)}\dfrac{x^2y}{x^2+y^2}=0$.

**证明** 方法一（利用极限的定义证） 这里函数 $f(x,y)$ 的定义域是

$$D(f)=\{(x,y)\mid (x,y)\in\mathbf{R}^2,(x,y)\neq(0,0)\},$$

显然点 $O(0,0)$ 为 $D$ 的聚点. 由于

$$|f(x,y)-0|=\left|\frac{x^2y}{x^2+y^2}-0\right|\leqslant\frac{1}{2}|x|\leqslant\frac{1}{2}\sqrt{x^2+y^2},$$

可见，对任意给定的 $\varepsilon>0$，取 $\delta=2\varepsilon$，则对 $D(f)$ 上所有满足条件

$$0<\sqrt{(x-0)^2+(y-0)^2}<\delta$$

的点$(x,y)$，恒有

$$|f(x,y)-0|\leqslant\frac{1}{2}\sqrt{x^2+y^2}<\varepsilon$$

成立，根据二元函数极限的定义，即可证得

$$\lim_{(x,y)\to(0,0)}f(x,y)=0.$$

**方法二**（利用极坐标变换） 令 $x=r\cos\theta, y=r\sin\theta$，当$(x,y)\to(0,0)$时，有 $r\to0$，因此

$$\lim_{(x,y)\to(0,0)}\frac{x^2y}{x^2+y^2}=\lim_{r\to0}\frac{r^3\cos^2\theta\sin\theta}{r^2}=\lim_{r\to0}r\cos^2\theta\sin\theta=0.$$ ■

**例 9.2.2** 求下列二重极限：

(1) $\lim\limits_{(x,y)\to(0,0)}\dfrac{xy}{\sqrt{x^2+y^2}}$； (2) $\lim\limits_{(x,y)\to(0,0)}\dfrac{2-\sqrt{xy+4}}{\sin(xy)}$；

(3) $\lim\limits_{(x,y)\to(0,0)}(\sqrt{x}+y)\sin\dfrac{1}{x}\cos\dfrac{1}{y}$； (4) $\lim\limits_{\substack{x\to+\infty\\y\to+\infty}}\left(\dfrac{xy}{x^2+y^2}\right)^{x^2}$.

**解** (1) 由于$\dfrac{|y|}{\sqrt{x^2+y^2}}\leqslant1$，所以$\dfrac{y}{\sqrt{x^2+y^2}}$为有界函数，而 $x\to0$，因此有

$$\lim_{(x,y)\to(0,0)}\frac{xy}{\sqrt{x^2+y^2}}=0.$$

(2) 由于

$$\frac{2-\sqrt{xy+4}}{\sin(xy)}=-\frac{1}{2+\sqrt{xy+4}}\cdot\frac{xy}{\sin(xy)},$$

若将 $xy$ 看成一个整体变量，则当$(x,y)\to(0,1)$时，$xy\to0$，因此

$$\lim_{(x,y)\to(0,1)}\frac{2-\sqrt{xy+4}}{\sin(xy)}=\lim_{(x,y)\to(0,1)}-\frac{1}{2+\sqrt{xy+4}}\cdot\lim_{(x,y)\to(0,1)}\frac{xy}{\sin(xy)}=-\frac{1}{4}.$$

(3) $\lim\limits_{(x,y)\to(0,0)}(\sqrt{x}+y)\sin\dfrac{1}{x}\cos\dfrac{1}{y}=0$（无穷小乘有界函数仍为无穷小）；

(4) 由于

$$0\leqslant\left|\left(\frac{xy}{x^2+y^2}\right)^{x^2}\right|\leqslant\left|\left(\frac{\frac{1}{2}(x^2+y^2)}{x^2+y^2}\right)^{x^2}\right|=\left(\frac{1}{2}\right)^{x^2},\quad\lim_{x\to+\infty}\left(\frac{1}{2}\right)^{x^2}=0,$$

由夹逼法则可知原极限等于零. ■

常用的二元函数求极限方法：①利用函数连续的定义，②极坐标变换，③利用夹逼定理，④利用有界函数与无穷小乘积的性质，⑤利用变量代换.

**例 9.2.3** 讨论当$(x,y)\to(0,0)$时，$f(x,y)=\dfrac{xy}{x^2+y^2}$是否存在极限.

**解** 当点$(x,y)$沿着直线 $y=kx$ 趋于$(0,0)$时，有

$$\lim_{\substack{(x,y)\to(0,0)\\y=kx}}\frac{xy}{x^2+y^2}=\lim_{x\to0}\frac{kx^2}{x^2+k^2x^2}=\frac{k}{1+k^2}.$$

其值因 $k$ 而异，这与极限定义中当 $P(x,y)$以任何方式趋于 $P_0(x_0,y_0)$时，函数 $f(x,y)$都无限接近于同一个常数 $A$ 的要求相违背，因此当$(x,y)\to(0,0)$时，$f(x,y)=\dfrac{xy}{x^2+y^2}$的极限不存在. ■

例 9.2.3 说明，一旦沿着两条路径得到的极限不同，则二重极限就不存在. 但这并不意味着存在无穷多有相同极限的路径，二重极限就存在.

**例 9.2.4** 讨论当$(x,y)\to(0,0)$时，$f(x,y)=\dfrac{x^2y}{x+y}$是否存在极限.

**解** 显然，若取 $y=kx$，则当 $x\to0$ 时 $y\to0$，对任意实数 $k$，有

$$\lim_{(x,y)\to(0,0)}\frac{x^2y}{x+y}=\lim_{(x,y)\to(0,0)}\frac{kx^3}{x+kx}=0.$$

上式对无穷多的数 $k$ 都是成立的，或者有无穷多路径，使得二重极限会取相同的值 0. 这是否意味着

$$\lim_{(x,y)\to(0,0)}\frac{x^2y}{x+y}=0?$$

事实上，当取路径 $y=kx^3-x(k\neq0)$时，由于极限

$$\lim_{(x,y)\to(0,0)}\frac{x^2y}{x+y}=\lim_{x\to0}\frac{kx^5-x^3}{kx^3}=-\frac{1}{k}$$

与 $k$ 值有关，所以极限不存在. ■

### 9.2.2 二元函数的连续

基于二元函数极限的定义，二元函数连续性可如下定义.

**定义 9.2.2** 设二元函数 $z=f(x,y)$的定义域为 $D$，$P_0(x_0,y_0)$是 $D$ 的聚点，且 $P_0\in D$，如果

$$\lim_{(x,y)\to(x_0,y_0)}f(x,y)=f(x_0,y_0),$$

则称**二元函数 $z=f(x,y)$在 $P_0$ 点连续**.

**注** 使用“$\varepsilon$-$\delta$”语言，定义 9.2.2 也可以改写为 $f(x,y)$在点 $P_0(x_0,y_0)$连续的充要条件为

$$\forall\varepsilon>0,\ \exists\delta>0 \text{ 使得 } |f(x,y)-f(x_0,y_0)|<\varepsilon \text{ 对所有 } x\in U(x_0,\delta)\cap D.$$

若函数 $f(x,y)$在 $D$ 上每一点都连续，则称 $f(x,y)$是 $D$ 上的**连续函数**，且这些点称为**连续点**. 若 $f(x,y)$在 $P_0$ 点不连续，则称 $P_0$ 是函数 $f(x,y)$的**间断点**.

与一元函数相仿，二元连续函数的和、差、积与商(在分母上的函数不为零)以及复合函数也是连续函数.

当函数 $f(x,y)$在 $P_0$ 点没有定义；或虽有定义，但当 $P\to P_0$ 时函数 $f(x,y)$的极限不存在；或极限虽存在，但极限值不等于该点处的函数值，则 $P_0$ 都是函数 $f(x,y)$的间断点. 例如，考察函数

$$f(x,y)=\begin{cases}\dfrac{xy}{x^2+y^2}, & (x,y)\neq(0,0),\\ 0, & (x,y)=(0,0).\end{cases}$$

前面已证 $\lim\limits_{(x,y)\to(0,0)}\dfrac{xy}{x^2+y^2}$不存在，所以点$(0,0)$是函数 $f(x,y)$的间断点.

再如函数 $f(x,y)=\dfrac{x-y}{x-y^2}$在曲线 $x=y^2$ 上每一点处都没有定义，所以曲线 $x=y^2$ 上每一点都是该函数的间断点.

由二元初等函数的连续性，则极限值就等于函数在该点的函数值，即

$$\lim_{P\to P_0}f(P)=f(P_0).$$

**例 9.2.5** 求$\lim\limits_{\substack{x\to0\\y\to1}}\dfrac{1-xy}{x^2+y^2}$.

**解** 因为函数 $f(x,y)=\dfrac{1-xy}{x^2+y^2}$ 在 $D=\{(x,y)\mid x\neq 0$ 或 $y\neq 0\}$ 内连续，又 $P_0(0,1)\in D$，所以

$$\lim_{\substack{x\to 0\\ y\to 1}}\frac{1-xy}{x^2+y^2}=f(0,1)=1. \qquad \blacksquare$$

### 9.2.3 闭区域上二元连续函数的性质

**定义 9.2.3** 设二元函数 $f(x,y)$ 在某个开区域 $D$ 内有定义，并且对 $D$ 内任何一点 $P(x,y)$（$P$ 必定是 $D$ 的一个内点），$f(x,y)$ 在 $P$ 点连续，则称 $f(x,y)$ 在 $D$ 内连续.

对闭区域来说，除了要求函数 $f(x,y)$ 在区域的内点连续之外，对区域的边界点 $M_0$，则要求对任给的 $\varepsilon>0$，能找到 $\delta>0$，使 $|M-M_0|<\delta$ 且 $M$ 为闭区域上的点时，恒有 $|f(M)-f(M_0)|<\varepsilon$.

与闭区间上一元连续函数相似，在有界闭区域上，二元连续函数也具有非常重要的性质. 本书中，仅将这些性质列表如下，而略去其证明. 读者可以在更为深入的材料中找出它们的证明.

**定理 9.2.1（有界性与最大值最小值定理）** 在有界闭区域 $D$ 上的二元连续函数，必定在 $D$ 上有界，且能取得它的最大值和最小值.

也就是说，若 $f(x,y)$ 在有界闭区域 $D$ 上连续，则必定存在常数 $M>0$，使得对一切 $P(x,y)\in D$，有 $|f(x,y)|\leqslant M$，且存在 $P_1,P_2\in D$，使得

$$f(P_1)=\max\{f(P)\mid P\in D\},\quad f(P_2)=\min\{f(P)\mid P\in D\}.$$

**定理 9.2.2（介值定理）** 若 $f(x,y)$ 在有界闭区域 $D$ 上连续，$M$ 和 $m$ 分别是 $f(x,y)$ 在 $D$ 上的最大值与最小值，则对介于 $M$ 与 $m$ 之间的任意一个数 $C$，必存在一点 $(x_0,y_0)\in D$，使得 $f(x_0,y_0)=C$.

以上关于二元函数的极限与连续性的概念及有界闭区域上连续函数的性质，可类推到三元以上的函数中去.

## 习题 9.2 A

1. 用二重极限的定义证明下列极限：

(1) $\displaystyle\lim_{(x,y)\to(0,0)} xy\sin\frac{x}{x^2+y^2}=0$；　　(2) $\displaystyle\lim_{(x,y)\to(1,1)} x^2+y^2=2$；

(3) $\displaystyle\lim_{(x,y)\to(3,2)} (3x-4y)=1$；　　(4) $\displaystyle\lim_{(x,y)\to(0,0)} \frac{\sqrt{xy+1}-1}{xy}=\frac{1}{2}$.

2. 证明下列极限不存在：

(1) $\displaystyle\lim_{(x,y)\to(0,0)} \frac{x+y}{x-y}$；　　(2) $\displaystyle\lim_{(x,y)\to(0,0)} \frac{xy}{x+y}$；

(3) $\displaystyle\lim_{\substack{x\to 0\\ y\to 0}} \frac{x^2y^2}{x^2y^2+(x-y)^2}$.

3. 求下列二重极限：

(1) $\lim\limits_{(x,y)\to(0,0)}\dfrac{e^x+e^y}{\cos x-\sin y}$；　　(2) $\lim\limits_{(x,y)\to(0,0)}\dfrac{x^2y^{\frac{3}{2}}}{x^4+y^2}$；

(3) $\lim\limits_{(x,y)\to(0,2)}\dfrac{\sin(xy)}{x}$；　　(4) $\lim\limits_{(x,y)\to(0,0)}x^2y^2\ln(x^2+y^2)$；

(5) $\lim\limits_{\substack{x\to0\\y\to0}}\dfrac{(x^2+2y^2)[1-\cos(x^2+y^2)]}{(x^2+y^2)^{\frac{3}{2}}}$；　　(6) $\lim\limits_{\substack{x\to0\\y\to0}}\dfrac{1}{x^4+y^4}e^{-\frac{1}{x^2+y^2}}$；

(7) $\lim\limits_{\substack{x\to0\\y\to1}}\dfrac{\sqrt{xy+1}-1}{xy(x+y+2)}$.

4. 讨论下列函数的连续性：

(1) $f(x,y)=\dfrac{x^2-y^2}{x^2+y^2}$；　　(2) $f(x,y)=\dfrac{x-y}{x+y}$；

(3) $f(x,y)=\begin{cases}\dfrac{xy}{\sqrt{x^2+y^2}}, & x^2+y^2\neq0,\\ 0, & x^2+y^2=0;\end{cases}$　　(4) $f(x,y)=\begin{cases}\dfrac{\sin(xy)}{x^2+y^2}, & x^2+y^2\neq0,\\ 0, & x^2+y^2=0.\end{cases}$

5. 设函数 $f:A\subseteq\mathbf{R}^2\to R$ 在 $(x_0,y_0)$ 连续，并且 $f(x_0,y_0)>0$. 证明：存在 $(x_0,y_0)$ 的一个邻域 $U(x_0,y_0)$，对于任意 $(x,y)\in U(x_0,y_0)\cap A$ 都有 $f(x,y)\geqslant q>0$，其中 $q>0$ 为正常数.

6. 设函数 $f(x,y)=\begin{cases}\dfrac{x^2y}{x^4+y^2}, & x^2+y^2\neq0,\\ 0, & x^2+y^2=0.\end{cases}$ 证明：当 $(x,y)$ 沿过点 $(0,0)$ 的每一条射线 $x=t\cos\alpha,\ y=t\sin\alpha(0<t<\infty)$ 趋向于点 $(0,0)$ 时，$f(x,y)$ 的极限等于 $f(0,0)$，即

$$\lim_{t\to0}f(t\cos\alpha,t\sin\alpha)=f(0,0),$$

但 $f(x,y)$ 在点 $(0,0)$ 处不连续.

## 习题 9.2　B

1. 设 $f:D\subseteq\mathbf{R}^2\to R$，若 $f(x,y)$ 在区域 $D$ 内对变量 $x$ 连续，对变量 $y$ 满足 Lipschitz 条件，即对 $D$ 内任意两点 $(x,y_1)$，$(x,y_2)$ 有

$$|f(x,y_1)-f(x,y_2)|\leqslant L|y_1-y_2|,$$

其中 $L$ 为常数. 证明 $f(x,y)$ 在内 $D$ 连续.

## 9.3　多元函数的偏导数及全微分

### 9.3.1　偏导数

在研究一元函数时，我们从实际问题的变化率引入了导数的概念. 对于多元函数，同样需要讨论一些变化率问题. 在这里，首先考虑多元函数关于其中一个自变量的变化率. 以二元函数 $z=f(x,y)$ 为例，如果只有自变量 $x$ 变化，而自变量 $y$ 固定（看作常量），这时它就是 $x$ 的一元函数，这函数对 $x$ 的导数就称为二元函数 $z$ 对 $x$ 的偏导数，有如下定义.

**定义 9.3.1** 设函数 $z=f(x,y)$在点$(x_0,y_0)$的某一邻域内有定义，当 $y$ 固定在 $y_0$，而 $x$ 在 $x_0$ 处有增量 $\Delta x$ 时，相应的函数有增量

$$f(x_0+\Delta x,y_0)-f(x_0,y_0),$$

如果

$$\lim_{\Delta x\to 0}\frac{f(x_0+\Delta x,y_0)-f(x_0,y_0)}{\Delta x}\tag{9.3.1}$$

存在，则称此极限为函数 $z=f(x,y)$在点$(x_0,y_0)$处对 $x$ 的偏导数，记作

$$\left.\frac{\partial z}{\partial x}\right|_{\substack{x=x_0\\y=y_0}},\quad \left.\frac{\partial f}{\partial x}\right|_{\substack{x=x_0\\y=y_0}},\quad \left.z_x\right|_{\substack{x=x_0\\y=y_0}}\quad 或\quad f_x(x_0,y_0).$$

即有

$$f_x(x_0,y_0)=\lim_{\Delta x\to 0}\frac{f(x_0+\Delta x,y_0)-f(x_0,y_0)}{\Delta x}.\tag{9.3.2}$$

类似地，函数 $z=f(x,y)$在点$(x_0,y_0)$处对 $y$ 的偏导数定义为

$$\lim_{\Delta y\to 0}\frac{f(x_0y_0+\Delta y)-f(x_0,y_0)}{\Delta y},\tag{9.3.3}$$

记作

$$\left.\frac{\partial z}{\partial y}\right|_{\substack{x=x0\\y=y0}},\quad \left.\frac{\partial f}{\partial y}\right|_{\substack{x=x0\\y=y0}},\quad \left.z_y\right|_{\substack{x=x0\\y=y0}}\quad 或\quad f_y(x_0,y_0).$$

若 $f$ 在$(x_0,y_0)$相对于 $x$ 和 $y$ 的偏导数都存在，则称 $f$ 在点$(x_0,y_0)$可偏导.

符号$\partial$称为偏导符号，它其实是一个花体的 $d$，读作“del”或“偏”.

如果函数 $z=f(x,y)$在区域 $D$ 内每一点$(x,y)$处对 $x$ 的偏导数都存在，那么这个偏导数就是 $x,y$ 的函数，称为函数 $z=f(x,y)$对自变量 $x$ 的偏导函数，记作$\frac{\partial z}{\partial x},\frac{\partial f}{\partial x},z_x$ 或 $f_x(x,y)$. 类似地，可以定义函数 $z=f(x,y)$对自变量 $y$ 的偏导函数，记作$\frac{\partial z}{\partial y},\frac{\partial f}{\partial y},z_y$ 或 $f_y(x,y)$.

今后在不至于混淆的情况下，偏导函数简称为偏导数.

偏导数的定义可以推广到 $n$ 元函数的情况，设 $n$ 元函数 $u=f(x_1,x_2,\cdots,x_n)$关于 $x_i$ $(i=1,2,\cdots,n)$的偏导数$\frac{\partial f}{\partial x_i}$[或 $f_{x_i}(x_1,x_2\cdots,x_n)$]是极限

$$\frac{\partial u}{\partial x_i}=\lim_{\Delta x_i\to 0}\frac{f(x_1,\cdots,x_i+\Delta x_i,\cdots,x_n)-f(x_1,\cdots,x_i,\cdots,x_n)}{\Delta x_i}.\tag{9.3.4}$$

**例 9.3.1** 求 $z=x^2+3xy+y^2$ 在点(1,2)处的偏导数.

**解** 把 $y$ 看成常量$\frac{\partial z}{\partial x}=2x+3y$，同理把 $x$ 看成常量，有$\frac{\partial z}{\partial y}=3x+2y$，所以

$$\left.\frac{\partial z}{\partial x}\right|_{\substack{x=1\\y=2}}=2\times1+3\times2=8,\quad \left.\frac{\partial z}{\partial y}\right|_{\substack{x=1\\y=2}}=3\times1+2\times2=7.$$ ■

**例 9.3.2** 设 $z=x^y(x>0,x\neq1)$，求证

$$\frac{x}{y}\frac{\partial z}{\partial x}+\frac{1}{\ln x}\frac{\partial z}{\partial y}=2z.$$

**证明** 若将 $y$ 看作常数，则 $z=x^y$ 为幂函数；若将 $x$ 看作常数，则 $z=x^y$ 为指数函数. 因此有

$$\frac{\partial z}{\partial x}=yx^{y-1},\quad \frac{\partial z}{\partial y}=x^y\ln x,$$

于是

$$\frac{x}{y}\frac{\partial z}{\partial x}+\frac{1}{\ln x}\frac{\partial z}{\partial y}=\frac{x}{y}\cdot yx^{y-1}+\frac{1}{\ln x}\cdot x^y\ln x=x^y+x^y=2z.$$ ■

**例 9.3.3** 已知理想气体的状态方程 $PV=RT$($R$ 是常数)，求证：

$$\frac{\partial P}{\partial V}\cdot\frac{\partial V}{\partial T}\cdot\frac{\partial T}{\partial P}=-1.$$

**证明** 因为

$$P=\frac{RT}{V},\quad \frac{\partial P}{\partial V}=-\frac{RT}{V^2};$$

$$V=\frac{RT}{P},\quad \frac{\partial V}{\partial T}=\frac{R}{P};$$

$$T=\frac{PV}{R},\quad \frac{\partial T}{\partial P}=\frac{V}{R};$$

所以

$$\frac{\partial P}{\partial V}\cdot\frac{\partial V}{\partial T}\cdot\frac{\partial T}{\partial P}=-\frac{RT}{V^2}\cdot\frac{R}{P}\cdot\frac{V}{R}=-\frac{RT}{PV}=-1.$$ ■

从例 9.3.3 不难说明偏导数的记号$\frac{\partial P}{\partial V},\frac{\partial V}{\partial T},\frac{\partial T}{\partial P}$是一个整体记号，不能像一元函数的导数$\frac{\mathrm{d}y}{\mathrm{d}x}$那样看成分子与分母之商，否则将导致$\frac{\partial P}{\partial V}\cdot\frac{\partial V}{\partial T}\cdot\frac{\partial T}{\partial P}=1$ 的错误结论.

二元函数 $z=f(x,y)$在点$(x_0,y_0)$的偏导数有下述几何意义.

在空间直角坐标系中，二元函数 $z=f(x,y)$的图像是一个空间曲面 $S$，设 $M_0(x_0,y_0,f(x_0,y_0))$ 为曲面 $z=f(x,y)$上的一点，过 $M_0$ 作平面 $y=y_0$ 截此曲面得一空间曲线 $C_1$：$\begin{cases}z=f(x,y)\\ y=y_0\end{cases}$，此曲线的方程为 $z=f(x,y_0)$，把它看做平面曲线，因变量是 $z$，自变量是 $x$，则 $f_x(x_0,y_0)=\frac{\mathrm{d}}{\mathrm{d}x}f(x,y_0)\Big|_{x=x_0}$ 就是曲线 $C_1$ 在点 $M_0$ 处的切线 $M_0T_1$ 的斜率. 即 $\tan\alpha$. 同样，偏导数 $f_y(x_0,y_0)$ 的几何意义是曲面被平面 $x=x_0$ 所截得的曲线在点 $M_0$ 处的切线 $M_0T_2$ 对 $y$ 轴的斜率，即 $\tan\beta$(见图 9.3.1).

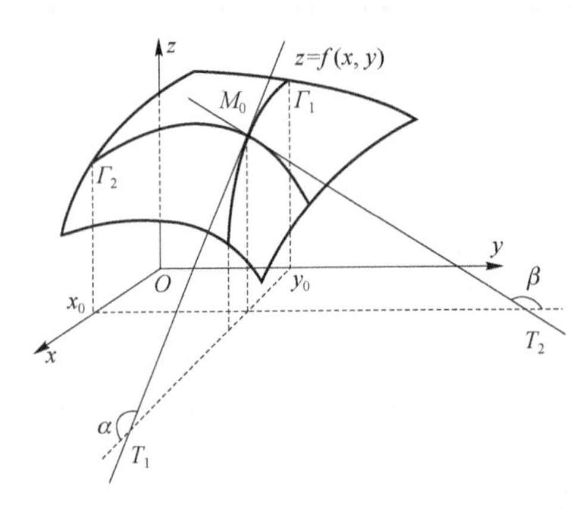


图 9.3.1

我们知道，若一元函数 $y=f(x)$在点 $x_0$ 处可导，则 $f(x)$必在点 $x_0$ 处连续. 但对于二元函数 $z=f(x,y)$来讲，即使在点$(x_0,y_0)$处的两个偏导数都存在，也不能保证函数 $f(x,y)$在点$(x_0,y_0)$处连续. 这是因为偏导数 $f_x(x_0,y_0)$，$f_y(x_0,y_0)$存在，只能保证一元函数 $z=f(x,y_0)$和 $z=f(x_0,y)$分别在 $x_0$ 和 $y_0$ 处连续，但不能保证$(x,y)$以任何方式趋于$(x_0,y_0)$时，函数 $f(x,y)$都趋于 $f(x_0,y_0)$.

**例 9.3.4** 求二元函数

$$f(x,y)=\begin{cases}\dfrac{xy}{x^2+y^2}, & (x,y)\neq(0,0),\\ 0, & (x,y)=(0,0),\end{cases}$$

在点(0,0)处的偏导数,并讨论它在点(0,0)处的连续性.

**解** 点(0,0)是函数 $f(x,y)$ 的分界点,类似于一元函数,分段函数分界点处的偏导数要用定义去求.

$$f_x(0,0)=\lim_{\Delta x\to 0}\frac{f(0+\Delta x,0)-f(0,0)}{\Delta x}=\lim_{\Delta x\to 0}\frac{0-0}{\Delta x}=0,$$

$$f_y(0,0)=\lim_{\Delta y\to 0}\frac{f(0,0+\Delta y)-f(0,0)}{\Delta y}=\lim_{\Delta y\to 0}\frac{0-0}{\Delta y}=0.$$

但在例 9.2.3 中已经知道 $\lim\limits_{x\to 0,y\to 0}\dfrac{xy}{x^2+y^2}$ 不存在,所以此函数在点(0,0)处不连续. ■

当然,$z=f(x,y)$ 在点 $(x_0,y_0)$ 处连续也不能保证 $f(x,y)$ 在点 $(x_0,y_0)$ 的偏导数存在.

**例 9.3.5** 讨论函数 $f(x,y)=\sqrt{x^2+y^2}$ 在点(0,0)处的偏导数与连续性.

**解** 由

$$\lim_{(x,y)\to(0,0)}f(x,y)=\lim_{(x,y)\to(0,0)}\sqrt{x^2+y^2}=0=f(0,0),$$

可知 $f(x,y)=\sqrt{x^2+y^2}$ 在点(0,0)处连续.

但 $f_x(0,0)=\lim\limits_{\Delta x\to 0}\dfrac{f(0+\Delta x,0)-f(0,0)}{\Delta x}=\lim\limits_{\Delta x\to 0}\dfrac{|\Delta x|}{\Delta x}$ 不存在. 由函数关于自变量的对称性知,$f_y(0,0)$ 也不存在. ■

### 9.3.2 全微分

上一小节讨论的偏导数,是函数仅有一个自变量变化时的瞬时变化率. 但在实际问题中,经常要讨论各个自变量同时变化时,所引起函数增量的变化. 设二元函数 $z=f(x,y)$ 在点 $P(x,y)$ 的某个邻域 $U(P)$ 内有定义,自变量 $x,y$ 分别有增量 $\Delta x,\Delta y$,并且 $(x+\Delta x,y+\Delta y)\in U(P)$,则函数 $f(x,y)$ 的改变量为

$$\Delta z=f(x+\Delta x,y+\Delta y)-f(x,y),$$

称 $\Delta z$ 为函数 $f(x,y)$ 在 $P(x,y)$ 处的全增量. 全微分就是研究全增量变化的重要工具.

例如,矩形金属薄片受热膨胀,其长 $x$,宽 $y$ 分别增长 $\Delta x,\Delta y$,如图 9.3.2 所示. 计算由此所引起的面积 $z$ 的变化量.

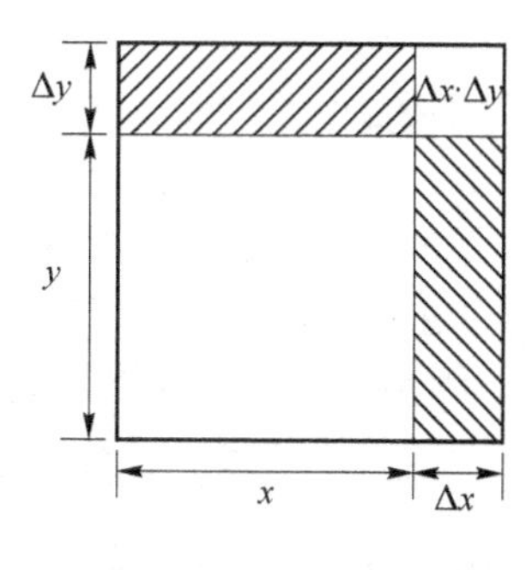


图 9.3.2

矩形面积 $z=xy$,当 $x,y$ 的增量分别为 $\Delta x,\Delta y$,时,面积 $z$ 的增量

$$\Delta z=(x+\Delta x)(y+\Delta y)-xy=y\Delta x+x\Delta y+\Delta x\cdot\Delta y,$$

$\Delta z$ 分解成两个部分:

第一部分(即图中带阴影部分的面积)是关于 $\Delta x,\Delta y$ 的线性函数

$$y\Delta x+x\Delta y.$$

第二部分(即图中右上角小矩形的面积)是 $\Delta x\cdot\Delta y$,当 $\Delta x\to0,\Delta y\to0$(或 $\rho=\sqrt{\Delta x^2+\Delta y^2}\to0$)时,$\Delta x\cdot\Delta y$ 是 $\rho$ 的高阶无穷小量,所以在计算 $\Delta z$ 时,第一部分是主要部分,称为线性主部,第二部分可以忽略不计.我们称线性主部 $y\Delta x+x\Delta y$ 为函数 $z=xy$ 在点 $(x,y)$ 处的全微分.

与一元函数的微分定义类似,我们给出二元函数的全微分的定义.

**定义 9.3.2** 设函数 $z=f(x,y)$ 在点 $P(x,y)$ 的某个邻域 $U(P)$ 内有定义,如果函数在点 $P(x,y)$ 的全增量可表示为

$$\Delta z=A\Delta x+B\Delta y+o(\rho),\tag{9.3.5}$$

其中 $A,B$ 与 $\Delta x,\Delta y$ 无关,$\rho=\sqrt{\Delta x^2+\Delta y^2}$,则称函数 $z=f(x,y)$ 在点 $P(x,y)$ 处**可微**,且 $A\Delta x+B\Delta y$ 称为函数 $z=f(x,y)$ 在 $P(x,y)$ 点处的**全微分**,记为 $\mathrm{d}z$ 或 $\mathrm{d}f$,即

$$\mathrm{d}z=A\Delta x+B\Delta y.\tag{9.3.6}$$

一般地,$\Delta x,\Delta y$ 也分别称为自变量 $x$ 和 $y$ 的微分,并记为 $\mathrm{d}x,\mathrm{d}y$,于是 $f$ 在点 $(x_0,y_0)$ 处的微分可以改写为

$$\mathrm{d}z=A\mathrm{d}x+B\mathrm{d}y.$$

完全相似地,可以把二元函数全微分的定义推广到 $n$ 元函数.

设 $n$ 元函数 $u=f(x_1,x_2,\cdots,x_n)$ 在点 $P(x_1,x_2,\cdots,x_n)$ 的某个邻域 $U(P)$ 内有定义,如果函数 $z=f(x_1,x_2,\cdots,x_n)$ 在点 $P(x_1,x_2,\cdots,x_n)$ 的全增量

$$\Delta u=f(x_1+\Delta x_1,x_2+\Delta x_2,\cdots,x_n+\Delta x_n)-f(x_1,x_2,\cdots,x_n)$$

可表示为

$$\Delta u-A_1\Delta x_1+A_2\Delta x_2+\cdots+A_n\Delta x_n+o(\rho),$$

其中 $A_1,A_2,\cdots,A_n$ 不依赖于 $\Delta x_1,\Delta x_2,\cdots,\Delta x_n$,$\rho=\sqrt{\Delta x_1^2+\Delta x_2^2+\cdots+\Delta x_n^2}$,则称函数 $u=f(x_1,x_2,\cdots,x_n)$ 在点 $P(x_1,x_2,\cdots,x_n)$ 处可微,而 $A_1\Delta x_1+A_2\Delta x_2+\cdots+A_n\Delta x_n$ 称为函数 $u=f(x_1,x_2,\cdots,x_n)$ 在点 $P(x_1,x_2,\cdots,x_n)$ 的全微分,记为 $\mathrm{d}u$,即

$$\mathrm{d}u=A_1\mathrm{d}x_1+A_2\mathrm{d}x_2+\cdots+A_n\mathrm{d}x_n.\tag{9.3.7}$$

如果函数在区域 $D$ 内每点处都可微,则称该函数在 $D$ 内可微.

下面我们将讨论二元函数 $z=f(x,y)$ 可微与连续、偏导数存在的关系,这些结论对于一般的多元函数也是成立的.

**定理 9.3.1(可微的必要条件)** 如果函数 $z=f(x,y)$ 在点 $P_0(x_0,y_0)$ 处可微,则

(1) $z=f(x,y)$ 在 $P_0(x_0,y_0)$ 处连续;

(2) 偏导数 $f_x(x_0,y_0),f_y(x_0,y_0)$,均存在,并且有

$$\mathrm{d}z\big|_{(x_0,y_0)}=f_x(x_0,y_0)\mathrm{d}x+f_y(x_0,y_0)\mathrm{d}y.$$

**证明** (1) 因为函数 $z=f(x,y)$ 在点 $P_0(x_0,y_0)$ 可微,根据可微的定义有

$$\Delta z=f(x_0+\Delta x,y_0+\Delta y)-f(x_0,y_0)=A\Delta x+B\Delta y+o(\rho),\tag{9.3.8}$$

其中 $A,B$ 与 $\Delta x,\Delta y$ 无关,仅依赖于 $x_0,y_0$,$\rho=\sqrt{\Delta x^2+\Delta y^2}$.显然当 $\Delta x\to0,\Delta y\to0$ 时,有 $\Delta z\to0$,即

$$\lim_{\Delta x\to0,\Delta y\to0}f(x_0+\Delta x,y_0+\Delta y)=f(x_0,y_0),$$

故函数 $z=f(x,y)$ 在点 $P_0(x_0,y_0)$ 处连续.

对于前面全增量的表达式(9.3.8),令 $\Delta y=0$,则有

$$f(x_0+\Delta x,y_0)-f(x_0,y_0)=A\Delta x+o(\Delta x),$$

$$\lim_{\Delta x\to 0}\frac{f(x_0+\Delta x,y_0)-f(x_0,y_0)}{\Delta x}=\lim_{\Delta x\to 0}(A+\frac{o(\Delta x)}{\Delta x})=A,$$

故有

$$f_x(x_0,y_0)=A.$$

同理可证

$$f_y(x_0,y_0)=B.$$

因此，$z=f(x,y)$在点 $P_0(x_0,y_0)$处的偏导数存在，并且有

$$dz|_{(x_0,y_0)}=Adx+Bdy=f_x(x_0,y_0)dx+f_y(x_0,y_0)dy. \qquad ■$$

**注** 判定函数 $z=f(x,y)$在点$(x_0,y_0)$是否可微的步骤：

① 先求 $f_x(x_0,y_0)$，$f_y(x_0,y_0)$. 如果至少有一个不存在，则函数在该点不可微；如果都存在，需进行下一步；

② 求 $\lim\limits_{\substack{\Delta x\to 0\\ \Delta y\to 0}}\frac{f(x_0+\Delta x,y_0+\Delta y)-f(x_0,y_0)-f_x'(x_0,y_0)\Delta x-f_y'(x_0,y_0)\Delta y}{\sqrt{(\Delta x)^2+(\Delta y)^2}}$，

若上极限为零，则函数在该点可微，否则函数在该点不可微.

**例 9.3.6** 证明函数 $f(x,y)=e^{xy}$在点(0,0)处可微，并计算全微分 $df(0,0)$.

**解** 因为 $\left.\frac{\partial f}{\partial x}\right|_{(0,0)}=ye^{xy}|_{(0,0)}=0$，$\left.\frac{\partial f}{\partial y}\right|_{(0,0)}=xe^{xy}|_{(0,0)}=0$，

则

$$\begin{aligned}&\lim_{\Delta x\to,\Delta y\to 0}\frac{\Delta f-f_x(0,0)\Delta x-f_y(0,0)\Delta y}{\rho}\\&=\lim_{\Delta x\to,\Delta y\to 0}\frac{f(1+\Delta x,1+\Delta y)-f(0,0)}{\rho}\\&=\lim_{\Delta x\to,\Delta y\to 0}\frac{e^{\Delta x\Delta y}-1}{\rho}=\lim_{\Delta x\to,\Delta y\to 0}\frac{\Delta x\Delta y}{\sqrt{\Delta x^2+\Delta y^2}}=0,\end{aligned}$$

即得 $f(x,y)$在点(0,0)处可微，且有

$$df(0,0)=f_x(0,0)dx+f_y(0,0)dy=0. \qquad ■$$

在一元函数中，函数在某点可导与可微是等价的，但对于多元函数来说，情形就不同了，函数的偏导数存在，不一定能保证函数可微. 当偏导数存在时，虽然在形式上能写出 $f_x(x_0,y_0)\Delta x+f_y(x_0,y_0)\Delta y$，但它与 $\Delta z$ 的差不一定是 $\rho$ 高阶的无穷小量. 只有当 $\Delta z-[f_x(x_0,y_0)\Delta x+f_y(x_0,y_0)\Delta y]=o(\rho)$时，即$\lim\limits_{\rho\to 0}\frac{\Delta z-[f_x(x_0,y_0)\Delta x+f_y(x_0,y_0)\Delta y]}{\rho}=0$ 时，才能说函数在该点可微.

如例 9.3.4 中所讨论的函数

$$f(x,y)=\begin{cases}\frac{xy}{x^2+y^2}, & (x,y)\neq(0,0),\\ 0, & (x,y)=(0,0)\end{cases}$$

在点(0,0)处有 $f_x(0,0)=0$，$f_y(0,0)=0$，所以

$$\begin{aligned}&\frac{\Delta z-[f_x(0,0)\Delta x+f_y(0,0)\Delta y]}{\rho}\\&=\frac{f(0+\Delta x,0+\Delta y)-f(0,0)-[f_x(0,0)\Delta x+f_y(0,0)\Delta y]}{\sqrt{(\Delta x)^2+(\Delta y)^2}}\\&=\frac{\Delta x\Delta y}{[(\Delta x)^2+(\Delta y)^2]^{\frac{3}{2}}},\end{aligned}$$

如果考虑点$(\Delta x,\Delta y)$按照$\Delta y=\Delta x$的方式趋向于点$(0,0)$，这时有

$$\lim_{\substack{(\Delta x,\Delta y)\to(0,0)\\ \Delta y=\Delta x}}\frac{\Delta x\Delta y}{[(\Delta x)^2+(\Delta y)^2]^{\frac{3}{2}}}=\lim_{\Delta x\to 0}\frac{(\Delta x)^2}{2^{\frac{3}{2}}(\Delta x)^3}=\infty,$$

即$\lim\limits_{\rho\to 0}\dfrac{\Delta z-[f_x(0,0)\Delta x+f_y(0,0)\Delta y]}{\rho}$不存在，则由可微性定义有$f(x,y)$在点$(0,0)$处不可微. ■

此例题说明偏导数存在只是可微的必要条件而不是充分条件. 但是如果将可偏导的条件加强为偏导数连续，则函数就可微了.

**定理 9.3.2(可微的充分条件)** 若函数$z=f(x,y)$的偏导数$f_x,f_y$在点$P_0(x_0,y_0)$处连续，则函数$f$在点$P_0$处可微.

**证明** 由于$f_x,f_y$在点$P_0$处连续，所以在点$P_0$的某个邻域$U(P_0)$内$f_x,f_y$都存在. 设点$(x_0+\Delta x,y_0+\Delta y)$为这邻域内任意一点，考察函数的全增量

$$\begin{aligned}\Delta z&=f(x_0,y_0+\Delta y)-f(x_0,y_0)\\&=[f(x_0+\Delta x,y_0+\Delta y)-f(x_0,y_0+\Delta y)]+[f(x_0,y_0+\Delta y)-f(x_0,y_0)]\end{aligned}\tag{9.3.9}$$

在第一个方括号内的表达式，由于$y_0+\Delta y$不变，因而可以看作是$x$的一元函数$f(x,y_0+\Delta y)$的增量，由拉格朗日(Lagrange)中值定理有

$$f(x_0+\Delta x,y_0+\Delta y)-f(x_0,y_0+\Delta y)=f_x(x_0+\theta_1\Delta x,y_0+\Delta y)\Delta x\quad(0<\theta_1<1).\tag{9.3.10}$$

由于$f_x(x,y)$在点$(x_0,y_0)$连续，则当$\Delta x\to 0,\Delta y\to 0$时，$f_x(x_0+\theta_1\Delta x,y_0+\Delta y)\to f_x(x_0,y_0)$. 所以有$f_x(x_0+\theta_1\Delta x,y_0+\Delta y)=f_x(x_0,y_0)+\alpha$，其中$\alpha$为$\Delta x,\Delta y$的函数，且当$\Delta x\to 0,\Delta y\to 0$时，$\alpha\to 0$. 则代入式(9.3.9)即为

$$f(x_0+\Delta x,y_0+\Delta y)-f(x_0,y_0+\Delta y)=f_x(x_0,y_0)\Delta x+\alpha\Delta x.\tag{9.3.11}$$

又由于$f(x,y)$在$(x_0,y_0)$处关于$y$的偏导数存在，则式(9.3.9)第二个方括号内的表达式可写为

$$f(x_0,y_0+\Delta y)-f(x_0,y_0)=f_y(x_0,y_0)\Delta y+\beta\Delta y,\tag{9.3.12}$$

当$\Delta x\to 0,\Delta y\to 0$时，$\beta\to 0$.

由式(9.3.11)、式(9.3.12)可见，在偏导数连续的假定下，全增量$\Delta z$可表示为

$$\Delta z=f_x(x_0,y_0)\Delta x+f_y(x_0,y_0)\Delta y+\alpha\Delta x+\beta\Delta y.$$

容易看出

$$\left|\frac{\alpha\Delta x+\beta\Delta y}{\rho}\right|=\left|\frac{\alpha\Delta x+\beta\Delta y}{\sqrt{(\Delta x)^2+(\Delta y)^2}}\right|\leqslant|\alpha|+|\beta|,$$

当$\Delta x\to 0,\Delta y\to 0(\rho\to 0)$时，上式趋于0.

因此，$z=f(x,y)$在点$P_0(x_0,y_0)$处可微. ■

**注** 定理9.3.2中的条件是充分条件，但并不必要. 换句话说，可微函数的偏导数并不必须是连续的.

**例 9.3.7** 证明函数

$$f(x,y)=\begin{cases}(x^2+y^2)\sin\dfrac{1}{x^2+y^2}, & (x,y)\neq(0,0),\\ 0, & (x,y)=(0,0)\end{cases}$$

在点(0,0)处可微，但在点(0,0)处偏导数不连续.

**证明** $f_x(0,0)=\lim\limits_{\Delta x\to 0}\dfrac{f(0+\Delta x,0)-f(0,0)}{\Delta x}=\lim\limits_{\Delta x\to 0}\Delta x\sin\dfrac{1}{(\Delta x)^2}=0$,

由于函数关于自变量是对称的，则 $f_y(0,0)=0$. 于是

$$\begin{aligned}&\lim_{\rho\to 0}\frac{\Delta z-[f_x(0,0)\Delta x+f_y(0,0)\Delta y]}{\rho}\\=&\lim_{\rho\to 0}\frac{f(0+\Delta x,0+\Delta y)-f(0,0)-[f_x(0,0)\Delta x+f_y(0,0)\Delta y]}{\rho}\\=&\lim_{\rho\to 0}\frac{[(\Delta x)^2+(\Delta y)^2]\sin\dfrac{1}{[(\Delta x)^2+(\Delta y)^2]}}{\rho}\\=&\lim_{\rho\to 0}\frac{\rho^2\sin\dfrac{1}{\rho^2}}{\rho}=0,\end{aligned}$$

所以函数 $f(x,y)$ 在点(0,0)处可微.

当 $(x,y)\neq(0,0)$ 时，由 $f(x,y)=(x^2+y^2)\sin\dfrac{1}{x^2+y^2}$ 有

$$f_x(x,y)=2x\sin\frac{1}{x^2+y^2}-\frac{2x}{x^2+y^2}\cos\frac{1}{x^2+y^2},$$

$$\lim_{(x,y)\to(0,0)}f_x(x,y)=\lim_{(x,y)\to(0,0)}\left(2x\sin\frac{1}{x^2+y^2}-\frac{2x}{x^2+y^2}\cos\frac{1}{x^2+y^2}\right),$$

当点 $(x,y)$ 沿 $x$ 轴趋于(0,0)时，由于

$$\lim_{\substack{(x,y)\to(0,0)\\y=0}}2x\sin\frac{1}{x^2+y^2}=\lim_{x\to 0}2x\sin\frac{1}{x^2}=0,$$

$$\lim_{\substack{(x,y)\to(0,0)\\y=0}}\frac{2x}{x^2+y^2}\cos\frac{1}{x^2+y^2}=\lim_{x\to 0}\frac{2}{x}\cos\frac{1}{x^2}$$

不存在，所以 $\lim\limits_{(x,y)\to(0,0)}f_x(x,y)$ 不存在，即 $f_x(x,y)$ 在点(0,0)处不连续. 同理，$f_y(x,y)$ 在点(0,0)处也不连续. ■

根据前面的讨论，函数 $f(x,y)$ 连续、偏导数存在、可微的关系可用图 9.3.3 表示：

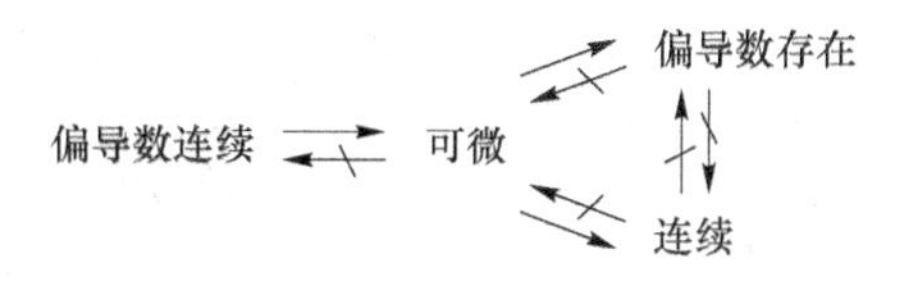


图 9.3.3

以上关于全微分的定义及可微的必要条件和充分条件可以完全类似地推广到三元及三元以上的函数. 例如，若三元函数 $u=f(x,y,z)$ 的三个偏导数都存在且连续，则它的全微分存在，并有

$$\mathrm{d}u=\frac{\partial u}{\partial x}\mathrm{d}x+\frac{\partial u}{\partial y}\mathrm{d}y+\frac{\partial u}{\partial z}\mathrm{d}z.$$

**例 9.3.8** 求 $u=xy^2+\sin(y^2z)$ 的全微分.

**解** 由于 $\dfrac{\partial u}{\partial x}=y^2$，$\dfrac{\partial u}{\partial y}=2xy+2yz\cos y^2z$，$\dfrac{\partial u}{\partial z}=y^2\cos y^2z$，

显然三个偏导数全连续，所以

$$du = y^2 dx + 2y(x + z\cos y^2 z)dy + y^2 \cos y^2 z dz.$$ ■

### 9.3.3 全微分在近似计算中的应用

设函数 $z=f(x,y)$ 在点 $(x_0,y_0)$ 处可微，则它在点 $(x_0,y_0)$ 处的全增量为

$$\begin{aligned}\Delta z &= f(x_0+\Delta x, y_0+\Delta y) - f(x_0,y_0)\\ &= f_x(x_0,y_0)\Delta x + f_y(x_0,y_0)\Delta y + o(\rho),\end{aligned}$$

其中 $o(\rho)$ 是当 $\rho \to 0$ 时较 $\rho$ 高阶的无穷小量. 因此，当 $|\Delta x|$，$|\Delta y|$ 都很小时，有近似公式

$$\Delta z \approx dz = f_x(x_0,y_0)\Delta x + f_y(x_0,y_0)\Delta y,$$

上式有时也写成

$$f(x_0+\Delta x, y_0+\Delta y) \approx f(x_0,y_0) + f_x(x_0,y_0)\Delta x + f_y(x_0,y_0)\Delta y. \tag{9.3.13}$$

利用上面的近似公式(9.3.13)可以计算函数的近似值.

**例 9.3.9** 计算 $(1.08)^{3.96}$ 的近似值.

**解** 把 $(1.08)^{3.96}$ 看作是函数 $f(x,y)=x^y$ 在 $x=1.08, y=3.96$ 时的函数值 $f(1.08, 3.96)$. 取 $x_0=1, y_0=4, \Delta x=0.08, \Delta y=-0.04$. 由于

$$f_x(x,y)=yx^{y-1}, \quad f_y(x,y)=x^y \ln x,$$
$$f_x(1,4)=4, \quad f_y(1,4)=0, \quad f(1,4)=1,$$

应用近似公式(9.3.13)有

$$\begin{aligned}(1.08)^{3.96} &\approx f(1,4) + f_x(1,4)\times 0.08 + f_y(1,4)\times(-0.04)\\ &= 1 + 4\times 0.08 + 0\times(-0.04) = 1.32.\end{aligned}$$ ■

例 9.3.9 说明，可以使用微分来近似函数的取值，尽管这个近似值并不精确. 此外，还需要估计逼近误差的界，它可被用于度量一个近似结果对应用问题是否足够好.

实践中，当需要测量长度、面积等时，根本无法得到精确的数量. 例如，说一个木棒的长度为 121.2 厘米，等价于说木棒的长度为一个在 121.15 厘米和 121.25 厘米之间的数值. 即这个结果也是"真实"结果的一个近似值. 一般地，测量的结果与真实结果之间的误差称为绝对误差，其界称为测量的最大误差. 例如，若希望知道变量 $x$ 的一个数值，将 $x$ 的测量误差记为 $\delta_x$，则绝对误差满足 $|\Delta x| < \delta_x$. 设一个量 $z$ 是由函数 $z=f(x,y)$ 通过测量的量 $x$ 和 $y$ 决定的，其中 $x$ 和 $y$ 的测量值分别为 $x_0$ 和 $y_0$. 设测量中的最大绝对误差分别为 $\delta_x$ 和 $\delta_y$，且已经给定，例如 $|\Delta x| < \delta_x$，$|\Delta y| < \delta_y$，则数值 $z_0 = f(x_0,y_0)$，可以通过计算公式 $z=f(x,y)$，使用近似值 $x_0$ 和 $y_0$ 求得，同样也是 $z$ 的一个近似值. 通常，总是希望知道用近似值 $z_0$ 替换真实值 $z$ 后的误差是多少. 由于 $|\Delta x|$ 和 $|\Delta y|$ 均非常小，近似值 $\Delta z \approx dz$ 可以成立，且有

$$\begin{aligned}|\Delta z| \approx |dz| &= |f_x(x_0,y_0)\delta_x + f_y(x_0,y_0)\delta_y|\\ &< |f_x(x_0,y_0)|\delta_x + |f_y(x_0,y_0)|\delta_y,\end{aligned}$$

因此，$z_0$ 的绝对误差可以按照如下方法计算：

$$\delta_z = |f_x(x_0,y_0)|\delta_x + |f_y(x_0,y_0)|\delta_y, \tag{9.3.14}$$

而 $z_0$ 相对误差为

$$\frac{\delta_z}{|z_0|} = \left|\frac{f_x(x_0,y_0)}{f(x_0,y_0)}\right|\delta_x + \left|\frac{f_y(x_0,y_0)}{f(x_0,y_0)}\right|\delta_y. \tag{9.3.15}$$

**例 9.3.10** 利用单摆摆动测定重力加速度 $g$ 的公式是

$$g = \frac{4\pi^2 l}{T^2}.$$

现测得单摆摆长 $l$ 与振动周期 $T$ 分别为 $l=(100\pm0.1)$ cm，$T=(2\pm0.004)$ s. 问由于测量 $l$ 与 $T$ 的误差而引起 $g$ 的绝对误差和相对误差各为多少？（注：这里的绝对误差和相对误差与一元函数微分中的一样，各指相应的误差限.）

**解**
$$\mathrm{d}g=4\pi^2\left(\frac{1}{T^2}\Delta l-\frac{2l}{T^3}\Delta T\right).$$

现知 $|\Delta l|\leqslant0.1$，$|\Delta T|\leqslant0.004$，因 $|\Delta l|$，$|\Delta T|$ 很小，则 $l=100$ cm，$T=2$ s，所以
$$|\Delta g|\approx|\mathrm{d}g|=4\pi^2\left|\left(\frac{1}{T^2}\Delta l-\frac{1}{T^3}\Delta T\right)\right|\leqslant4\pi^2\left(\frac{1}{T^2}|\Delta l|+\frac{2l}{T^3}|\Delta T|\right).$$

从而，得 $g$ 的绝对误差约为
$$\delta_g=4\pi^2\left(\frac{0.1}{2^2}+\frac{2\times100}{2^3}\times0.004\right)=0.5\pi^2=4.93\ \mathrm{cm/s^2},$$

$g$ 的相对误差约为
$$\frac{\delta_g}{g}=0.5\pi^2\Big/\frac{4\pi^2\times100}{2^2}=0.5\%.$$
■

### 9.3.4 高阶偏导数

设函数 $z=f(x,y)$ 在区域 $D$ 内具有偏导数
$$\frac{\partial z}{\partial x}=f_x(x,y),\quad \frac{\partial z}{\partial y}=f_y(x,y),$$

那么在 $D$ 内 $f_x(x,y)$，$f_y(x,y)$ 都是 $x$，$y$ 的函数. 如果它们的偏导数也存在，则称它们是函数 $z=f(x,y)$ 的二阶偏导数. 按照对变量求导次序的不同，有下列四个二阶偏导数，即
$$\frac{\partial}{\partial x}\left(\frac{\partial z}{\partial x}\right)=\frac{\partial^2 z}{\partial x^2}=f_{xx}(x,y),\quad \frac{\partial}{\partial y}\left(\frac{\partial z}{\partial x}\right)=\frac{\partial^2 z}{\partial y\partial x}=f_{xy}(x,y),$$
$$\frac{\partial}{\partial x}\left(\frac{\partial z}{\partial y}\right)=\frac{\partial^2 z}{\partial x\partial y}=f_{yx}(x,y),\quad \frac{\partial}{\partial y}\left(\frac{\partial z}{\partial y}\right)=\frac{\partial^2 z}{\partial y^2}=f_{yy}(x,y).$$

如果二阶偏导数的偏导数存在，就称它们是函数 $f(x,y)$ 的**三阶偏导数**，例如 $\frac{\partial}{\partial x}\left(\frac{\partial^2 z}{\partial x^2}\right)=\frac{\partial^3 z}{\partial x^3}$，$\frac{\partial}{\partial y}\left(\frac{\partial^2 z}{\partial x^2}\right)=\frac{\partial^3 z}{\partial y\partial x^2}$ 等. 类似地，我们可以定义四阶，五阶，…，$n$ 阶偏导数. 二阶及二阶以上的偏导数统称为**高阶偏导数**. 如果高阶偏导数中既有对 $x$ 也有对 $y$ 的偏导数，则此高阶偏导数称为**混合偏导数**，如 $\frac{\partial^2 z}{\partial x\partial y}$，$\frac{\partial^2 z}{\partial y\partial x}$.

**注** 为简化起见，使用简单的记号表示高阶偏导数. 例如，$f_{12}$ 及 $f_{xy}$ 意味着首先对 $f(x,y)$ 的第一个变量求一阶偏导数，而后再计算 $f(x,y)$ 对第二个变量的二阶偏导数. 也即，若 $z=f(x,y)$，则 $\frac{\partial^2 f}{\partial x^2}$ 可以记为 $f_{11}$ 或 $f_{xx}$，且 $\frac{\partial^2 f}{\partial x\partial y}$ 可以记为 $f_{21}$ 或 $f_{yx}$. 此外，$\frac{\partial^3 f}{\partial x\partial y\partial x}$ 可以记为 $f_{121}$ 或 $f_{xyx}$.

**例 9.3.11** 设 $z=xy^3+\mathrm{e}^{xy}$，求 $\frac{\partial^2 z}{\partial x^2}$，$\frac{\partial^2 z}{\partial y\partial x}$，$\frac{\partial^2 z}{\partial x\partial y}$，$\frac{\partial^2 z}{\partial y^2}$ 及 $\frac{\partial^3 z}{\partial x^3}$.

**解**
$$\frac{\partial z}{\partial x}=y^3+y\mathrm{e}^{xy},\quad \frac{\partial z}{\partial y}=3xy^2+x\mathrm{e}^{xy};$$
$$\frac{\partial^2 z}{\partial x^2}=y^2\mathrm{e}^{xy},\quad \frac{\partial^2 z}{\partial y\partial x}=3y^2+xy\mathrm{e}^{xy}+\mathrm{e}^{xy};$$
$$\frac{\partial^2 z}{\partial x\partial y}=3y^2+\mathrm{e}^{xy}+xy\mathrm{e}^{xy},\quad \frac{\partial^2 z}{\partial y^2}=6xy+x^2\mathrm{e}^{xy};$$

$$\frac{\partial^3 z}{\partial x^3}=y^3 e^{xy}. \quad \blacksquare$$

我们注意到,本例中两个混合偏导数$\frac{\partial^2 z}{\partial x\partial y}$和$\frac{\partial^2 z}{\partial y\partial x}$相等.但这个结论并不是普遍成立的,见下例.

**例 9.3.12** 设 $f(x,y)=\begin{cases} xy(\frac{x^2-y^2}{x^2+y^2}), & (x,y)\neq(0,0), \\ 0, & (x,y)=(0,0), \end{cases}$ 证明 $f_{xy}(0,0)\neq f_{yx}(0,0)$.

**解** 容易看到,当 $x^2+y^2\neq 0$ 时,可以用求导公式计算偏导数,当 $x^2+y^2=0$ 时由偏导数的定义有

$$f_x(x,y)=\begin{cases} y[\frac{x^2-y^2}{x^2+y^2}+\frac{4x^2y^2}{(x^2+y^2)^2}], & (x,y)\neq(0,0), \\ 0, & (x,y)=(0,0), \end{cases}$$

$$f_y(x,y)=\begin{cases} x[\frac{x^2-y^2}{x^2+y^2}-\frac{4x^2y^2}{(x^2+y^2)^2}], & (x,y)\neq(0,0), \\ 0, & (x,y)=(0,0), \end{cases}$$

因此
$$f_x(0,y)=-y, \quad f_y(x,0)=x.$$
此外,再由偏导数的定义有

$$f_{xy}(0,0)=\lim_{\Delta y\to 0}\frac{f'_x(0,\Delta y)-f'_x(0,0)}{\Delta y}=\lim_{\Delta y\to 0}(\frac{1}{\Delta y}\cdot\frac{-\Delta y^3}{\Delta y^2})=-1,$$

$$f_{yx}(0,0)=\lim_{\Delta x\to 0}\frac{f'_y(\Delta x,0)-f'_y(0,0)}{\Delta x}=\lim_{\Delta x\to 0}(\frac{1}{\Delta x}\cdot\frac{\Delta x^3}{\Delta x^2})=1. \quad \blacksquare$$

一般地,$f_{xy}\neq f_{yx}$.但可以证明,若函数 $f(x,y)$ 的混合偏导数在点$(x_0,y_0)$连续,混合偏导数在$(x_0,y_0)$相等,即有如下定理.

**定理 9.3.3** 如果 $z=f(x,y)$ 的二阶混合偏导数$\frac{\partial^2 z}{\partial x\partial y}$和$\frac{\partial^2 z}{\partial y\partial x}$在区域 $D$ 内连续,那么在该区域内,这两个二阶混合偏导数相等.

该结论的证明超出了本书要求的范围,因此在这里略去.

对于二元以上的函数,也可以类似地定义高阶偏导数,而且高阶混合偏导数在高阶混合偏导数连续的条件下也与求导次序无关.

## 习题 9.3 A

1. 求下列函数的偏导数:

(1) $z=xy+\frac{x}{y}$; (2) $z=\arcsin\frac{x}{\sqrt{x^2+y^2}}$;

(3) $z=\arctan(x-y^2)$; (4) $z=(1+xy)^x$;

(5) $z=x^y y^x$; (6) $u=(\frac{x}{y})^z$;

(7) $u=x^{\frac{y}{z}}$; (8) $u=\ln\sqrt{x^2+y^2+z^2}$;

(9) $u=xze^{\sin(yz)}$; (10) $u=\frac{y}{x}+\frac{x}{y}-\frac{x}{z}$.

2. 求下列函数的偏导数：

(1) 设 $f(x,y)=x+(y-1)\arcsin\sqrt{\frac{x}{y}}$，求 $f_x(x,1)$；

(2) 设 $f(x,y)=\frac{\cos(x-2y)}{\cos(x+y)}$，求 $f_y(\pi,\frac{\pi}{4})$.

3. 求曲线 $\begin{cases} z=\frac{1}{4}(x^2+y^2), \\ y=4 \end{cases}$ 在点(2,4,5)处的切线与 $x$ 轴的正向所成的倾角.

4. 设函数 $f(x,y)=\begin{cases} x\sin\frac{1}{x^2+y^2}, & x^2+y^2\neq 0, \\ 0, & x^2+y^2=0, \end{cases}$ 判断偏导数 $f_x(0,0)$ 及 $f_y(0,0)$ 是否存在.

5. 求可微函数 $z=\ln(1+x^2+y^2)$ 在点(1,2)处的全微分.

6. 求函数 $z=\frac{y}{x}$ 当 $x=2,y=1,\Delta x=0.1,\Delta y=-0.2$ 时的全增量和全微分.

7. 二元函数 $f(x,y)$ 在(0,0)点可微的一个充分条件是(　　).

(A) $\lim\limits_{(x,y)\to(0,0)}[f(x,y)-f(0,0)]=0$

(B) $\lim\limits_{x\to 0}\frac{f(x,0)-f(0,0)}{x}=0,\lim\limits_{y\to 0}\frac{f(0,y)-f(0,0)}{y}=0$

(C) $\lim\limits_{(x,y)\to(0,0)}\frac{f(x,y)-f(0,0)}{\sqrt{x^2+y^2}}=0$

(D) $\lim\limits_{x\to 0}[f_x(x,0)-f_x(0,0)]=0$，且 $\lim\limits_{y\to 0}[f_y(0,y)-f_y(0,0)]=0$

8. 若 $du(x,y)=2x\mathrm{d}x-3y\mathrm{d}y$，试求函数 $u(x,y)$.

9. 讨论函数 $f(x,y)$ 在区域 $D$ 内具有一阶连续偏导数，且恒有 $f_x=0$ 及 $f_y=0$，证明 $f(x,y)$ 在 $D$ 内为常数.

10. 设 $x,y$ 绝对值都很小，利用全微分概念推出下列各式的近似计算公式：

(1) $(1+x)^m(1+y)^n$；　　(2) $\arctan\frac{x+y}{1+xy}$.

11. 计算近似值：

(1) $0.97^{1.05}$；　　(2) $\sqrt{(2.98)^2+(4.01)^2}$.

12. 有一圆柱体，受压后发生变化，它的半径由 20 cm 增加到 20.05 cm，高由 100 cm 减少到 99 cm 时，求此圆柱体体积变化的近似值.

13. 在物理学中，用公式 $T=2\pi\sqrt{\frac{l}{g}}$ 计算单摆周期. 求证周期 $T$ 的相对误差约为 $g$ 和 $l$ 的相对误差算术平均和.

14. 验证下列定函数满足指定的方程：

(1) $z=\frac{xy}{x+y}$ 满足 $x\frac{\partial z}{\partial x}+y\frac{\partial z}{\partial y}=z$；

(2) $z=\frac{y}{x}\arcsin\frac{x}{y}$ 满足 $x\frac{\partial z}{\partial x}+y\frac{\partial z}{\partial y}=0$；

(3) $u=\frac{1}{\sqrt{(x-a)^2+(y-a)^2+(z-a)^2}}$ 满足 $u_{xx}+u_{yy}+u_{zz}=0$；

(4) $T=\frac{1}{2a\sqrt{\pi t}}\mathrm{e}^{-\frac{(x-a)^2}{4a^2t}}$ 满足 $\frac{\partial T}{\partial t}=a^2\frac{\partial^2 T}{\partial x^2}$.

15. 求下列函数的高阶导数：

(1) $z=\mathrm{e}^x(\cos y+x\sin y)$，所有二阶偏导；

(2) $z=x\ln(xy)$，$\frac{\partial^3 z}{\partial x^2\partial y}$，$\frac{\partial^3 z}{\partial x\partial y^2}$.

16. 求下列函数在指定点的偏导数：

(1) 设 $z=\arctan\frac{x-y}{1-xy}$，求 $f_{xx}(0,0)$.

(2) 设 $f(x,y)=\begin{cases}xy\left(\frac{x^2-y^2}{x^2+y^2}\right), & (x,y)\neq(0,0),\\ 0, & (x,y)=(0,0),\end{cases}$ 求 $f_{xy}(0,0)$，$f_{yx}(0,0)$.

## 习题 9.3 B

1. 设 $f(x,y)$ 在点 $P_0$ 处可微，$l_1=\left(\frac{1}{\sqrt{2}},\frac{1}{\sqrt{2}}\right)$，$l_2=\left(-\frac{1}{\sqrt{2}},\frac{1}{\sqrt{2}}\right)$，$\frac{\partial f(P_0)}{\partial l_1}=1$，$\frac{\partial f(P_0)}{\partial l_2}=0$，确定 $l$ 使得 $\frac{\partial f(P_0)}{\partial l}=\frac{7}{5\sqrt{2}}$.

2. 一个小孩的玩具船从一条平直的河流的一岸放入水中. 水流带着小船以 5 英尺每秒的速度运动，水面上的风将其以 4 英尺每秒的速度吹响对岸，若小孩沿着河岸以 3 英尺每秒的速度跟着他的小船，则 3 秒钟后小船离开他的速度是多少?

3. 设函数 $f(x,y)$ 的偏导数 $f_x(x,y)$，$f_y(x,y)$ 在 $P_0$ 的领域 $U(P_0)$ 上有界，证明函数 $f(x,y)$ 在领域 $U(P_0)$ 上连续.

# 9.4 复合函数偏导数的求导法则

现将一元函数微分学中复合函数的求导法则推广到多元复合函数的情形，多元复合函数的求导法则在多元函数微分学中也起着重要作用.

**定理 9.4.1** 设 $z=f(u,v)$ 在 $(u,v)$ 处可微，函数 $u=u(x,y)$ 及 $v=v(x,y)$ 在点 $(x,y)$ 处也均可微，则复合函数 $z=f(u(x,y),v(x,y))$ 在 $(x,y)$ 处也可微，且有如下的链式法则：

$$\begin{cases}\frac{\partial z}{\partial x}=\frac{\partial z}{\partial u}\frac{\partial u}{\partial x}+\frac{\partial z}{\partial v}\frac{\partial v}{\partial x},\\ \frac{\partial z}{\partial y}=\frac{\partial z}{\partial u}\frac{\partial u}{\partial y}+\frac{\partial z}{\partial v}\frac{\partial v}{\partial y}.\end{cases} \tag{9.4.1}$$

**证明** 设自变量 $x$ 和 $y$ 的改变量分别为 $\Delta x$，$\Delta y$，中间变量 $u=u(x,y)$ 和 $v=v(x,y)$ 的相应的改变量分别为 $\Delta u$ 和 $\Delta v$，函数 $z$ 的改变量为 $\Delta z$. 因为 $u=u(x,y)$ 及 $v=v(x,y)$ 可微，由可微的定义有

$$\Delta u=\frac{\partial u}{\partial x}\Delta x+\frac{\partial u}{\partial y}\Delta y+o_1(\rho), \tag{9.4.2}$$

$$\Delta v=\frac{\partial v}{\partial x}\Delta x+\frac{\partial v}{\partial y}\Delta y+o_2(\rho), \tag{9.4.3}$$

其中 $\rho=\sqrt{(\Delta x)^2+(\Delta y)^2}$. 此外由于 $z=f(u,v)$ 在 $(u,v)$ 处可微，则

$$\Delta z=\mathrm{d}z+o(\rho)=\frac{\partial z}{\partial u}\Delta u+\frac{\partial z}{\partial v}\Delta v+o(\sqrt{(\Delta u)^2+(\Delta v)^2}),$$

将式(9.4.2)和式(9.4.3)代入上式得

$$\begin{aligned}\Delta z&=\frac{\partial z}{\partial u}\Delta u+\frac{\partial z}{\partial v}\Delta v+o(\sqrt{(\Delta u)^2+(\Delta v)^2})\\&=\frac{\partial z}{\partial u}\left[\frac{\partial u}{\partial x}\Delta x+\frac{\partial u}{\partial y}\Delta y+o(\rho)\right]+\frac{\partial z}{\partial v}\left[\frac{\partial v}{\partial x}\Delta x+\frac{\partial v}{\partial y}\Delta y+o(\rho)\right]+o(\sqrt{(\Delta u)^2+(\Delta v)^2})\\&=\left(\frac{\partial z}{\partial u}\frac{\partial u}{\partial x}+\frac{\partial z}{\partial v}\frac{\partial v}{\partial x}\right)\Delta x+\left(\frac{\partial z}{\partial u}\frac{\partial u}{\partial y}+\frac{\partial z}{\partial v}\frac{\partial v}{\partial y}\right)\Delta y+\alpha,\end{aligned}$$

其中
$$\alpha=\frac{\partial z}{\partial u}o_1(\rho)+\frac{\partial z}{\partial v}o_2(\rho)+o(\sqrt{(\Delta u)^2+(\Delta v)^2}),$$

若可以证明 $\alpha$ 也是 $\rho$ 的高阶无穷小量，即可求出复合函数 $z$ 对自变量 $x$ 和 $y$ 的微分. 事实上，

$$\frac{o(\sqrt{(\Delta u)^2+(\Delta v)^2})}{\rho}=\frac{o(\sqrt{(\Delta u)^2+(\Delta v)^2})}{\sqrt{(\Delta u)^2+(\Delta v)^2}}\frac{\sqrt{(\Delta u)^2+(\Delta v)^2}}{\rho},$$

注意到

$$\frac{|\Delta u|}{\rho}=\frac{\partial u}{\partial x}\frac{|\Delta x|}{\rho}+\frac{\partial u}{\partial y}\frac{|\Delta y|}{\rho}+\frac{|o_1(\rho)|}{\rho}<\left|\frac{\partial u}{\partial x}\right|+\left|\frac{\partial u}{\partial y}\right|+1,$$

这就意味着 $\frac{|\Delta u|}{\rho}$ 有界，同理 $\frac{|\Delta v|}{\rho}$ 有界. 因此有

$$\lim_{\rho\to 0}\frac{o(\sqrt{(\Delta u)^2+(\Delta v)^2})}{\rho}=0,$$

故函数 $z$ 在点 $(x,y)$ 也可微，且其微分为

$$\mathrm{d}z=\left(\frac{\partial z}{\partial u}\frac{\partial u}{\partial x}+\frac{\partial z}{\partial v}\frac{\partial v}{\partial x}\right)\mathrm{d}x+\left(\frac{\partial z}{\partial u}\frac{\partial u}{\partial y}+\frac{\partial z}{\partial v}\frac{\partial v}{\partial y}\right)\mathrm{d}y,$$

从而可得所证公式(9.4.1). ■

公式(9.4.1)可借助图 9.4.1 理解.

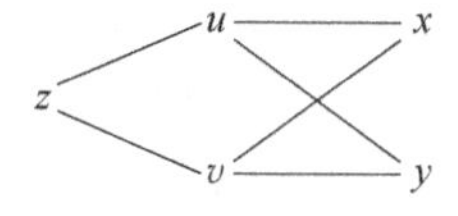


图 9.4.1

上述结果可以推广到 $n$ 元函数的情况：

设 $z=f(u_1,u_2,\cdots,u_m)$ 且 $u_i=g_i(x_1,x_2,\cdots,x_n)$, $i=1,2,\cdots,m$, 同时假设 $z,u_i$ 可微，则有

$$\frac{\partial z}{\partial x_j}=\frac{\partial z}{\partial u_1}\frac{\partial u_1}{\partial x_j}+\frac{\partial z}{\partial u_2}\frac{\partial u_2}{\partial x_j}+\cdots+\frac{\partial z}{\partial u_m}\frac{\partial u_m}{\partial x_j},\quad j=1,2,\cdots,n. \tag{9.4.4}$$

公式(9.4.1)、(9.4.4)称为多元复合函数求导的**链式法则**.

对多元复合函数而言，有多种不同的形式，但能否区分中间变量和最终变量才是顺利使用链式法则的关键. 例如：

(1) 设 $z=f(u,v)$ 可微，函数 $u=u(x)$ 及 $v=v(x)$ 的导数存在，则复合函数 $z=f(u(x),$

$v(x))$的导数存在,利用链式法则可得

$$\frac{\mathrm{d}z}{\mathrm{d}x}=\frac{\partial z}{\partial u}\frac{\mathrm{d}u}{\mathrm{d}x}+\frac{\partial z}{\partial v}\frac{\mathrm{d}v}{\mathrm{d}x}. \tag{9.4.5}$$

(2) 令 $w=f(u)$, $u=\varphi(x,y,z)$为可微函数,则复合函数 $w=f(\varphi(x,y,z))$也可微,它有一个中间变量及三个最终变量.由链式法则可得

$$\frac{\partial w}{\partial x}=\frac{\mathrm{d}w}{\mathrm{d}u}\frac{\partial u}{\partial x},\quad \frac{\partial w}{\partial y}=\frac{\mathrm{d}w}{\mathrm{d}u}\frac{\partial u}{\partial y},\quad \frac{\partial w}{\partial z}=\frac{\mathrm{d}w}{\mathrm{d}u}\frac{\partial u}{\partial z}. \tag{9.4.6}$$

(3) 令 $z=f(x,y,u)$, $u=\varphi(x,y)$为可微函数,则复合函数 $z=f(x,y,\varphi(x,y))$也是可微的,它有三个中间变量以及两个最终变量.由链式法则可得

$$\frac{\partial z}{\partial x}=\frac{\partial f}{\partial x}+\frac{\partial f}{\partial u}\frac{\partial u}{\partial x},\quad \frac{\partial z}{\partial y}=\frac{\partial f}{\partial y}+\frac{\partial f}{\partial u}\frac{\partial u}{\partial y}. \tag{9.4.7}$$

**注** 这里$\frac{\partial z}{\partial x}$与$\frac{\partial f}{\partial x}$的意义是不同的. $\frac{\partial f}{\partial x}$是把 $f(u,x,y)$中的 $u$ 与 $y$ 都看作常量对 $x$ 的偏导数,而$\frac{\partial z}{\partial x}$却是把二元复合函数 $f(\varphi(x,y),x,y)$中 $y$ 看作常量对 $x$ 的偏导数.

公式(9.4.5)、(9.4.6)、(9.4.7)可借助图 9.4.2 理解.

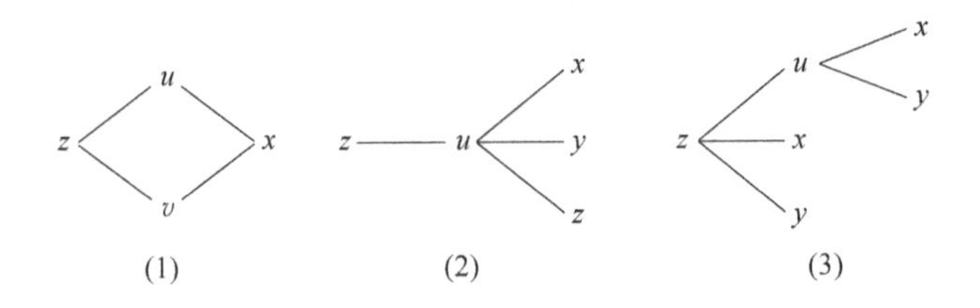


图 9.4.2

**例 9.4.1** 设 $z=\mathrm{e}^{xy}\sin(x+y)$,求$\frac{\partial z}{\partial x}$,$\frac{\partial z}{\partial y}$.

**解** 令 $u=xy$, $v=x+y$,则 $z=\mathrm{e}^u\sin v$,所以

$$\begin{aligned}\frac{\partial z}{\partial x}&=\frac{\partial z}{\partial u}\frac{\partial u}{\partial x}+\frac{\partial z}{\partial v}\frac{\partial v}{\partial x}=\mathrm{e}^u\sin v\cdot y+\mathrm{e}^u\cos v\cdot 1\\&=\mathrm{e}^{xy}[y\sin(x+y)+\cos(x+y)],\\\frac{\partial z}{\partial y}&=\frac{\partial z}{\partial u}\frac{\partial u}{\partial y}+\frac{\partial z}{\partial v}\frac{\partial v}{\partial y}=\mathrm{e}^u\sin v\cdot x+\mathrm{e}^u\cos v\\&=\mathrm{e}^{xy}[x\sin(x+y)+\cos(x+y)].\end{aligned}$$

■

**例 9.4.2** 设 $z=f(u,v)$可微,求 $z=f(x^2-y^2,\mathrm{e}^{xy})$对 $x$ 及 $y$ 的偏导数.

**解** 引入中间变量 $u=x^2-y^2$, $v=\mathrm{e}^{xy}$,由(9.4.1)得

$$\frac{\partial z}{\partial x}=\frac{\partial f}{\partial u}\cdot 2x+\frac{\partial f}{\partial v}\cdot y\mathrm{e}^{xy}=2xf_1(x^2-y^2,\mathrm{e}^{xy})+y\mathrm{e}^{xy}f_2(x^2-y^2,\mathrm{e}^{xy}),$$

$$\frac{\partial z}{\partial y}=\frac{\partial f}{\partial u}\cdot(-2y)+\frac{\partial f}{\partial v}\cdot x\mathrm{e}^{xy}=-2yf_1(x^2-y^2,\mathrm{e}^{xy})+x\mathrm{e}^{xy}f_2(x^2-y^2,\mathrm{e}^{xy}).$$

■

**例 9.4.3** 设 $w=f(x+y+z,xyz)$, $f$ 具有二阶连续偏导数,求$\frac{\partial w}{\partial x}$及$\frac{\partial^2 w}{\partial z\partial x}$.

**解** 令 $u=x+y+z$, $v=xyz$,则 $w=f(u,v)$.为表达简洁起见,在不会引起混淆的情况下,记

$$\frac{\partial w}{\partial u}=f_1, \quad \frac{\partial^2 w}{\partial v\partial u}=f_{12},$$

这里下标"1"表示对第一个变量 $u=x+y+z$ 求偏导数,下标"2"表示对第二个变量 $v=xyz$ 求偏导数. 同理,有 $f_2,f_{21},f_{22}$ 等. 于是有

$$\frac{\partial w}{\partial x}=\frac{\partial f}{\partial u}\cdot\frac{\partial u}{\partial x}+\frac{\partial f}{\partial v}\cdot\frac{\partial v}{\partial x}=f_1+yzf_2,$$

$$\frac{\partial^2 w}{\partial z\partial x}=\frac{\partial}{\partial z}(f_1+yzf_2)=\frac{\partial f_1}{\partial z}+yf_2+yz\frac{\partial f_2}{\partial z}.$$

求$\frac{\partial f_1}{\partial z}$及$\frac{\partial f_2}{\partial z}$时,注意 $f_1$ 及 $f_2$ 仍然是复合函数,根据复合函数求导法则,有

$$\frac{\partial f_1}{\partial z}=\frac{\partial f_1}{\partial u}\cdot\frac{\partial u}{\partial z}+\frac{\partial f_1}{\partial v}\cdot\frac{\partial v}{\partial z}=f_{11}+xyf_{12},$$

$$\frac{\partial f_2}{\partial z}=\frac{\partial f_2}{\partial u}\cdot\frac{\partial u}{\partial z}+\frac{\partial f_2}{\partial v}\cdot\frac{\partial v}{\partial z}=f_{21}+xyf_{22}.$$

所以

$$\begin{aligned}\frac{\partial^2 w}{\partial z\partial x}&=f_{11}+xyf_{12}+yf_2+yzf_{21}+xy^2zf_{22}\\&=f_{11}+y(x+z)f_{12}+xy^2zf_{22}+yf_2.\end{aligned}$$

■

为求解物理和工程中的问题,通常需要使用复合函数的链式法则,将一个坐标系中的偏导关系转换到另一个坐标系中. 下面的例子给出如何将 $xOy$ 坐标系中的微分转换到极坐标系.

**例 9.4.4** 设 $u=f(x,y)$ 的所有二阶偏导数连续,试将下列表达式转换成极坐标系中的形式:

(1) $\left(\frac{\partial u}{\partial x}\right)^2+\left(\frac{\partial u}{\partial y}\right)^2$;　　(2) $\frac{\partial^2 u}{\partial x^2}+\frac{\partial^2 u}{\partial y^2}$.

**解** (1) 由直角坐标系与极坐标系之间的关系,有

$$x=r\cos\theta, \quad y=r\sin\theta.$$

现在要将$\frac{\partial u}{\partial x},\frac{\partial u}{\partial y},\frac{\partial^2 u}{\partial x^2},\frac{\partial^2 u}{\partial y^2}$全部改用 $r,\theta$ 及$\frac{\partial u}{\partial r},\frac{\partial u}{\partial \theta},\frac{\partial^2 u}{\partial r^2},\frac{\partial^2 u}{\partial \theta^2},\frac{\partial^2 u}{\partial r\partial \theta}$来表示. 为此,视 $u=u(r,\theta)$,其中 $r=\sqrt{x^2+y^2}$,$\theta=\arctan\frac{y}{x}+C$(当点$(x,y)$在第一、第四象限时,$C=0$;当点$(x,y)$在第二、第三象限时,$C=\pi$).

注意到

$$\frac{\partial r}{\partial x}=\frac{x}{\sqrt{x^2+y^2}}=\cos\theta, \quad \frac{\partial r}{\partial y}=\frac{y}{\sqrt{x^2+y^2}}=\sin\theta,$$

$$\frac{\partial \theta}{\partial x}=\frac{-y}{x^2+y^2}=-\frac{\sin\theta}{r}, \quad \frac{\partial \theta}{\partial y}=\frac{x}{x^2+y^2}=\frac{\cos\theta}{r},$$

故

$$\frac{\partial u}{\partial x}=\frac{\partial u}{\partial r}\cdot\frac{\partial r}{\partial x}+\frac{\partial u}{\partial \theta}\cdot\frac{\partial \theta}{\partial x}=\frac{\partial u}{\partial r}\cos\theta-\frac{\partial u}{\partial \theta}\frac{\sin\theta}{r},$$

$$\frac{\partial u}{\partial y}=\frac{\partial u}{\partial r}\cdot\frac{\partial r}{\partial y}+\frac{\partial u}{\partial \theta}\cdot\frac{\partial \theta}{\partial y}=\frac{\partial u}{\partial r}\sin\theta-\frac{\partial u}{\partial \theta}\frac{\cos\theta}{r}.$$

两式平方后相加,得

$$\left(\frac{\partial u}{\partial x}\right)^2+\left(\frac{\partial u}{\partial y}\right)^2=\left(\frac{\partial u}{\partial r}\right)^2+\frac{1}{r^2}\left(\frac{\partial u}{\partial \theta}\right)^2.$$

(2) 求二阶偏导数，得

$$\begin{aligned}\frac{\partial^2 u}{\partial x^2}&=\frac{\partial}{\partial r}\left(\frac{\partial u}{\partial x}\right)\frac{\partial r}{\partial x}+\frac{\partial}{\partial \theta}\left(\frac{\partial u}{\partial x}\right)\frac{\partial \theta}{\partial x}\\&=\frac{\partial}{\partial r}\left(\frac{\partial u}{\partial r}\cos\theta-\frac{\partial u}{\partial \theta}\frac{\sin\theta}{r}\right)\cos\theta-\frac{\partial}{\partial \theta}\left(\frac{\partial u}{\partial r}\cos\theta-\frac{\partial u}{\partial \theta}\frac{\sin\theta}{r}\right)\frac{\sin\theta}{r}\\&=\frac{\partial^2 u}{\partial r^2}\cos^2\theta-2\frac{\partial^2 u}{\partial r\partial\theta}\frac{\sin\theta\cos\theta}{r}+\frac{\partial^2 u}{\partial \theta^2}\frac{\sin^2\theta}{r^2}+\frac{\partial u}{\partial \theta}\frac{2\sin\theta\cos\theta}{r^2}+\frac{\partial u}{\partial r}\frac{\sin^2\theta}{r}\end{aligned}$$

同理可得

$$\frac{\partial^2 u}{\partial y^2}=\frac{\partial^2 u}{\partial r^2}\sin^2\theta+2\frac{\partial^2 u}{\partial r\partial\theta}\frac{\sin\theta\cos\theta}{r}+\frac{\partial^2 u}{\partial \theta^2}\frac{\cos^2\theta}{r^2}-\frac{\partial u}{\partial \theta}\frac{2\sin\theta\cos\theta}{r^2}+\frac{\partial u}{\partial r}\frac{\cos^2\theta}{r}$$

两式相加，得

$$\frac{\partial^2 u}{\partial x^2}+\frac{\partial^2 u}{\partial y^2}=\frac{\partial^2 u}{\partial r^2}+\frac{1}{r}\frac{\partial u}{\partial r}+\frac{1}{r^2}\frac{\partial^2 u}{\partial \theta^2}.$$ ■

下面以二元复合函数为例，讨论多元复合函数的全微分法. 设函数 $z=f(u,v)$ 具有连续偏导数，则

$$dz=\frac{\partial z}{\partial u}du+\frac{\partial z}{\partial v}dv. \tag{9.4.8}$$

如果 $u,v$ 又是 $x,y$ 的函数 $u=\varphi(x,y)$，$v=\psi(x,y)$，且这两个函数也具有连续偏导数，则复合函数

$$z=f(\varphi(x,y),\psi(x,y))$$

的全微分为

$$\begin{aligned}dz&=\frac{\partial z}{\partial x}dx+\frac{\partial z}{\partial y}dy\\&=\left(\frac{\partial z}{\partial u}\frac{\partial u}{\partial x}+\frac{\partial z}{\partial v}\frac{\partial v}{\partial x}\right)dx+\left(\frac{\partial z}{\partial u}\frac{\partial u}{\partial y}+\frac{\partial z}{\partial v}\frac{\partial v}{\partial y}\right)dy\\&=\frac{\partial z}{\partial u}\left(\frac{\partial u}{\partial x}dx+\frac{\partial u}{\partial y}dy\right)+\frac{\partial z}{\partial v}\left(\frac{\partial v}{\partial x}dx+\frac{\partial v}{\partial y}dy\right)\\&=\frac{\partial z}{\partial u}du+\frac{\partial z}{\partial v}dv.\end{aligned}$$

由此可见，对于函数 $z=f(u,v)$，不论 $u,v$ 是自变量还是中间变量，它们的全微分都可以写成式(9.4.8)的形式，这就是**二元函数的全微分形式不变性**.

利用全微分形式不变性求偏导数或全微分，在许多情况下显得便捷，且不易出错. 复合关系越复杂，其优点越突出.

**例 9.4.5** 设 $z=f(u,v,x)$，$u=\varphi(x,y)$，$v=\psi(u,y)$，所有函数均有连续偏导数，试求 $dz$，$\frac{\partial z}{\partial x},\frac{\partial z}{\partial y}$.

**解**

$$\begin{aligned}dz&=f_u du+f_v dv+f_x dx\\&=f_u(\varphi_x dx+\varphi_y dy)+f_v(\psi_u du+\psi_y dy)+f_x dx\\&=f_u(\varphi_x dx+\varphi_y dy)+f_v[\psi_u(\varphi_x dx+\varphi_y dy)+\psi_y dy]+f_x dx\\&=(f_u\varphi_x+f_v\psi_u\varphi_x+f_x)dx+(f_u\varphi_y+f_v\psi_u\varphi_y+f_v\psi_y)dy.\end{aligned}$$

由此可知

$$\frac{\partial z}{\partial x}=f_u\varphi_x+f_v\psi_u\varphi_x+f_x,$$

$$\frac{\partial z}{\partial y}=f_u\varphi_y+f_v\psi_u\varphi_y+f_v\psi_y.$$ ■

## 习题 9.4 A

1. 设 $z=\sin(u+v)$，$u=xy$，$v=x^2+y^2$，求$\frac{\partial z}{\partial x}$，$\frac{\partial z}{\partial y}$.

2. 设 $z=\ln(x^2+y^2+1)$，$x=2\sin t$，$y=3t$，求$\frac{\mathrm{d}y}{\mathrm{d}t}$.

3. 设 $z=u^v$，$u=\ln\sqrt{x^2+y^2}$，$v=\arctan\frac{y}{x}$，求 $\mathrm{d}z$.

4. 设 $u=f(x,xy,xyz)$，其中 $f$ 具有一阶连续偏导数，求 $u$ 的一阶偏导数.

5. 求下列函数的所有二阶偏导数(假设函数 $f$ 具有连续二阶偏导数)：

(1) $z=f(xy^2,x^2y)$；　　(2) $u=f(x^2+y^2+z^2)$.

6. 设 $z=f(xy,\frac{x}{y})+g(\frac{y}{x})$，其中 $f$ 有连续二阶偏导数，$g$ 有二阶导数，求$\frac{\partial^2 z}{\partial x\partial y}$.

7. 设 $z=\int_0^{x^2y}f(t,\mathrm{e}^t)\mathrm{d}t$，其中 $f$ 具有连续一阶偏导数，求 $\mathrm{d}z$ 及$\frac{\partial^2 z}{\partial x\partial y}$.

8. 设 $z=x^2f(x+y,xy)$，其中 $f$ 具有连续二阶偏导数，求$\frac{\partial^2 z}{\partial x\partial y}$.

9. 已知方程$\frac{\partial^2 u}{\partial x^2}+\frac{\partial^2 u}{\partial y^2}=0$ 有形如 $u=\varphi(\frac{y}{x})$的解，试求出这个解.

10. 设线性变换

$$u=x-2y,\quad v=x+ay,$$

现在要把 $6\frac{\partial^2 z}{\partial x^2}+\frac{\partial^2 z}{\partial x\partial y}-\frac{\partial^2 z}{\partial y^2}=0$ 变换成$\frac{\partial^2 z}{\partial u\partial v}=0$，求常数 $a$.

11. 利用一阶全微分形式不变性和微分运算法则，求下列函数的全微分和偏导数(设 $\varphi$ 和 $f$ 均可微)：

(1) $z=\varphi(xy)+\varphi(\frac{x}{y})$；　　(2) $z=\mathrm{e}^{xy}\sin(x+y)$；

(3) $u=\sqrt{x^2+y^2+z^2}$；　　(4) $u=f(x^2-y^2,\mathrm{e}^{xy},z)$.

## 习题 9.4 B

1. 设 $z=f(x,y)$在点(1,1)可微，且 $f(1,1)=1$，$f'_x(1,1)=2$，$f'_y(1,1)=3$，$\varphi(x)=f(x,f(x,x))$，求$\frac{\mathrm{d}}{\mathrm{d}x}\varphi^3(x)|_{x=1}$.

# 9.5 由方程(组)所确定的隐函数的求导法

**1. 一个方程的情形**

我们知道，对一元函数，在有些情况下不能或难以表示成显函数 $y=f(x)$，而要表示成隐

函数 $F(x,y)=0$ 的形式，同样，$n$ 元函数有时也要表示成隐函数 $F(x_1,x_2,\cdots,x_n,u)=0$ 的形式．下面我们研究隐函数存在问题及求导法则．

**定理 9.5.1(隐函数存在定理Ⅰ)** 设二元函数 $F(x,y)$ 在点 $P_0(x_0,y_0)$ 的某个邻域 $U(P_0)$ 内有连续偏导数，如果：

(1) $F(x_0,y_0)=0$，

(2) $\left.\dfrac{\partial F}{\partial y}\right|_{P_0}\neq 0$，

则方程 $F(x,y)=0$ 在 $P_0(x_0,y_0)$ 的某个邻域 $U(P_0,\delta)$ 内确定了 $y$ 是 $x$ 的单值连续且具有连续导数的函数 $y=f(x)$，它满足 $y_0=f(x_0)$，并有

$$\frac{\mathrm{d}y}{\mathrm{d}x}=-\frac{F_x}{F_y}. \tag{9.5.1}$$

关于隐函数的存在性问题，我们不证，现仅就公式(9.5.1)作出如下推导．

事实上，设 $F(x,y)=0$ 所确定的函数 $y=f(x)$，则

$$F(x,f(x))\equiv 0.$$

其左端可以看成是 $x$ 的一个复合函数．求这个函数的全导数，由于恒等式两端求导后仍恒等，得

$$\frac{\partial F}{\partial x}+\frac{\partial F}{\partial y}\cdot\frac{\mathrm{d}y}{\mathrm{d}x}=0.$$

由于 $F_y$ 连续，且 $F_y(x_0,y_0)\neq 0$，所以存在 $(x_0,y_0)$ 的一个邻域，在这个邻域内 $F_y\neq 0$，于是得

$$\frac{\mathrm{d}y}{\mathrm{d}x}=-\frac{F_x}{F_y}.$$

与定理 9.5.1 一样，我们同样可以由三元函数 $F(x,y,z)$ 的性质来断定由方程 $F(x,y,z)=0$ 所确定的二元函数 $z=f(x,y)$ 的存在，以及这个函数的性质．这就是下面的定理．

**定理 9.5.2(隐函数存在定理Ⅱ)** 设函数 $F(x,y,z)$ 在点 $P_0(x_0,y_0,z_0)$ 的某一邻域内具有连续偏导数，且 $F(x_0,y_0,z_0)=0$，$F_z(x_0,y_0,z_0)\neq 0$，则方程 $F(x,y,z)=0$ 在点 $(x_0,y_0,z_0)$ 的某一邻域内恒能唯一确定一个连续且具有连续偏导数的函数 $z=f(x,y)$，它满足条件 $z_0=f(x_0,y_0)$，并有

$$\frac{\partial z}{\partial x}=-\frac{F_x}{F_z},\quad \frac{\partial z}{\partial y}=-\frac{F_y}{F_z}. \tag{9.5.2}$$

与定理 9.5.1 一样，我们仅就公式(9.5.2)作出推导．由于

$$F(x,y,f(x,y))\equiv 0,$$

将上式两端分别对 $x$ 和 $y$ 求导，应用复合函数求导法则得

$$F_x+F_z\frac{\partial z}{\partial x}=0,\quad F_y+F_z\frac{\partial z}{\partial y}=0.$$

因为 $F_z$ 连续，且 $F_z(x_0,y_0,z_0)\neq 0$，所以存在点 $(x_0,y_0,z_0)$ 的一个邻域，在这个邻域内 $F_z\neq 0$，于是得

$$\frac{\partial z}{\partial x}=-\frac{F_x}{F_z},\quad \frac{\partial z}{\partial y}=-\frac{F_y}{F_z}.$$

**例 9.5.1** 设 $x(1+yz)=1-\mathrm{e}^{x+y+z}$，求 $\dfrac{\partial z}{\partial x},\dfrac{\partial z}{\partial y}$.

**解** 设 $F(x,y,z)=x(1+yz)+\mathrm{e}^{x+y+z}-1=0$，则在原点 $O(0,0,0)$ 的某个邻域内确定了

一个函数 $z=f(x,y)$.

因为 $F(0,0,0)=0,\frac{\partial F}{\partial x}=(1+yz)+e^{x+y+z},\frac{\partial F}{\partial y}=xz+e^{x+y+z},\frac{\partial F}{\partial z}=xy+e^{x+y+z}$都是连续函数，且 $F_z(0,0,0)=1\neq 0$，故有

$$\frac{\partial z}{\partial x}=-\frac{F_x}{F_z}=-\frac{1+yz+e^{x+y+z}}{xy+e^{x+y+z}},$$

$$\frac{\partial z}{\partial y}=-\frac{F_y}{F_z}=-\frac{xz+e^{x+y+z}}{xy+e^{x+y+z}}.$$

■

**例 9.5.2** 设 $x^2+y^2+z^2-4z=0$，求$\frac{\partial^2 z}{\partial x^2}$.

**解** 设 $F(x,y,z)=x^2+y^2+z^2-4z$，则

$$F_x=2x,\quad F_z=2z-4,$$

所以

$$\frac{\partial z}{\partial x}=-\frac{F_x}{F_z}=\frac{x}{2-z}.$$

再对 $x$ 求偏导，得

$$\frac{\partial^2 z}{\partial x^2}=\frac{(2-z)+x\frac{\partial z}{\partial x}}{(2-z)^2}=\frac{(2-z)+x\left(\frac{x}{2-z}\right)}{(2-z)^2}$$

$$=\frac{(2-z)^2+x^2}{(2-z)^3}.$$

■

定理 9.5.2 推广到更一般 $n$ 元函数的情况：

**定理 9.5.3** 设函数 $F(x_1,x_2,\cdots,x_n,z)$在点 $P_0(x_1^0,x_2^0,\cdots,x_n^0,z^0)$的某一邻域内具有连续偏导数，且 $F(P_0)=0,F_z(P_0)\neq 0$，则方程 $F(x_1,x_2,\cdots,x_n,z)=0$ 在点 $P_0$ 的某一邻域内恒能唯一确定一个连续且具有连续偏导数的函数 $z=f(x_1,x_2,\cdots,x_n)$，它满足条件 $z^0=f(x_1^0,x_2^0,\cdots,x_n^0)$，并有

$$\frac{\partial z}{\partial x_i}=-\frac{F_{x_i}}{F_z}.$$

**2. 方程组的情形**

设有方程组

$$\begin{cases}F(x,y,u,v)=0,\\G(x,y,u,v)=0,\end{cases}\tag{9.5.3}$$

这时，在四个变量中一般只有两个变量独立变化(不妨设为 $x,y$)．如在某一范围内，对每一组 $x,y$ 的值，由此方程组能确定唯一的 $u,v$ 的值，则此方程组就确定了 $u$ 和 $v$ 为 $x,y$ 的隐函数．下面给出隐函数存在，以及它们连续、可导的定理.

**定理 9.5.4** 设 $F(x,y,u,v),G(x,y,u,v)$在点 $P(x_0,y_0,u_0,v_0)$的某一邻域内具有对各个变量的连续偏导数，$F(x_0,y_0,u_0,v_0)=0,G(x_0,y_0,u_0,v_0)=0$，且偏导数组成的函数行列式(或称雅可比(Jacobi)行列式)：

$$J=\frac{\partial(F,G)}{\partial(u,v)}=\begin{vmatrix}F_u & F_v\\G_u & G_v\end{vmatrix}$$

在点 $P(x_0,y_0,u_0,v_0)$不等于零，则方程组(9.5.3)在点 $P(x_0,y_0,u_0,v_0)$的某一邻域内能唯一确定一组连续函数 $u=u(x,y),v=v(x,y)$，满足 $u_0=u(x_0,y_0),v_0=v(x_0,y_0)$，且它们有连续偏导数

$$\frac{\partial u}{\partial x}=-\frac{1}{J}\frac{\partial(F,G)}{\partial(x,v)}=-\frac{1}{J}\begin{vmatrix}F_x & F_v\\ G_x & G_v\end{vmatrix},\quad \frac{\partial u}{\partial y}=-\frac{1}{J}\frac{\partial(F,G)}{\partial(y,v)}=-\frac{1}{J}\begin{vmatrix}F_y & F_v\\ G_y & G_v\end{vmatrix};\tag{9.5.4}$$

$$\frac{\partial v}{\partial x}=-\frac{1}{J}\frac{\partial(F,G)}{\partial(u,x)}=-\frac{1}{J}\begin{vmatrix}F_u & F_x\\ G_u & G_x\end{vmatrix},\quad \frac{\partial v}{\partial y}=-\frac{1}{J}\frac{\partial(F,G)}{\partial(u,y)}=-\frac{1}{J}\begin{vmatrix}F_u & F_y\\ G_u & G_y\end{vmatrix}.\tag{9.5.5}$$

我们只推导公式((9.5.4).

由于
$$F(x,y,u(x,y),v(x,y))\equiv 0,$$
$$G(x,y,u(x,y),v(x,y))\equiv 0,$$
将恒等式两边分别对 $x$ 求偏导数,得

$$\begin{cases}F_x+F_u\dfrac{\partial u}{\partial x}+F_v\dfrac{\partial v}{\partial x}=0,\\ G_x+G_u\dfrac{\partial u}{\partial x}+G_v\dfrac{\partial v}{\partial x}=0.\end{cases}$$

这是关于$\frac{\partial u}{\partial x},\frac{\partial v}{\partial x}$的线性方程组,由假设知在点 $P(x_0,y_0,u_0,v_0)$ 的一个邻域内,系数行列式 $J\neq 0$, 从而可以解出$\frac{\partial u}{\partial x},\frac{\partial v}{\partial x}$,得

$$\frac{\partial u}{\partial x}=-\frac{1}{J}\frac{\partial(F,G)}{\partial(x,v)}=-\frac{1}{J}\begin{vmatrix}F_x & F_v\\ G_x & G_v\end{vmatrix},\quad \frac{\partial u}{\partial y}=-\frac{1}{J}\frac{\partial(F,G)}{\partial(y,v)}=-\frac{1}{J}\begin{vmatrix}F_y & F_v\\ G_y & G_v\end{vmatrix};$$

同理可得

$$\frac{\partial v}{\partial x}=-\frac{1}{J}\frac{\partial(F,G)}{\partial(u,x)}=-\frac{1}{J}\begin{vmatrix}F_u & F_x\\ G_u & G_x\end{vmatrix},\quad \frac{\partial v}{\partial y}=-\frac{1}{J}\frac{\partial(F,G)}{\partial(u,y)}=-\frac{1}{J}\begin{vmatrix}F_u & F_y\\ G_u & G_y\end{vmatrix}.$$ ■

**例 9.5.3** 设$\begin{cases}xu-yv=0,\\ yu+xv=1,\end{cases}$求$\frac{\partial u}{\partial x},\frac{\partial v}{\partial x},\frac{\partial u}{\partial y}$和$\frac{\partial v}{\partial y}$.

**解 方法一** 两个方程两边分别对 $x$ 求偏导,得关于$\frac{\partial u}{\partial x}$和$\frac{\partial v}{\partial x}$的方程组

$$\begin{cases}u+x\dfrac{\partial u}{\partial x}-y\dfrac{\partial v}{\partial x}=0,\\ y\dfrac{\partial u}{\partial x}+v+x\dfrac{\partial v}{\partial x}=0.\end{cases}$$

当$x^2+y^2\neq 0$ 时,解之得

$$\frac{\partial u}{\partial x}=-\frac{xu+yv}{x^2+y^2},\quad \frac{\partial v}{\partial x}=\frac{yu-xv}{x^2+y^2}.$$

两个方程两边分别对 $y$ 求偏导,得关于$\frac{\partial u}{\partial y}$和$\frac{\partial v}{\partial y}$的方程组

$$\begin{cases}x\dfrac{\partial u}{\partial y}-v-y\dfrac{\partial v}{\partial y}=0,\\ u+y\dfrac{\partial u}{\partial y}+x\dfrac{\partial v}{\partial y}=0.\end{cases}$$

当$x^2+y^2\neq 0$ 时,解之得

$$\frac{\partial u}{\partial y}=\frac{xv-yu}{x^2+y^2},\quad \frac{\partial v}{\partial y}=-\frac{xu+yv}{x^2+y^2}.$$

**方法二** 将两个方程的两边微分得

$$\begin{cases} u\mathrm{d}x+x\mathrm{d}u-v\mathrm{d}y-y\mathrm{d}v=0, \\ u\mathrm{d}y+y\mathrm{d}u+v\mathrm{d}x+x\mathrm{d}v=0, \end{cases}$$

即

$$\begin{cases} x\mathrm{d}u-y\mathrm{d}v=v\mathrm{d}y-u\mathrm{d}x, \\ y\mathrm{d}u+x\mathrm{d}v=-u\mathrm{d}y-v\mathrm{d}x. \end{cases}$$

解之得

$$\mathrm{d}u=-\frac{xu+yv}{x^2+y^2}\mathrm{d}x+\frac{xv-yu}{x^2+y^2}\mathrm{d}y, \quad \mathrm{d}v=\frac{yu-xv}{x^2+y^2}\mathrm{d}x-\frac{xu+yv}{x^2+y^2}\mathrm{d}y.$$

于是有

$$\frac{\partial u}{\partial x}=-\frac{xu+yv}{x^2+y^2}, \quad \frac{\partial u}{\partial y}=\frac{xv-yu}{x^2+y^2}, \quad \frac{\partial v}{\partial x}=\frac{yu-xv}{x^2+y^2}, \quad \frac{\partial v}{\partial y}=-\frac{xu+yv}{x^2+y^2}.$$ ■

**例 9.5.4** 设函数 $x=x(u,v)$，$y=y(u,v)$ 在点 $(u,v)$ 的某一领域内连续且有连续偏导数，又 $\frac{\partial(x,y)}{\partial(u,v)}\neq 0$.

(1) 证明方程组 $\begin{cases} x=x(u,v) \\ y=y(u,v) \end{cases}$ 在点 $(x,y,u,v)$ 的某一邻域内唯一确定一组单值连续且有连续偏导数的反函数 $u=u(x,y)$，$v=v(x,y)$.

(2) 求反函数 $u=u(x,y)$，$v=v(x,y)$ 对 $x,y$ 的偏导数.

(3) 证明 $\frac{\partial(u,v)}{\partial(x,y)}\cdot\frac{\partial(x,y)}{\partial(u,v)}=1$.

**解** (1) 将方程组改写成下面的形式：

$$\begin{cases} F(x,y,u,v)\equiv x-x(u,v)=0, \\ G(x,y,u,v)\equiv y-y(u,v)=0, \end{cases}$$

则按假设

$$J=\frac{\partial(F,G)}{\partial(u,v)}=\frac{\partial(x,y)}{\partial(u,v)}\neq 0.$$

由隐函数存在定理 9.5.3，即得所要证的结论.

(2) 将方程组所确定的反函数 $uu(x,y)vv(x,y)$ 代入，即得

$$\begin{cases} x\equiv x[u(x,y),v(x,y)], \\ y\equiv y[u(x,y),v(x,y)], \end{cases}$$

将上述恒等式两边分别对 $x$ 求偏导数，得

$$\begin{cases} 1=\frac{\partial x}{\partial u}\cdot\frac{\partial u}{\partial x}+\frac{\partial x}{\partial v}\cdot\frac{\partial v}{\partial x}, \\ 0=\frac{\partial y}{\partial u}\cdot\frac{\partial u}{\partial x}+\frac{\partial y}{\partial v}\cdot\frac{\partial v}{\partial x}. \end{cases}$$

由于 $J\neq 0$，故可解得

$$\frac{\partial u}{\partial x}=\frac{1}{J}\frac{\partial y}{\partial v}, \quad \frac{\partial v}{\partial x}=-\frac{1}{J}\frac{\partial y}{\partial u}.$$

同理可得

$$\frac{\partial u}{\partial y}=-\frac{1}{J}\frac{\partial x}{\partial v}, \quad \frac{\partial v}{\partial y}=\frac{1}{J}\frac{\partial x}{\partial u}.$$

(3) 由于

$$\frac{\partial(u,v)}{\partial(x,y)}=\begin{vmatrix}\frac{\partial u}{\partial x} & \frac{\partial u}{\partial y}\\ \frac{\partial v}{\partial x} & \frac{\partial v}{\partial y}\end{vmatrix}=\begin{vmatrix}\frac{1}{J}\frac{\partial y}{\partial v} & -\frac{1}{J}\frac{\partial x}{\partial v}\\ -\frac{1}{J}\frac{\partial y}{\partial u} & \frac{1}{J}\frac{\partial x}{\partial u}\end{vmatrix}$$

$$=\frac{1}{J^2}\left(\frac{\partial x}{\partial u}\frac{\partial y}{\partial v}-\frac{\partial x}{\partial v}\frac{\partial y}{\partial u}\right)=\frac{1}{J^2}\frac{\partial(x,y)}{\partial(u,v)}$$

$$=\frac{1}{\frac{\partial(x,y)}{\partial(u,v)}},$$

故

$$\frac{\partial(u,v)}{\partial(x,y)}\cdot\frac{\partial(x,y)}{\partial(u,v)}=\frac{1}{\frac{\partial(x,y)}{\partial(u,v)}}\frac{\partial(x,y)}{\partial(u,v)}=1.$$

■

## 习题 9.5 A

1. 求下列方程所确定的隐函数 $y$ 的一阶导数与二阶导数：

(1) $\ln\sqrt{x^2+y^2}=\arctan\frac{y}{x}$；　　(2) $2=\arctan\frac{y}{x}$.

2. 求下列方程所确定的隐函数 $z$ 的一阶偏导数与二阶偏导数：

(1) $\frac{x}{z}=\ln\frac{z}{y}$；　　(2) $x^2-2y^2+z^2-4x+2z-5=0$.

3. 设 $w=xy^2z^3$，而 $x,y,z$ 又同时满足方程

$$x^2+y^2+z^2-3xyz=0.$$

(1) 设 $z$ 是由上式所确定的隐函数，求 $w_x(1,1,1)$；

(2) 设 $y$ 是由上式所确定的隐函数，求 $w_x(1,1,1)$.

4. 设 $x^2+z^2=y\varphi(\frac{z}{y})$，其中 $\varphi$ 为可微函数，求 $\mathrm{d}z$.

5. 求由方程 $F(x-az,y-bz)=0$ 确定的隐函数 $z$ 的全微分，其中 $F$ 具有连续一阶偏导数，且 $a,b$ 均为常数.

6. 设 $y=f(x,t)$，其中 $t$ 是由方程 $F(x,y,t)=0$ 所确定的 $x,y$ 函数，其中 $f,F$ 都具有连续一阶偏导数，证明

$$\frac{\mathrm{d}y}{\mathrm{d}x}=-\frac{\frac{\partial f}{\partial x}\frac{\partial F}{\partial t}-\frac{\partial f}{\partial t}\frac{\partial F}{\partial x}}{\frac{\partial f}{\partial t}\frac{\partial F}{\partial y}+\frac{\partial F}{\partial t}}.$$

7. 求下列方程组所确定的隐函数的导数：

(1) $\begin{cases}xu+yv=0,\\ yu+xv=1,\end{cases}$ 求 $\frac{\partial u}{\partial x},\frac{\partial v}{\partial y}$；

(2) $\begin{cases}u+v+w=x,\\ uv+vw+uw=y,\\ uvw=z,\end{cases}$ 求 $\frac{\partial u}{\partial x},\frac{\partial u}{\partial y},\frac{\partial u}{\partial z}$.

8. 设 $u=f(x,y,z)$，$g(x^2,e^y,z)=0$，$y=\sin x$，其中 $f,g$ 具有一阶连续的偏导数，且 $g_z\neq 0$，求 $\frac{du}{dx}$.

9. 设函数 $y=y(x)$ 和 $z=z(x)$ 为下列方程组确定的隐函数 $\begin{cases} z=xf(x+y), \\ F(x,y,z)=0, \end{cases}$ 其中 $f$ 和 $F$ 分别有连续一阶导数和偏导数，求 $\frac{dz}{dx}$.

## 习题 9.5　B

1. 设函数 $u=u(x,y)$ 是由函数 $u=f(x,y,z,t)$，$g(y,z,t)=0$ 和 $h(x,z,t)=0$ 确定的隐含数，其中 $f,g,h$ 均有一阶偏导数，并且 $J=\frac{\partial(g,h)}{\partial(z,t)}\neq 0$，求 $\frac{\partial u}{\partial y}$.

# 9.6　多元微分的几何应用

本节利用多元函数微分理论，讨论曲线的切线和法平面、曲面的切平面和法线.

## 9.6.1　空间曲线的切线与法平面

**情形 1**　设空间曲线 $\Gamma$ 的参数方程为

$$x=x(t),\quad y=y(t),\quad z=z(t),$$

其中 $x'(t),y'(t),z'(t)$ 存在且不同时为零.

在曲线 $\Gamma$ 上取对应于 $t=t_0$ 的一点 $P_0(x_0,y_0,z_0)$ 及对应于 $t=t_0+\Delta t$ 的邻近一点 $P(x_0+\Delta x,y_0+\Delta y,z_0+\Delta z)$，则曲线的割线 $P_0P$ 的方程为

$$\frac{x-x_0}{\Delta x}=\frac{y-y_0}{\Delta y}=\frac{z-z_0}{\Delta z},$$

用 $\Delta t$ 去除上式各分母，得

$$\frac{x-x_0}{\frac{\Delta x}{\Delta t}}=\frac{y-y_0}{\frac{\Delta y}{\Delta t}}=\frac{z-z_0}{\frac{\Delta z}{\Delta t}}.$$

当点 $P$ 沿着曲线 $\Gamma$ 趋于点 $P_0$ 时，割线 $P_0P$ 的极限位置 $P_0T$ 就是曲线 $\Gamma$ 在点 $P_0$ 处的切线(图 9.6.1). 令 $P\to P_0$(这时 $\Delta t\to 0$)，对上式取极限，就得到曲线 $\Gamma$ 在点 $P_0$ 处的切线方程为

$$\frac{x-x_0}{x'(t_0)}=\frac{y-y_0}{y'(t_0)}=\frac{z-z_0}{z'(t_0)}. \tag{9.6.1}$$

这里要求 $x'(t_0),y'(t_0),z'(t_0)$ 不全为零，如果有个别为零，则应按照空间解析几何中有关直线的对称式方程的说明来理解.

切线的方向向量称为**曲线的切向量**. 向量 $\boldsymbol{T}=\{x'(t_0),y'(t_0),z'(t_0)\}$ 就是曲线 $\Gamma$ 在点 $P_0$ 处的一个切向量.

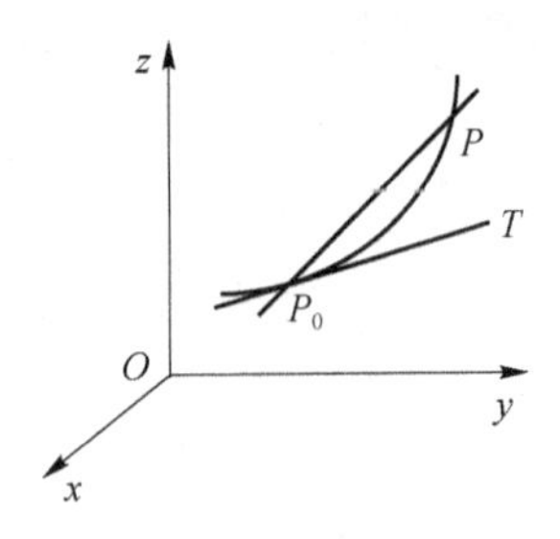


图 9.6.1

通过点 $P_0$ 而与切线垂直的平面称为曲线 $\Gamma$ 在点 $P_0$ 处的**法平面**. 显然它是通过点 $P_0(x_0,y_0,z_0)$ 且以 $\boldsymbol{T}$ 为法向量的平面,因此法平面的方程为

$$x'(t_0)(x-x_0)+y'(t_0)(y-y_0)+z'(t_0)(z-z_0)=0. \tag{9.6.2}$$

**例 9.6.1** 求曲线 $x=t,y=t^2,z=t^3$ 在点(1,1,1)处的切线方程与法平面方程.

**解** 点(1,1,1)对应的参数为 $t=1$,又因为

$$x'(t)\big|_{t=1}=1,$$
$$y'(t)\big|_{t=1}=2t\big|_{t=1}=2,$$
$$z'(t)\big|_{t=1}=3t^2\big|_{t=1}=3,$$

所以曲线在点(1,1,1)处的切线方程为

$$\frac{x-1}{1}=\frac{y-1}{2}=\frac{z-1}{3},$$

法平面方程为

$$x-1+2(y-1)+3(z-1)=0,$$

即

$$x+2y+3z=6.$$

■

**例 9.6.2** 空间曲线的参数方程为

$$\begin{cases} x=\int_0^t e^u\cos u\mathrm{d}u, \\ y=2\sin t+\cos t, \\ z=1+e^{3t}. \end{cases}$$

求其在点 $t=0$ 处的切线方程与法平面方程.

**解** 注意到,当 $t=0$ 时,$x=0,y=1,z=2$ 且

$$x'(t)\big|_{t=0}=e^t\cos t\big|_{t=0}=1,$$
$$y'(t)\big|_{t=0}=2\cos t-\sin t\big|_{t=0}=2,$$
$$z'(t)\big|_{t=0}=3e^{3t}\big|_{t=0}=3,$$

所以曲线在点(0,1,2)处的切线方程为

$$\frac{x-0}{1}=\frac{y-1}{2}=\frac{z-2}{3},$$

法平面方程为

$$x+2(y-1)+3(z-2)=0,$$

即

$$x+2y+3z-8=0.$$

■

**情形 2** 如果空间曲线 $\Gamma$ 的方程由

$$y=y(x),\quad z=z(x)$$

的形式给出，此时可以把它看成以 $x$ 作为参数的参数方程的形式：

$$x=x,\quad y=y(x),\quad z=z(x).$$

设 $y(x),z(x)$ 在 $x=x_0$ 处可导，则曲线 $\Gamma$ 在点 $P_0(x_0,y_0,z_0)$ 处的切向量为

$$\boldsymbol{T}=\{1,y'(x_0),z'(x_0)\},$$

因此曲线 $\Gamma$ 在点 $P_0(x_0,y_0,z_0)$ 处的切线方程为

$$\frac{x-x_0}{1}=\frac{y-y_0}{y'(x_0)}=\frac{z-z_0}{z'(x_0)},\tag{9.6.3}$$

其中 $y_0=y(x_0),z_0=z(x_0)$. 曲线 $\Gamma$ 在点 $P_0(x_0,y_0,z_0)$ 处的法平面方程为

$$x-x_0+y'(x_0)(y-y_0)+z'(x_0)(z-z_0)=0.\tag{9.6.4}$$

**情形 3** 如果空间曲线 $\Gamma$ 的方程由一般形式

$$\begin{cases}F(x,y,z)=0,\\G(x,y,z)=0\end{cases}\tag{9.6.5}$$

给出，设 $P_0(x_0,y_0,z_0)$ 是曲线 $\Gamma$ 上一点，$F,G$ 对各变量具有连续的偏导数，且雅可比行列式

$$\left.\frac{\partial(F,G)}{\partial(y,z)}\right|_{(x_0,y_0,z_0)}\neq 0,$$

则根据隐函数存在定理，方程组(9.6.5)在点 $P_0$ 的某邻域内确定了一组可微函数 $y=y(x)$，$z=z(x)$. 为了求出曲线 $\Gamma$ 在点 $P_0$ 处的切线方程和法平面方程，只需求出 $y'(x_0),z'(x_0)$. 为此在方程组(9.6.5)的两边分别对 $x$ 求全导数，注意 $y,z$ 是 $x$ 的函数，得

$$\begin{cases}F_x+F_y\dfrac{dy}{dx}+F_z\dfrac{dz}{dx}=0,\\[2mm]G_x+G_y\dfrac{dy}{dx}+G_z\dfrac{dz}{dx}=0,\end{cases}$$

即

$$\begin{cases}F_y\dfrac{dy}{dx}+F_z\dfrac{dz}{dx}=-F_x,\\[2mm]G_y\dfrac{dy}{dx}+G_z\dfrac{dz}{dx}=-G_x.\end{cases}$$

由假设，在点 $P_0$ 的某邻域内有 $J=\dfrac{\partial(F,G)}{\partial(y,z)}\neq 0$，从而可解出

$$\frac{\mathrm{d}y}{\mathrm{d}x}=\frac{\begin{vmatrix}-F_x & F_z\\-G_x & G_z\end{vmatrix}}{\begin{vmatrix}F_y & F_z\\G_y & G_z\end{vmatrix}}=\frac{\begin{vmatrix}F_z & F_x\\G_z & G_x\end{vmatrix}}{\begin{vmatrix}F_y & F_z\\G_y & G_z\end{vmatrix}}=\frac{1}{J}\frac{\partial(F,G)}{\partial(z,x)},$$

$$\frac{\mathrm{d}z}{\mathrm{d}x}=\frac{\begin{vmatrix}F_y & -F_x\\G_y & -G_x\end{vmatrix}}{\begin{vmatrix}F_y & F_z\\G_y & G_z\end{vmatrix}}=\frac{\begin{vmatrix}F_x & F_y\\G_x & G_y\end{vmatrix}}{\begin{vmatrix}F_y & F_z\\G_y & G_z\end{vmatrix}}=\frac{1}{J}\frac{\partial(F,G)}{\partial(x,y)},$$

那么，曲线 $\Gamma$ 在点 $P_0$ 处的切向量为

$$\boldsymbol{T}=\left\{1,\left.\frac{1}{J}\frac{\partial(F,G)}{\partial(z,x)}\right|_{P_0},\left.\frac{1}{J}\frac{\partial(F,G)}{\partial(x,y)}\right|_{P_0}\right\}$$

或

$$\boldsymbol{T}=\left\{\left.\frac{\partial(F,G)}{\partial(y,z)}\right|_{P_0},\left.\frac{\partial(F,G)}{\partial(z,x)}\right|_{P_0},\left.\frac{\partial(F,G)}{\partial(x,y)}\right|_{P_0}\right\},$$

因此，曲线 $\Gamma$ 在点 $P_0(x_0,y_0,z_0)$ 处的切线方程为

$$\frac{x-x_0}{\left.\frac{\partial(F,G)}{\partial(y,z)}\right|_{P_0}}=\frac{y-y_0}{\left.\frac{\partial(F,G)}{\partial(z,x)}\right|_{P_0}}=\frac{z-z_0}{\left.\frac{\partial(F,G)}{\partial(x,y)}\right|_{P_0}}, \tag{9.6.6}$$

法平面为

$$\left.\frac{\partial(F,G)}{\partial(y,z)}\right|_{P_0}(x-x_0)+\left.\frac{\partial(F,G)}{\partial(z,x)}\right|_{P_0}(y-y_0)+\left.\frac{\partial(F,G)}{\partial(x,y)}\right|_{P_0}(z-z_0)=0. \tag{9.6.7}$$

**例 9.6.3** 求曲线

$$\begin{cases}x^2+y^2+z^2=6,\\x+y+z=0\end{cases}$$

在点(1,−2,1)处的切线方程和法平面方程.

**解** 令 $F(x,y,z)=x^2+y^2+z^2-6,\quad G(x,y,z)=x+y+z,$

则 $$\left.\frac{\partial(F,G)}{\partial(y,z)}\right|_{(1,-2,1)}=\left.\begin{vmatrix}2y & 2z\\1 & 1\end{vmatrix}\right|_{(1,-2,1)}=2(y-z)\big|_{(1,-2,1)}=-6,$$

$$\left.\frac{\partial(F,G)}{\partial(z,x)}\right|_{(1,-2,1)}=\left.\begin{vmatrix}2z & 2x\\1 & 1\end{vmatrix}\right|_{(1,-2,1)}=2(z-x)\big|_{(1,-2,1)}=0,$$

$$\left.\frac{\partial(F,G)}{\partial(x,y)}\right|_{(1,-2,1)}=\left.\begin{vmatrix}2x & 2y\\1 & 1\end{vmatrix}\right|_{(1,-2,1)}=2(x-y)\big|_{(1,-2,1)}=6,$$

因此,切线方程为

$$\frac{x-1}{-6}=\frac{y+2}{0}=\frac{z-1}{6},$$

即 $$\begin{cases}x+z-2=0,\\y=-2.\end{cases}$$

法平面方程为

$$-6(x-1)+0(y+2)+6(z-1)=0,$$

即 $$x-z=0.$$ ■

### 9.6.2 曲面的切平面与法线

若曲面 $\Sigma$ 上过点 $P_0$ 的所有曲线在点 $P_0$ 处的切线都在同一平面上,则称此平面为曲面 $\Sigma$ 在点 $P_0$ 处的**切平面**.

**情形 1** 设曲面 $\Sigma$ 的方程为 $F(x,y,z)=0$,$P_0(x_0,y_0,z_0)$是曲面 $\Sigma$ 上一点,函数 $F(x,y,z)$在点 $P_0(x_0,y_0,z_0)$处具有一阶连续偏导数,且 $F_x(x_0,y_0,z_0)$,$F_y(x_0,y_0,z_0)$,$F_z(x_0,y_0,z_0)$不同时为零.在上述假设下我们证明曲面 $\Sigma$ 在点 $P_0$ 处的切平面存在,并求出切平面方程.

在曲面 $\Sigma$ 上任取一条过 $P_0$ 的曲线 $\Gamma$,设其参数方程为

$$x=x(t),\quad y=y(t),\quad z=z(t), \tag{9.6.8}$$

$t=t_0$ 对应于点 $P_0(x_0,y_0,z_0)$,且 $x'(t_0)$,$y'(t_0)$,$z'(t_0)$不同时为零,则曲线 $\Gamma$ 在点 $P_0$ 处的切向量为

$$\boldsymbol{T}=\{x'(t_0),y'(t_0),z'(t_0)\}.$$

另一方面,由于曲线 $\Gamma$ 在曲面 $\Sigma$ 上,所以有恒等式

$$F[x(t),y(t),z(t)]\equiv 0,$$

由全导数公式得

$$\left.\frac{\mathrm{d}F}{\mathrm{d}t}\right|_{t=t_0}=\left.\left(\frac{\partial F}{\partial x}\frac{\mathrm{d}x}{\mathrm{d}t}+\frac{\partial F}{\partial y}\frac{\mathrm{d}y}{\mathrm{d}t}+\frac{\partial F}{\partial z}\frac{\mathrm{d}z}{\mathrm{d}t}\right)\right|_{t=t_0}=0,$$

即
$$F_x(x_0,y_0,z_0)x'(t_0)+F_y(x_0,y_0,z_0)y'(t_0)+F_z(x_0,y_0,z_0)z'(t_0)=0. \tag{9.6.9}$$

若记向量

$$\boldsymbol{n}=\{F_x(x_0,y_0,z_0),F_y(x_0,y_0,z_0),F_z(x_0,y_0,z_0)\},$$

则式(9.6.9)可写成 $\boldsymbol{n}\cdot\boldsymbol{T}=0$,即 $\boldsymbol{n}$ 与 $\boldsymbol{T}$ 互相垂直.因为曲线(9.6.8)是曲面 $\Sigma$ 上通过点 $P_0$ 的任意一条曲线,它们在点 $P_0$ 处的切线都与同一个向量 $\boldsymbol{n}$ 垂直,所以曲面上通过点 $P_0$ 的一切曲线在点 $P_0$ 的切线都在同一个平面上.该平面就是曲面 $\Sigma$ 在点 $P_0$ 处的切平面.切平面方程为

$$F_x(x_0,y_0,z_0)(x-x_0)+F_y(x_0,y_0,z_0)(y-y_0)+F_z(x_0,y_0,z_0)(z-z_0)=0, \tag{9.6.10}$$

过点 $P_0$ 且与切平面垂直的直线称为曲面在该点的法线.由解析几何知法线的方程为

$$\frac{x-x_0}{F_x(x_0,y_0,z_0)}=\frac{y-y_0}{F_y(x_0,y_0,z_0)}=\frac{z-z_0}{F_z(x_0,y_0,z_0)}. \tag{9.6.11}$$

曲面 $\Sigma$ 在 $P_0$ 点的切平面的法向量也称为曲面 $\Sigma$ 在 $P_0$ 点的**法向量**.向量

$$\boldsymbol{n}=\{F_x(x_0,y_0,z_0),F_y(x_0,y_0,z_0),F_z(x_0,y_0,z_0)\}$$

就是曲面 $\Sigma$ 在点 $P_0$ 处的一个法向量.

**情形 2** 如果曲面 $\Sigma$ 的方程是由显函数 $z=f(x,y)$ 的形式给出,则可令

$$F(x,y,z)=f(x,y)-z,$$

这时有

$$F_x(x,y,z)=f_x(x,y),\quad F_y(x,y,z)=f_y(x,y),\quad F_z(x,y,z)=-1.$$

于是,当函数 $f(x,y)$ 的偏导数 $f_x(x,y),f_y(x,y)$ 在点 $(x_0,y_0)$ 处连续时,则曲面 $\Sigma$ 在点 $P_0(x_0,y_0,z_0)$ 的切平面方程为

$$z-z_0=f_x(x_0,y_0)(x-x_0)+f_y(x_0,y_0)(y-y_0). \tag{9.6.12}$$

法线方程为

$$\frac{x-x_0}{f_x(x_0,y_0)}=\frac{y-y_0}{f_y(x_0,y_0)}=\frac{z-z_0}{-1}. \tag{9.6.13}$$

曲面 $\Sigma$ 在点 $P_0(x_0,y_0,z_0)$ 处的一个法向量为

$$\boldsymbol{n}=\{-f_x(x_0,y_0),-f_y(x_0,y_0),1\}.$$

如果用 $\alpha,\beta,\gamma$ 表示曲面的法向量的方向角,并假设法向量与 $z$ 轴正向夹角 $\gamma$ 为锐角(即法向量的方向是向上的),则法向量的方向余弦为

$$\cos\alpha=\frac{-f_x(x_0,y_0)}{\sqrt{1+f_x^2(x_0,y_0)+f_y^2(x_0,y_0)}},$$

$$\cos\beta=\frac{-f_y(x_0,y_0)}{\sqrt{1+f_x^2(x_0,y_0)+f_y^2(x_0,y_0)}},$$

$$\cos\gamma=\frac{1}{\sqrt{1+f_x^2(x_0,y_0)+f_y^2(x_0,y_0)}}.$$

需要指出的是,方程(9.6.12)右端其实就是函数 $z=f(x,y)$ 在点 $(x_0,y_0)$ 处的全微分,而其左端就是切平面上点相应的竖直方向的增量.因此,函数 $z=f(x,y)$ 在点 $(x_0,y_0)$ 的全微分的几何意义就是沿曲面 $\Sigma$ 在点 $P_0$ 切平面上的点 $P_0(x_0,y_0)$ 的垂直增量,当 $z-z_0>0$ 时即为 $\|\overrightarrow{PM}\|$(见图 9.6.2).当 $|x-x_0|$ 和 $|y-y_0|$ 均充分小时,$\Delta z$ 的增量可用函数 $f(x,y)$ 的全微

分 dz 来近似,并可按照如下方法计算:

$$f(x,y)\approx f(x_0,y_0)+f_x(x_0,y_0)(x-x_0)+f_y(x_0,y_0)(y-y_0).$$

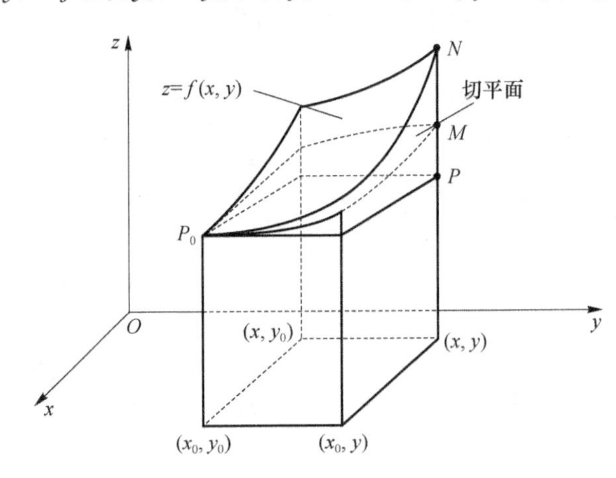


图 9.6.2

几何上看,这个想法是用在点 $P_0$ 附近的切平面来近似在 $U(P_0)$处的曲面.这实际上是将一个二元函数进行局部线性化的思想.

**情形 3** 如果曲面 Σ 的方程为参数形式

$$x=x(u,v),\quad y=y(u,v),\quad z=z(u,v).$$

如果 $x=x(u,v)$,$y=y(u,v)$决定了两个函数

$$u=u(x,y),\quad v=v(x,y).$$

因此可以将 $z$ 看做 $x$,$y$ 的函数,即 $z=z(u(x,y),v(x,y))$.这样就转化为情形 2 了,我们只需求出$\frac{\partial z}{\partial x}$,$\frac{\partial z}{\partial y}$.为此将 $z=z(u,v)$分别对 $u$,$v$ 求导,并注意到 $z$ 为 $x$,$y$ 的函数,按隐函数求导法则有

$$\begin{cases}\dfrac{\partial z}{\partial u}=\dfrac{\partial z}{\partial x}\dfrac{\partial x}{\partial u}+\dfrac{\partial z}{\partial y}\dfrac{\partial y}{\partial u},\\[2mm]\dfrac{\partial z}{\partial v}=\dfrac{\partial z}{\partial x}\dfrac{\partial x}{\partial v}+\dfrac{\partial z}{\partial y}\dfrac{\partial y}{\partial v},\end{cases}$$

由这两个方程可解得

$$\frac{\partial z}{\partial x}=-\frac{\dfrac{\partial(y,z)}{\partial(u,v)}}{\dfrac{\partial(x,y)}{\partial(u,v)}},\quad \frac{\partial z}{\partial y}=-\frac{\dfrac{\partial(z,x)}{\partial(u,v)}}{\dfrac{\partial(x,y)}{\partial(u,v)}},$$

于是得切平面的法向量为

$$\left\{\frac{\partial(y,z)}{\partial(u,v)},\frac{\partial(z,x)}{\partial(u,v)},\frac{\partial(x,y)}{\partial(u,v)}\right\},$$

则曲面 Σ 在点 $P_0(x_0,y_0,z_0)$的切平面方程为

$$\left.\frac{\partial(y,z)}{\partial(u,v)}\right|_{P_0}(x-x_0)+\left.\frac{\partial(z,x)}{\partial(u,v)}\right|_{P_0}(y-y_0)+\left.\frac{\partial(x,y)}{\partial(u,v)}\right|_{P_0}(z-z_0)=0,\tag{9.6.14}$$

法线方程为

$$\frac{x-x_0}{\left.\dfrac{\partial(y,z)}{\partial(u,v)}\right|_{P_0}}=\frac{y-y_0}{\left.\dfrac{\partial(z,x)}{\partial(u,v)}\right|_{P_0}}=\frac{z-z_0}{\left.\dfrac{\partial(x,y)}{\partial(u,v)}\right|_{P_0}}.\tag{9.6.15}$$

**例 9.6.4** 求旋转抛物面 $z=x^2+y^2-1$ 在点 $P_0(2,1,4)$ 处的切平面方程与法线方程.

**解** 设
$$z=f(x,y)=x^2+y^2-1,$$
则
$$\boldsymbol{n}=\{f_x(x,y),f_y(x,y),-1\}\big|_{(2,1,4)}=\{2x,2y,-1\}\big|_{(2,1,4)}=\{4,2,-1\},$$
因此切平面方程为
$$z-4=4(x-2)+2(y-1),$$
即
$$4x+2y-z=6,$$
法线方程为
$$\frac{x-2}{4}=\frac{y-1}{2}=\frac{z-4}{-1}.$$
■

**例 9.6.5** 求曲面 $z-3e^z+2xy=1-2xz$ 在点$(1,2,0)$处的切平面及法线方程.

**解** 曲面方程改写为
$$F(x,y,z)=z-3e^z+2xy+2xz-1=0,$$
则
$$F_x=2y+2z,\quad F_y=2x,\quad F_z=1-3e^z+2x,$$
在点$(1,2,0)$处有法向量 $\boldsymbol{n}=\{4,2,0\}$,所求切平面方程为
$$4(x-1)+2(y-2)=0,$$
即
$$2x+y=4,$$
法线方程为
$$x=2t+1,\ y=t+2,\ z=0.$$
■

**例 9.6.6** 求正螺旋曲面 $x=u\cos v$, $y=u\sin v$, $z=av$ 在点 $u=\sqrt{2},v=\frac{\pi}{4}$处的切平面和法线方程,其中常数 $a\neq 0$.

**解** 当 $u=\sqrt{2},v=\frac{\pi}{4}$时,$x=1$, $y=1$, $z=\frac{a\pi}{4}$,切平面的法向量为
$$\left\{\frac{\partial(y,z)}{\partial(u,v)},\frac{\partial(z,x)}{\partial(u,v)},\frac{\partial(x,y)}{\partial(u,v)}\right\}_{(\sqrt{2},\frac{\pi}{4})},$$
$$\frac{\partial(y,z)}{\partial(u,v)}=\begin{vmatrix}\frac{\partial y}{\partial u} & \frac{\partial y}{\partial v}\\ \frac{\partial z}{\partial u} & \frac{\partial z}{\partial u}\end{vmatrix}=\begin{vmatrix}\sin v & u\cos v\\ 0 & a\end{vmatrix}=a\sin v,$$
$$\frac{\partial(z,x)}{\partial(u,v)}=\begin{vmatrix}\frac{\partial z}{\partial u} & \frac{\partial z}{\partial v}\\ \frac{\partial x}{\partial u} & \frac{\partial x}{\partial u}\end{vmatrix}=\begin{vmatrix}0 & a\\ \cos v & -u\sin v\end{vmatrix}=-a\cos v,$$
$$\frac{\partial(x,y)}{\partial(u,v)}=\begin{vmatrix}\frac{\partial x}{\partial u} & \frac{\partial x}{\partial v}\\ \frac{\partial y}{\partial u} & \frac{\partial y}{\partial v}\end{vmatrix}=\begin{vmatrix}\cos v & -u\sin v\\ \sin v & u\cos v\end{vmatrix}=u^2$$
代入 $u=\sqrt{2},v=\frac{\pi}{4}$,可得曲面在点$(1,\ 1,\ \frac{a\pi}{4})$处的法向量为
$$(a\sin v,-a\cos v,u^2)\big|_{(\sqrt{2},\frac{\pi}{4})}=(a,-a,2),$$
故所求的切面方程为
$$a(x-1)-a(y-1)+2(z-\frac{a\pi}{4})=0,$$

相应的法线方程为

$$\frac{(x-1)}{a}=\frac{(y-1)}{-a}=\frac{\left(z-\frac{a\pi}{4}\right)}{2}. \qquad \blacksquare$$

## 习题 9.6　A

1. 求曲线 $x=\frac{4}{3}t, y=t^2, z=t^3$ 上点 $M_0(x_0, y_0, z_0)$，使在该点处曲线的切线平行于平面 $x+2y+z=6$.

2. 求抛物面 $z=x^2+y^2$ 与抛物柱面 $y=x^2$ 的交线上的点 $P(1,1,2)$ 处的切线方程和法平面方程.

3. 求曲线 $r=(t, t^2, t^3)$ 平行于平面 $x+2y+z=4$ 的切线方程.

4. 证明在螺线 $r=(a\cos\theta, a\sin\theta, k\theta)$ 上任何一点处的切线与 $z$ 轴的夹角为常数.

5. 求曲面 $\frac{x^2}{4}+\frac{y^2}{1}+\frac{z^2}{9}=3$ 上点 $P(2,-1,3)$ 处的切平面方程和法线方程.

6. 求一个过曲线 $\begin{cases} y^2=x, \\ z=3(y-1) \end{cases}$ 在点 $y=1$ 处的切线，与曲面 $x^2+y^2=4z$ 相交的平面.

7. 求曲面 $x^2+y^2+z^2=x$ 垂直于平面 $x-y-\frac{1}{2}z=2$ 和 $x-y-z=2$ 的切平面.

8. 求曲面 $z=xy$ 垂直于平面 $x+3y+z+9=0$ 的法线方程.

9. 求曲面 $x^2+2y^2+z^2=22$ 平行于直线 $\begin{cases} x+2y+z=0, \\ x+y=0 \end{cases}$ 的法线.

10. 证明曲面 $x^{\frac{2}{3}}+y^{\frac{2}{3}}+z^{\frac{2}{3}}=4$ 上任意一点的切平面在坐标轴上的截距的平方和为常数.

11. 证明球面 $\Sigma: x^2+y^2+z^2=1$ 上任意一点 $(a,b,c)$ 处的法线都经过球心.

12. 求椭球面 $3x^2+y^2+z^2=16$ 上的一点 $(-1,-2,3)$ 处的切平面与平面 $z=0$ 的交角.

## 习题 9.6　B

1. 证明由曲面 $xyz=a^3(a>0)$ 在任一点的切平面与三个坐标平面所围的四面体的体积为一个常数.

2. 设函数 $F(u,v)$ 有连续的一阶偏导数. 证明曲面 $F\left(\frac{x-a}{z-c}, \frac{y-b}{z-c}\right)=0$ 任一点的切平面都通过一个固定点，其中 $a, b$ 和 $c$ 均为常数.

3. 证明曲面 $F(x-az, y-bz)=0$ 在任一点切平面通过一共同直线，其中 $a$ 和 $b$ 均为常数.

4. 证明旋转曲面 $z=f(\sqrt{x^2+y^2})(f'\neq 0)$ 上任一点处的法线与旋转轴相交.

5. 试证曲面 $\sqrt{x}+\sqrt{y}+\sqrt{z}=\sqrt{a}(a>0)$ 上任何点处的切平面在各坐标轴上的截距之和等于 $a$.

# 9.7 方向导数和梯度

## 9.7.1 方向导数

函数 $f(x,y)$在点 $P_0(x_0,y_0)$的偏导数 $f_x(x_0,y_0)$，$f_y(x_0,y_0)$反映的是函数沿坐标轴方向的变化率. 在许多实际问题中，还需要考虑函数沿其他方向的变化率. 如要预报某地的风速(风力与风向)，就必须知道气压在该处沿某些方向的变化率. 因此，我们有必要讨论多元函数在某点沿任意指定方向的变化率问题，即方向导数.

**定义 9.7.1** 设函数 $z=f(x,y)$在点 $P_0(x_0,y_0)$的某一邻域内有定义，$l$ 为自点 $P_0(x_0,y_0)$引出的射线，$l$ 的方向角为 $\alpha,\beta(0\leqslant\alpha,\beta\leqslant\pi)$，则 $l$ 的单位方向向量为 $\boldsymbol{e}=(\cos\alpha,\cos\beta)$，记 $t=|PP_0|$ (图 9.7.1)，则 $P(x_0+t\cos\alpha,y_0+t\cos\beta)$为 $l$ 上的另一点. 如果极限

$$\lim_{t\to 0}\frac{\Delta z}{t}=\lim_{t\to 0^+}\frac{f(x_0+t\cos\alpha,y_0+t\cos\beta)-f(x_0,y_0)}{t}$$

存在，则称该极限值为函数 $z=f(x,y)$在 $P_0(x_0,y_0)$处沿方向 $l$ 的**方向导数**，记作$\left.\frac{\partial f}{\partial l}\right|_{P_0}$ 或 $\left.\frac{\partial f}{\partial l}\right|_{(x_0,y_0)}$，即

$$\left.\frac{\partial f}{\partial l}\right|_{(x_0,y_0)}=\lim_{t\to 0^+}\frac{f(x_0+t\cos\alpha,y_0+t\cos\beta)-f(x_0,y_0)}{t}. \tag{9.7.1}$$

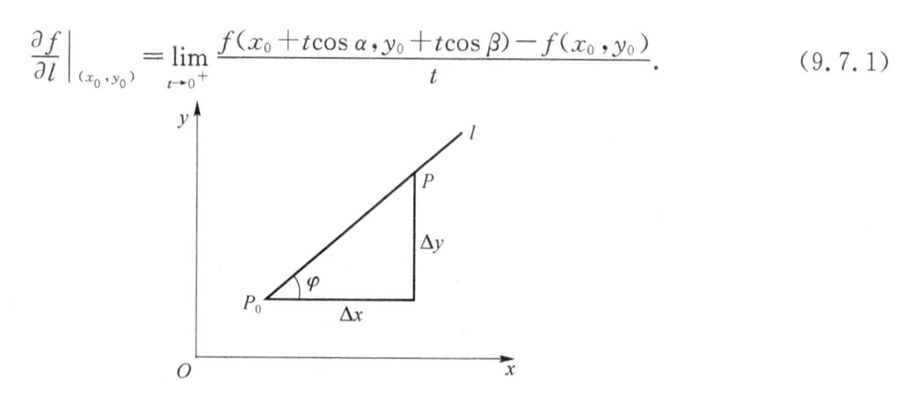


图 9.7.1

由方向导数的定义可知，方向导数$\left.\frac{\partial f}{\partial l}\right|_{(x_0,y_0)}$ 就是函数 $f(x,y)$在点 $P_0(x_0,y_0)$处沿方向 $l$ 的变化率. 若函数 $f(x,y)$在点 $P_0(x_0,y_0)$偏导数 $f_x(x_0,y_0)$，$f_y(x_0,y_0)$存在，则函数 $f(x,y)$在点 $P_0$ 处沿着 $x$ 轴正向 $l_1=\{1,0\}$，$y$ 轴正向 $l_2=\{0,1\}$的方向导数都存在，且有

$$\left.\frac{\partial f}{\partial l_1}\right|_{(x_0,y_0)}=\lim_{t\to 0^+}\frac{f(x_0+t,y_0)-f(x_0,y_0)}{t}=f_x(x_0,y_0),$$

$$\left.\frac{\partial f}{\partial l_2}\right|_{(x_0,y_0)}=\lim_{t\to 0^+}\frac{f(x_0,y_0+t)-f(x_0,y_0)}{t}=f_y(x_0,y_0);$$

函数 $f(x,y)$在点 $P_0$ 处沿着 $x$ 轴负向 $l_3=\{-1,0\}$，$y$ 轴负向 $l_4=\{0,-1\}$的方向导数也都存在，且有

$$\left.\frac{\partial f}{\partial l_3}\right|_{(x_0,y_0)}=\lim_{t\to 0^+}\frac{f(x_0-t,y_0)-f(x_0,y_0)}{t}=-f_x(x_0,y_0),$$

$$\left.\frac{\partial f}{\partial l_4}\right|_{(x_0,y_0)}=\lim_{t\to 0^+}\frac{f(x_0,y_0-t)-f(x_0,y_0)}{t}=-f_y(x_0,y_0).$$

若任意方向 $l$ 的方向导数 $\frac{\partial f}{\partial l}$ 存在，则偏导数 $f_x(x_0,y_0)$，$f_y(x_0,y_0)$ 未必存在. 例如 $f(x,y)=\sqrt{x^2+y^2}$ 在点 $O(0,0)$ 处，沿任意方向 $l$ 的方向导数 $\left.\frac{\partial f}{\partial l}\right|_{(0,0)}=1$，而偏导数 $f_x(0,0)$，$f_y(0,0)$ 却不存在.

关于方向导数 $\frac{\partial f}{\partial l}$ 存在的条件及计算方法，有如下定理.

**定理 9.7.1** 设函数 $z=f(x,y)$ 在点 $P_0(x_0,y_0)$ 可微，则函数 $f(x,y)$ 在点 $P_0$ 处沿任一方向 $l$ 的方向导数都存在，且

$$\left.\frac{\partial f}{\partial l}\right|_{(x_0,y_0)}=f_x(x_0,y_0)\cos\alpha+f_y(x_0,y_0)\cos\beta, \tag{9.7.2}$$

其中 $\cos\alpha$，$\cos\beta$ 为 $l$ 的方向余弦.

**证明** 因为函数 $z=f(x,y)$ 在点 $P_0(x_0,y_0)$ 可微，所以函数在点 $P_0$ 处的增量可表示为

$$f(x_0+\Delta x,y_0+\Delta y)-f(x_0,y_0)=f_x(x_0,y_0)\Delta x+f_y(x_0,y_0)\Delta y+o(\rho).$$

由图 9.6.1 可知，在 $l$ 上 $\Delta x=\rho\cos\alpha$，$\Delta y=\rho\cos\beta$，所以有

$$\begin{aligned}\frac{f(x_0+\Delta x,y_0+\Delta y)-f(x_0,y_0)}{\rho}&=f_x(x_0,y_0)\frac{\Delta x}{\rho}+f_y(x_0,y_0)\frac{\Delta y}{\rho}+\frac{o(\rho)}{\rho}\\&=f_x(x_0,y_0)\cos\alpha+f_y(x_0,y_0)\cos\beta+\frac{o(\rho)}{\rho},\end{aligned}$$

于是有极限

$$\lim_{\rho\to 0}\frac{f(x_0+\Delta x,y_0+\Delta y)-f(x_0,y_0)}{\rho}=f_x(x_0,y_0)\cos\alpha+f_y(x_0,y_0)\cos\beta.$$

这就证明了函数 $z=f(x,y)$ 在点 $P_0(x_0,y_0)$ 沿方向 $l$ 的方向导数存在，且其值为

$$\left.\frac{\partial f}{\partial l}\right|_{(x_0,y_0)}=f_x(x_0,y_0)\cos\alpha+f_y(x_0,y_0)\cos\beta.$$ ■

类似地，可以定义三元函数的方向导数，函数 $f(x,y,z)$ 在空间一点 $P_0(x_0,y_0,z_0)$ 沿任一方向 $l=(\cos\alpha,\cos\beta,\cos\gamma)$ 的方向导数为

$$\left.\frac{\partial f}{\partial l}\right|_{(x_0,y_0)}=\lim_{t\to 0^+}\frac{f(x_0+t\cos\alpha,y_0+t\cos\beta,z_0+t\cos\gamma)-f(x_0,y_0,z_0)}{t}.$$

而且可微的三元函数 $f(x,y,z)$ 在点 $P_0(x_0,y_0,z_0)$ 处沿任一方向 $l$ 的方向导数也存在，且有

$$\left.\frac{\partial f}{\partial l}\right|_{(x_0,y_0,z_0)}=f_x(x_0,y_0,z_0)\cos\alpha+f_y(x_0,y_0,z_0)\cos\beta+f_z(x_0,y_0,z_0)\cos\gamma,$$

其中 $\cos\alpha$，$\cos\beta$，$\cos\gamma$ 为 $l$ 的方向余弦.

**例 9.7.1** 求函数 $z=xe^{2y}$ 在点 $P_0(1,0)$ 处沿着从点 $P_0(1,0)$ 到点 $P(2,-1)$ 的方向的方向导数.

**解** 这里方向 $l$ 即向量 $\overrightarrow{P_0P}=\{1,-1\}$ 的方向，因此 $l$ 的方向余弦为

$$\cos\alpha=\frac{1}{\sqrt{1^2+(-1)^2}}=\frac{1}{\sqrt{2}},\quad \cos\beta=\frac{-1}{\sqrt{1^2+(-1)^2}}=-\frac{1}{\sqrt{2}},$$

又因为 $\frac{\partial z}{\partial x}=e^{2y}$，$\frac{\partial z}{\partial y}=2xe^{2y}$，于是 $\left.\frac{\partial z}{\partial x}\right|_{(1,0)}=1$，$\left.\frac{\partial z}{\partial y}\right|_{(1,0)}=2$，所以

$$\left.\frac{\partial z}{\partial l}\right|_{(1,0)}=\left.\frac{\partial z}{\partial x}\right|_{(1,0)}\cos\alpha+\left.\frac{\partial z}{\partial y}\right|_{(1,0)}\cos\beta=1\cdot\frac{1}{\sqrt{2}}+2\cdot\left(-\frac{1}{\sqrt{2}}\right)=-\frac{\sqrt{2}}{2}.$$ ■

**例 9.7.2** 求函数 $f(x,y,z)=x+y^2+z^3$ 在点 $P(1,1,1)$ 沿 $l$ 的方向的方向导数，其中 $l$ 的方向角分别为 $60°,45°,60°$.

**解** 与 $l$ 同方向的单位向量为

$$\boldsymbol{e}_l=(\cos 60°,\cos 45°,\cos 60°)=\left(\frac{1}{2},\frac{\sqrt{2}}{2},\frac{1}{2}\right).$$

由 $\left.\frac{\partial f}{\partial x}\right|_{(1,1,1)}=1$, $\left.\frac{\partial f}{\partial y}\right|_{(1,1,1)}=2y|_{(1,1,1)}=2$, $\left.\frac{\partial f}{\partial z}\right|_{(1,1,1)}=3z^2|_{(1,1,1)}=3$,

函数 $f(x,y,z)=x+y^2+z^3$ 是可微的，所以

$$\frac{\partial f}{\partial l}\Big|_{(1,1,1)}=1\times\frac{1}{2}+2\times\frac{\sqrt{2}}{2}+3\times\frac{1}{2}=2+\sqrt{2}.$$ ■

## 9.7.2 梯度

函数在某点沿方向 $l$ 的方向导数刻画了函数沿方向 $l$ 的变化情况，那么函数在某点究竟沿哪一个方向增加最快呢？为此将函数 $z=f(x,y)$ 在 $P(x,y)$ 处的方向导数的公式改写为

$$\frac{\partial f}{\partial l}=\left(\frac{\partial f}{\partial x},\frac{\partial f}{\partial y}\right)\cdot(\cos\alpha,\cos\beta),$$

这里 $\boldsymbol{e}_l=(\cos\alpha,\cos\beta)$ 和 $\boldsymbol{g}=\left(\frac{\partial f}{\partial x},\frac{\partial f}{\partial y}\right)$ 为两个向量，且 $\boldsymbol{e}_l=(\cos\alpha,\cos\beta)$ 为与方向 $l$ 一致的单位向量，于是有

$$\frac{\partial f}{\partial l}=\boldsymbol{g}\cdot\boldsymbol{e}_l=|\boldsymbol{g}|\,|\boldsymbol{e}_l|\cdot\cos(\widehat{\boldsymbol{g},\boldsymbol{e}_l})=|g|\cos(\widehat{\boldsymbol{g},\boldsymbol{e}_l}).$$

可见，$\boldsymbol{e}_l$ 与 $\boldsymbol{g}$ 的方向一致（亦即 $l$ 与 $\boldsymbol{g}$ 的方向一致）时，$\frac{\partial f}{\partial l}$ 达到最大，即函数变化最快，$\frac{\partial f}{\partial l}$ 的最大值为 $|\boldsymbol{g}|$，即

$$|\boldsymbol{g}|=\sqrt{\left(\frac{\partial f}{\partial x}\right)^2+\left(\frac{\partial f}{\partial y}\right)^2}.$$

于是给出梯度的定义.

**定义 9.7.2** 设 $z=f(x,y)$ 在点 $P(x,y)$ 可微，则称向量 $\left(\frac{\partial f}{\partial x},\frac{\partial f}{\partial y}\right)$ 为函数 $f(x,y)$ 在点 $P$ 处的**梯度**，记作 $\mathbf{grad}\,f(x,y)$（或 $\nabla z$），即

$$\mathbf{grad}\,f(x,y)=\left(\frac{\partial f}{\partial x},\frac{\partial f}{\partial y}\right).$$

梯度的长度（或模）为

$$|\mathbf{grad}\,f|=\sqrt{\left(\frac{\partial f}{\partial x}\right)^2+\left(\frac{\partial f}{\partial y}\right)^2}.$$

故函数 $z=f(x,y)$ 在点 $P$ 处沿方向 $l$ 的方向导数可写为

$$\frac{\partial f}{\partial l}=|\mathbf{grad}\,f|\cdot\cos(\widehat{\mathrm{e}_l,\mathbf{grad}\,f}).$$

梯度方向就是函数值增加最快的方向，或者说函数变化率最大的方向，也就是说函数 $f(x,y)$ 在点 $P$ 处的所有方向导数（若存在）中，沿梯度方向的方向导数最大，并且等于梯度的

长度$|\mathbf{grad}\ f|$;沿梯度反方向的方向导数最小,且为$-|\mathbf{grad}\ f|$.

类似地,可以定义三元函数的梯度.设$u=f(x,y,z)$在点$P(x,y,z)$处存在偏导数$\frac{\partial f}{\partial x}$、$\frac{\partial f}{\partial y}$和$\frac{\partial f}{\partial z}$,则称向量$(\frac{\partial f}{\partial x},\frac{\partial f}{\partial y},\frac{\partial f}{\partial z})$为函数$f(x,y,z)$在点$P$处的**梯度**,记作$\mathbf{grad}\ f(x,y,z)$,即

$$\mathbf{grad}\ f(x,y,z)=(\frac{\partial f}{\partial x},\frac{\partial f}{\partial y},\frac{\partial f}{\partial z}).$$

**例 9.7.3** 函数$u=xy^2z$在点$P(1,-1,2)$处沿什么方向的方向导数最大?求此方向导数的最大值.

**解** 由
$$\mathbf{grad}\ u=\{u_x,u_y,u_z\}=\{y^2z,2xyz,xy^2\}$$
可知
$$\mathbf{grad}\ u|_{(1,-1,2)}=\{y^2z,2xyz,xy^2\}|_{(1,-1,2)}=\{2,-4,1\}$$
是方向导数在点$P$取最大值的方向,
$$|\mathbf{grad}\ u|_M|=|\{2,-4,1\}|=\sqrt{21}$$
是此方向导数的最大值. ■

**例 9.7.4** 求函数$z=\frac{x^2+y^2}{2}$在点$P(1,1)$处递增变化最快的方向、递减变化最快的方向和无变化的方向.

**解** 由
$$\mathbf{grad}\ z|_{(1,1)}=\left\{\frac{\partial z}{\partial x},\frac{\partial z}{\partial y}\right\}\Bigg|_{(1,1)}=\{x,y\}=(1,1),$$
$$\frac{\partial f}{\partial l}\Bigg|_{(1,1)}=(1,1)\cdot(\cos\alpha,\cos\beta),$$
则递增变化最快的方向是$(1,1)$,递减变化最快的方向是$(-1,-1)$,无变化的方向是$(-1,1)$和$(1,-1)$(函数图形和等高线图见图9.7.2).

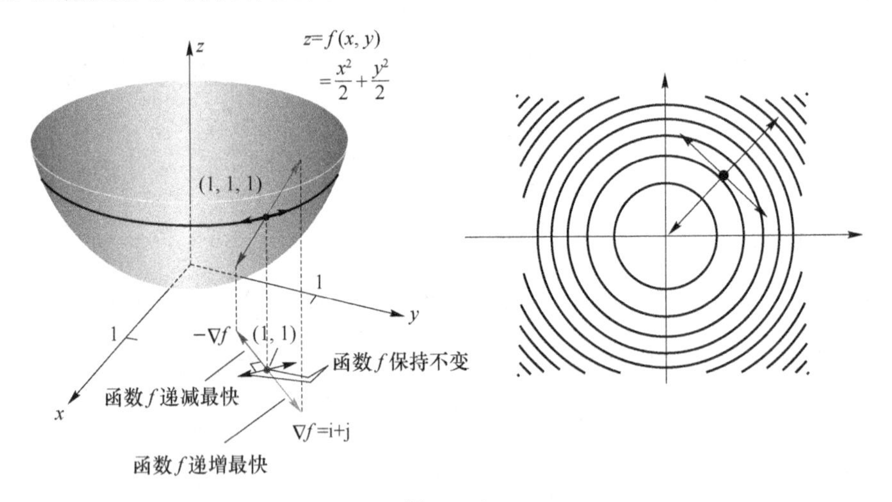


图 9.7.2 ■

## 习题 9.7

1. 设$f(x,y,z)=x^2+2y^2+3z^2+xy+3x-2y-6z$,求$\mathbf{grad}\ f(0,0,0)$和$\mathbf{grad}\ f(1,1,1)$.

2. 已知函数 $f(x,y)$ 在点 $P_0(x_0,y_0)$ 的偏导数存在，且 $f_x(x_0,y_0)=m$，求 $f(x,y)$ 在点 $P_0$ 沿 $x$ 轴负方向的方向导数.

3. 求 $u=\ln(x+\sqrt{y^2+z^2})$ 在点 $A(1,0,1)$ 处沿点 $A$ 指向点 $B(3,-2,2)$ 的方向导数.

4. 求函数 $u=xy^2+z^3-xyz$ 在点(1,1,2)处沿 $l$ 方向(其方向角分别为 60°,45°,60°)的方向导数.

5. 设 $f_x(0,0)=1, f_y(0,0)=2$，则(　　).

(A) $f(x,y)$ 在点(0,0)处连续

(B) $\mathrm{d}f(x,y)\big|_{(0,0)}=\mathrm{d}x+2\mathrm{d}y$

(C) $\dfrac{\partial f}{\partial l}\Big|_{(0,0)}=\cos\alpha+2\cos\beta$，其中 $\cos\alpha,\cos\beta$ 为 $l$ 的方向

(D) $f(x,y)$ 在点(0,0)处沿 $x$ 轴负方向的方向导数为 $-1$

6. 在椭球面 $2x^2+2y^2+z^2=1$ 上求一点，使函数 $f(x,y,z)=x^2+y^2+z^2$ 在该点沿方向 $\boldsymbol{l}=\boldsymbol{i}-\boldsymbol{j}$ 的方向导数最大.

7. 证明梯度的下列运算法则(其中 $u,v$ 为可微函数，$C_1,C_2$ 为任意常数)：

(1) $\nabla(C_1u+C_2v)=C_1\nabla u+C_2\nabla v$；　　(2) $\nabla(uv)=u\nabla v+v\nabla u$；

(3) $\nabla\left(\dfrac{u}{v}\right)=\dfrac{1}{v^2}(v\nabla u-u\nabla v)\quad(v\neq 0)$.

8. 设函数 $u=\ln\dfrac{1}{r}$，其中 $r=\sqrt{(x-a)^2+(y-b)^2+(z-c)^2}$，求 $u$ 的梯度，并指出在空间的哪些点上等式 $|\mathbf{grad}\,u|=1$ 成立.

9. 设 $u=\dfrac{z^2}{c^2}-\dfrac{x^2}{a^2}-\dfrac{y^2}{b^2}$，问 $u$ 在点 $(a,b,c)$ 处沿哪个方向增大最快？沿哪个方向减小最快？沿哪个方向变化率为零？

10. 设 $r=\sqrt{x^2+y^2+z^2}$，求 $\nabla r$ 及 $\nabla\dfrac{1}{r}\ (r\neq 0)$.

11. 求常数 $a,b$ 和 $c$，使得函数 $f(x,y,z)=axy^2+byz+cx^3z^2$ 在点(1,2,−1)处沿 $z$ 轴正向的方向导数是函数在该点处所有方向导数中最大的，并且这个最大的方向导数等于 64.

12. 设 $f(x,y)=(xy)^{\frac{1}{3}}$，证明：

(1) $f(x,y)$ 在点(0,0)只有沿两个坐标轴的正负方向上存在方向导数；

(2) $f(x,y)$ 在点(0,0)处连续.

13. 设 $f(x,y)$ 在点 $P_0(2,0)$ 处可微，且沿 $l_1=(2,-2)$ 的方向导数是 1，沿 $l_2=(-2,0)$ 的方向导数是 $-3$，求 $f(x,y)$ 在点 $P_0$ 处沿(3, 2)的方向导数.

14. 给出函数 $z=f(x,y)$ 在点 $P(x_0,y_0)$ 概念之间的关系：$f$ 的连续性、偏导数存在、沿任意方向的方向导数存在、可微性、一阶偏导连续性.

## 9.8　多元函数的极值与最值

在实际问题中，会经常遇到多元函数的最大值、最小值问题. 与一元函数的情形类似，多元函数的最大值、最小值与极大值、极小值有着密切的联系. 现以二元函数为例，先讨论多元函数极值的问题，再研究多元函数的最值和条件极值问题.

### 9.8.1 多元函数的极值

**定义 9.8.1** 设函数 $z=f(x,y)$ 在点 $P_0(x_0,y_0)$ 的某邻域内有定义，如果对于该邻域内的一切点 $P(x,y)$，都有

$$f(x,y)\leqslant f(x_0,y_0),$$

则称函数 $f(x,y)$ 在点 $P_0$ 处有**极大值** $f(x_0,y_0)$；如果对于该邻域内的一切点 $P(x,y)$，都有

$$f(x,y)\geqslant f(x_0,y_0),$$

则称函数 $f(x,y)$ 在点 $P_0$ 处有**极小值** $f(x_0,y_0)$. 极大值、极小值统称为极值，使函数取得极值的点 $P_0(x_0,y_0)$ 称为极值点.

**例 9.8.1** 函数 $f(x,y)=x^2+y^2$ 在点(0,0)处有极小值. 因为对于点(0,0)的任一邻域内一切异于(0,0)的点，函数值皆为正，而在点(0,0)的函数值为零，即

$$f(x,y)>f(0,0)=0,(x,y)\neq(0,0).$$

从几何上看这是显然的，如图 9.8.1(a)所示. ■

**例 9.8.2** 函数 $g(x,y)=\sqrt{1-x^2-y^2}$ 在点(0,0)处有极大值. 因为对于点(0,0)的充分小的邻域内一切异于(0,0)的点的函数值都小于1，而在点(0,0)的函数值为1，即

$$f(x,y)<f(0,0)=1,(x,y)\neq(0,0).$$

如图 9.8.1(b)所示. ■

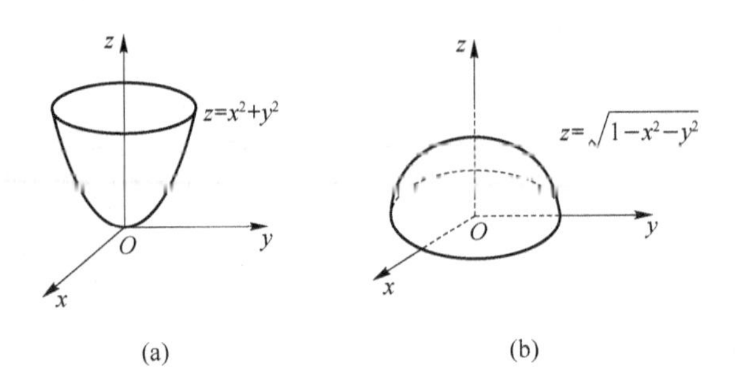


图 9.8.1

**例 9.8.3** 函数 $z=xy$ 在点(0,0)处不取极值. 因为对于点(0,0)的任一邻域内，既有使 $xy>0$ 的Ⅰ、Ⅲ象限中的点，又有使 $xy<0$ 的Ⅱ、Ⅳ象限中的点.

对于可导的一元函数的极值，可以用一阶、二阶导数来解决，类似地，对于偏导数存在的二元函数的极值问题，也可以利用偏导数来解决.

**定理 9.8.1(极值的必要条件)** 设函数 $z=f(x,y)$ 在点 $P_0(x_0,y_0)$ 处具有偏导数，且在点 $P_0(x_0,y_0)$ 处取得极值，则必有

$$f_x(x_0,y_0)=0,\quad f_y(x_0,y_0)=0.$$

**证** 不妨设函数 $z=f(x,y)$ 在点 $P_0(x_0,y_0)$ 处有极大值，由极大值的定义，在点 $P_0(x_0,y_0)$ 的某邻域内异于 $P_0$ 的一切点 $P(x,y)$ 都有

$$f(x,y)\leqslant f(x_0,y_0).$$

特殊地，在该邻域内取 $y=y_0,x\neq x_0$，仍有不等式

$$f(x,y_0)\leqslant f(x_0,y_0),$$

这就表明一元函数 $f(x,y_0)$ 在点 $x=x_0$ 处有极大值，根据一元可导函数取得极值的必要条

件有

$$\left.\frac{\mathrm{d}f(x,y_0)}{\mathrm{d}x}\right|_{x=x_0}=0,$$

即 $$f_x(x_0,y_0)=0.$$

同理可证 $$f_y(x_0,y_0)=0.$$ ■

以上关于二元函数的极值的概念,可推广到 $n$ 元函数.设 $n$ 元函数 $u=f(P)$ 的定义域为 $D$, $P_0$ 为 $D$ 的内点.若存在 $P_0$ 的某个邻域 $U(P_0)\subset D$,对于该邻域内的任意点 $P$,都有

$$f(P)\leqslant f(P_0)(\text{或 } f(P)\geqslant f(P_0)),$$

则称函数 $f(P)$ 在点 $P_0$ 有极大值(或极小值) $f(P_0)$.

类似地可推得,若函数 $f(x,y,z)$ 在点 $P_0(x_0,y_0,z_0)$ 处具有偏导数,且在点 $P_0$ 处取得极值的必要条件是

$$f_x(x_0,y_0,z_0)=0,\quad f_y(x_0,y_0,z_0)=0,\quad f_z(x_0,y_0,z_0)=0.$$

凡使得 $f_x(x,y)=0, f_y(x,y)=0$ 同时成立的点 $(x_0,y_0)$ 称为函数 $f(x,y)$ 的**驻点或稳定点**.由定理 9.8.1 可知,偏导数存在的函数的极值点必定是驻点,但反过来,驻点未必是极值点.如本节例 9.8.3 中的函数 $z=xy$,显然有 $z_x(0,0)=0, z_y(0,0)=0$,即点 $(0,0)$ 为驻点,但点 $(0,0)$ 却不是极值点.那么怎样判定一个驻点是不是极值点呢?下面的定理回答了这个问题.

**定理 9.8.2(极值的充分条件)** 设函数 $z=f(x,y)$ 在点 $P_0(x_0,y_0)$ 的某邻域内具有二阶连续偏导数,且 $f_x(x_0,y_0)=0, f_y(x_0,y_0)=0$.令

$$A=f_{xx}(x_0,y_0),\quad B=f_{xy}(x_0,y_0),\quad C=f_{yy}(x_0,y_0),$$

则 $f(x,y)$ 在点 $P_0(x_0,y_0)$ 处是否取得极值的条件如下:

(1) 当 $AC-B^2>0$ 时,函数 $z=f(x,y)$ 在点 $P_0(x_0,y_0)$ 处有极值,且当 $A<0$ 时,有极大值,当 $A>0$ 时,有极小值;

(2) 当 $AC-B^2<0$ 时,函数 $z=f(x,y)$ 在点 $P_0(x_0,y_0)$ 处没有极值;

(3) 当 $AC-B^2=0$ 时,函数 $z=f(x,y)$ 在点 $P_0(x_0,y_0)$ 处可能有极值,也可能没有极值,需另作讨论.

这个定理的证明基于多元函数的泰勒展开定理,但是它超过了本书的范畴.感兴趣的读者可以参考一些关于数学的其他更为深入的资料.

综合定理 9.8.1 和定理 9.8.2 的结果,可以把具有二阶连续偏导数的函数 $z=f(x,y)$ 的极值求法叙述如下.

第一步:解方程组 $\begin{cases} f_x(x,y)=0, \\ f_y(x,y)=0, \end{cases}$ 求所有驻点;

第二步:对于每个驻点 $(x_0,y_0)$,求出二阶偏导数的值 $A$、$B$ 及 $C$;

第三步:写出 $AC-B^2$ 的符号,按定理 9.8.2 判定 $f(x_0,y_0)$ 是否为极值,是极大值还是极小值,并算出极值.

**例 9.8.4** 求函数 $f(x,y)=3xy-x^3-y^3$ 的极值.

**解** 先解方程组

$$\begin{cases} f_x(x,y)=3y-3x^2 \triangleq 0, \\ f_y(x,y)=3x-3y^2 \triangleq 0, \end{cases}$$

求得驻点为 $(0,0)$ 和 $(1,1)$.为确定是否为极值点,再求函数 $f(x,y)$ 的二阶偏导数:

$$f_{xx}(x,y)=-6x,\quad f_{xy}(x,y)=3,\quad f_{yy}(x,y)=-6y.$$

在点(0,0)处,$A=0,B=3,C=0,AC-B^2=-9<0$,所以,函数在点(0,0)处没有极值.

在点(1,1)处,$A=-6,B=3,C=-6,AC-B^2=27>0$,所以,函数在点(1,1)处有极值,且由 $A=-6<0$ 知,函数在点(1,1)处有极大值 $f(1,1)=1$. ■

**注** 当 $AC-B^2=0$,驻点是否为一个极值点无法用定理 9.8.2 来确定.此时,需要更多的信息来进行判别.

**例 9.8.5** 求函数 $f(x,y)=2x^2-3xy^2+y^4$ 的极值点.

**解** 容易看到

$$f_x=4x-3y^2\triangleq 0,\quad f_y=2y(2y^2-3x)\triangleq 0,$$

且其唯一驻点为 $O(0,0)$.在原点 $O$ 容易求得

$$A=f_{xx}(0,0)=4,\quad B=f_{xy}(0,0)=0,\quad C=f_{yy}(0,0)=0.$$

注意到,$AC-B^2=0$,故无法用定理 9.8.2 来判断 $O$ 是否为极值点.但是,当 $(x,y)\neq(0,0)$ 时,容易看到

$$f(x,y)-f(0,0)=2x^2-3xy^2+y^4=(2x-y^2)(x-y^2).$$

若 $x<0$,$f(x,y)-f(0,0)>0$ 且若 $\frac{1}{2}y^2<x<y^2$,$f(x,y)-f(0,0)<0$.因此,点 $O$ 不是函数 $f$ 的极值点.此外,由于函数 $f$ 仅有一个驻点,故函数 $f$ 没有极值点. ■

讨论函数极值问题时,如果函数在所讨论的区域内具有偏导数,则由定理 9.8.1 知,极值只可能在驻点取得,此时只需对各个驻点利用定理 9.8.2 判断即可;但如果函数在个别点处偏导数不存在,这些点当然不是驻点,但也可能是极值点.

例如,函数 $f(x,y)=\sqrt{x^2+y^2}$ 在点(0,0)处的偏导数不存在,即(0,0)点不是驻点,但该函数在点(0,0)处有极小值.因此,在考虑函数极值时,除了考虑函数的驻点外,如果有偏导数不存在的点,那么对这些点也应当考虑.

### 9.8.2 多元函数的最大值和最小值

如果函数 $z=f(x,y)$ 在有界闭区域 $D$ 上连续,则 $f(x,y)$ 在 $D$ 上必定能取到最大值和最小值.与一元函数的最值问题一样,求函数 $z=f(x,y)$ 在 $D$ 上的最大值与最小值的步骤是:

(1) 求出函数 $z=f(x,y)$ 在 $D$ 内的所有驻点及偏导数不存在的点处的函数值;

(2) 求出函数 $z=f(x,y)$ 在 $D$ 的边界上的最大值与最小值;

(3) 将上述函数值与边界上的最大值与最小值进行比较,最大者即为最大值,最小者即为最小值.

特别地,如果可微函数 $f(x,y)$ 在 $D$ 内只有唯一的驻点,又根据问题的实际意义知其最大值或最小值存在且在 $D$ 的内部取得,则该驻点处的函数值就是所求的最大值或最小值.

**例 9.8.6** 求二元函数 $z=f(x,y)=2+2x+2y-x^2-y^2$ 在由直线 $x+y=9$,$x$ 轴和 $y$ 轴所围成的闭区域 $D$ 上的最大值与最小值(见图 9.8.2(1)).

**解** 由于 $f$ 是可微的,则使得 $f$ 取得最值的点只能在区域 $D$ 中满足 $f'_x(x,y)=0$,$f'_y(x,y)=0$ 的内点和边界上.

(1) 内点.对给定的函数,令

$$f'_x(x,y)=2-2x\triangleq 0,\quad f'_y(x,y)=2-2y\triangleq 0,$$

可得一个点(1,1).在该处 $f$ 的函数值为 $f(1,1)=4$.

(2) 边界点. 在线段 $OA$ 上, $y=0$. 函数化为

$$f(x,y)=f(x,0)=2+2x-x^2,$$

此时可被看成一个在闭区间 $0\leqslant x\leqslant 9$ 上定义的 $x$ 的函数. 于是其极值可能出现在线段的端点($x=0$ 时 $f(0,0)=2$, $x=9$ 时 $f(9,0)=-61$)以及内部, 此时

$$f'(x,0)=2-2x\triangleq 0.$$

故唯一的驻点为 $x=1$, 故有 $f(x,0)=f(1,0)=3$. 类似地, 线段 $OB$ 上可能的候选者是 $(0,0)$, $(0,9)$ 和 $(0,1)$. 相应的函数值为 $f(0,0)=2$, $f(0,9)=-61$, $f(0,1)=3$. 在线段 $AB$ 上, 有 $y=9-x$, 将这个关系代入函数中, 可得

$$f(x,y)=2+2x+2(9-x)-x^2-(9-x)^2-61+18x-2x^2.$$

令 $f'(x,9-x)=18-4x=0$, 可以得到 $x=\frac{9}{2}$ 及 $y=9-\frac{9}{2}=\frac{9}{2}$, 因此

$$f(x,y)=f\left(\frac{9}{2},\frac{9}{2}\right)=-\frac{41}{2}.$$

总结上述结论, 列表 9.8.1 如下:

**表 9.8.1**

| (x,y) | (0,0) | (1,0) | (9,0) | (0,1) | (1,1) | $\left(\frac{9}{2},\frac{9}{2}\right)$ | (1,9) |
|---|---|---|---|---|---|---|---|
| f(x,y) | 2 | 3 | −61 | 3 | 4 | $-\frac{41}{2}$ | −61 |

容易看出, 函数在点 $(1,1)$ 处的最大值为 4, 在点 $(0,9)$ 和 $(9,0)$ 处取得最小值 −6(见图 9.8.2(2)).

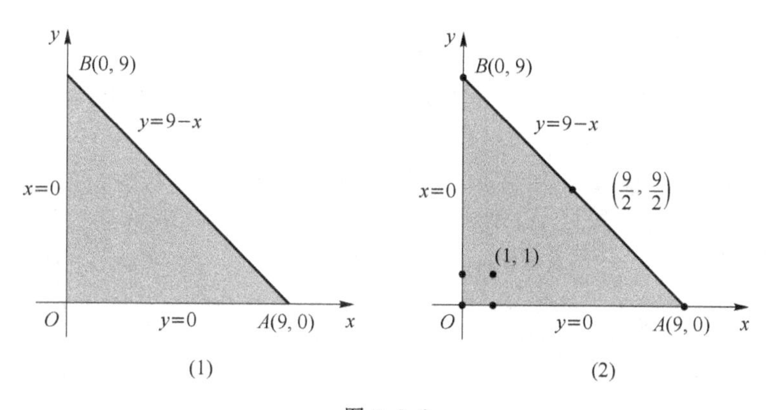


图 9.8.2

■

**例 9.8.7** 证明周长为 $2p$ 的三角形中, 等边三角形的面积最大.

**证明** 令三角形的三边分别为 $x$, $y$ 和 $z$, 则可得如下的目标函数:

$$S^2=p(p-x)(p-y)(p-z).$$

由已知条件, 可得

$$x+y+z=2p,$$

即 $z=2p-x-y$. 则目标函数可以改写为

$$S^2=f(x,y)=p(p-x)(p-y)(x+y-p),$$

因此给定的问题化简为求目标函数 $f(x,y)$ 在区域 $D=\{(x,y)\mid 0<x<p, p-x<y<p\}$ 内的全局最大值和最小值(见图 9.8.3).

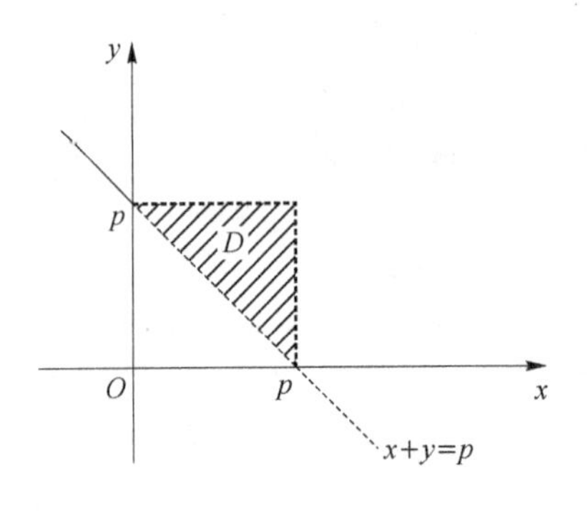


图 9.8.3

求解方程组

$$\begin{cases} f_x=p(p-y)(2p-2x-y)\triangleq 0, \\ f_y=p(p-x)(2p-x-2y)\triangleq 0, \end{cases}$$

得到函数 $f$ 的唯一驻点 $M$. 由于 $f$ 在闭区域 $D\cup\partial D$ 上连续，$f$ 在闭区域 $D$ 上必有最大值. 显然，函数 $f$ 在边界$\partial D$ 都变为零. 由于 $f$ 在 $D$ 的内部都大于零，故 $f$ 的最大值必然在 $D$ 的内部取得. 同时，由于 $f$ 在 $D$ 内$\left(\frac{2p}{3},\frac{2p}{3}\right)$的偏导数都存在且 $M$ 为其唯一的驻点，则函数的最大值点必然在此点取得. 也即，$f(M)$为 $f$ 在 $D$ 上的最大值，当然也是 $f$ 在 $D$ 内的最大值，

$$f\left(\frac{2p}{3},\frac{2p}{3}\right)=\frac{p^4}{27},$$

此时，$x=y=z=\frac{2p}{3}$，即所求三角形就是等边三角形. ■

**例 9.8.8** 某厂要用钢板制造一个容积为 2 $m^3$ 的有盖长方形水箱，问长、宽、高各为多少时能使用料最省？

**解** 要使得用料最省，即要使得长方体的表面积最小. 设水箱的长为 $x$，宽为 $y$，则高为 $\frac{2}{xy}$，表面积

$$S=2\left(xy+y\cdot\frac{2}{xy}+x\frac{2}{xy}\right)=2\left(xy+\frac{2}{x}+\frac{2}{y}\right)\quad(x>0,y>0).$$

由$\begin{cases} S_x=2\left(y-\frac{2}{x^2}\right)\triangleq 0, \\ S_y=2\left(x-\frac{2}{y^2}\right)\triangleq 0, \end{cases}$ 得驻点$(\sqrt[3]{2},\sqrt[3]{2})$. 由题意知，表面积的最小值一定存在，且在开区域 $x>0$，$y>0$ 的内部取得，故可断定当长为$\sqrt[3]{2}$，宽为$\sqrt[3]{2}$，高为$\frac{2}{\sqrt[3]{2}\cdot\sqrt[3]{2}}=\sqrt[3]{2}$时，表面积最小，即用料最省的水箱是正方形水箱. ■

### 9.8.3 条件极值、拉格朗日乘数法

上面所讨论的极值问题，对于函数的自变量，除了限制在函数的定义域内变化外，并无其他条件，这样的极值问题称为**无条件极值**. 但在实际问题中，有时会遇到对函数的自变量还有附加条件的极值问题，这类极值称为**条件极值**. 图 9.8.4 说明了无条件极值和条件极值的区别.

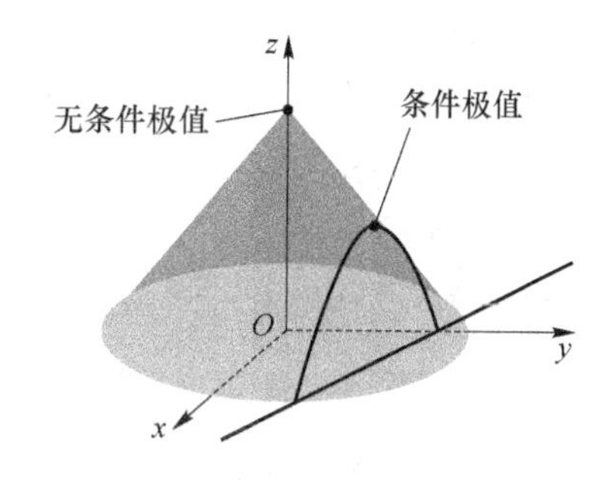


图 9.8.4

关于条件极值的求法，有以下两种方法.

**1. 转化为无条件极值**

对一些简单的条件极值问题，往往可以利用附加条件，消去函数中某些自变量，转化为无条件极值.

**例 9.8.9** 求平面 $2x+y-z-5=0$ 上，距离原点 $O(0,0,0)$ 最近的点 $P(x,y,z)$.

**解** 事实上，问题就是求 $|OP|=\sqrt{x^2+y^2+z^2}$ 的最小值. 由于 $|OP|$ 取得最小值的充要条件为函数

$$f(x,y,z)=x^2+y^2+z^2$$

取到其最小值，此问题转化为在约束条件 $2x+y-z-5=0$ 下，函数 $f(x,y,z)$ 的最小值.

若视 $x$ 和 $y$ 为平面方程中的自变量，并将 $z$ 写为

$$z=2x+y-5,$$

则问题化简为求一个点 $(x,y)$，使得

$$h(x,y)=f(x,y,2x+y-5)$$

取得最小值. 由于 $h(x,y)$ 的定义域为整个 $xOy$ 平面，则任何 $h(x,y)$ 的最小值必然出现在满足如下条件的地方

$$h_x(x,y)=2x+4(2x+y-5)=10x+4y-20=0,$$
$$h_y(x,y)=2y+2(2x+y-5)=4x+4y-10=0,$$

由此可得

$$x=\frac{5}{3},\quad y=\frac{5}{6}.$$

利用几何上的讨论，容易看到这些值使得 $h(x,y)$ 最小. 相应地在平面 $z=2x+y-5$ 上点 $z$ 的坐标为 $z=-\frac{5}{6}$. 因此，所求的点为 $\left(\frac{5}{3},\frac{5}{6},-\frac{5}{6}\right)$，距离为 $\frac{5}{\sqrt{6}}\approx 2.04$. ■

**2. 拉格朗日乘数法**

一般地，用于求解条件最大或最小问题的方法就是代入法. 这个方法的关键是尝试消去约束条件以得到无条件极值问题. 但是，正如下面例子所示，这个方法并不总是奏效的.

**例 9.8.10** 求双曲柱面 $x^2-z^2=1$ 上距原点 $O(0,0,0)$ 最近的点 $P(x,y,z)$.

**分析** 此问题即为求在约束条件 $x^2-z^2=1$ 下，

$$f(x,y,z)=x^2+y^2+z^2$$

的最小值. 当使用代入法求解此问题时，可得

$$h(x,y)=2x^2+y^2-1.$$

显然 $h(x,y)$ 的定义域为全体 $xOy$ 平面，且 $h(0,0)=-1$ 是最小值，这个结果显然是错误的，距离最小值不可能是负值. 其原因在于约束条件 $x^2-z^2=1$ 隐式给出界 $|x|\geqslant 1$，而这个条件是影响问题结果的. 因此，这个界需要被显式地包含在问题消去 $y$ 的过程中.

**解** 现在用另外一个方法，设想在原点处有一个肥皂泡不断扩张，直到其首次与双曲柱面接触. 在任意接触点，柱面和球面都有着相同的切平面. 因此若球面和柱面的方程可表示为下面的等值面

$$f(x,y,z)=x^2+y^2+z^2-a^2=0,$$
$$g(x,y,z)=x^2-z^2-1=0,$$

如图 9.8.5 所示，则它们切平面的法向量平行，有

$$(f_x,f_y,f_z)=\lambda(g_x,g_y,g_z),$$

即
$$(2x,2y,2z)=\lambda(2x,0,-2z).$$

解得 $y=z=0$，由于该点在球面上，故有 $x=\pm 1$. 故所求的点为 $(\pm 1,0,0)$. ■

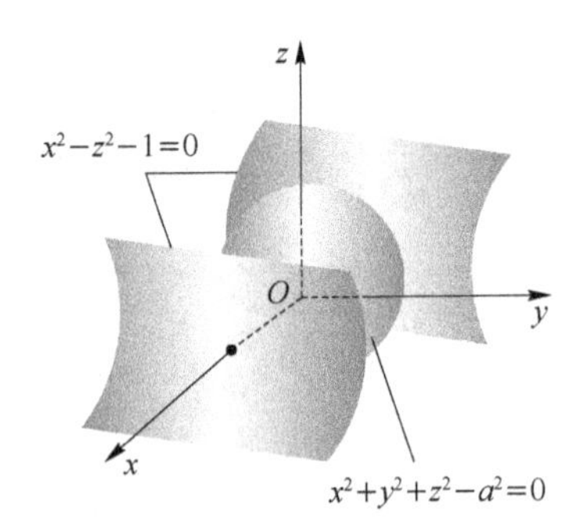


图 9.8.5

例 9.8.10 中使用的方法称为拉格朗日乘数法. 其中，$\lambda$ 为某常数，称为拉格朗日乘数.

**拉格朗日乘数法** 求函数 $u=f(x,y,z)$ 在条件 $\varphi(x,y,z)=0$ 下的可能极值点，按以下方法进行：

(1) 构造拉格朗日函数

$$L(x,y,z,\lambda)=f(x,y,z)+\lambda\varphi(x,y,z);$$

(2) 将 $L(x,y,z,\lambda)$ 分别对 $x,y,z,\lambda$ 求一阶偏导数，并使之为零，得方程组

$$\begin{cases} L_x(x,y,z,\lambda)=f_x(x,y,z)+\lambda\varphi_x(x,y,z)\triangleq 0, \\ L_y(x,y,z,\lambda)=f_y(x,y,z)+\lambda\varphi_y(x,y,z)\triangleq 0, \\ L_z(x,y,z,\lambda)=f_z(x,y,z)+\lambda\varphi_z(x,y,z)\triangleq 0, \\ L_\lambda(x,y,z,\lambda)=\varphi(x,y,z)=0; \end{cases}$$

(3) 求出方程组的解 $(x,y,z,\lambda)$，其中 $(x,y,z)$ 就是函数 $f(x,y,z)$ 在条件 $\varphi(x,y,z)=0$ 下的可能极值点.

**例 9.8.11** 求函数 $u=xyz$ 在附加条件

$$\frac{1}{x}+\frac{1}{y}+\frac{1}{z}=\frac{1}{a} \quad (x>0,y>0,z>0,a>0)$$

下的极值.

**解** 作拉格朗日函数

$$F(x,y,z)=xyz-\lambda\left(\frac{1}{x}+\frac{1}{y}+\frac{1}{z}-\frac{1}{a}\right).$$

则有
$$F_x = yz - \frac{\lambda}{x^2} \triangleq 0,$$
$$F_y = xz - \frac{\lambda}{y^2} \triangleq 0,$$
$$F_z = xy - \frac{\lambda}{z^2} \triangleq 0.$$
注意到以上三个方程的左端的第一项都是三个变量 $x, y, z$ 中某两个变量的乘积，将各方程两端同乘以相应缺少的那个变量，使各方程左端的第一项都成为 $xyz$，然后将三个方程的左右两端相加，得到
$$3xyz - \lambda\left(\frac{1}{x} + \frac{1}{y} + \frac{1}{z}\right) = 0,$$
所以
$$xyz = \frac{\lambda}{3a}.$$
则得到解为 $x = y = z = 3a$. 由此得到点$(3a, 3a, 3a)$是函数的唯一可能的极值点. 应用二元函数极值的充分条件可知，点$(3a, 3a, 3a)$是极小值点. 因此，函数 $u = xyz$ 在附加条件$\frac{1}{x} + \frac{1}{y} + \frac{1}{z} = \frac{1}{a}$ $(x>0, y>0, z>0, a>0)$下在点$(3a, 3a, 3a)$处取得极小值 $27a^3$. ■

**例 9.8.12** 一个工厂要制作一个没有盖子，且体积为常数 $V$ 的立方体盒子. 如何设计这个盒子，使得它的表面积最小？

**解** 令这个盒子的长、宽和高分别为 $x, y$ 和 $z$. 实际问题归结为求函数
$$f(x, y, z) = xy + 2(xz + yz)$$
在条件 $xyz - V = 0$ 下的最小值.

构造拉格朗日函数
$$L(x, y, z, \lambda) = xy + 2(xz + yz) + \lambda(xyz - V).$$
将 $L(x, y, z, \lambda)$分别对 $x, y, z, \lambda$ 求一阶偏导数，并使之为零，即
$$\begin{cases} L_x = y + 2z + \lambda yz \triangleq 0, \\ L_y = x + 2z + \lambda xz \triangleq 0, \\ L_z = 2(x + y) + \lambda xy \triangleq 0, \\ L_\lambda = xyz - V \triangleq 0; \end{cases} \tag{9.8.1}$$
将第二个方程从第一个方程中减去，可得
$$(y - x)(1 + \lambda z) = 0, \tag{9.8.2}$$
将第二个方程乘以 2 再减去第三个方程，则有
$$(2z - x)(2 + \lambda x) = 0. \tag{9.8.3}$$
由式(9.8.2)和式(9.8.3)，可得
$$x = y = 2z. \tag{9.8.4}$$
将式(9.8.4)代入式(9.8.1)中的最后一个方程，即可得到唯一解：
$$x = y = \sqrt[3]{2V}, \quad z = \frac{1}{2}\sqrt[3]{2V},$$
这是唯一的可能极值点. 由实际问题知 $f$ 一定存在最小值，所以它也是 $f$ 取得最小值的点. 所以当长、宽、高分别为 $\sqrt[3]{2V}$、$\sqrt[3]{2V}$、$\frac{1}{2}\sqrt[3]{2V}$时，表面积最小，且最小面积为 $3\sqrt[3]{4V^2}$. ■

**例 9.8.13** 求 $f(x,y)=3x^2+3y^2-2x^3$ 在区域 $D=\{(x,y)\mid x^2+y^2\leqslant 2\}$ 上的最大值与最小值.

**解** 解方程组

$$\begin{cases} f_x(x,y)=6x-6x^2 \triangleq 0, \\ f_y(x,y)=6y \triangleq 0, \end{cases}$$

得驻点(0,0)与(1,0),两驻点在 $D$ 的内部,且 $f(0,0)=0$,$f(1,0)=1$.

下面求函数 $f(x,y)=3x^2+3y^2-2x^3$ 在边界 $x^2+y^2=2$ 上的最大值与最小值.这问题的实质就是求函数 $f(x,y)=3x^2+3y^2-2x^3$ 在条件 $x^2+y^2=2$ 下的极值问题.

构造拉格朗日函数

$$L(x,y,\lambda)=3x^2+3y^2-2x^3+\lambda(x^2+y^2-2).$$

将 $L(x,y,\lambda)$ 分别对 $x,y,\lambda$ 求一阶偏导数,并使之为零,即

$$\begin{cases} L_x=6x-6x^2+2\lambda x=0, \\ L_y=6y+2\lambda y=0, \\ L_\lambda=x^2+y^2-2=0; \end{cases}$$

求得这个方程组的解为

$$\begin{cases} x=0, \\ y=\sqrt{2}, \end{cases} \quad \begin{cases} x=0, \\ y=-\sqrt{2}, \end{cases} \quad \begin{cases} x=\sqrt{2}, \\ y=0, \end{cases} \quad \begin{cases} x=-\sqrt{2}, \\ y=0; \end{cases}$$

对应的函数值为

$$f(0,\sqrt{2})=6, \quad f(0,-\sqrt{2})=6, \quad f(\sqrt{2},0)=6-4\sqrt{2}, \quad f(-\sqrt{2},0)=6+4\sqrt{2}.$$

两驻点对应的函数值为

$$f(0,0)=0, \quad f(1,0)=1.$$

比较以上函数值,可知 $f(x,y)$ 在区域 $D$ 上的最大值为 $f(-\sqrt{2},0)=6+4\sqrt{2}$,最小值为 $f(0,0)=0$. ■

## 习题 9.8 A

1. 设可微函数 $f(x,y)$ 在点 $(x_0,y_0)$ 取得极小值,则下列结论正确的是(　　).

(A) $f(x_0,y)$ 在 $y=y_0$ 处导数等于零

(B) $f(x_0,y)$ 在 $y=y_0$ 处导数大于零

(C) $f(x_0,y)$ 在 $y=y_0$ 处导数小于零

(D) $f(x_0,y)$ 在 $y=y_0$ 处导数不存在

2. 求函数 $f(x,y)=x^3-y^3+3x^2+3y^2-9x$ 的极值.

3. 从斜边之长为 $l$ 的一切直角三角形中,求有最大周长的直角三角形.

4. 已知函数 $f(x,y)$ 在点(0,0)的某个邻域内连续,且 $\lim\limits_{\substack{x\to 0\\ y\to 0}}\dfrac{f(x,y)-xy}{(x^2+y^2)^2}=1$,则(　　).

(A) 点(0,0)不是 $f(x,y)$ 的极值点

(B) 点(0,0)是 $f(x,y)$ 的极大值点

(C) 点(0,0)是 $f(x,y)$ 的极小值点

(D) 无法断定(0,0)是否为 $f(x,y)$ 的极值点

5. 设 $f(x,y)$ 与 $\varphi(x,y)$ 均为可微函数，且 $\varphi_y(x,y)\neq 0$，已知 $(x_0,y_0)$ 是 $f(x,y)$ 在约束条件 $\varphi(x,y)=0$ 下的一个极值点，下列选项正确的是(　　).

(A) 若 $f_x(x_0,y_0)=0$，则 $f_y(x_0,y_0)=0$

(B) 若 $f_x(x_0,y_0)=0$，则 $f_y(x_0,y_0)\neq 0$

(C) 若 $f_x(x_0,y_0)\neq 0$，则 $f_y(x_0,y_0)=0$

(D) 若 $f_x(x_0,y_0)\neq 0$，则 $f_y(x_0,y_0)\neq 0$

6. 求函数 $f(x,y)=x^4+y^4-(x+y)^2$ 的极值.

7. 求由方程 $2x^2+2y^2+z^2+8xz-z+8=0$ 确定的隐函数 $z=z(x,y)$ 的极值.

8. 求函数 $f(x,y)=(x-1)^2+(y-2)^2+1$ 在区域 $D:x^2+y^2\leqslant 20$ 上的最大值和最小值.

9. 函数 $f(x,y)=\mathrm{e}^{-xy}$ 在 $x^2+4y^2\leqslant 1$ 上的最大值.

10. 在椭圆 $x^2+4y^2=4$ 上求一点，使其到直线 $2x+3y-6=0$ 的距离最短.

11. 对一个没有顶、截面为半圆、表面积 $S$ 的正圆柱形容器，求出这个容器的各个尺寸，使得其体积最大.

12. 求平面 $xOy$ 上的一个点，使得它到三条直线 $x=0$，$y=0$ 和 $x+2y-16=0$ 距离的平方和最小.

13. 求平面 $xOy$ 上的一个点，使得它与给定的点 $(x_1,y_1)$，$(x_2,y_2)$，…，$(x_n,y_n)$ 距离的平方和最小.

14. 求从原点到曲线 $\begin{cases}x^2+y^2=z\\x+y+z=1\end{cases}$ 的最大值和最小值.

15. 一个长方体地下储藏室体积为一个常数 $V$，其顶面和侧面的单位面积成本分别为底面成本的 3 倍和 2 倍. 则使用何种尺寸才能使该储藏室的建造成本最小?

16. 令 $y=x_1,x_2,\cdots,x_n$，

(1) 在条件 $x_1+x_2+\cdots+x_n=1$，$x_i>0$ 下，求 $y$ 的最小值；

(2) 使用(1)中的结论导出下面著名的不等式：

$$\sqrt[n]{x_1x_2\cdots x_n}=\frac{x_1+x_2+\cdots+x_n}{n}.$$

17. 在第一卦限内作椭球面

$$\frac{x^2}{a^2}+\frac{y^2}{b^2}+\frac{z^2}{c^2}=1$$

的切平面，使切平面与三坐标面所围成的四面体体积最小，求切点坐标.

## 习题 9.8　B

1. 某养殖场饲养两种鱼，如甲种鱼放养 $x$(万尾)，乙种鱼放养 $y$(万尾)，收获时两种鱼的收获量分别为

$$(3-\alpha x-\beta y)x \quad 和 \quad (4-\beta x-2\alpha y)y \quad (\alpha>\beta>0),$$

求使总产鱼量最大的放养数.

2. 求函数 $u=\ln x+\ln y+3\ln z$ 在条件 $x^2+y^2+z^2=5R^2$ $(x>0,y>0,z>0)$ 下的最大值，

并以此结果证明对任意正数 $a,b,c$，有 $abc^3\leqslant 27(\frac{a+b+c}{5})^5$.

## *9.9 二元函数的泰勒公式

在上册中我们已介绍过一元函数的泰勒公式：若函数 $f(x)$ 在点 $x_0$ 的某个邻域 $U(x_0)$ 内具有直到 $n+1$ 阶的导数，则当 $x\in U(x_0)$ 时，有

$$f(x)=f(x_0)+f'(x_0)(x-x_0)+\frac{f''(x_0)}{2!}(x-x_0)^2+\cdots+$$
$$\frac{f^{(n)}(x_0)}{n!}(x-x_0)^n+\frac{f^{(n+1)}(x_0+\theta(x-x_0))}{(n+1)!}(x-x_0)^{n+1}\quad(0<\theta<1)$$

成立.

对于多元函数也有类似的公式.

**定理 9.9.1** 设二元函数 $z=f(x,y)$ 在点 $(x_0,y_0)$ 的某邻域内具有直到 $n+1$ 阶的连续偏导数，$(x_0+h,y_0+k)$ 是该邻域内任一点，则有

$$f(x_0+h,y_0+k)$$
$$=f(x_0,y_0)+\left(h\frac{\partial}{\partial x}+k\frac{\partial}{\partial y}\right)f(x_0,y_0)+\frac{1}{2!}\left(h\frac{\partial}{\partial x}+k\frac{\partial}{\partial y}\right)^2f(x_0,y_0)+\cdots+$$
$$\frac{1}{n!}\left(h\frac{\partial}{\partial x}+k\frac{\partial}{\partial y}\right)^nf(x_0,y_0)+\frac{1}{(n+1)!}\left(h\frac{\partial}{\partial x}+k\frac{\partial}{\partial y}\right)^{n+1}f(x_0+\theta h,y_0+\theta k)\quad(0<\theta<1),\tag{9.9.1}$$

式(9.9.1)称为二元函数 $f(x,y)$ 在点 $(x_0,y_0)$ 的 $n$ 阶**泰勒公式**. 其中记号

$\left(h\frac{\partial}{\partial x}+k\frac{\partial}{\partial y}\right)f(x_0,y_0)$ 表示 $hf_x(x_0,y_0)+kf_y(x_0,y_0)$；

$\left(h\frac{\partial}{\partial x}+k\frac{\partial}{\partial y}\right)^2f(x_0,y_0)$ 表示 $h^2f_{xx}(x_0,y_0)+2hkf_{xy}(x_0,y_0)+k^2f_{yy}(x_0,y_0)$；

一般地，记号 $\left(h\frac{\partial}{\partial x}+k\frac{\partial}{\partial y}\right)^mf(x_0,y_0)$ 表示 $\sum\limits_{p=0}^{m}C_m^ph^pk^{m-p}\left.\frac{\partial^mf}{\partial x^p\partial y^{m-p}}\right|_{(x_0,y_0)}$.

**证明** 作辅助函数

$$\Phi(t)=f(x_0+ht,y_0+kt)\quad(0\leqslant t\leqslant 1).$$

显然有 $\Phi(0)=f(x_0,y_0)$，$\Phi(1)=f(x_0+h,y_0+k)$. 由定理所设可知函数 $\Phi(t)$ 在区间 $[0,1]$ 上具有直到 $n+1$ 阶连续导数. 由一元函数 $\Phi(t)$ 的麦克劳林公式得

$$\Phi(t)=\Phi(0)+\Phi'(0)t+\frac{1}{2!}\Phi''(0)t^2+\cdots+$$
$$\frac{1}{n!}\Phi^{(n)}(0)t^n+\frac{1}{(n+1)!}\Phi^{(n+1)}(\theta t)t^{n+1}\quad(0<\theta<1).$$

特别当 $t=1$ 时，有

$$\Phi(1)=\Phi(0)+\Phi'(0)+\frac{1}{2!}\Phi''(0)+\cdots+$$
$$\frac{1}{n!}\Phi^{(n)}(0)+\frac{1}{(n+1)!}\Phi^{(n+1)}(\theta)\quad(0<\theta<1).$$

对 $\Phi(t)$ 利用多元复合函数微分法，并令 $x=x_0+th$，$y=y_0+tk$，得

$$\Phi'(t)=hf_x(x_0+ht,y_0+kt)+kf_y(x_0+ht,y_0+kt)$$
$$=(h\frac{\partial}{\partial x}+k\frac{\partial}{\partial y})f(x_0+ht,y_0+kt),$$
$$\Phi''(t)=h^2f_{xx}(x_0+ht,y_0+kt)+2hkf_{xy}(x_0+ht,y_0+kt)+k^2f_{yy}(x_0+ht,y_0+kt)$$
$$=\left(h\frac{\partial}{\partial x}+k\frac{\partial}{\partial y}\right)^2f(x_0+ht,y_0+kt),$$
$$\vdots$$

由数学归纳法可得

$$\Phi^{(m)}(t)=\sum_{p=0}^{m}C_m^p h^p k^{m-p}\frac{\partial^m f}{\partial x^p\partial y^{m-p}}\bigg|_{(x_0+ht,y_0+kt)}$$
$$=\left(h\frac{\partial}{\partial x}+k\frac{\partial}{\partial y}\right)^m f(x_0+ht,y_0+kt).$$

代入 $\Phi(1)$的表达式,便可得证. ■

公式(9.9.1)右端最后一项称为余项,记作 $R_n$,即

$$R_n=\frac{1}{(n+1)!}\left(h\frac{\partial}{\partial x}+k\frac{\partial}{\partial y}\right)^{n+1}f(x_0+\theta h,y_0+\theta k).\tag{9.9.2}$$

若只要求余项 $R_n=o(\rho^n)$ $(\rho=\sqrt{h^2+k^2})$,则仅需 $f(x,y)$在点$(x_0,y_0)$的某邻域内具有直到 $n$ 阶的连续偏导数,便有

$$f(x_0+h,y_0+k)=f(x_0,y_0)+\sum_{p=1}^{n}\frac{1}{p!}\left(h\frac{\partial}{\partial x}+k\frac{\partial}{\partial y}\right)^p f(x_0,y_0)+o(\rho^n).\tag{9.9.3}$$

泰勒公式中

$$f(x_0,y_0)+\left(h\frac{\partial}{\partial x}+k\frac{\partial}{\partial y}\right)f(x_0,y_0)+\frac{1}{2!}\left(h\frac{\partial}{\partial x}+k\frac{\partial}{\partial y}\right)^2f(x_0,y_0)+\cdots$$
$$+\frac{1}{n!}\left(h\frac{\partial}{\partial x}+k\frac{\partial}{\partial y}\right)^n f(x_0,y_0)$$

是 $h,k$ 的多项式,称为 $f(x,y)$在点$(x_0,y_0)$处的 $n$ 阶泰勒多项式,记为 $P_n(h,k)$.

当$|h|$,$|k|$适当小时,有

$$f(x_0+h,y_0+k)\approx P_n(h,k),$$

其误差为$|R_n|$.由假设,函数具有直到$(n+1)$阶连续偏导数,如果它们的绝对值在点$(x_0,y_0)$的某一邻域内都不超过某一正数 $M$,记 $\rho=\sqrt{h^2+k^2}$,$(|h|+|k|)^2\leqslant 2(h^2+k^2)=2\rho^2$,于是有下面的误差估计公式:

$$|R_n|\leqslant\frac{M}{(n+1)!}(|h|+|k|)^{n+1}\leqslant\frac{(\sqrt{2})^{n+1}M}{(n+1)!}\rho^{n+1},$$

即 $R_n=o(\rho^n)$.

当 $n=0$ 时,泰勒公式(1)成为

$$f(x_0+h,y_0+k)=f(x_0,y_0)+hf_x(x_0+\theta h,y_0+\theta k)+kf_y(x_0+\theta h,y_0+\theta k)\quad(0<\theta<1),$$

此式称为 $z=f(x,y)$的拉格朗日中值公式.由此可得下述结论:若函数 $f(x,y)$的偏导数 $f_x(x,y)$, $f_y(x,y)$在某一区域内恒等于零,则函数 $f(x,y)$在此区域内必等于常数.

$x_0=0,y_0=0$ 时的泰勒公式,又称麦克劳林(Maclaurin)公式. $f(x,y)$的麦克劳林公式为

$$f(x,y)=f(0,0)+\left(x\frac{\partial}{\partial x}+y\frac{\partial}{\partial y}\right)f(0,0)+\frac{1}{2!}\left(x\frac{\partial}{\partial x}+y\frac{\partial}{\partial y}\right)^2f(0,0)+$$

$$\cdots+\frac{1}{n!}\left(x\frac{\partial}{\partial x}+y\frac{\partial}{\partial y}\right)^{n}f(0,0)+\frac{1}{(n+1)!}\left(x\frac{\partial}{\partial x}+y\frac{\partial}{\partial y}\right)^{n+1}f(\theta x,\theta y)\quad(0<\theta<1).$$

**例 9.9.1** 求 $f(x,y)=x^y$ 在点(1,4)的泰勒公式(到二阶为止).

**解** 由于 $x_0=1,y_0=4,n=2$,因此有

$$f(x,y)=x^y,\quad f(1,4)=1,$$
$$f_x(x,y)=yx^{y-1},\quad f_x(1,4)=4,$$
$$f_y(x,y)=x^y\ln x,\quad f_y(1,4)=0,$$
$$f_{xx}(x,y)=y(y-1)x^{y-2},\quad f_{xx}(1,4)=12,$$
$$f_{xy}(x,y)=x^{y-1}+yx^{y-1}\ln x,\quad f_{xy}(1,4)=1,$$
$$f_{yy}(x,y)=x^y(\ln x)^2,\quad f_{yy}(1,4)=0.$$

将它们代入泰勒公式(9.9.3)中,即得

$$x^y=1+4(x-1)+6(x-1)^2+(x-1)(y-4)+o(\rho^2).$$ ■

**例 9.9.2** 试求函数 $z=f(x,y)=\ln(1+x+y)$ 的三阶麦克劳林公式.

**解** 因为

$$\frac{\partial}{\partial x}f(x,y)=\frac{1}{1+x+y}\frac{\partial}{\partial y}f(x,y),$$
$$\frac{\partial^2}{\partial x^2}f(x,y)=\frac{-1}{(1+x+y)^2}=\frac{\partial^2}{\partial x\partial y}f(x,y)=\frac{\partial^2}{\partial y^2}f(x,y),$$
$$\frac{\partial^3}{\partial x^p\partial y^{3-p}}f(x,y)=\frac{2!}{(1+x+y)^3}\quad(p=3,2,1,0),$$
$$\frac{\partial^4}{\partial x^p\partial y^{4-p}}f(x,y)=\frac{-3!}{(1+x+y)^4}\quad(p=4,3,2,1,0),$$

所以

$$\left(x\frac{\partial}{\partial x}+y\frac{\partial}{\partial y}\right)f(0,0)=x+y,$$
$$\left(x\frac{\partial}{\partial x}+y\frac{\partial}{\partial y}\right)^2f(0,0)=-(x+y)^2,$$
$$\left(x\frac{\partial}{\partial x}+y\frac{\partial}{\partial y}\right)^3f(0,0)=2(x+y)^3,$$
$$\left(x\frac{\partial}{\partial x}+y\frac{\partial}{\partial y}\right)^4f(\theta x,\theta y)=\frac{-6(x+y)^4}{(1+\theta x+\theta y)^4}.$$

又 $f(0,0)=0$,故

$$\ln(1+x+y)=(x+y)-\frac{1}{2}(x+y)^2+\frac{1}{3}(x+y)^3-\frac{1}{4}\frac{6(x+y)^4}{(1+\theta x+\theta y)^4}\quad(0<\theta<1).$$ ■

## 习题 9.9

1. 求函数 $f(x,y)=e^{x+y}$ 的 $n$ 阶麦克劳林公式,并写出余项.
2. 利用函数 $f(x,y)=x^y$ 的二阶泰勒公式,计算 $1.1^{1.02}$ 的近似值.

# 第 10 章

# 重积分

我们在第 5 章讨论了一元函数的定积分. 定积分的被积函数是一元函数且积分范围是一个一维区间$[a,b]$，它一般用来研究该区间上非均匀分布的量的求和问题. 例如，求一平面曲边梯形的面积和一根密度函数已知的细棒的质量等问题都可以用定积分求解.

在实际中，我们需要讨论解决的许多几何、物理以及其他问题不仅涉及一维空间的定积分，还需要求非均匀分布在二维或者三维空间中的量的和，例如，求一个二维平面闭区域的面积，求一个三维空间区域的体积，求平面物体的质量等. 这些都是多元函数积分学有可能解决的问题. 由于多元函数中自变量个数的不同以及函数定义的几何区域形状的不同，处理多元函数的“和的极限”这一类型问题时会有多种黎曼和的形式，也就有多种形式的积分. 例如，二元函数在二维平面有界区域上有二重积分，三元函数在三维空间的立体上有三重积分，多元函数在可求长的空间曲线上有曲线积分等.

## 10.1 二重积分的概念和性质

考虑二维空间上一块可求面积的平面区域$(\sigma)$，以及定义在该区域上的二元函数 $f(x,y)$(满足一定条件)，我们可以定义函数 $f(x,y)$在区域$(\sigma)$上的二重积分. 本节中，我们将介绍二重积分的定义和基本性质.

### 10.1.1 二重积分的概念

通过定积分的学习，我们已经知道如何求一根线密度为 $\mu=f(x)$的细棒(见图 10.1.1)的质量，其质量 $m$ 可通过“分，匀，合，精”四个步骤化为如下定积分：

$$m=\lim_{d\to 0}\sum_{k=1}^{n}f(\xi_k)\Delta x_k=\int_a^b f(x)\mathrm{d}x. \tag{10.1.1}$$

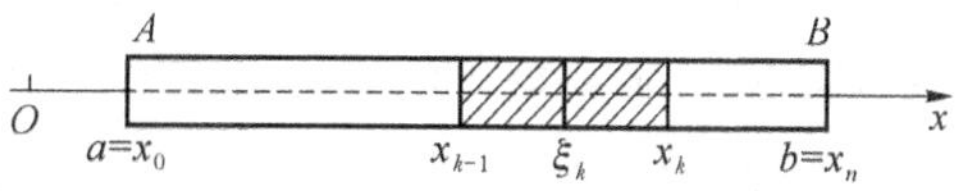

图 10.1.1

下面，我们考虑一平面区域内非均匀分布的物体$(\sigma)$的质量的求法.

**例 10.1.1(物体的质量)** 设有一质量非均匀分布的平面物体(如一块薄板)，即该物体质量分布在一个可求面积的平面区域$(\sigma)$上，且区域$(\sigma)$中任一点$M(x,y)$处的物体密度为连续的二元函数$\mu=f(x,y)$. 若二元函数$f(x,y)$已知，如何求该物体的质量$m$?

**解** 考虑平面区域内非均匀分布的物体$(\sigma)$，此时其密度函数$\mu-f(x,y)$在区域$(\sigma)$上连续(见图10.1.2)，可同样用"分，匀，合，精"四个步骤来求它的质量.

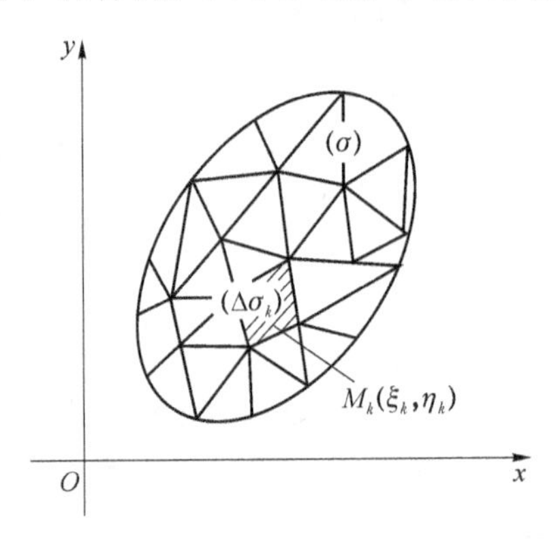


图 10.1.2

**分** 将平面区域$(\sigma)$任意地分成$n$个子区域

$$(\Delta\sigma_k),\quad k=1,2,\cdots,n,$$

其中每一个子区域$(\Delta\sigma_k)$的面积记为$\Delta\sigma_k$(见图 10.1.2).

**匀** 当子区域$(\Delta\sigma_k)$很小时，物体在每个子区域$(\Delta\sigma_k)$上可以近似看作是密度均匀的，即在子区域$(\Delta\sigma_k)$上的面密度可看作是一常数$f(M_k)$，其中$M_k=(\xi_k,\eta_k)$是子区域$(\Delta\sigma_k)$内任意一点，则每块子区域$(\Delta\sigma_k)$上的物体质量$\Delta m_k$可以近似地表示为

$$\Delta m_k\approx f(M_k)\Delta\sigma_k,\quad k=1,2,\cdots,n.$$

**合** 把所有子区域上质量的近似值累加起来，可得到该平面物体质量的近似值

$$m=\sum_{k=1}^{n}\Delta m_k\approx\sum_{k=1}^{n}f(M_k)\Delta\sigma_k. \tag{10.1.2}$$

**精** 若将每一个$(\Delta\sigma_k)$划分得越来越小，和式(10.1.2)的值就会越来越接近平面物体的质量$m$. 设$d$为$(\Delta\sigma_k)$，$k=1,2,\cdots,n$中直径①的最大值，即

$$d=\max_{k=1,2,\cdots,n}\{(\Delta\sigma_k)\text{的直径}\}.$$

当$d$趋于0时，每一个子区域都将缩小成一点(子区域的数量$n$也将增加). 由此可以得到

$$m=\lim_{d\to0}\sum_{k=1}^{n}f(M_k)\Delta\sigma_k. \tag{10.1.3}$$ ■

可见该平面物体的质量可由一个和式的极限来确定. 式(10.1.1)与式(10.1.3)中的和式在结构上完全相同，唯一的不同是式(10.1.1)的每一项是$f(\xi_k)$在子区间$[x_{k-1},x_k]$内的任意一点$\xi_k$处的函数值乘以该子区间的长度$\Delta x_k$，而式(10.1.3)的每一项是$f(\xi_k,\eta_k)$在子区域$(\Delta\sigma_k)$内的任意一点$(\xi_k,\eta_k)$处的函数值乘以该子区域的面积$\Delta\sigma_k$，这是被考察物体的几何形状不同引起的.

**例 10.1.2(曲顶柱体的体积)** 设$(\sigma)\subseteq\mathbf{R}^2$是一有界闭区域，函数$f(x,y)\in C((\sigma))$，且在区域$(\sigma)$内任一点$(x,y)$处有$f(x,y)\geqslant0$. 现在考虑一个以平面区域$(\sigma)$为底、空间曲面

① 闭区域的直径是指此闭区域中任意两点距离的最大值.

$(S)=\{(x,y,f(x,y))\mid(x,y)\in(\sigma)\}$为顶的柱体$(V)$(见图 10.1.3),即

$$(V)=\{(x,y,z)\in\mathbf{R}^3\mid 0\leqslant z\leqslant f(x,y),(x,y)\in(\sigma)\}.$$

如何求该柱体的体积?

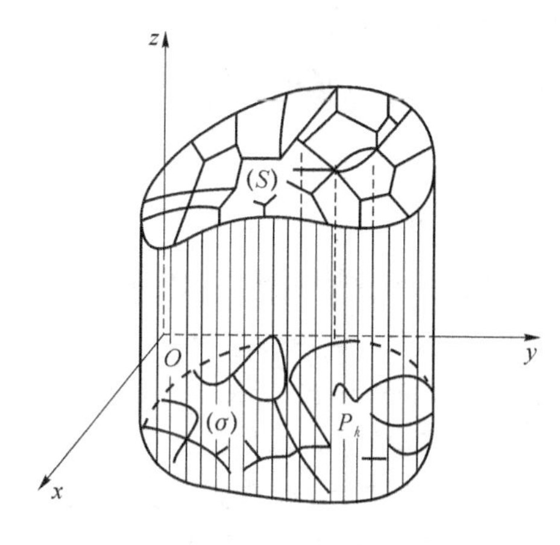


图 10.1.3

**解** 如同在例 10.1.1 中求平面物体的质量,也可以将求柱体$(V)$体积的过程分成"分,匀,合,精"四个步骤.

**分** 将平面区域$(\sigma)$任意分成$n$个子区域,记为

$$(\Delta\sigma_k),\quad k=1,2,\cdots,n,$$

其中每一个子区域$(\Delta\sigma_k)$的面积记作$\Delta\sigma_k$.

**匀** 考察以子区域$(\Delta\sigma_k)$为底,以$(\Delta S_k)=\{(x,y,f(x,y))\mid(x,y)\in(\Delta\sigma_k)\}$为顶的小柱体$(\Delta V_k)$,$k=1,2,\cdots,n$. 当子区域$(\Delta\sigma_k)$很小时,对应的小柱体$(\Delta V_k)$的顶$(\Delta S_k)$可近似看作平行于$xOy$平面的,即在子区域$(\Delta\sigma_k)$上的顶函数可近似地看作一个常数$f(P_k)$,其中$P_k=(\xi_k,\eta_k)$是子区域$(\Delta\sigma_k)$内任意一点. 此时,区域$(\Delta\sigma_k)$上的体积$\Delta V_k$可近似表示为

$$\Delta V_k\approx f(P_k)\Delta\sigma_k.$$

**合** 把子区域上所有小柱体体积的近似值累加起来,可得以$(\sigma)$为底,以$(S)=\{(x,y,f(x,y))\mid(x,y)\in(\sigma)\}$为顶的柱体的体积$V$的近似值

$$V=\sum_{k=1}^{n}\Delta V_k\approx\sum_{k=1}^{n}f(P_k)\Delta\sigma_k. \tag{10.1.4}$$

**精** 设$d$是所有$(\Delta\sigma_k)(k=1,2,\cdots,n)$上直径的最大值,当$d\to0$时和式(10.1.4)的极限值就是体积$V$,即

$$V=\lim_{d\to0}\sum_{k=1}^{n}f(P_k)\Delta\sigma_k. \tag{10.1.5}$$ ■

实际上,不仅仅在求质量与体积中,在许多其他情况中也会出现如同式(10.1.3)与式(10.1.5)这样类型的和的极限,且有时候二元函数$f(x,y)$不一定是非负函数. 下面,我们抽象地讨论如同式(10.1.3)与式(10.1.5)中出现的"和的极限"的问题,得到二重积分的定义.

**定义 10.1.1(二重积分(double integrals))** 设$(\sigma)$是$xOy$平面上的有界闭区域,$f(x,y)$是定义在$(\sigma)$上的一个二元函数. 将区域$(\sigma)$任意分成$n$个子区域$(\Delta\sigma_k)(k=1,2,\cdots,n)$,且记$\Delta\sigma_k$为每一个子区域$(\Delta\sigma_k)$的面积,记$d$为所有子区域$(\Delta\sigma_k)(k=1,2,\cdots,n)$中直径的最大值. 在每一个子区域$(\Delta\sigma_k)$内任取一点$P_k=(\xi_k,\eta_k)(k=1,2,\cdots,n)$,构造如下和式(称为**黎曼和**):

$$\sum_{k=1}^{n} f(\xi_k, \eta_k) \Delta\sigma_k. \tag{10.1.6}$$

若对任一区域划分$\{(\Delta\sigma_k), k=1,2,\cdots,n\}$以及任选的点$(\xi_k,\eta_k)\in(\Delta\sigma_k)(k=1,2,\cdots,n)$，当$d\to 0$时，和式(10.1.6)的极限都存在，则称二元函数$f(x,y)$在平面区域$(\sigma)$上是**可积的**(integrable)，且当$d\to 0$时和式(10.1.6)的极限值称为二元函数$f(x,y)$在平面区域$(\sigma)$上的**二重积分**(double integral)，记作

$$\iint_{(\sigma)} f(x,y)\mathrm{d}\sigma = \lim_{d\to 0}\sum_{k=1}^{n} f(\xi_k,\eta_k)\Delta\sigma_k. \tag{10.1.7}$$

其中平面区域$(\sigma)$称为**积分区域**(domain of integration)，二元函数$f(x,y)$称为**被积函数**(integrand)，$\mathrm{d}\sigma$称为**面积微元**(element of area)，$f(x,y)\mathrm{d}\sigma$称为**积分表达式**(integrand representation)或**积分微元**(element of integration).

**注** 依照定义不难证明，若二元函数$f(x,y)$在平面区域$(\sigma)$上可积，则该函数$f(x,y)$在$(\sigma)$上一定有界. 关于函数$f(x,y)$在平面区域$(\sigma)$上可积的充要条件可以类似于定积分的讨论. 可以证明若二元函数$f(x,y)$在平面区域$(\sigma)$上连续，则函数$f(x,y)$在$(\sigma)$上一定可积.

### 10.1.2 二重积分的性质

二重积分具有和定积分类似的性质，这些性质在二重积分计算和应用时都非常有效. 由于其证法与定积分性质的证法相同，这里述而不证.

考虑在平面有界闭区域$(\sigma)$上可积的二元函数$f(x,y)$与$g(x,y)$有如下性质.

**1. 线性性质**

(1) $\iint_{(\sigma)} kf(x,y)\mathrm{d}\sigma = k\iint_{(\sigma)} f(x,y)\mathrm{d}\sigma$，$k$是常数；

(2) $\iint_{(\sigma)}[f(x,y)\pm g(x,y)]\mathrm{d}\sigma = \iint_{(\sigma)} f(x,y)\mathrm{d}\sigma \pm \iint_{(\sigma)} g(x,y)\mathrm{d}\sigma$.

**2. 乘法性质**

若二元函数$f$与$g$在平面有界闭区域$(\sigma)$上都是可积的，则它们的乘积$fg$在$(\sigma)$上也是可积的.

**3. 积分区域可加性**

设平面区域$(\sigma)$可分为可度量且无公共内点的两部分，即$(\sigma)=(\sigma_1)\cup(\sigma_2)$，且两区域$(\sigma_1)$和$(\sigma_2)$除边界外没有公共部分，则

$$\iint_{(\sigma)} f(x,y)\mathrm{d}\sigma = \iint_{(\sigma_1)} f(x,y)\mathrm{d}\sigma + \iint_{(\sigma_2)} f(x,y)\mathrm{d}\sigma.$$

**4. 积分不等式**

(1) **单调性** 若$\forall (x,y)\in(\sigma)$，有$f(x,y)\leqslant g(x,y)$，则

$$\iint_{(\sigma)} f(x,y)\mathrm{d}\sigma \leqslant \iint_{(\sigma)} g(x,y)\mathrm{d}\sigma;$$

(2) **绝对可积性** $\left|\iint_{(\sigma)} f(x,y)\mathrm{d}\sigma\right| \leqslant \iint_{(\sigma)} |f(x,y)|\mathrm{d}\sigma$；

(3) **最大(小)值** 若$l\leqslant f(x,y)\leqslant L$，$\forall (x,y)\in(\sigma)$，则

$$l\sigma \leqslant \iint_{(\sigma)} f(x,y)\mathrm{d}\sigma \leqslant L\sigma,$$

其中 $\sigma$ 为积分区域$(\sigma)$的面积.

**5. 积分中值定理**

设$(\sigma)$是平面有界闭区域且二元函数 $f(x,y)\in C((\sigma))$,则至少存在一点$(\xi,\eta)\in(\sigma)$,使得

$$\iint_{(\sigma)} f(x,y)\mathrm{d}\sigma = f(\xi,\eta)\sigma,$$

其中 $\sigma$ 为积分区域$(\sigma)$的面积.

**例 10.1.3** 比较下列二重积分的大小:

(1) $\iint_{(\sigma)} x^2\mathrm{d}\sigma$ 与 $\iint_{(\sigma)}(x^2+y^2)\mathrm{d}\sigma$,其中积分区域 $(\sigma)=\{(x,y)\mid -1\leqslant x\leqslant 1,-2\leqslant y\leqslant 2\}$;

(2) $\iint_{(\sigma_1)}(x^2+y^2)\mathrm{d}\sigma$ 与 $\iint_{(\sigma_2)}(x^2+y^2)\mathrm{d}\sigma$,其中积分区域$(\sigma_1)$是由直线 $x=0,y=0$ 以及 $x+y=1$ 围成的平面区域;积分区域$(\sigma_2)$是由 $x=0,y=0$ 以及 $y=\sqrt{1-x^2}$ 围成的平面区域.

**解** (1) 由于 $\forall(x,y)\in(\sigma)$,有 $x^2\leqslant x^2+y^2$,由二重积分的性质可得

$$\iint_{(\sigma)} x^2\mathrm{d}\sigma \leqslant \iint_{(\sigma)}(x^2+y^2)\mathrm{d}\sigma.$$

(2) 由题意可知,区域$(\sigma_2)$包含区域$(\sigma_1)$,我们可以将$(\sigma_2)$分成两部分,即$(\sigma_2)=(\sigma_1)\cup(\sigma_1^*)$,其中$(\sigma_1^*)$是第一象限内由直线 $x+y=1$ 和曲线 $y=\sqrt{1-x^2}$ 围成的平面区域. 由二重积分的区域可加性,可得

$$\iint_{(\sigma_2)}(x^2+y^2)\mathrm{d}\sigma = \iint_{(\sigma_1)}(x^2+y^2)\mathrm{d}\sigma + \iint_{(\sigma_1^*)}(x^2+y^2)\mathrm{d}\sigma.$$

因为在区域$(\sigma_1^*)$上二元函数 $x^2+y^2>0$ 成立,所以

$$\iint_{(\sigma_1)}(x^2+y^2)\mathrm{d}\sigma \leqslant \iint_{(\sigma_2)}(x^2+y^2)\mathrm{d}\sigma.$$ ■

## 习题 10.1 A

1. 若二元函数 $f(x,y)=1$,求二重积分 $\iint_{(\sigma)} f(x,y)\mathrm{d}\sigma$.

2. 在二重积分 $\iint_{(\sigma)} f(x,y)\mathrm{d}\sigma$ 的定义中,所有子区域$(\Delta\sigma_k)(k=1,2,\cdots,n)$的直径的最大值 $d\to 0$ 能否替换为所有子区域$(\Delta\sigma_k)$的面积的最大值趋于零,为什么?

3. 应用二重积分的性质比较下列二重积分的大小:

(1) $\iint_{(\sigma)}(x^2+y^2)\mathrm{d}\sigma$ 与 $\iint_{(\sigma)}(x+y)^2\mathrm{d}\sigma$,其中积分区域 $(\sigma)=\{(x,y)\mid x^2+y^2\leqslant 1\}$;

(2) $\iint_{(\sigma)}(x+y)^2\mathrm{d}\sigma$ 与 $\iint_{(\sigma)}(x+y)^3\mathrm{d}\sigma$,其中积分区域 $(\sigma)=\{(x,y)\mid x\geqslant 0,y\geqslant 0,x+y\leqslant 1\}$.

4. 比较二重积分 $\iint\limits_{(\sigma_1)} xy\,\mathrm{d}\sigma$ 和 $\iint\limits_{(\sigma_2)} xy\,\mathrm{d}\sigma$ 的大小，其中积分区域$(\sigma_1)$是由 $x=0, y=0$ 以及 $x+y=3$ 围成的平面区域；积分区域$(\sigma_2)$是由 $x=-1, y=0$ 以及 $x+y=3$ 围成的平面区域.

5. 估算下列二重积分：

(1) $\iint\limits_{(\sigma)} (x^2+y^2+1)\,\mathrm{d}\sigma$，其中积分区域$(\sigma)=\{(x,y)\,|\,x^2+y^2\leqslant 1\}$；

(2) $\iint\limits_{(\sigma)} (x+xy-x^2-y^2)\,\mathrm{d}\sigma$，其中积分区域$(\sigma)=\{(x,y)\,|\,0\leqslant x\leqslant 1, 0\leqslant y\leqslant 2\}$.

6. 证明二重积分的积分中值定理.

## 习题 10.1 B

1. 求极限

$$\lim_{r\to 0^+} \frac{1}{\pi r^2} \iint\limits_{(\sigma_r)} \mathrm{e}^{x+y} \sin\frac{\pi}{4}(x^2+y^2)\,\mathrm{d}\sigma,$$

其中区域$(\sigma_r)=\{(x,y)\,|\,(x-1)^2+(y-1)^2\leqslant r^2\}$.

2. 设二元函数 $f$ 为连续函数，求

$$\lim_{r\to 0^+} \frac{1}{\pi r^2} \iint\limits_{(\sigma_r)} f(x,y)\,\mathrm{d}\sigma,$$

其中$(\sigma_r)=\{(x,y)\,|\,(x-x_0)^2+(y-y_0)^2\leqslant r^2\}$.

3. 证明：若二元函数 $f$ 和 $g$ 在平面有界闭区域$(\sigma)$上连续，且 $g$ 在$(\sigma)$上不变号，则至少存在一点$(\xi,\eta)\in(\sigma)$，使得

$$\iint\limits_{(\sigma)} f(x,y)g(x,y)\,\mathrm{d}\sigma = f(\xi,\eta)\iint\limits_{(\sigma)} g(x,y)\,\mathrm{d}\sigma.$$

4. 设二元函数 $f$ 和 $g$ 在平面有界闭区域$(\sigma)$上可积，证明 $f$ 和 $g$ 乘积 $fg$ 在$(\sigma)$上也可积.

*5. 设二元函数 $f$ 在有界闭区域$(\sigma)$上连续，$(\sigma)$可测，且对任意的$(x,y)\in(\sigma)$，有 $f(x,y)\geqslant 0$（或$\leqslant 0$）但 $f(x,y)\not\equiv 0$，证明 $\iint\limits_{(\sigma)} f(x,y)\,\mathrm{d}\sigma>0$（或$<0$）.

# 10.2 二重积分的计算

二重积分的定义本身也给出了一种二重积分的计算方法，但是由于按照定义计算积分很繁杂，所以使用定义计算积分有很大的局限性. 本节中，我们将在学习二重积分几何意义的基础上介绍二重积分的计算方法——累次积分法，该方法就是将二重积分化为二次积分或累次积分，然后通过两次计算定积分求得二重积分的值.

### 10.2.1 二重积分的几何意义

设$(\sigma)\subseteq\mathbf{R}^2$ 是一个有界闭区域，二元函数 $f(x,y)\in C((\sigma))$. 根据二重积分的定义，二重积

分就等于一个和式的极限，即

$$\iint_{(\sigma)} f(x,y)\,\mathrm{d}\sigma = \lim_{d\to 0}\sum_{k=0}^{n} f(\xi_k,\eta_k)\Delta\sigma_k.$$

下面根据这个和式的结构说明二重积分的几何意义. 为方便起见，假设 $f(x,y)\geqslant 0$，故在几何上二元函数 $z=f(x,y)$ 表示区域 $(\sigma)$ 上方的曲面 $(S)$，即 $(S)=\{(x,y,f(x,y))\mid (x,y)\in(\sigma)\}$（见图 10.2.1），且曲面 $(S)$ 在 $xOy$ 面上的投影恰恰是区域 $(\sigma)$.

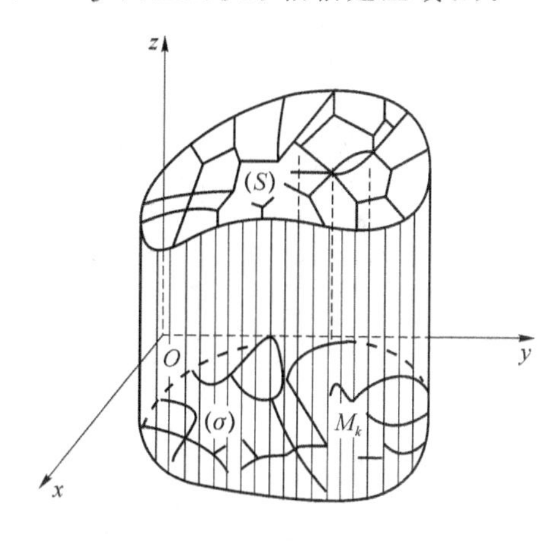


图 10.2.1

考察一个以平面有界区域 $(\sigma)$ 为底、曲面 $(S)$ 为顶的曲顶柱体 $(V)$，即

$$(V)=\{(x,y,z)\in\mathbf{R}^3\mid 0\leqslant z\leqslant f(x,y),(x,y)\in(\sigma)\}.$$

易知二重积分 $\iint\limits_{(\sigma)} f(x,y)\,\mathrm{d}\sigma$ 的几何意义就是以曲面 $(S)$ 为顶，以平面 $(\sigma)$ 为底的柱体 $(V)$ 的体积 $V$. 事实上，体积 $V$ 可看作是非均匀分布在区域 $(\sigma)$ 上的可加量，它可用二重积分定义的步骤来计算.

首先，我们将平面区域 $(\sigma)$ 任意分成 $n$ 个子区域 $(\Delta\sigma_k)(k=1,2,\cdots,n)$，将子区域 $(\Delta\sigma_k)$ 的面积记作 $\Delta\sigma_k$. 以每个子区域 $(\Delta\sigma_k)$ 的边界为准线做母线平行于 $z$ 轴的小柱体，则柱体 $(V)$ 被分成了 $n$ 个小柱体 $(\Delta V_k)(k=1,2,\cdots,n)$. 由于 $(\Delta\sigma_k)$ 很小，以 $(\Delta\sigma_k)$ 为底的小柱体的高度可近似看作一常数 $f(\xi_k,\eta_k)$，其中 $(\xi_k,\eta_k)$ 是区域 $(\Delta\sigma_k)$ 内任一点. 从而小柱体 $(\Delta V_k)$ 的体积 $\Delta V_k$ 可近似表示为

$$\Delta V_k \approx f(\xi_k,\eta_k)\Delta\sigma_k.$$

将所有小柱体体积的近似值累加起来可得

$$V=\sum_{k=1}^{n}\Delta V_k \approx \sum_{k=1}^{n} f(\xi_k,\eta_k)\Delta\sigma_k.$$

接着，我们记 $d$ 为所有子区域 $(\Delta\sigma_k)(k=1,2,\cdots,n)$ 的直径的最大值. 令 $d\to 0$，可得体积 $V$ 的精确值为

$$V=\lim_{d\to 0}\sum_{k=1}^{n} f(\xi_k,\eta_k)\Delta\sigma_k=\iint_{(\sigma)} f(x,y)\,\mathrm{d}\sigma.$$

由此，我们可知当二元函数 $f(x,y)\geqslant 0$ 时，二重积分 $\iint\limits_{(\sigma)} f(x,y)\,\mathrm{d}\sigma$ 表示的就是以平面区域

$(\sigma)$为底，以空间曲面$(S)=\{(x,y,f(x,y))\mid(x,y)\in(\sigma)\}$为顶的柱体的体积.

### 10.2.2 直角坐标系下的二重积分

下面我们利用二重积分的几何意义来讨论二重积分的计算方法.

首先，我们考虑最简单的情形. 设平面区域$(\sigma)=\{(x,y)\mid a\leqslant x\leqslant b,c\leqslant y\leqslant d\}=[a,b;c,d]$，二元函数 $f(x,y)\in C((\sigma))$，且对$\forall(x,y)\in(\sigma)$，有 $f(x,y)\geqslant 0$ 成立. 此时以区域$(\sigma)$为底，以曲面$(S)=\{(x,y,f(x,y))\mid(x,y)\in(\sigma)\}$为顶的柱体(见图 10.2.2)的体积为

$$V=\iint\limits_{[a,b;c,d]}f(x,y)\mathrm{d}\sigma.$$

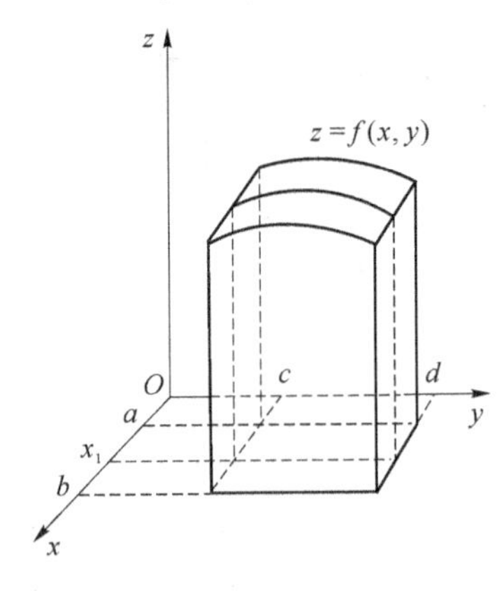


图 10.2.2

下面我们用另外一种方法来求体积 $V$.

由之前所学知识可知，所求体积 $V$ 可由柱体水平横截面的面积的定积分来计算. 在区间$[a,b]$上任取一点 $x_1$，过$(x_1,0,0)$点作和 $x$ 轴垂直的平面，此平面 $x=x_1$ 和柱体$(V)$所截的截面的面积记为 $S(x_1)$. 显然，截面是一个定义在区间$[c,d]$上的曲边梯形，即

$$\begin{cases}z=f(x,y),\\x=x_1.\end{cases}$$

由定积分的几何意义可知，其面积可用定积分表示为

$$S(x_1)=\int_c^d f(x_1,y)\mathrm{d}y.$$

现在改记 $x_1$ 为 $x$，从而截面面积 $S(x)$随着 $x$ 在区间$[a,b]$上的变化而变化，它是 $x$ 在$[a,b]$上的函数，则有过$(x,0,0)$点与 $x$ 轴垂直的平面和柱体$(V)$所截的截面的面积为

$$S(x)=\int_c^d f(x,y)\mathrm{d}y.$$

由定积分的应用可知，这时柱体$(V)$的体积为

$$V=\int_a^b S(x)\mathrm{d}x=\int_a^b\left(\int_c^d f(x,y)\mathrm{d}y\right)\mathrm{d}x,$$

即

$$\iint\limits_{[a,b;c,d]}f(x,y)\mathrm{d}\sigma=\int_a^b\left(\int_c^d f(x,y)\mathrm{d}y\right)\mathrm{d}x. \tag{10.2.1}$$

类似地，我们也可以用与 $y$ 轴垂直的平面来截取柱体$(V)$，从而可以得到

$$\iint\limits_{[a,b;c,d]}f(x,y)\mathrm{d}\sigma=\int_c^d\left(\int_a^b f(x,y)\mathrm{d}x\right)\mathrm{d}y. \tag{10.2.2}$$

式(10.2.1)和式(10.2.2)右边的积分称为二次积分或累次积分,也可以分别记为

$$\int_a^b \mathrm{d}x \int_c^d f(x,y)\mathrm{d}y \quad (\text{先 } y \text{ 后 } x \text{ 的累次积分});$$

$$\int_c^d \mathrm{d}y \int_a^b f(x,y)\mathrm{d}x \quad (\text{先 } x \text{ 后 } y \text{ 的累次积分}).$$

以上是从几何意义出发说明了二重积分可以化为二次积分,也就是可以进行两次定积分计算来求得二重积分.下面,我们给出定理说明可以将二重积分化为二次积分.

**定理 10.2.1(矩形区域上的 Fubini 定理:I)** 若二元函数 $f(x,y)$在矩形区域

$$(\sigma)=\{(x,y)\mid a\leqslant x\leqslant b, c\leqslant y\leqslant d\}=[a,b;c,d]$$

上可积,并且对任何 $x\in[a,b]$,含参变量积分

$$S(x)=\int_c^d f(x,y)\mathrm{d}y$$

存在,则

$$\iint\limits_{[a,b;c,d]} f(x,y)\mathrm{d}\sigma=\int_a^b\left(\int_c^d f(x,y)\mathrm{d}y\right)\mathrm{d}x.$$

**证明** 考虑矩形区域$(\sigma)=[a,b;c,d]$.如图 10.2.3 所示,在区间$[a,b]$中插入分点

$$a=x_0<x_1<x_2<\cdots<x_{i-1}<x_i<\cdots<x_{n-1}<x_n=b,$$

在区间$[c,d]$中也插入分点

$$c=y_0<y_1<y_2<\cdots<y_{j-1}<y_j<\cdots<y_{m-1}<y_m=d,$$

作两组分别平行于两坐标轴的直线 $x=x_i(i=0,1,2,\cdots,n)$以及 $y=y_j(j=0,1,2,\cdots,m)$,将矩形区域$[a,b;c,d]$划分成若干个小矩形.此时,记$(\Delta\sigma_{ij})$为子矩形区域$[x_{i-1},x_i;y_{j-1},y_j]$ $(i=1,2,\cdots,n;j=1,2,\cdots,m)$,在每一个子矩形区域中任取一点 $P_{ij}=(\xi_i,\eta_j)$.记 $\Delta x_i=|x_i-x_{i-1}|$,$\Delta y_j=|y_j-y_{j-1}|$,由二元函数 $f(x,y)$在$(\Delta\sigma_{ij})$上可积一定有界,可得存在函数在子区间上的上、下确界 $A_{ij}$ 和 $B_{ij}$,使得

$$A_{ij}\Delta y_j\leqslant\int_{y_{j-1}}^{y_j} f(\xi_i,y)\mathrm{d}y\leqslant B_{ij}\Delta y_j.$$

对所有的 $j$ 相加,可得

$$\sum_{j=1}^m A_{ij}\Delta y_j\leqslant\int_c^d f(\xi_i,y)\mathrm{d}y\leqslant\sum_{j=1}^m B_{ij}\Delta y_j,$$

再乘以 $\Delta x_i$ 并对所有的 $i$ 求和,得

$$\sum_{i=1}^n\sum_{j=1}^m A_{ij}\Delta y_j\Delta x_i\leqslant\sum_{i=1}^n\int_c^d f(\xi_i,y)\mathrm{d}y\Delta x_i\leqslant\sum_{i=1}^n\sum_{j=1}^m B_{ij}\Delta y_j\Delta x_i,$$

即

$$\sum_{i,j}A_{ij}\Delta y_j\Delta x_i\leqslant\sum_i S(\xi_i)\Delta x_i\leqslant\sum_{i,j}B_{ij}\Delta y_j\Delta x_i.$$

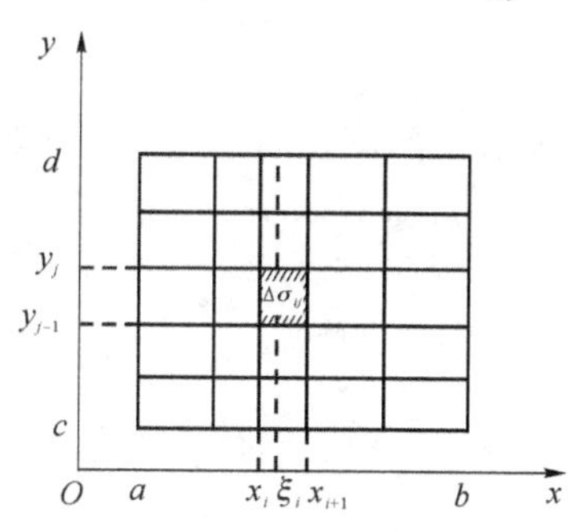


图 10.2.3

记 $d$ 为所有子区域$(\Delta\sigma_{ij})(i=1,2,\cdots,n;j=1,2,\cdots,m)$的直径的最大值. 令 $d\to 0$,由函数 $f(x,y)$的可积性可得函数 $S(x)$在区间$[a,b]$上可积且

$$\iint\limits_{[a,b;c,d]} f(x,y)\mathrm{d}\sigma = \int_a^b S(x)\mathrm{d}x. \qquad \blacksquare$$

类似地,我们还可以给出将二重积分化为先对 $x$ 后对 $y$ 的累次积分的定理. 这里不加证明,仅给出定理. 读者可以自行证明该定理.

**定理 10.2.2(矩形区域上的 Fubini 定理:II)** 若二元函数 $f(x,y)$在矩形区域

$$(\sigma)=\{(x,y)\mid a\leqslant x\leqslant b,c\leqslant y\leqslant d\}=[a,b;c,d]$$

上可积,并且对任何 $y\in[c,d]$,含参变量积分

$$S(y) = \int_a^b f(x,y)\mathrm{d}x$$

存在,则

$$\iint\limits_{[a,b;c,d]} f(x,y)\mathrm{d}\sigma = \int_c^d \left(\int_a^b f(x,y)\mathrm{d}x\right)\mathrm{d}y.$$

对于非矩形的平面有界区域,我们也可以类似地将二重积分化为累次积分,采用两次定积分进行计算. 下面就积分区域$(\sigma)$的类型分三种情况讨论.

(1) 设平面有界区域$(\sigma)=\{(x,y)\mid a\leqslant x\leqslant b,y_1(x)\leqslant y\leqslant y_2(x)\}$,其中边界曲线 $y_1(x)$及 $y_2(x)$都在区间$[a,b]$上连续. 我们假定过区间$[a,b]$上任一点作平行于 $y$ 轴的直线,该直线与区域$(\sigma)$的边界至多只有两个交点(在端点 $a,b$ 处交点可能重合)(见图 10.2.4). 这种类型的区域称为 **$x$ 型区域**. 若二元函数 $f(x,y)\in C((\sigma))$,且对 $\forall(x,y)\in(\sigma)$,有 $f(x,y)\geqslant 0$ 成立,则二重积分$\iint\limits_{(\sigma)} f(x,y)\mathrm{d}\sigma$表示以曲面 $z=f(x,y)$为顶,以平面$(\sigma)$为底的柱体体积(见图 10.2.5).

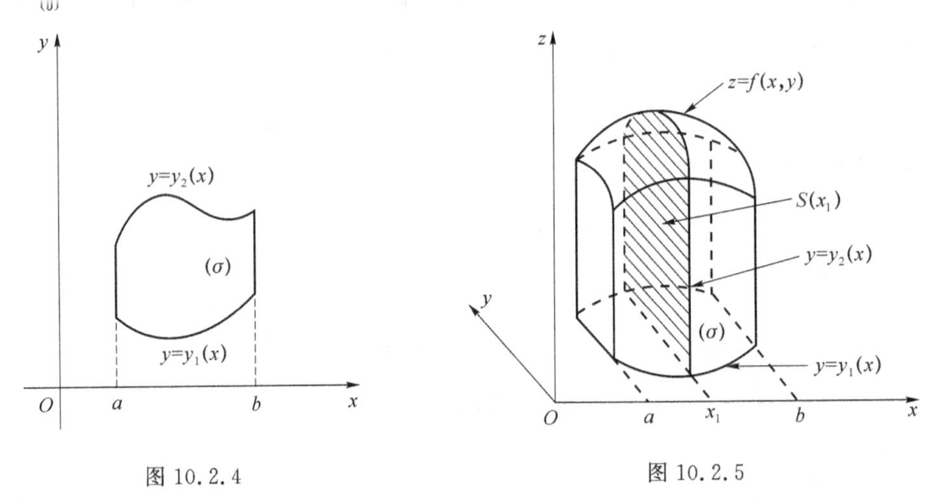


图 10.2.4　　　　图 10.2.5

同样,体积 $V$ 可由柱体水平横截面的面积的定积分来计算. 与矩形区域的情形类似,在区间$[a,b]$上任取一点 $x$,过该点作和 $x$ 轴垂直的平面,该平面与柱体相交的截面面积 $S(x)$可用定积分表示为

$$S(x) = \int_{y_1(x)}^{y_2(x)} f(x,y)\mathrm{d}y.$$

上面的积分是含参变量的积分,此时 $y$ 为积分变量并将 $x$ 看作是常量. 求得横截面面积 $S(x)$后,利用定积分的微元法易求得柱体的体积 $V$ 为

$$V=\int_a^b S(x)\mathrm{d}x=\int_a^b\left[\int_{y_1(x)}^{y_2(x)}f(x,y)\mathrm{d}y\right]\mathrm{d}x.$$

另外，由二重积分的几何意义可得

$$V=\iint\limits_{(\sigma)}f(x,y)\mathrm{d}\sigma.$$

因此

$$V=\iint\limits_{(\sigma)}f(x,y)\mathrm{d}\sigma=\int_a^b\left[\int_{y_1(x)}^{y_2(x)}f(x,y)\mathrm{d}y\right]\mathrm{d}x. \tag{10.2.3}$$

式(10.2.3)表明二重积分可转化为连续计算两个定积分. 先把 $x$ 看作是常量，函数 $f(x,y)$ 看作是 $y$ 的一元函数，对 $y$ 从区域$(\sigma)$的边界 $y_1(x)$ 到 $y_2(x)$ 求定积分. 接下来将积分后所得到的一元函数 $S(x)$ 对变量 $x$ 从 $x=a$ 到 $x=b$ 求定积分. 这样，二重积分化成了包含两个定积分的**累次积分**. 公式也可写为

$$\iint\limits_{(\sigma)}f(x,y)\mathrm{d}\sigma=\int_a^b\int_{y_1(x)}^{y_2(x)}f(x,y)\mathrm{d}y\mathrm{d}x=\int_a^b\mathrm{d}x\int_{y_1(x)}^{y_2(x)}f(x,y)\mathrm{d}y. \tag{10.2.4}$$

(2) 设平面有界区域$(\sigma)=\{(x,y)\mid x_1(y)\leqslant x\leqslant x_2(y),c\leqslant y\leqslant d\}$，其中边界曲线 $x_1(y)$ 和 $x_2(y)$ 都在区间$[c,d]$上连续(见图 10.2.6). 我们假定过$[c,d]$上任一点作平行于 $x$ 轴的直线，该直线与区域$(\sigma)$的边界至多只有两个交点(在端点 $c,d$ 处交点可能重合). 这种类型的区域称为 **$y$ 型区域**. 与情形(1)中 $x$ 型区域的讨论类似，可以得到

$$\iint\limits_{(\sigma)}f(x,y)\mathrm{d}\sigma=\int_c^d\int_{x_1(y)}^{x_2(y)}f(x,y)\mathrm{d}x\mathrm{d}y=\int_c^d\mathrm{d}y\int_{x_1(y)}^{x_2(y)}f(x,y)\mathrm{d}x. \tag{10.2.5}$$

这里，累次积分是先固定变量 $y$(即视 $y$ 变量为常量)，对变量 $x$ 从 $x_1(y)$ 到 $x_2(y)$ 作定积分，接下来将积分后所得到的一元函数 $S(y)$ 对变量 $y$ 从 $y=c$ 到 $y=d$ 作定积分.

若平面有界区域$(\sigma)$既是 $x$ 型区域又是 $y$ 型区域，则由式(10.2.4)及式(10.2.5)可得

$$\int_a^b\int_{y_1(x)}^{y_2(x)}f(x,y)\mathrm{d}y\mathrm{d}x=\int_c^d\int_{x_1(y)}^{x_2(y)}f(x,y)\mathrm{d}x\mathrm{d}y. \tag{10.2.6}$$

式(10.2.6)表明当二元函数 $f(x,y)$ 在积分区域$(\sigma)$上连续时，累次积分可以交换积分次序.

(3) 若平面有界区域$(\sigma)$既不是 $x$ 型也不是 $y$ 型的(见图 10.2.7)，那么可先将$(\sigma)$划分成若干个子区域，只需确保每一个子区域是 $x$ 型区域或 $y$ 型区域，我们就可以利用二重积分的区域可加性和累次积分的计算方法求得该二重积分，也就是说将二重积分在每个子区域上都用累次积分的方法计算，然后再根据积分区域的可加性，这些子区域上的二重积分的和就是积分函数在区域$(\sigma)$上的二重积分.

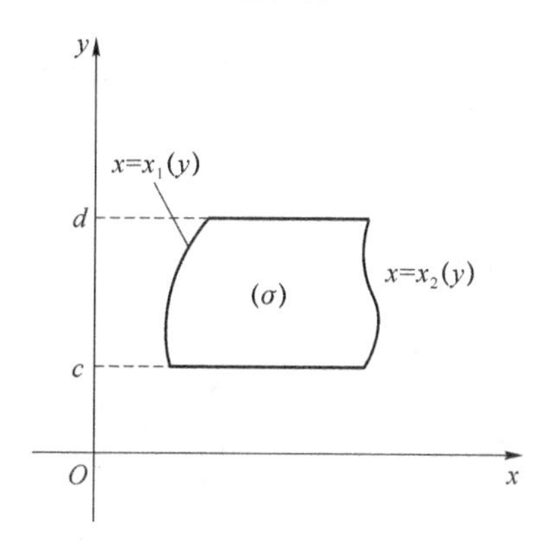

图 10.2.6

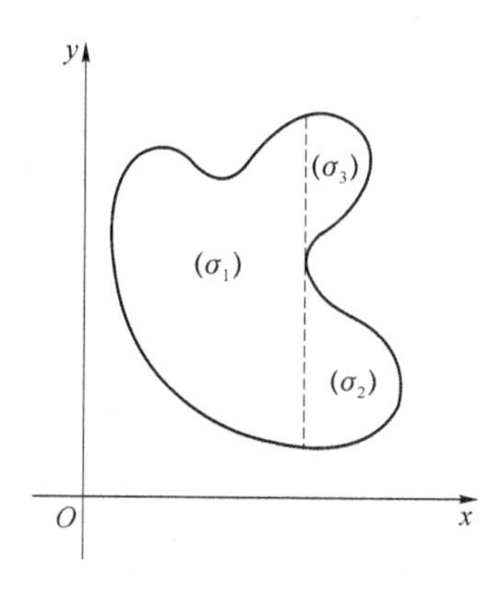

图 10.2.7

**例 10.2.1** 求二重积分

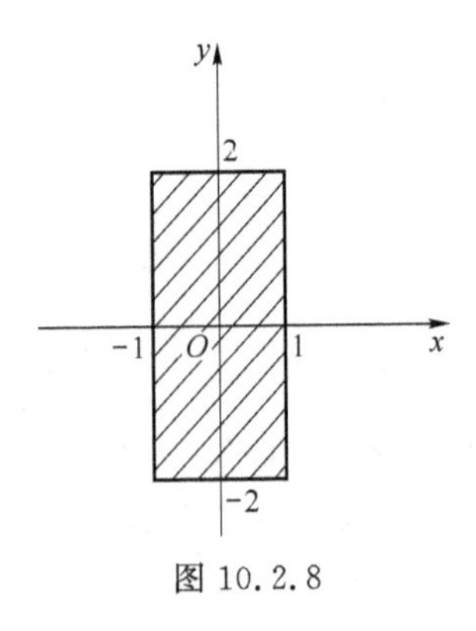

图 10.2.8

$$I=\iint\limits_{(\sigma)} f(x,y)\mathrm{d}\sigma,$$

其中被积函数 $f(x,y)=1-\dfrac{x}{3}-\dfrac{y}{4}$,积分区域

$$(\sigma)=\{(x,y)\mid -1\leqslant x\leqslant 1,-2\leqslant y\leqslant 2\}.$$

**解** 积分区域$(\sigma)=\{(x,y)\mid -1\leqslant x\leqslant 1,-2\leqslant y\leqslant 2\}$是矩形区域(见图 10.2.8),则要求的积分既可以化为先 $y$ 后 $x$ 的累次积分,又可以化为先 $x$ 后 $y$ 的累次积分.

解法Ⅰ. 将$(\sigma)$看作是 $x$ 型区域,先对 $y$ 积分然后再对 $x$ 积分可得

$$\begin{aligned}I&=\int_{-1}^{1}\int_{-2}^{2}\left(1-\frac{x}{3}-\frac{y}{4}\right)\mathrm{d}y\mathrm{d}x\\&=\int_{-1}^{1}\left(y-\frac{xy}{3}-\frac{y^2}{8}\right)\bigg|_{-2}^{2}\mathrm{d}x\\&=\int_{-1}^{1}\left(4-\frac{4}{3}x\right)\mathrm{d}x=8.\end{aligned}$$

解法Ⅱ. 将$(\sigma)$看作是 $y$ 型区域. 先对 $x$ 积分然后再对 $y$ 积分,可得

$$\begin{aligned}I&=\int_{-2}^{2}\int_{-1}^{1}\left(1-\frac{x}{3}-\frac{y}{4}\right)\mathrm{d}x\mathrm{d}y\\&=\int_{-2}^{2}\left(x-\frac{x^2}{6}-\frac{xy}{4}\right)\bigg|_{-1}^{1}\mathrm{d}y\\&=\int_{-2}^{2}\left(2-\frac{y}{2}\right)\mathrm{d}y=8.\end{aligned}$$

■

**例 10.2.2** 求二重积分

$$\iint\limits_{(\sigma)}(x^2+y^2)\mathrm{d}\sigma,$$

其中积分区域$(\sigma)$是以直线 $x=1,y=0$ 及抛物线 $y=x^2$ 为边界的平面区域.

**解** 积分区域$(\sigma)$如图 10.2.9 所示.

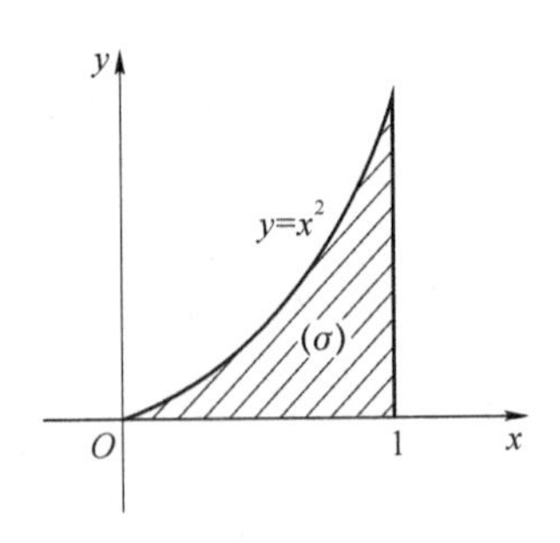

图 10.2.9

解法Ⅰ. 将积分区域$(\sigma)$看作是 $x$ 型区域,二重积分可化为先对 $y$ 再对 $x$ 的累次积分. 则

$$\iint\limits_{(\sigma)}(x^2+y^2)\mathrm{d}\sigma=\int_0^1\mathrm{d}x\int_0^{x^2}(x^2+y^2)\mathrm{d}y$$

$$=\int_0^1\left(x^2y+\frac{y^3}{3}\right)\Big|_0^{x^2}\mathrm{d}x$$

$$=\int_0^1\left(x^4+\frac{x^6}{3}\right)\mathrm{d}x=\frac{26}{105}.$$

解法Ⅱ. 将积分区域$(\sigma)$看作是$y$型区域,二重积分可化为先对$x$再对$y$累次积分.则

$$\iint\limits_{(\sigma)}(x^2+y^2)\mathrm{d}\sigma=\int_0^1\mathrm{d}y\int_{\sqrt{y}}^1(x^2+y^2)\mathrm{d}x$$

$$=\int_0^1\left(\frac{1}{3}+y^2-\frac{1}{3}y^{3/2}-y^{5/2}\right)\mathrm{d}y$$

$$=\frac{26}{105}.$$

■

**例 10.2.3** 求二重积分

$$\iint\limits_{(\sigma)}xy\,\mathrm{d}\sigma,$$

其中积分区域$(\sigma)$是以直线$y=x-2$及抛物线$y^2=x$为边界的区域.

**解** 积分区域$(\sigma)$如图 10.2.10 所示. 易求得直线$y=x-2$与抛物线$y^2=x$的交点为$A(4,2)$及$B(1,-1)$. 将积分区域$(\sigma)$看作是$y$型区域,先对$x$积分然后对$y$积分,可得

$$\iint\limits_{(\sigma)}xy\,\mathrm{d}\sigma=\int_{-1}^2\mathrm{d}y\int_{y^2}^{y+2}xy\,\mathrm{d}x$$

$$=\frac{1}{2}\int_{-1}^2y[(y+2)^2-y^4]\mathrm{d}y=5\frac{5}{8}.$$

■

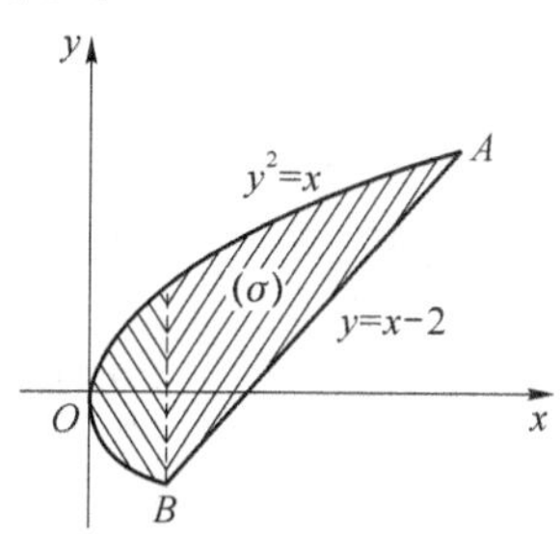


图 10.2.10

**注** 在例题 10.2.3 中,若将$(\sigma)$看作是$x$型区域,先对$y$积分然后对$x$积分,区域$(\sigma)$须由直线$x=1$分成两部分,从而

$$\iint\limits_{(\sigma)}xy\,\mathrm{d}\sigma=\int_0^1\mathrm{d}x\int_{-\sqrt{x}}^{\sqrt{x}}xy\,\mathrm{d}y+\int_1^4\mathrm{d}x\int_{x-2}^{\sqrt{x}}xy\,\mathrm{d}y.$$

计算后可得出相同的结果$5\frac{5}{8}$. 显然这种方法更烦琐.

**例 10.2.4** 求二重积分

$$\iint\limits_{(\sigma)}\frac{\sin x}{x}\mathrm{d}\sigma,$$

其中积分区域$(\sigma)$是以直线$y=x$和抛物线$y=x^2$为边界的区域.

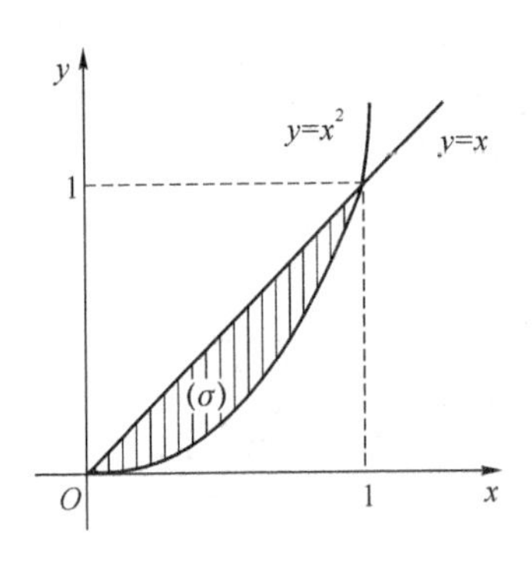

图 10.2.11

**解** 积分区域$(\sigma)$如图 10.2.11 所示. 该积分区域既是 $x$ 型区域,又是 $y$ 型区域. 将二重积分化为先对 $y$ 再对 $x$ 的累次积分,可得

$$\begin{aligned}\iint\limits_{(\sigma)} \frac{\sin x}{x} \mathrm{d}\sigma &= \int_0^1 \mathrm{d}x \int_{x^2}^{x} \frac{\sin x}{x} \mathrm{d}y \\ &= \int_0^1 \frac{\sin x}{x}(x - x^2)\mathrm{d}x \\ &= 1 - \sin 1.\end{aligned}$$

**注** 在例题 10.2.4 中,若采用先对 $x$ 积分再对 $y$ 积分的计算方法,可得

$$\iint\limits_{(\sigma)} \frac{\sin x}{x} \mathrm{d}\sigma = \int_0^1 \mathrm{d}y \int_y^{\sqrt{y}} \frac{\sin x}{x} \mathrm{d}x.$$

由于$\dfrac{\sin x}{x}$的原函数不能用初等函数表示,故而不能用这种方法求解.

由例 10.2.3 和例 10.2.4 可以看出,即便积分区域既是 $x$ 型区域又是 $y$ 型区域,将二重积分化为累次积分时,适当的积分次序也相当重要. 适当的积分次序会使计算变得简单,而不恰当的积分次序则有可能导致积分无法计算.

**例 10.2.5** 交换下面累次积分的积分次序:

$$I = \int_{-2}^{0} \mathrm{d}x \int_0^{\frac{2+x}{2}} f(x,y)\mathrm{d}y + \int_0^2 \mathrm{d}x \int_0^{\frac{2-x}{2}} f(x,y)\mathrm{d}y$$

**解** 首先,由累次积分来确定积分区域$(\sigma)$. 由所给的积分上下限可知,变量 $x$ 与 $y$ 的范围是

$$0 \leqslant y \leqslant \frac{2+x}{2}, \quad -2 \leqslant x \leqslant 0;$$

和

$$0 \leqslant y \leqslant \frac{2-x}{2}, \quad 0 \leqslant x \leqslant 2.$$

由这两个不等式可画出积分区域$(\sigma)$(如图 10.2.12 所示).

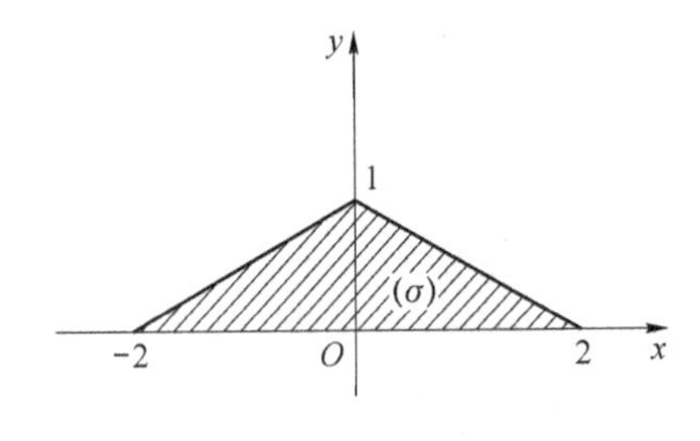

图 10.2.12

原来的累次积分是先对 $y$ 积分再对 $x$ 积分,对二重积分 $\iint\limits_{(\sigma)} f(x,y)\mathrm{d}\sigma$ 采用先对 $x$ 积分再对 $y$ 积分的计算方法,可得

$$I = \int_0^1 \mathrm{d}y \int_{2y-2}^{2-2y} f(x,y)\mathrm{d}x.$$

■

下面我们给出公式(10.2.4)的一种粗略的但更为易懂的解释.设被积函数 $f(x,y)\in C((\sigma))$,类似于矩形区域的划分方式,分别用平行于坐标轴的等距直线族 $x=x_i$ 和 $y=y_j$ $(i=1,2,\cdots,n;j=1,2,\cdots,m)$ 对区域$(\sigma)$进行划分,使得每一个规则矩形的长为 $\Delta x$ 宽为 $\Delta y$(见图 10.2.13),则每一个规则子区域$(\Delta\sigma)$的面积为 $\Delta\sigma=\Delta x\Delta y$.若取每个矩形的左下角点$(x,y)$为积分黎曼和中的点 $M_k$.可以证明(证明略):若 $f(x,y)$在区域$(\sigma)$上连续,当 $d\to 0$ 时,黎曼和 $\sum\limits_{(\sigma)} f(x,y)\Delta\sigma$ 与仅计算规则子区域上的和式 $\sum\limits_{(\sigma)} f(x,y)\Delta x\Delta y$ 的极限是相等的,即

$$\iint\limits_{(\sigma)} f(x,y)\mathrm{d}\sigma=\lim_{d\to 0}\sum_{(\sigma)} f(x,y)\Delta\sigma=\lim_{d\to 0}\sum_{(\sigma)} f(x,y)\Delta x\Delta y.$$

上式最后的极限记作 $\iint\limits_{(\sigma)} f(x,y)\mathrm{d}x\mathrm{d}y$,其中 $\mathrm{d}x\mathrm{d}y$ 称为**直角坐标系的面积微元**.

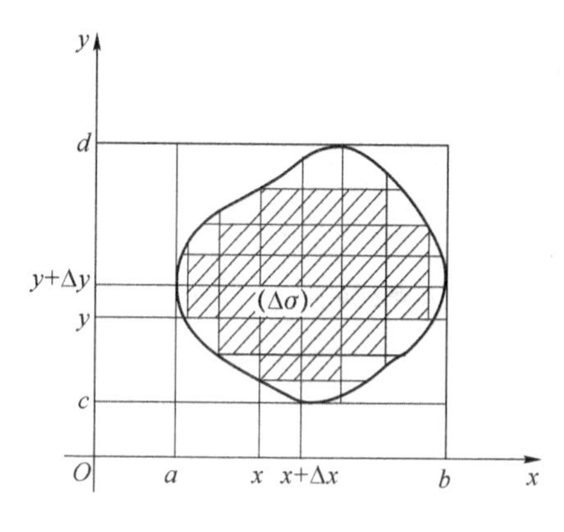


图 10.2.13

在求和式 $\sum\limits_{(\sigma)} f(x,y)\Delta x\Delta y$ 极限的过程中,随着 $d\to 0$,和式中的项数将无限增加.为便于理解,上述过程通俗地称为**"无限累加"**.若二元函数 $f(x,y)$是分布在平面区域$(\sigma)$上的物体的面密度,则$f(x,y)\Delta x\Delta y$约等于每个规则小矩形的质量.当我们把这些规则矩形累加起来时,可首先对 $y$"无限累加",即将这些分布在小矩形上的质量分别累加成平行于 $y$ 轴的垂直长条质量,然后再对 $x$"无限累加",即把这些垂直长条的质量累加成区域$(\sigma)$的质量.把 $f(x,y)\Delta x\Delta y$关于 $y$ 无限累加得 $\left(\int_{y_1(x)}^{y_2(x)} f(x,y)\mathrm{d}y\right)\Delta x$,接下来再将其关于 $x$ 无限累加可得

$$M=\iint\limits_{(\sigma)} f(x,y)\mathrm{d}x\mathrm{d}y=\int_a^b\left(\int_{y_1(x)}^{y_2(x)} f(x,y)\mathrm{d}y\right)\mathrm{d}x.$$

这就是积分区域为 $x$ 型区域时的累次积分公式.

类似地,若先对 $x$"无限累加",再对 $y$"无限累加",可得

$$\iint\limits_{(\sigma)} f(x,y)\mathrm{d}x\mathrm{d}y=\int_c^d\left(\int_{x_1(y)}^{x_2(y)} f(x,y)\mathrm{d}x\right)\mathrm{d}y.$$

这就是积分区域为 $y$ 型区域时的累次积分公式.

### 10.2.3 用极坐标计算二重积分

考虑二重积分

$$\iint_{(\sigma)} f(x,y)\mathrm{d}\sigma = \lim_{d\to 0}\sum_{(\sigma)} f(x,y)\Delta\sigma.$$

若积分区域$(\sigma)$与被积函数用极坐标表示更方便(例如,积分区域是圆域或圆域的一部分或被积函数可以表示成形如$g(x^2+y^2)$的形式),则用极坐标求二重积分可能计算更为简便.下面我们介绍二重积分在极坐标系中的计算公式.

首先,建立极坐标系,取直角坐标系的原点为极点,$x$轴为极轴.用有序数对$(\rho,\theta)$来表示空间中一点$M(x,y)$的极坐标,则直角坐标与极坐标之间的转换公式为

$$x=\rho\cos\theta,\quad y=\rho\sin\theta,\quad 0\leqslant\rho\leqslant+\infty,\quad 0\leqslant\theta\leqslant 2\pi. \tag{10.2.7}$$

应用极坐标计算二重积分本质上是换元法在二重积分中的应用.在第5章中,我们知道用换元法计算定积分时,积分表达式与积分区间都需要变换.类似地,应用换元法计算二重积分时,也需要变换积分表达式$f(x,y)\mathrm{d}\sigma$和积分区域$(\sigma)$.特别注意,积分区域变化的关键是区域$(\sigma)$的边界曲线方程在极坐标系下的表示.

设被积函数$f(x,y)$在积分区域$(\sigma)$上连续,将式(10.2.7)代入被积函数得

$$f(x,y)=f(\rho\cos\theta,\rho\sin\theta).$$

又设区域$(\sigma)$的边界曲线(见图10.2.14)为

$$\rho=\rho_1(\theta)\quad 和\quad \rho=\rho_2(\theta)\quad(\alpha\leqslant\theta\leqslant\beta),$$

且函数$\rho_1(\theta)$和$\rho_2(\theta)$在区间$[\alpha,\beta]$上都连续.为了用极坐标表示面积微元$\mathrm{d}\sigma$,我们用极坐标曲线网划分积分区域$(\sigma)$.

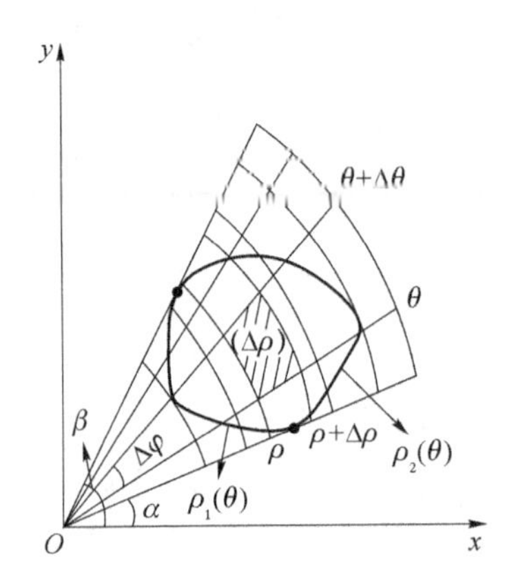


图 10.2.14

可选取$\rho=c_i$的一族同心圆和$\theta=a_j$的一族过极点的射线来划分区域$(\sigma)$,其中$c_i$与$a_j(i=1,2,\cdots,n;j=1,2,\cdots,m)$都是常数,将区域$(\sigma)$划分成若干个子区域(见图10.2.14).

在这种划分下,子区域$(\Delta\sigma)$的面积为

$$\Delta\sigma=\frac{1}{2}[(\rho+\Delta\rho)^2\Delta\theta-\rho^2\Delta\theta]=\rho\Delta\rho\Delta\theta+\frac{1}{2}(\Delta\rho)^2\Delta\theta.$$

当$\Delta\rho$与$\Delta\theta$都充分小时[①],略去高阶项$\frac{1}{2}(\Delta\rho)^2\Delta\theta$,子区域的面积$\Delta\sigma$可近似地等于边长为$\Delta\rho$和$\rho\Delta\theta$的矩形面积,即

---

① 严格来说,只能在区域$\{(\rho,\theta)\mid 0<\rho<+\infty,0\leqslant\theta<2\pi\}$内讨论,但正如在定积分中改变被积函数有限个点处的函数值,积分值不会发生变化,如果我们改变被积函数$u=f(\rho,\theta)$在点$\rho=0$与射线$\theta=2\pi$上的值,二重积分的值也不会发生变化.为方便起见,通常就直接在区域$\{(\rho,\theta)\mid 0\leqslant\rho<+\infty,0\leqslant\theta\leqslant 2\pi\}$上讨论.今后,可用相同的方法处理类似的情况.

$$\Delta\sigma \approx \rho\Delta\rho\Delta\theta.$$

从而可得

$$\lim_{d\to 0}\sum_{(\sigma)} f(x,y)\Delta\sigma = \lim_{d\to 0}\sum_{(\sigma)} f(\rho\cos\theta,\rho\sin\theta)\rho\Delta\rho\Delta\theta,$$

即

$$\iint_{(\sigma)} f(x,y)\mathrm{d}\sigma = \iint_{(\sigma)} f(\rho\cos\theta,\rho\sin\theta)\rho\mathrm{d}\rho\mathrm{d}\theta. \tag{10.2.8}$$

可见在极坐标系下面积微元为

$$\mathrm{d}\sigma = \rho\mathrm{d}\rho\mathrm{d}\theta,$$

此时式(10.2.8)右边积分就是极坐标系下的二重积分，其中区域$(\sigma)$的边界曲线由极坐标方程给出.

为了把式(10.2.5)右边的二重积分化成累次积分，还同样考虑两族曲线：$\rho=c_i$ 的一族同心圆和$\theta=a_j$ 的一族过极点的射线来划分积分区域$(\sigma)$. 先用射线 $\theta=a_j$ 切割区域$(\sigma)$，也就是说，从 $\theta=\alpha$ 到$\theta=\beta$ 作一族过极点的射线(见图 10.2.14)，使得积分区域$(\sigma)$被划分成若干小的细条形区域. 接下来，用圆弧 $\rho=c_i$ 将这些小细条分成若干小部分. 从图 10.2.14 可以看出，若区域$(\sigma)$的边界曲线可以分成关于 $\rho$ 在区间$[\alpha,\beta]$上的两个单值分支：$\rho=\rho_1(\theta)$，$\rho=\rho_2(\theta)$. 对任意的$\theta\in[\alpha,\beta]$，$\rho$ 的变化范围是从 $\rho_1(\theta)$到 $\rho_2(\theta)$. 求出极坐标下的积分微元 $f(\rho\cos\theta,\rho\sin\theta)\rho\Delta\rho\Delta\theta$ 后，我们先对变量 $\rho$ 从$\rho_1(\theta)$到 $\rho_2(\theta)$**“无限累加”**，然后再对变量 $\theta$ 从 $\alpha$ 到 $\beta$**“无限累加”**，从而可得

$$\begin{aligned}\iint_{(\sigma)} f(x,y)\mathrm{d}\sigma &= \iint_{(\sigma)} f(\rho\cos\theta,\rho\sin\theta)\rho\mathrm{d}\rho\mathrm{d}\theta \\ &= \int_{\alpha}^{\beta}\mathrm{d}\theta\int_{\rho_1(\theta)}^{\rho_2(\theta)} f(\rho\cos\theta,\rho\sin\theta)\rho\mathrm{d}\rho.\end{aligned} \tag{10.2.9}$$

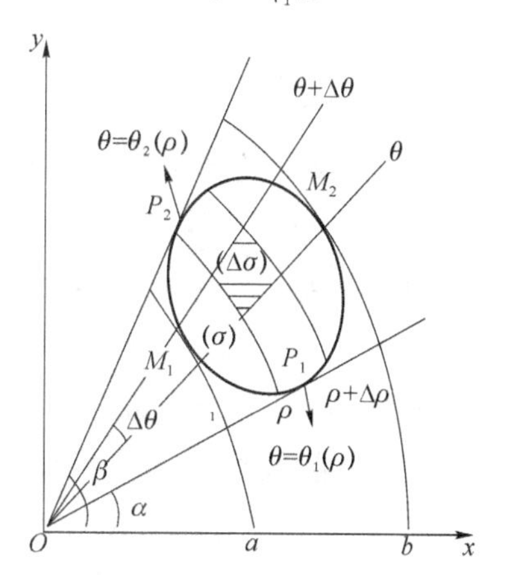


图 10.2.15

同理，由图 10.2.15 可以看出，若区域$(\sigma)$的边界曲线也可以分成关于 $\rho$ 在区间$[a,b]$上的单值分支，曲线$\widehat{M_1P_1M_2}$可用 $\theta=\theta_1(\rho)$表示，而曲线$\widehat{M_2P_2M_1}$可用 $\theta=\theta_2(\rho)$表示，则可以**采用先对 $\theta$ 再对 $\rho$“无限累加”的方法**计算，可得

$$\begin{aligned}\iint_{(\sigma)} f(x,y)\mathrm{d}\sigma &= \iint_{(\sigma)} f(\rho\cos\theta,\rho\sin\theta)\rho\mathrm{d}\rho\mathrm{d}\theta \\ &= \int_{a}^{b}\rho\mathrm{d}\rho\int_{\theta_1(\rho)}^{\theta_2(\rho)} f(\rho\cos\theta,\rho\sin\theta)\mathrm{d}\theta.\end{aligned} \tag{10.2.10}$$

**例 10.2.6** 计算二重积分

$$I=\iint_{(\sigma)}(x^2+y^2)\mathrm{d}\sigma,$$

其中积分区域$(\sigma)$是由不等式 $a^2\leqslant x^2+y^2\leqslant b^2$ 所确定的区域(见图 10.2.16).

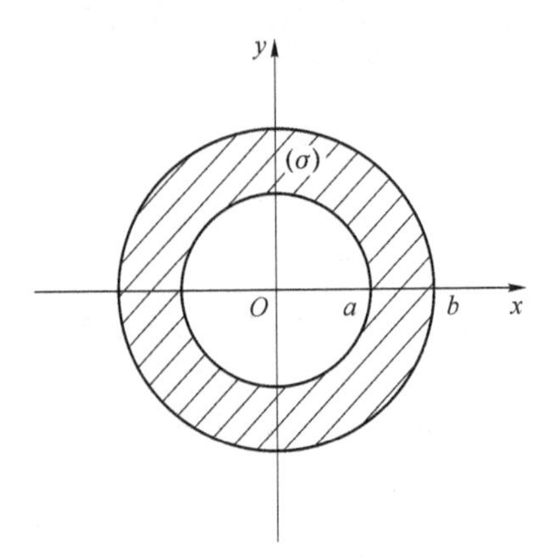


图 10.2.16

**解** 因为被积函数与积分区域用极坐标表示更方便,因此我们用公式(10.2.9)计算此积分.根据直角坐标和极坐标的转换公式(10.2.7),积分区域$(\sigma)$可表示为

$$\{(\rho,\theta)\mid a\leqslant\rho\leqslant b,0\leqslant\theta\leqslant 2\pi\},$$

且被积函数可表示为 $x^2+y^2=\rho^2$.

根据公式(10,2,9)有

$$I=\iint_{(\sigma)}\rho^2\rho\mathrm{d}\rho\mathrm{d}\theta=\int_0^{2\pi}\mathrm{d}\theta\int_a^b\rho^3\,\mathrm{d}\rho=\frac{\pi}{2}(b^4-a^4).$$ ■

**注** 读者可以用直角坐标求解例 10.2.6 的二重积分.对比极坐标下的计算过程,可以发现用直角坐标来计算会麻烦很多.

**例 10.2.7** 计算由不等式 $x^2+y^2+z^2\leqslant 4a^2$ 与 $x^2+y^2\leqslant 2ay$ 所确定的立体体积,其中$a>0$.

**解** 由空间曲面方程 $x^2+y^2+z^2=4a^2$ 与 $x^2+y^2=2ay$ 易得所求立体是球和圆柱体的公共部分.该立体在 $xOy$ 平面上的投影如图 10.2.17 所示.

由对称性可知,所求立体的体积等于它在第一卦限体积的 4 倍.而第一卦限内的立体是以球面 $z=\sqrt{4a^2-x^2-y^2}$为顶,以 $xOy$ 平面上的半圆域(如图 10.2.18 所示)

$$(\sigma)=\{(x,y)\mid x^2+y^2\leqslant 2ay,x\geqslant 0\}$$

为底的柱体,该区域$(\sigma)$可用极坐标表示为

$$(\sigma)=\left\{(\rho,\theta)\mid 0\leqslant\rho\leqslant 2a\sin\theta,0\leqslant\theta\leqslant\frac{\pi}{2}\right\}.$$

应用公式(10.2.9)可得所求立体体积为

$$V=4\iint_{(\sigma)}\sqrt{4a^2-x^2-y^2}\mathrm{d}\sigma=4\iint_{(\sigma)}\sqrt{4a^2-\rho^2}\rho\mathrm{d}\rho\mathrm{d}\theta.$$

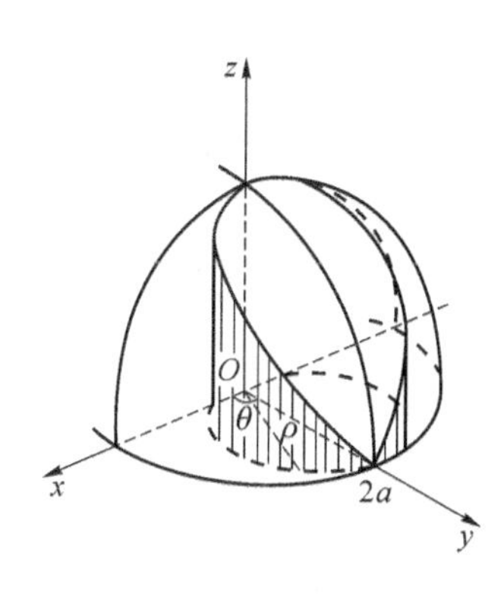


图 10.2.17

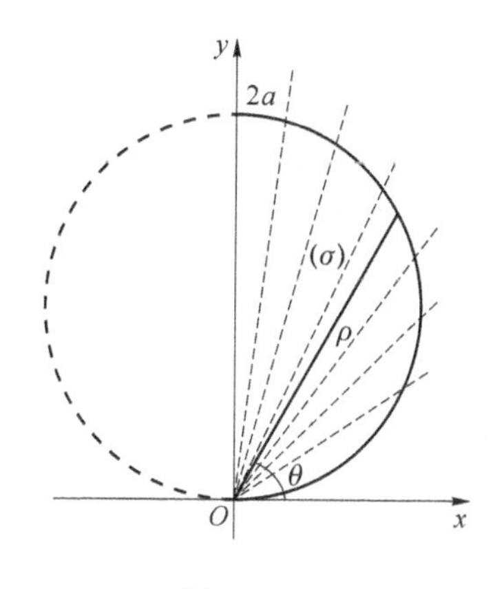


图 10.2.18

将其转化为先对 $\rho$ 再对 $\theta$ 积分的累次积分，有

$$V = 4\int_0^{\frac{\pi}{2}} d\theta \int_0^{2a\sin\theta} \sqrt{4a^2-\rho^2}\rho d\rho$$

$$= 4\int_0^{\frac{\pi}{2}} \left[ -\frac{1}{3}(4a^2-\rho^2)^{\frac{3}{2}} \Big|_0^{2a\sin\theta} \right] d\theta$$

$$= \frac{32a^3}{4}\int_0^{\frac{\pi}{2}} (1-\cos^3\theta) d\theta = \frac{16}{9}a^3(3\pi-4).$$ ■

**例 10.2.8** 将直角坐标下的累次积分

$$I = \int_0^1 dx \int_{1-x}^{\sqrt{1-x^2}} f(x^2+y^2) dy$$

化为极坐标下的累次积分.

**解** 从所给累次积分易看出直角坐标下的积分区域为

$$(\sigma) = \{(x,y) \mid 1-x \leqslant y \leqslant \sqrt{1-x^2}, 0 \leqslant x \leqslant 1\},$$

它是由圆弧 $y=\sqrt{1-x^2}$ 与直线 $y=1-x$ 所围成的(见图 10.2.19).

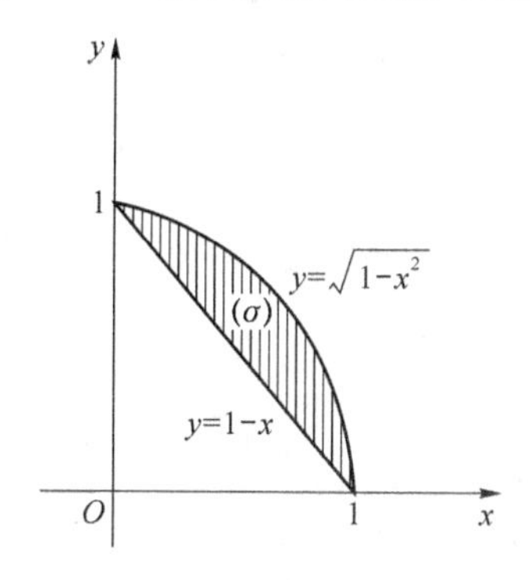


图 10.2.19

积分区域(σ)的边界曲线的极坐标方程为

$$\rho=1, \quad \rho=\frac{1}{\sin\theta+\cos\theta},$$

因此区域(σ)可用极坐标表示为

$$(\sigma) = \left\{ (\rho,\theta) \,\middle|\, \frac{1}{\sin\theta+\cos\theta} \leqslant \rho \leqslant 1, 0 \leqslant \theta \leqslant \frac{\pi}{2} \right\}.$$

用例 10.2.7 中相同的方法,可得

$$I=\iint_{(\sigma)} f(x^2+y^2)\,\mathrm{d}y\mathrm{d}x=\iint_{(\sigma)} f(\rho^2)\rho\mathrm{d}\rho\mathrm{d}\theta=\int_0^{\frac{\pi}{2}}\mathrm{d}\theta\int_{\frac{1}{\sin\theta+\cos\theta}}^{1} f(\rho^2)\rho\mathrm{d}\rho. \qquad \blacksquare$$

**例 10.2.9** 计算二重积分

$$\iint_{(\sigma)} \mathrm{e}^{-(x^2+y^2)}\,\mathrm{d}\sigma,$$

其中积分区域$(\sigma)$是圆域 $x^2+y^2\leqslant R^2$($R$ 为常数且 $R>0$).

**解** 应用极坐标可得积分区域在极坐标下的表示为

$$(\sigma)=\{(\rho,\theta)\mid 0\leqslant\rho\leqslant R, 0\leqslant\theta\leqslant 2\pi\},$$

从而

$$\iint_{(\sigma)} \mathrm{e}^{-(x^2+y^2)}\,\mathrm{d}\sigma=\iint_{(\sigma)} \mathrm{e}^{-\rho^2}\rho\mathrm{d}\rho\mathrm{d}\theta=\int_0^{2\pi}\mathrm{d}\theta\int_0^R \mathrm{e}^{-\rho^2}\rho\mathrm{d}\rho$$

$$=\int_0^{2\pi}\frac{1}{2}(1-\mathrm{e}^{-R^2})\,\mathrm{d}\theta=(1-\mathrm{e}^{-R^2})\pi. \qquad \blacksquare$$

**注** 在例 10.2.9 中,由于 $\int \mathrm{e}^{-x^2}\mathrm{d}x$ 不能用初等函数表示,因此这个二重积分在直角坐标系下不能计算.

式(10.2.9)与式(10.2.10)是由"无限累加"的思想得到的,下面我们通过式(10.2.4)与式(10.2.5)来证明它们. 为了应用公式(10.2.4),我们将$(\rho,\theta)$看作是直角坐标,并从映射的角度解释转换式(10.2.7). 易知,式(10.2.7)的逆变换由下列等式决定:

$$\rho=\sqrt{x^2+y^2},\quad \sin\theta=\frac{x}{\sqrt{x^2+y^2}},\quad \cos\theta=\frac{y}{\sqrt{x^2+y^2}}\quad (x^2+y^2\neq 0), \qquad (10.2.11)$$

式(10.2.11)刻画了积分区域$(\sigma)$从 $xOy$ 直角坐标平面映射到"$\theta O\rho$ 直角坐标平面"上的积分区域$(\sigma')$(见图 10.2.20),并且 $\theta O\rho$ 平面上$(\Delta\sigma')$的逆像恰恰是 $xOy$ 平面上的$(\Delta\sigma)$. 下面讨论区域$(\Delta\sigma')$和区域$(\Delta\sigma)$的面积关系. 从图 10.2.20 可以看出区域$(\Delta\sigma')$的面积 $\Delta\sigma'=\Delta\rho\Delta\theta$,而由前面的讨论我们知道区域$(\Delta\sigma)$的面积 $\Delta\sigma\approx\rho\Delta\rho\Delta\theta$,从而

$$\Delta\sigma\approx\rho\Delta\sigma',$$

或

$$\mathrm{d}\sigma=\rho\mathrm{d}\sigma'. \qquad (10.2.12)$$

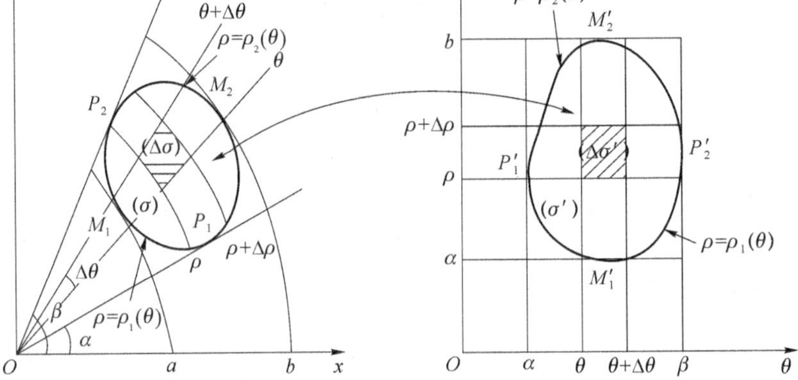


图 10.2.20

式(10.2.12)表明,在映射(10.2.11)下,$xOy$ 平面上的$(\mathrm{d}\sigma)$转化为 $\theta O\rho$ 直角坐标平面上的$(\mathrm{d}\sigma')$,对应的区域面积会放大或缩小,放大系数(或缩小)为$\frac{1}{\rho}$.

因此,在映射(10.2.11)下,二重积分可改写为

$$\iint_{(\sigma)} f(x,y)\mathrm{d}\sigma = \iint_{(\sigma')} f(\rho\cos\theta,\rho\sin\theta)\rho\mathrm{d}\rho\mathrm{d}\theta. \tag{10.2.13}$$

等式(10.2.13)右边的积分是被积函数为 $F(\rho,\theta)\overset{\text{def}}{=}f(\rho\cos\theta,\rho\sin\theta)\rho$ 的二重积分,积分区域$(\sigma')$在 $\theta O\rho$ 直角坐标平面内. 因此,若将变量 $\theta$ 和 $\rho$ 分别看作是变量 $x$ 和 $y$,应用式(10.2.4)或式(10.2.5),可得

$$\iint_{(\sigma')} F(\rho,\theta)\mathrm{d}\rho\mathrm{d}\theta = \int_{\alpha}^{\beta}\mathrm{d}\theta\int_{\rho_1(\theta)}^{\rho_2(\theta)} F(\rho,\theta)\mathrm{d}\rho,$$

$$\iint_{(\sigma')} F(\rho,\theta)\mathrm{d}\rho\mathrm{d}\theta = \int_{a}^{b}\mathrm{d}\rho\int_{\theta_1(\rho)}^{\theta_2(\rho)} F(\rho,\theta)\mathrm{d}\theta,$$

即式(10.2.9)与式(10.2.10)成立.

按照以上讨论的观点,例 10.2.6 在 $\theta O\rho$ 直角坐标系内的积分区域是

$$(\sigma')=\{(\rho,\theta)\,|\,a\leqslant\rho\leqslant b,0\leqslant\theta\leqslant 2\pi\}.$$

显然它是一个"$\theta O\rho$ 直角坐标系"的矩形(见图 10.2.21),从而

$$\iint_{(\sigma)}(x^2+y^2)\mathrm{d}\sigma = \iint_{(\sigma')}\rho^2\rho\mathrm{d}\rho\mathrm{d}\theta = \int_0^{2\pi}\mathrm{d}\theta\int_a^b\rho^3\mathrm{d}\rho.$$

例 10.2.7 中二重积分在 $\theta O\rho$ 直角坐标平面内积分区域的四分之一为

$$(\sigma')=\left\{(\rho,\theta)\,|\,0\leqslant\rho\leqslant 2a\sin\theta,0\leqslant\theta\leqslant\frac{\pi}{2}\right\},$$

如图 10.2.22 所示. 因此

$$V = 4\iint_{(\sigma)}\sqrt{4a^2-x^2-y^2}\mathrm{d}\sigma = 4\iint_{(\sigma')}\sqrt{4a^2-\rho^2}\rho\mathrm{d}\rho\mathrm{d}\theta$$

$$= 4\int_0^{\frac{\pi}{2}}\mathrm{d}\theta\int_0^{2a\sin\theta}\sqrt{4a^2-\rho^2}\rho\mathrm{d}\rho.$$

这与例 10.2.7 中得到的累次积分是一致的.

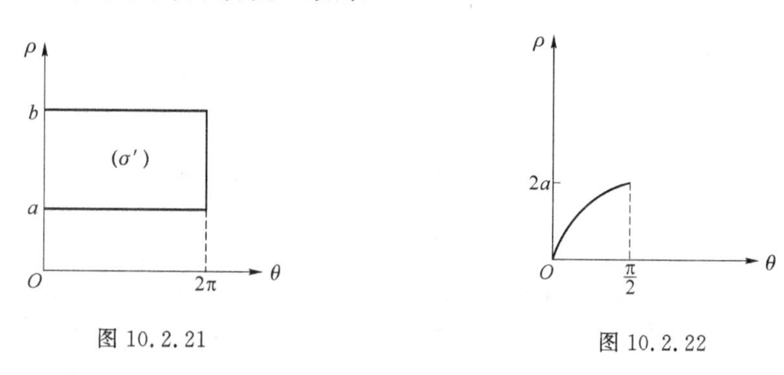


图 10.2.21　　图 10.2.22

## *10.2.4　二重积分的一般换元法

为了计算二重积分,除了引用上面讲过的极坐标这一特殊变换外,有时候还需要作一般的

变量替换.下面我们将介绍二重积分 $\iint\limits_{(\sigma)} f(x,y)\mathrm{d}\sigma$ 更一般的变量替换法，即一种用一般曲线坐标变换计算二重积分的方法.作变换的目的是使积分值能够较容易地算出.首先，我们引入曲线坐标.考虑变换

$$u=u(x,y),\quad v=v(x,y),\quad (x,y)\in(\sigma)\subseteq\mathbf{R}^2,\quad (u,v)\in(\sigma')\subseteq\mathbf{R}^2.\qquad(10.2.14)$$

设函数 $u(x,y)$ 与 $v(x,y)$ 满足下列三个条件：

(1) $u,v\in C^{(1)}((\sigma))$；

(2) $\dfrac{\partial(u,v)}{\partial(x,y)}=\begin{vmatrix} u_x & u_y \\ v_x & v_y \end{vmatrix}\neq 0,\forall(x,y)\in(\sigma)$；

(3) 变换从$(\sigma)$到$(\sigma')$是一一对应的.

我们将满足上述三个条件的变换称为**正则变换**.可以证明(证明略)：正则变换(10.2.14)存在唯一的从$(\sigma')$到$(\sigma)$逆变换

$$x=x(u,v),\quad y=y(u,v),\quad (u,v)\in(\sigma'),\qquad(10.2.15)$$

且这个逆变换也是正则的，将$(\sigma')$的内部映射到$(\sigma)$的内部，将$(\sigma')$的外部映射到$(\sigma)$的外部，并将$(\sigma')$的边界映射为$(\sigma)$的边界.

与极坐标换元公式(10.2.13)的推导类似，我们可将变换公式(10.2.14)看作是从直角坐标系 $xOy$ 平面到直角坐标系 $uOv$ 平面的映射，从而讨论二重积分在该变换下的计算.

变换(10.2.14)刻画了如何将 $xOy$ 平面内的区域$(\sigma)$变换到 $uOv$ 平面上的区域$(\sigma')$.为了计算 $uOv$ 平面中区域$(\sigma')$上的二重积分，我们用坐标曲线族 $u=c_1,v=c_2$($c_1$ 与 $c_2$ 都是常数)划分区域$(\sigma')$(见图 10.2.23).考察以 $uOv$ 平面上直线 $u=u_0$、$u=u_0+\Delta u$、$v=v_0$ 与 $v=v_0+\Delta v$ 为边界的子区域$(\Delta\sigma')$，其中 $M_0=(u_0,v_0)$为$(\sigma')$的一个内点.显然，$uOv$ 平面内子区域$(\Delta\sigma')$的面积为 $\Delta\sigma=\Delta u\cdot\Delta v$.

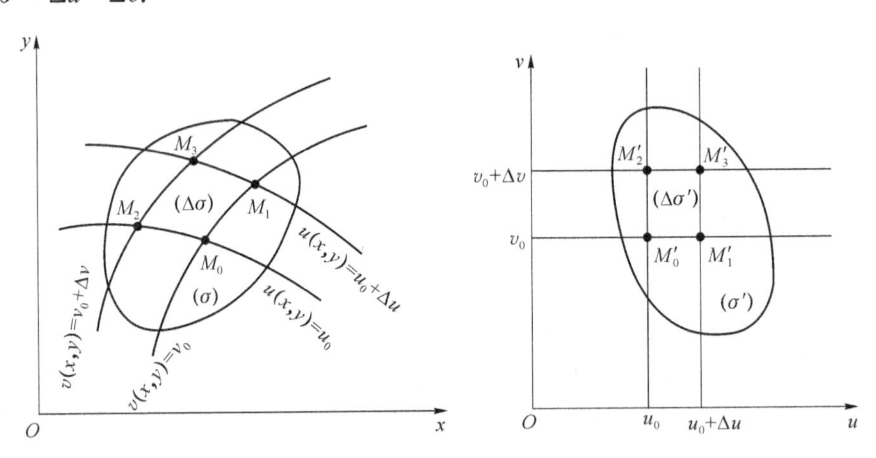


图 10.2.23

下面考虑映射(10.2.14)中区域$(\Delta\sigma')$的逆像.从式(10.2.14)易知，$uOv$ 平面上直线 $u=u_0$ 与 $u=u_0+\Delta u$ 的逆像分别是 $xOy$ 平面上的曲线 $u(x,y)=u_0$ 与 $u(x,y)=u_0+\Delta u$；$v=v_0$ 与 $v=v_0+\Delta v$的逆像分别是曲线 $v(x,y)=v_0$ 与 $v(x,y)=v_0+\Delta v$，从而 $xOy$ 平面内的四条曲线围成的区域$(\Delta\sigma)$是 $uOv$ 平面上子区域$(\Delta\sigma')$的逆像.因此，用坐标线 $u=c_1$ 与 $v=c_2$ 划分 $uOv$ 平面内的区域$(\sigma')$，对应于 $xOy$ 平面上的用曲线族 $u(x,y)=c_1$ 和 $v(x,y)=c_2$ 划分区域$(\sigma)$.曲线 $u(x,y)=c_1$ 与 $v(x,y)=c_2$ 分别称为 **$u$ 曲线**和**$v$ 曲线**.因此，每一个在 $xOy$ 平面上点 $M_0$

的坐标既可以用直角坐标$(x_0,y_0)$表示,也可以用 $u$ 曲线 $u(x,y)=u_0$ 与 $v$ 曲线$v(x,y)=v_0$ 的交点$(u_0,v_0)$表示.因此$(u_0,v_0)$称为点 $M_0$ 的**曲线坐标**①.曲线坐标$(u,v)$与直角坐标$(x,y)$的关系可用式(10.2.14)和式(10.2.15)表示.记子区域$(\Delta\sigma')$的四个顶点 $M_0'$,$M_1'$,$M_2'$和 $M_3'$的逆像分别是 $M_0$,$M_1$,$M_2$ 和 $M_3$,它们在 $xOy$ 平面上的直角坐标分别为

$$M_0(x(u_0,v_0),y(u_0,v_0)),$$

$$M_1(x(u_0+\Delta u,v_0),y(u_0+\Delta u,v_0)),$$

$$M_2(x(u_0,v_0+\Delta v),y(u_0,v_0+\Delta v)),$$

$$M_3(x(u_0+\Delta u,v_0+\Delta v),y(u_0+\Delta u,v_0+\Delta v)),$$

当 $\Delta u$ 和 $\Delta v$ 充分小时,上述四个顶点确定的曲边四边形的面积$(\Delta\sigma)$近似等于由向量$\overrightarrow{M_0M_1}$和$\overrightarrow{M_0M_2}$作为两邻边形成的平行四边形的面积.因此

$$\begin{aligned}\overrightarrow{M_0M_1}&=[x(u_0+\Delta u,v_0)-x(u_0,v_0)]\boldsymbol{i}+[y(u_0+\Delta u,v_0)-y(u_0,v_0)]\boldsymbol{j}\\&\approx x_u(u_0,v_0)\Delta u\,\boldsymbol{i}+y_u(u_0,v_0)\Delta u\boldsymbol{j},\\\overrightarrow{M_0M_2}&=[x(u_0,v_0+\Delta v)-x(u_0,v_0)]\boldsymbol{i}+[y(u_0,v_0+\Delta v)-y(u_0,v_0)]\boldsymbol{j}\\&\approx x_v(u_0,v_0)\Delta v\,\boldsymbol{i}+y_v(u_0,v_0)\Delta v\boldsymbol{j}.\end{aligned}$$

从而

$$\begin{aligned}\Delta\sigma\approx\|\overrightarrow{M_0M_1}\times\overrightarrow{M_0M_2}\|&\approx\left\|\begin{vmatrix}\boldsymbol{i}&\boldsymbol{j}&\boldsymbol{k}\\x_u\Delta u&y_u\Delta u&0\\x_v\Delta v&y_v\Delta v&0\end{vmatrix}_{(u_0,v_0)}\right\|\\&=\left|\begin{vmatrix}x_u&y_u\\x_v&y_v\end{vmatrix}_{(u_0,v_0)}\right|\Delta u\Delta v\\&=\left|\frac{\partial(x,y)}{\partial(u,v)}\right|_{(u_0,v_0)}\Delta u\Delta v,\end{aligned}$$

且

$$d\sigma=\left|\frac{\partial(x,y)}{\partial(u,v)}\right|d\sigma'. \qquad (10.2.16)$$

式(10.2.16)表明,当映射(10.2.14)将 $xOy$ 平面上的区域$(\Delta\sigma)$映射到 $uOv$ 平面上的区域$(\Delta\sigma')$时,区域的面积将会放大或缩小,且放大或缩小的系数为$\dfrac{1}{\left|\dfrac{\partial(x,y)}{\partial(u,v)}\right|}$.因此,在映射(10.2.14)下,$xOy$ 平面内区域$(\sigma)$上的二重积分与 $uOv$ 平面内区域$(\sigma')$上的二重积分的关系为②

$$\iint\limits_{(\sigma)}f(x,y)d\sigma=\iint\limits_{(\sigma')}f[x(u,v),y(u,v)]\left|\frac{\partial(x,y)}{\partial(u,v)}\right|d\sigma'. \qquad (10.2.17)$$

注意式(10.2.17)右端的积分是 $uOv$ 直角坐标系上的二重积分,应用式(10.2.4)或式(10.2.5)很容易将其转化为关于变量 $u$ 和 $v$ 的累次积分.

**例 10.2.10** 计算二重积分

$$I=\iint\limits_{(\sigma)}(y-x)d\sigma,$$

其中$(\sigma)$是由直线 $y=x+1$,$y=x-3$,$y=-\dfrac{x}{3}+\dfrac{7}{9}$和 $y=-\dfrac{x}{3}+5$ 所围成的区域(见图 10.2.24).

---

① 注意:因为$(u_0,v_0)$可以是$(\sigma)$内任意一点,这里我们省略下标 0.

② 注意:雅可比行列式在$(\sigma')$内某些点或某一曲线上等于 0,式(10.2.15)仍然成立.

**解** 从图 10.2.24 容易看出，若将二重积分 $I$ 直接转换成累次积分，无论是先对 $y$ 或先对 $x$ 积分，都必须先将积分区域分成三个子区域，显然这样计算并不便捷. 下面我们用曲线坐标求解.

根据区域$(\sigma)$的边界曲线的特点，可选择如下的变换：

$$u=y-x,\quad v=y+\frac{1}{3}x,$$

或
$$x=-\frac{3}{4}u+\frac{3}{4}v,\quad y=\frac{1}{4}u+\frac{3}{4}v.$$

因为
$$\left|\frac{\partial(x,y)}{\partial(u,v)}\right|=\left|\begin{vmatrix}-\frac{3}{4} & \frac{3}{4}\\ \frac{1}{4} & \frac{3}{4}\end{vmatrix}\right|=\frac{3}{4},$$

根据式(10.2.17)，有

$$I=\iint\limits_{(\sigma)}(y-x)\mathrm{d}\sigma=\iint\limits_{(\sigma')}\left[\left(\frac{1}{4}u+\frac{3}{4}v\right)-\left(-\frac{3}{4}u+\frac{3}{4}v\right)\right]\left|\frac{\partial(x,y)}{\partial(u,v)}\right|\mathrm{d}u\mathrm{d}v$$
$$=\frac{3}{4}\iint\limits_{(\sigma')}u\mathrm{d}u\mathrm{d}v,$$

这里
$$(\sigma')=\left\{(u,v)\,\middle|\,-3\leqslant u\leqslant 1,\frac{7}{9}\leqslant v\leqslant 5\right\},$$

如图 10.2.25 所示. 因此，用 $u$ 和 $v$ 代替 $x$ 和 $y$ 并在 $uOv$ 平面应用式(10.2.2)，可得

$$I=\iint\limits_{(\sigma')}\frac{3}{4}u\mathrm{d}u\mathrm{d}v=\frac{3}{4}\int_{\frac{7}{9}}^{5}\mathrm{d}v\int_{-3}^{1}u\mathrm{d}u=-\frac{38}{3}.$$

我们也可以利用“无限累加”的思想计算 $xOy$ 平面内的二重积分 $I$. 用直线 $y-x=c_1$，$y+\frac{1}{3}x=c_2$ 划分区域$(\sigma)$(见图 10.2.24)，然后沿着 $u=y-x=c_1$ 先将 $u\Delta u\Delta v$ 无限累加，进而沿着 $v=y+\frac{1}{3}x=c_2$ 无限累加，可得

$$I=\frac{3}{4}\iint\limits_{(\sigma')}u\mathrm{d}u\mathrm{d}v=\frac{3}{4}\int_{\frac{7}{9}}^{5}\mathrm{d}v\int_{-3}^{1}u\mathrm{d}u=-\frac{38}{3}.$$

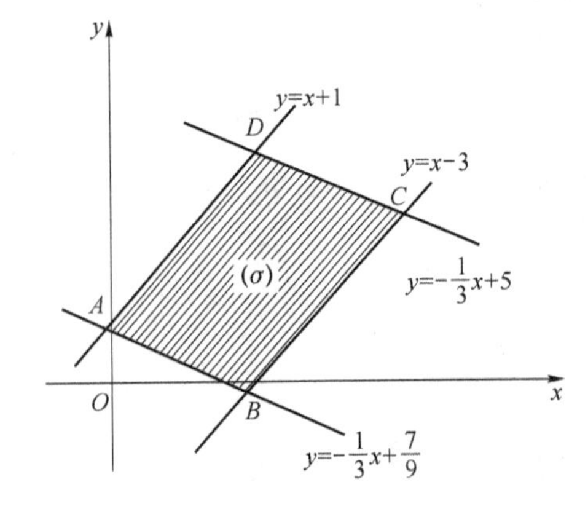

图 10.2.24

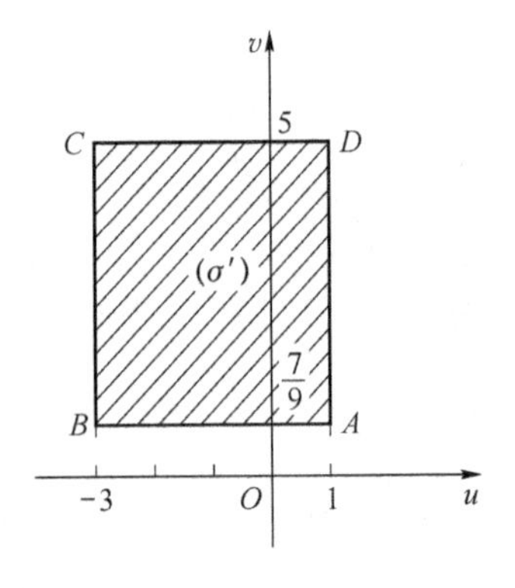

图 10.2.25

■

**例 10.2.11** 计算二重积分

$$\iint\limits_{(\sigma)} \sqrt{xy}\,\mathrm{d}\sigma,$$

其中积分区域$(\sigma)$是曲线 $xy=1, xy=2, y=x$ 和 $y=4x$ 所围成的区域$(x>0, y>0)$.

**解** 引入曲线坐标变换

$$u=xy, \quad v=\frac{y}{x}. \tag{10.2.18}$$

$(\sigma)$的边界变换为

$$u=1, \quad u=2, \quad v=1, \quad v=4.$$

因为

$$\frac{\partial(u,v)}{\partial(x,y)}=\begin{vmatrix} y & x \\ -\dfrac{y}{x^2} & \dfrac{1}{x} \end{vmatrix}=2\frac{y}{x},$$

所以求$\dfrac{\partial(x,y)}{\partial(u,v)}$时不需要求式(10.2.18)的逆变换.根据式(10.2.18)有

$$\frac{\partial(u,v)}{\partial(x,y)}=\frac{1}{\dfrac{\partial(x,y)}{\partial(u,v)}}=\frac{x}{2y}=\frac{1}{2v},$$

从而

$$\iint\limits_{(\sigma)} \sqrt{xy}\,\mathrm{d}\sigma = \iint\limits_{(\sigma')} \sqrt{u}\,\frac{1}{2v}\mathrm{d}u\mathrm{d}v = \frac{1}{2}\int_1^4 \frac{1}{v}\mathrm{d}v\int_1^2 \sqrt{u}\,\mathrm{d}u$$

$$= \frac{2}{3}(2\sqrt{2}-1)\ln 2.$$

■

**例 10.2.12** 计算二重积分

$$I = \iint\limits_{(\sigma)} x^2\,\mathrm{d}\sigma,$$

其中积分区域$(\sigma)$是椭圆$\dfrac{x^2}{4}+\dfrac{y^2}{9}=1$ 的内部区域.

**解** 由于积分区域$(\sigma)$的边界是椭圆,如果用极坐标变换,那么累次积分的边界将会变得太复杂而无法计算,因此我们使用曲线坐标变换

$$\frac{x^2}{4}=\rho^2\cos^2\theta, \quad \frac{y^2}{9}=\rho^2\sin^2\theta,$$

或

$$x=2\rho\cos\theta, \quad y=3\rho\sin\theta \quad (0\leqslant\rho<+\infty, 0\leqslant\theta\leqslant 2\pi).$$

在此映射下,区域$(\sigma)$映射到 $\theta O\rho$ 直角坐标平面上的矩形区域$(\sigma')$且

$$(\sigma')=\{(\theta,\rho) \mid 0\leqslant\theta\leqslant 2\pi, 0\leqslant\rho\leqslant 1\},$$

而

$$\mathrm{d}\sigma=\left|\frac{\partial(x,y)}{\partial(\rho,\theta)}\right|\mathrm{d}\rho\mathrm{d}\theta=6\rho\mathrm{d}\rho\mathrm{d}\theta,$$

则

$$I = \iint\limits_{(\sigma')} 4\rho^2\cos^2\theta \cdot 6\rho\mathrm{d}\rho\mathrm{d}\theta = 24\int_0^{2\pi}\int_0^1 \rho^3\cos^2\theta\mathrm{d}\rho\mathrm{d}\theta$$

$$= 6\int_0^{2\pi}\cos^2\theta\mathrm{d}\theta = 6\pi.$$

■

**注** 变换

$$x=a\rho\cos\theta, \quad y=b\rho\sin\theta \quad (0\leqslant\rho<+\infty, 0\leqslant\theta\leqslant 2\pi)$$

称为**广义极坐标变换**.容易看出在此变换下,面积微元 $\mathrm{d}\sigma=ab\rho\mathrm{d}\rho\mathrm{d}\theta$.

当 $a=b=1$ 时,广义极坐标退化成极坐标.此时,雅可比行列式确定的面积微元为

$d\sigma=\rho d\rho d\theta$,这与我们在 10.2.3 小节中所得到的结果一致.

## 习题 10.2 A

1. 解释下列二重积分的几何意义：

(1) $\iint\limits_{(\sigma)}(x^2+y^2)d\sigma$,其中积分区域$(\sigma)=\{(x,y)\mid x^2+y^2\leqslant 1\}$；

(2) $\iint\limits_{(\sigma)}(\sqrt{2-x^2-y^2}-\sqrt{x^2+y^2})d\sigma$,其中积分区域$(\sigma)=\{(x,y)\mid x^2+y^2\leqslant 1\}$.

2. 设一个柱体$(V)$的母线平行于$z$轴,它的顶和底分别是曲面$z=f_2(x,y)$和$z=f_1(x,y)$,且柱体$(V)$与$xOy$平面的交线是一封闭曲线,此封闭曲线所围区域为$(\sigma)$. 试用二重积分表示该柱体的体积.

3. 用二重积分的几何意义解释下列等式：

(1) $\iint\limits_{(\sigma)}k\,d\sigma=k\sigma$,其中$k\in\mathbf{R}$是常数,$\sigma$是区域$(\sigma)$的面积；

(2) $\iint\limits_{(\sigma)}\sqrt{R^2-x^2-y^2}\,d\sigma=\dfrac{2}{3}\pi R^3$,其中积分区域$(\sigma)$是一个以$R$为半径,圆心在原点的圆；

(3) 积分区域$(\sigma)$关于$y$轴对称时,

① 若二元函数$f(x,y)$关于$x$是奇函数,则二重积分$\iint\limits_{(\sigma)}f(x,y)d\sigma=0$；

② 若二元函数$f(x,y)$关于$x$是偶函数,则二重积分$\iint\limits_{(\sigma)}f(x,y)d\sigma=2\iint\limits_{(\sigma_1)}f(x,y)d\sigma$,其中$(\sigma_1)$是区域$(\sigma)$落在右半平面$x\geqslant 0$的部分.

4. 考察二重积分$\iint\limits_{(\sigma)}f(x,y)d\sigma$,若积分区域$(\sigma)$关于$x$轴对称,在什么条件下下列等式分别成立？

(1) $\iint\limits_{(\sigma)}f(x,y)d\sigma=0$；

(2) $\iint\limits_{(\sigma)}f(x,y)d\sigma=2\iint\limits_{(\sigma_1)}f(x,y)d\sigma$,其中$(\sigma_1)$是区域$(\sigma)$落在上半平面$y\geqslant 0$的部分.

5. 在$xOy$直角坐标系中,把二重积分$I=\iint\limits_{(\sigma)}f(x,y)d\sigma$分别以两种不同的次序(先对$y$再对$x$,先对$x$再对$y$)化为累次积分,其中积分区域$(\sigma)$分别为

(1) $(\sigma)=\{(x,y)\mid y^2\leqslant x,x+y\leqslant 2\}$；

(2) $(\sigma)$是由$y=0$与$y=\sqrt{1-x^2}$所围成的区域；

(3) $(\sigma)$是由$y=0,y=x^3(x>0)$及$x+y=2$所围成的区域；

(4) $(\sigma)$是圆环$1\leqslant x^2+y^2\leqslant 9$；

(5) $(\sigma)$是由$y=\sqrt{2ax},y=\sqrt{2ax-x^2}$与$x=2a$所围成的区域.

6. 在下列积分中指出积分区域的形状,并改变累次积分的次序：

(1) $\int_{-1}^{2}\mathrm{d}x\int_{1}^{x^2} f(x,y)\mathrm{d}y$；

(2) $\int_{0}^{2a}\mathrm{d}x\int_{\sqrt{2ax-x^2}}^{\sqrt{2ax}} f(x,y)\mathrm{d}y \quad (a>0)$；

(3) $\int_{0}^{\frac{\pi}{2}}\mathrm{d}x\int_{0}^{\sin x} f(x,y)\mathrm{d}y$；

(4) $\int_{0}^{\pi}\mathrm{d}x\int_{-\sin\frac{x}{2}}^{\sin\frac{x}{2}} f(x,y)\mathrm{d}y$；

(5) $\int_{0}^{2}\mathrm{d}x\int_{0}^{x} f(x,y)\mathrm{d}y+\int_{2}^{\sqrt{8}}\int_{0}^{\sqrt{8-x^2}} f(x,y)\mathrm{d}y$；

(6) $\int_{-1}^{0}\mathrm{d}y\int_{-1-\sqrt{1+y}}^{-1+\sqrt{1+y}} f(x,y)\mathrm{d}x+\int_{0}^{3}\mathrm{d}y\int_{y-2}^{-1+\sqrt{1+y}} f(x,y)\mathrm{d}x$.

7. 计算下列二重积分：

(1) $\iint\limits_{(\sigma)}\sin(x+y)\mathrm{d}\sigma$，其中积分区域$(\sigma)=\{(x,y)\mid 0\leqslant x\leqslant 2,1\leqslant y\leqslant 2\}$；

(2) $\iint\limits_{(\sigma)}xy\mathrm{e}^{x}\mathrm{d}\sigma$，其中积分区域$(\sigma)=\{(x,y)\mid 0\leqslant x\leqslant 1,0\leqslant y\leqslant 2\}$；

(3) $\iint\limits_{(\sigma)}xy\max\{x,y\}\mathrm{d}\sigma$，其中积分区域$(\sigma)=\{(x,y)\mid 0\leqslant x\leqslant 1,0\leqslant y\leqslant 1\}$；

(4) $\iint\limits_{(\sigma)}\arctan\frac{y}{x}\mathrm{d}\sigma$，其中积分区域$(\sigma)=\{(x,y)\mid 1\leqslant x\leqslant 2,3\leqslant y\leqslant 5\}$；

(5) $\iint\limits_{(\sigma)}xy\mathrm{d}\sigma$，其中积分区域$(\sigma)$是 $x=1,y=0$ 及 $y=\sqrt{x}$所围区域；

(6) $\iint\limits_{(\sigma)}x\mathrm{e}^{y}\mathrm{d}\sigma$，其中积分区域$(\sigma)=\{(x,y)\mid 0\leqslant y\leqslant x\leqslant 1\}$；

(7) $\iint\limits_{(\sigma)}\frac{\sin x}{x}\mathrm{d}\sigma$，其中积分区域$(\sigma)$是 $y=x^2+1,y=1$ 及 $x=1$ 所围区域；

(8) $\iint\limits_{(\sigma)}(x+y)^2\mathrm{d}\sigma$，其中积分区域$(\sigma)$是$|x|+|y|=1$ 所围区域；

(9) $\iint\limits_{(\sigma)}\mathrm{e}^{-x^2}\mathrm{d}\sigma$，其中积分区域$(\sigma)=\{(x,y)\mid 0\leqslant y\leqslant x\leqslant 1\}$；

(10) $\iint\limits_{(\sigma)}\frac{x}{y}\sqrt{1-\sin^2 y}\mathrm{d}\sigma$，其中积分区域$(\sigma)=\{(x,y)\mid -\sqrt{y}\leqslant x\leqslant\sqrt{3y},\frac{\pi}{2}\leqslant y\leqslant 2\pi\}$；

(11) $\iint\limits_{(\sigma)}\sqrt{|y-x^2|}\mathrm{d}\sigma$，其中积分区域$(\sigma)=\{(x,y)\mid -1\leqslant x\leqslant 1,0\leqslant y\leqslant 2\}$；

(12) $\iint\limits_{(\sigma)}(|x|+|y|)\mathrm{d}\sigma$，其中积分区域$(\sigma)$是 $xy=2,y=x+1$ 及 $y=x-1$ 所围区域.

8. 将下列直角坐标系下的累次积分化为极坐标下的累次积分：

(1) $\int_{0}^{2a}\mathrm{d}x\int_{0}^{\sqrt{2ax-x^2}} f(x^2+y^2)\mathrm{d}y \quad (a>0)$；

(2) $\int_{1}^{2}\mathrm{d}y\int_{0}^{y} f\left(\frac{x\sqrt{x^2+y^2}}{y}\right)\mathrm{d}x$；

(3) $\int_{0}^{1}\mathrm{d}y\int_{-y}^{\sqrt{y}} f(x,y)\mathrm{d}x$；

(4) $\int_{-a}^{a}\mathrm{d}x\int_{a}^{a+\sqrt{a^2-x^2}} f(x,y)\mathrm{d}y \quad (a>0)$.

9. 化二重积分 $I=\iint\limits_{(\sigma)}f(x,y)\mathrm{d}\sigma$ 为极坐标下的累次积分(分别列出对两个变量先后次序不同的两个累次积分)，其中积分区域$(\sigma)$分别为：

(1) $(\sigma)$是半圆域 $0\leqslant y,x^2+y^2\leqslant 16$；

(2) $(\sigma)$是圆环 $4\leqslant x^2+y^2\leqslant 9$；

(3) $(\sigma)$是圆域 $x^2+y^2\leqslant 6x$.

10. 用极坐标计算下列二重积分：

(1) $\iint\limits_{(\sigma)}(x^2+y^2)\mathrm{d}\sigma$, 其中积分区域$(\sigma)=\{(x,y)\mid x^2+y^2\leqslant 9\}$;

(2) $\iint\limits_{(\sigma)}\mathrm{e}^{x^2+y^2}\mathrm{d}\sigma$, 其中积分区域$(\sigma)=\{(x,y)\mid a^2\leqslant x^2+y^2\leqslant b^2\}(a>0,b>0)$;

(3) $\iint\limits_{(\sigma)}\sin(x^2+y^2)\mathrm{d}\sigma$, 其中积分区域$(\sigma)=\{(x,y)\mid 4\leqslant x^2+y^2\leqslant 9\}$;

(4) $\iint\limits_{(\sigma)}\sin\sqrt{x^2+y^2}\mathrm{d}\sigma$, 其中积分区域$(\sigma)=\{(x,y)\mid \pi^2\leqslant x^2+y^2\leqslant 4\pi^2\}$;

(5) $\iint\limits_{(\sigma)}(x^2+y^2)^2\mathrm{d}\sigma$, 其中积分区域$(\sigma)=\{(x,y)\mid x^2+y^2\leqslant 2ax\}(a>0)$;

(6) $\iint\limits_{(\sigma)}\arctan\dfrac{y}{x}\mathrm{d}\sigma$, 其中积分区域$(\sigma)$是圆域 $x^2+y^2\leqslant 1$ 落在第一象限的部分；

(7) $\iint\limits_{(\sigma)}\sqrt{R^2-x^2-y^2}\mathrm{d}\sigma$, 其中积分区域$(\sigma)$是圆域 $x^2+y^2\leqslant Rx$ 落在第一象限的部分；

(8) $\iint\limits_{(\sigma)}(x+y)\mathrm{d}\sigma$, 其中积分区域$(\sigma)$是圆域 $x^2+y^2\leqslant x+y$ 的内部.

11. 求下列各组曲线所围区域的面积：

(1) $x+y=a,x+y=b,y=\alpha x$ 和 $y=\beta x(a<b,\alpha<\beta)$;

(2) $xy=a^2,x+y=3a(a>0)$;

(3) $(x^2+y^2)^2=2a^2(x^2-y^2),x^2+y^2=a^2(x^2+y^2\geqslant a^2,a>0)$;

(4) $\rho=a(1+\sin\theta)(a>0)$.

12. 求由下列各族曲面所围成的立体的体积：

(1) $\dfrac{x}{a}+\dfrac{y}{b}+\dfrac{z}{c}=1(a>0,b>0,c>0),x=0,y=0,z=0$;

(2) $z=x^2+y^2,x+y=4,x=0,y=0,z=0$;

(3) $z=\sqrt{x^2+y^2},x^2+y^2=2ax(a>0),z=0$;

(4) $z=\sqrt{3a^2-x^2-y^2},x^2+y^2=2az(a>0)$.

## 习题 10.2 B

1. 计算下列二重积分：

(1) $\iint\limits_{(\sigma)}(x+y)\mathrm{d}\sigma$, 其中积分区域$(\sigma)=\{(x,y)\mid x^2+y^2\leqslant x+y\}$;

(2) $\iint\limits_{(\sigma)}y^2\mathrm{d}\sigma$, 其中积分区域$(\sigma)$是摆线的一拱$\begin{cases}x=a(t-\sin t),\\ y=a(1-\cos t)\end{cases}(0\leqslant t\leqslant 2\pi,a>0)$及 $x$ 轴所围区域.

2. 计算累次积分：

$$\int_{\frac{1}{4}}^{\frac{1}{2}}\mathrm{d}y\int_{\frac{1}{2}}^{\sqrt{y}}\mathrm{e}^{\frac{y}{x}}\mathrm{d}x+\int_{\frac{1}{2}}^{1}\mathrm{d}y\int_{y}^{\sqrt{y}}\mathrm{e}^{\frac{y}{x}}\mathrm{d}x.$$

3. 设二元函数 $f(x,y)=\begin{cases}x, & 0\leqslant x\leqslant 1,0\leqslant y\leqslant 1,\\ 0, & 其他,\end{cases}$ 计算

$$F(t)=\iint\limits_{x+y\leqslant t} f(x,y)\mathrm{d}\sigma.$$

4. 计算二重积分 $\iint\limits_{(\sigma)} x[1+yf(x^2+y^2)]\mathrm{d}\sigma$，其中积分区域$(\sigma)$是由 $y=x^3, y=1, x=-1$ 所围成的区域，且 $f(x^2+y^2)$在区域$(\sigma)$上连续.

5. 证明 $\iint\limits_{(\sigma)} f(x+y)\mathrm{d}\sigma=\int_{-1}^{1} f(t)\mathrm{d}t$，其中积分区域$(\sigma)$是$|x|+|y|=1$所围成的区域.

6. 证明 $\iint\limits_{(\sigma)} f(ax+by+c)\mathrm{d}\sigma=2\int_{-1}^{1}\sqrt{1-u^2}f(\sqrt{a^2+b^2}u+c)\mathrm{d}u$，其中$(\sigma)=\{(x,y)\mid x^2+y^2\leqslant 1\}$，$a^2+b^2\neq 0$.

7. 设一元函数 $f(x)$在区间$[0,1]$上连续，且 $\int_0^1 f(x)\mathrm{d}x=A$. 计算$\int_0^1\mathrm{d}x\int_x^1 f(x)f(y)\mathrm{d}y$.

8. 证明 Dirichlet 公式 $\int_0^a\mathrm{d}x\int_0^x f(x,y)\mathrm{d}y=\int_0^a\mathrm{d}y\int_y^a f(x,y)\mathrm{d}x\ (a>0)$，并用此公式证明 $\int_0^a\mathrm{d}y\int_0^y f(x)\mathrm{d}x=\int_0^a(a-x)f(x)\mathrm{d}x$，其中 $f$ 是连续函数.

9. 求曲线$\left(\frac{x^2}{a^2}+\frac{y^2}{b^2}\right)^2=\frac{xy}{c^2}\ (a>0,b>0,c>0)$所围的面积.

10. 求抛物面 $z=1+x^2+y^2$ 的一个切平面，使得由该切平面、抛物面 $z=1+x^2+y^2$ 及圆柱面$(x-1)^2+y^2=1$所围的立体体积最小. 求出满足条件的切平面方程以及最小体积.

*11. 用适当的变换计算下列二重积分：

(1) $\iint\limits_{(\sigma)}\left(\frac{x^2}{a^2}+\frac{y^2}{b^2}\right)\mathrm{d}\sigma$，$(\sigma)=\left\{(x,y)\,\middle|\,\frac{x^2}{a^2}+\frac{y^2}{b^2}\leqslant 1\right\}$，其中 $a>0,b>0$；

(2) $\iint\limits_{(\sigma)}\mathrm{e}^{\frac{y}{y+x}}\mathrm{d}\sigma$，$(\sigma)$是以$(0,0)$，$(1,0)$及$(0,1)$为顶点的三角形的内部.

## 10.3 三重积分

本节将介绍三重积分，它可以用来求三维图形的体积、立体的质量与力矩、三元函数的平均值等.

### 10.3.1 三重积分的概念和性质

若三元函数 $f(x,y,z)$定义在一块可求体积的三维空间有界几何体$(V)$上，则函数 $f$ 在$(V)$上的积分用如下方式定义.

**定义 10.3.1(三重积分(triple integrals))** 设定义在空间有界几何体$(V)$上的三元函数 $f(x,y,z)$是有界的. 将$(V)$任意划分成 $n$ 个子区域$(\Delta V_k)$ $(k=1,2,\cdots,n)$，每个子区域$(\Delta V_k)$的体积记作 $\Delta V_k$. 选取子区域$(\Delta V_k)$中的任意一点 $P_k=(\xi_k,\eta_k,\zeta_k)$ $(k=1,2,\cdots,n)$作和式

$$\sum_{k=1}^{n} f(\xi_k,\eta_k,\zeta_k)\Delta V_k.$$

设 $d$ 是所有子区域$(\Delta V_k)(k=1,2,\cdots,n)$直径中的最大值，如果对几何体$(V)$的任意划分以及任意选取的点 $P_k\in(\Delta V_k)$，当 $d\to 0$ 时，和式的极限都存在(即和趋于一个相同的值)，则称函数 $f$ 在区域$(V)$上**可积**，此极限称为函数 $f$ 在区域$(V)$上的**三重积分**，记作

$$\iiint\limits_{(V)} f(x,y,z)\mathrm{d}V = \lim_{d\to 0}\sum_{k=1}^{n} f(\xi_k,\eta_k,\zeta_k)\Delta V_k. \tag{10.3.1}$$

这里，$(V)$是积分区域且 $\mathrm{d}V$ 称为**体积微元**(element of volume).

定义 10.3.1 中极限的确切的含义是，若存在一常数 $A$ 使得对任意 $\varepsilon>0$，存在 $\delta>0$ 使得对$(V)$的任意划分$(\Delta V_k)(k=1,2,\cdots,n)$，及从$(\Delta V_k)$中任意选取一点$(\xi_k,\eta_k,\zeta_k)(k=1,2,\cdots,n)$，不等式

$$\left|\sum_{k=1}^{n} f(\xi_k,\eta_k,\zeta_k)\Delta V_k - A\right| < \varepsilon$$

当子区域的最大直径小于 $\delta$ 时恒成立，则数 $A$ 被称为函数 $f$ 在区域$(V)$上的三重积分，其中 $\Delta V_k$ 为子区域$(\Delta V_k)$的体积. 此时，我们可以记

$$\iiint\limits_{(V)} f(x,y,z)\mathrm{d}V = A,$$

或
$$\iiint\limits_{(V)} f(x,y,z)\mathrm{d}V = \lim_{d\to 0}\sum_{k=1}^{n} f(\xi_k,\eta_k,\zeta_k)\Delta V_k = A.$$

**注** 可以证明，若三元函数 $f$ 在空间几何体$(V)$上连续，则函数 $f$ 在$(V)$上可积(证明略，留给读者).

三重积分与定积分、二重积分有相同的代数性质，同样我们不加证明，只给出相关的性质.

考虑在空间有界闭几何体$(V)$上可积的三元函数 $f$ 与 $g$，有如下性质.

**1. 线性性质**

(a) $\iiint\limits_{(V)} kf(x,y,z)\mathrm{d}V = k\iiint\limits_{(V)} f(x,y,z)\mathrm{d}V$，$k$ 是常数；

(b) $\iiint\limits_{(V)}[f(x,y,z)\pm g(x,y,z)]\mathrm{d}V = \iiint\limits_{(V)} f(x,y,z)\mathrm{d}V \pm \iiint\limits_{(V)} g(x,y,z)\mathrm{d}V.$

**2. 积分区域可加性**

设$(V)=(V_1)\cup(V_2)$，且$(V_1)$和$(V_2)$除了相邻边界外没有共同区域，则

$$\iiint\limits_{(V)} f(x,y,z)\mathrm{d}V = \iiint\limits_{(V_1)} f(x,y,z)\mathrm{d}V + \iiint\limits_{(V_2)} f(x,y,z)\mathrm{d}V.$$

**3. 积分不等式**

(1) 若 $f(x,y,z)\leqslant g(x,y,z)$，$\forall(x,y,z)\in(V)$，则

$$\iiint\limits_{(V)} f(x,y,z)\mathrm{d}V \leqslant \iiint\limits_{(V)} g(x,y,z)\mathrm{d}V;$$

(2) $\left|\iiint\limits_{(V)} f(x,y,z)\mathrm{d}V\right| \leqslant \iiint\limits_{(V)} |f(x,y,z)|\mathrm{d}V$；

(3) 若 $l\leqslant f(x,y,z)\leqslant L$，$\forall(x,y,z)\in(V)$，则

$$lV \leqslant \iiint\limits_{(V)} f(x,y,z)\mathrm{d}V \leqslant LV,$$

其中 $V$ 表示$(V)$的体积.

**4. 积分中值定理**

若 $f(x,y,z)\in C((V))$且$(V)$是有界闭区域，则至少存在一点$(\xi,\eta,\zeta)\in(V)$，使得

$$\iiint\limits_{(V)} f(x,y,z)\mathrm{d}V = f(\xi,\eta,\zeta)V,$$

其中 $V$ 表示$(V)$的体积.

### 10.3.2 直角坐标系下的三重积分

由三重积分的定义可知,三元函数 $f(x,y,z)$在空间区域$(V)$上的三重积分就是一个和式的极限,即

$$\iiint\limits_{(V)} f(x,y,z)\mathrm{d}V = \lim_{d\to 0}\sum_{k=1}^{n} f(\xi_k,\eta_k,\zeta_k)\Delta V_k,$$

且若函数 $f(x,y,z)\in C((V))$,则积分一定存在. 今后,我们在讨论三重积分时,总假设

$$f(x,y,z)\in C((V)).$$

现在我们讨论三重积分在直角坐标系下的计算. 设积分区域$(V)$是由上、下两个曲面以及母线平行于 $z$ 轴的柱面围成的(如图 10.3.1 所示),即

$$(V)=\{(x,y,z)\mid z_1(x,y)\leqslant z\leqslant z_2(x,y),(x,y)\in(\sigma_{xy})\subsetneqq \mathbf{R}^2\},$$

其中 $z_1(x,y)\in C((\sigma_{xy}))$,$z_2(x,y)\in C((\sigma_{xy}))$,且平面区域$(\sigma_{xy})$是空间几何体$(V)$在 $xOy$ 平面的投影区域. 若过区域$(\sigma_{xy})$上任一内点作垂直于 $xOy$ 平面的直线,该直线与区域$(V)$的边界至多有两个交点,称这种区域$(V)$为 $xy$ 型区域.

首先考虑空间中 $xy$ 型区域$(V)$上三重积分的计算. 我们已经学习了定积分和二重积分的计算方法. 如果能把三重积分化成一个定积分和二重积分的累次积分,那么它的计算问题也就解决了. 为此,我们将区域$(\sigma_{xy})$分成若干子区域$(\Delta\sigma_{xy})$,以每个子区域$(\Delta\sigma_{xy})$的边界为准线,作平行于 $z$ 轴的母线. 此时,区域$(V)$被分成若干垂直小柱体. 再用若干平行于 $xOy$ 平面的平面将这些垂直小柱分割成若干小柱台$(\Delta V)$(见图 10.3.1). 显然,小柱台$(\Delta V)$的体积为

$$\Delta V = \Delta z\Delta\sigma,$$

其中 $\Delta\sigma$ 为$(\Delta\sigma_{xy})$的面积,$\Delta z$ 为小柱台的高度.

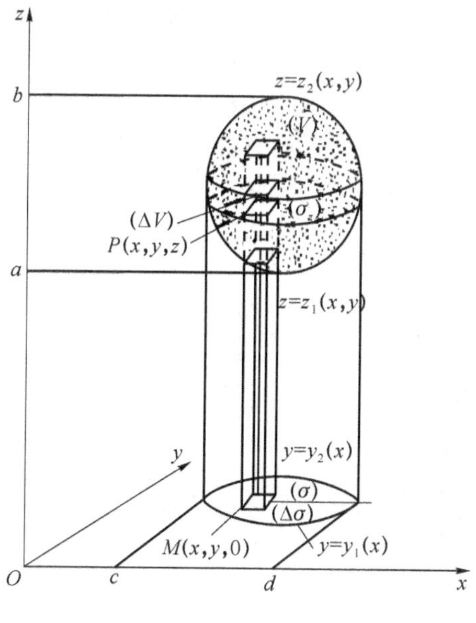


图 10.3.1

在子区域$(\Delta V)$内任取一点$P(x,y,z)$，若$P$点在$xOy$平面的投影是点$M(x,y,0)$，则点$M$必在子区域$(\Delta V)$的投影区域$(\Delta\sigma_{xy})$内. 与二重积分类似，可以证明若三元函数$f(x,y,z)$在区域$(V)$上连续，则黎曼和$\sum\limits_{(V)} f(x,y,z)\Delta V$当$d\to 0$的极限等于和式$\sum\limits_{(V)} f(x,y,z)\Delta z\Delta\sigma$当$d\to 0$的极限. 因此，由三重积分的定义有

$$\iiint\limits_{(V)} f(x,y,z)\mathrm{d}V = \lim_{d\to 0}\sum_{(V)} f(x,y,z)\Delta z\Delta\sigma.$$

当我们把乘积项$f(x,y,z)\Delta z\Delta\sigma$无限累加时，若将相同的因子$\Delta\sigma$提取出来，先计算$z$方向得到的小柱体，有

$$\lim_{d\to 0}\sum_{(V)} f(x,y,z)\Delta z\Delta\sigma = \lim_{d'\to 0}\sum_{(\sigma_{xy})}\Big[\lim_{\max\Delta z\to 0}\sum_{z} f(x,y,z)\Delta z\Big]\Delta\sigma,$$

其中$d'$是所有子区域$(\Delta\sigma_{xy})$中的最大直径. 由定积分和二重积分的定义有

$$\lim_{\max\Delta z\to 0}\sum_{z} f(x,y,z)\Delta z = \int_{z_1(x,y)}^{z_2(x,y)} f(x,y,z)\mathrm{d}z \overset{\text{def}}{=} \Phi(x,y),$$

$$\lim_{d'\to 0}\sum_{(\sigma_{xy})}\Phi(x,y)\Delta\sigma = \iint\limits_{(\sigma_{xy})}\Phi(x,y)\mathrm{d}\sigma.$$

因此

$$\iiint\limits_{(V)} f(x,y,z)\mathrm{d}V = \iint\limits_{(\sigma_{xy})}\Big[\int_{z_1(x,y)}^{z_2(x,y)} f(x,y,z)\mathrm{d}z\Big]\mathrm{d}\sigma. \tag{10.3.2}$$

这样，我们将三重积分化成了先对$z$再对$(\sigma_{xy})$积分的累次积分. 该积分计算方法是先求一个定积分，再求一个二重积分，我们称之为**“先单后重”**.

应注意计算式(10.3.2)中的定积分时，将$x,y$临时看作是常数，积分变量为$z$. 当我们求得函数$f(x,y,z)$关于变量$z$的原函数后，可由牛顿-莱布尼茨公式计算得到函数$\Phi(x,y)$. 进而可用10.2节中所列方法计算二重积分$\iint\limits_{(\sigma_{xy})}\Phi(x,y)\mathrm{d}\sigma$，从而完成三重积分的计算.

若平面区域$(\sigma_{yz})$是空间几何体$(V)$在$yOz$平面的投影区域，过区域$(\sigma_{yz})$上任一内点作垂直于$yOz$平面的直线，该直线与区域$(V)$的边界至多有两个交点，则称这种区域$(V)$为**$yz$型区域**；若平面区域$(\sigma_{zx})$是空间几何体$(V)$在$zOx$平面的投影区域，过区域$(\sigma_{zx})$上任一内点作垂直于$zOx$平面的直线，该直线与区域$(V)$的边界至多有两个交点，则称这种区域$(V)$为**$zx$型区域**. 类似地，我们也可以讨论三重积分在$yz$型区域和$zx$型区域上的计算. 同样可先将三重积分化为一个定积分和一个二重积分，采用“先单后重”的方式计算. 若积分区域$(V)$都不是这三种类型的区域，则类似于二重积分的处理方式，可用空间中若干平面将$(V)$分成这三种类型的若干子区域，然后利用积分的区域可加性进行求解.

**例 10.3.1** 计算三重积分

$$I = \iiint\limits_{(V)} z\mathrm{d}V,$$

其中积分区域$(V)$是一个由平面$x=0,x=1,y=0,y=1,z=0$和$z=1$所围成的六面体.

**解** 易知该六面体区域$(V)$是$xy$型区域，同时也是$yz$和$zx$型区域.

若将$(V)$看作是$xy$型区域，其在$xOy$平面上的投影是一个长方形区域，即

$$(\sigma_{xy}) = \{(x,y)\mid 0\leqslant x\leqslant 1, 0\leqslant y\leqslant 1\},$$

则根据式(10.3.2)，有

$$I = \iint\limits_{(\sigma_{xy})}\Big(\int_0^1 z\mathrm{d}z\Big)\mathrm{d}\sigma = \frac{1}{2}\iint\limits_{(\sigma_{xy})} z^2\Big|_0^1\mathrm{d}\sigma = \frac{1}{2}\iint\limits_{(\sigma_{xy})}\mathrm{d}\sigma = \frac{1}{2}.$$

■

**例 10.3.2** 计算三重积分

$$I=\iiint\limits_{(V)} xyz\,\mathrm{d}V,$$

其中积分区域$(V)$是由平面 $x=0,y=0,z=0$ 和 $x+y+z=1$ 所围成的四面体.

**解** 首先,我们画出区域$(V)$(如图 10.3.2 所示). 容易看出它是$xy$ 型区域,同时也是 $yz$ 和 $zx$ 型区域.

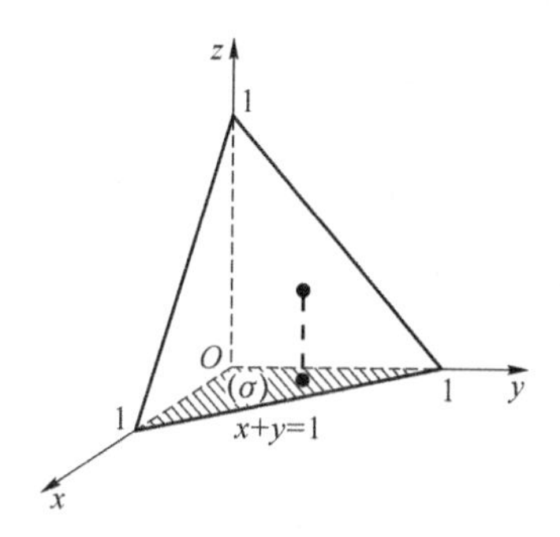


图 10.3.2

若将$(V)$看作是 $xy$ 型区域,则该区域在 $xOy$ 平面上的投影是一个三角形区域,即

$$(\sigma_{xy})=\{(x,y)\mid x+y\leqslant 1,x\geqslant 0,y\geqslant 0\}.$$

采用"先单后重"的计算方法,有

$$\begin{aligned}I&=\iint\limits_{(\sigma)}\left(\int_0^{1-x-y} xyz\,\mathrm{d}z\right)\mathrm{d}\sigma=\frac{1}{2}\iint\limits_{(\sigma_{xy})} xyz^2\Big|_0^{1-x-y}\mathrm{d}\sigma\\&=\frac{1}{2}\iint\limits_{(\sigma_{xy})} xy(1-x-y)^2\mathrm{d}\sigma\\&=\frac{1}{2}\int_0^1\mathrm{d}x\int_0^{1-x} xy(1-x-y)^2\mathrm{d}y=\frac{1}{720}.\end{aligned}$$

我们也可以将此积分 $I$ 化成三个单积分的累次积分后再逐步计算,有

$$I=\iint\limits_{(\sigma_{xy})}\left(\int_0^{1-x-y} xyz\right)\mathrm{d}\sigma=\int_0^1\mathrm{d}x\int_0^{1-x}\mathrm{d}y\int_0^{1-x-y} xyz\,\mathrm{d}z=\frac{1}{720}.$$ ■

**例 10.3.3** 计算三重积分

$$I=\iiint\limits_{(V)} z\mathrm{d}V,$$

其中积分区域$(V)$是以原点为中心,以 $R$ 为半径且在 $xOy$ 平面上方的半球体.

**解** 因为$(V)=\{(x,y,z)\mid 0\leqslant z\leqslant \sqrt{R^2-x^2-y^2},x^2+y^2\leqslant R^2\}$,$(V)$在 $xOy$ 平面的投影区域为$(\sigma_{xy})=\{(x,y)\mid x^2+y^2\leqslant R^2\}$. 因此

$$I=\iint\limits_{(\sigma_{xy})}\left(\int_0^{\sqrt{R^2-x^2-y^2}} z\mathrm{d}z\right)\mathrm{d}\sigma=\frac{1}{2}\iint\limits_{(\sigma_{xy})}(R^2-x^2-y^2)\mathrm{d}\sigma.$$

显然,用极坐标计算上式中的二重积分更为简便. 由

$$(\sigma_{xy})=\{(x,y)\mid x^2+y^2\leqslant R^2\}=\{(\rho,\theta)\mid 0\leqslant\rho\leqslant R,0\leqslant\theta\leqslant 2\pi\}$$

有

$$\begin{aligned}I&=\frac{1}{2}\iint\limits_{(\sigma_{xy})}(R^2-\rho^2)\rho\mathrm{d}\rho\mathrm{d}\theta=\frac{1}{2}\int_0^{2\pi}\mathrm{d}\theta\int_0^R(R^2-\rho^2)\rho\mathrm{d}\rho\\&=\frac{1}{2}\int_0^{2\pi}\left(\frac{R^4}{2}-\frac{R^4}{4}\right)\mathrm{d}\theta=\frac{\pi R^4}{4}.\end{aligned}$$ ■

下面，我们介绍三重积分计算的另外一种顺序——**“先重后单”**的顺序. 在三重积分定义对应的黎曼和计算中，若将乘积 $f(x,y,z)\Delta z\Delta\sigma$ 无限累加时，采用不同的累加顺序，就可以得到新的计算方法. 对于任意变量 $z\in[a,b]$，用过点 $(0,0,z)$ 且平行于 $xOy$ 平面的平面来截积分区域 $(V)$，记截得的横截面区域为 $(\sigma_z)$. 在“分割求和取极限”的过程中，先固定 $z$ 和 $\Delta z$，分别做平行于 $xOy$ 平面的平面，由此得到积分子区域的薄片是以 $(\sigma_z)$ 为底，厚度为 $\Delta z$ 的柱体. 黎曼和中若提取公因式 $\Delta z$，然后在区间 $[a,b]$ 上把所有薄层求得的和无限累加，则有

$$\lim_{d\to 0}\sum_{(V)} f(x,y,z)\Delta z\Delta\sigma=\lim_{\max\Delta z\to 0}\sum_{z}\Big[\lim_{d\to 0}\sum_{(\sigma_z)} f(x,y,z)\Delta\sigma\Big]\Delta z,$$

因此

$$\iiint_{(V)} f(x,y,z)\,\mathrm{d}V=\int_a^b\Big(\iint_{(\sigma_z)} f(x,y,z)\,\mathrm{d}\sigma\Big)\mathrm{d}z. \tag{10.3.3}$$

这种积分顺序称为“先重后单”.

**例 10.3.4** 计算三重积分

$$I=\iiint_{(V)} z^2\,\mathrm{d}V,$$

其中积分区域

$$(V)=\left\{(x,y,z)\,\middle|\,\frac{x^2}{a^2}+\frac{y^2}{b^2}+\frac{z^2}{c^2}\leqslant 1,(a,b,c>0)\right\}.$$

**解** 为方便起见，我们用“先重后单”的顺序计算. 由式(10.3.3)有

$$I=\int_{-c}^{c}\Big(\iint_{(\sigma_z)} z^2\,\mathrm{d}\sigma\Big)\mathrm{d}z=\int_{-c}^{c}\Big(z^2\iint_{(\sigma_z)}\mathrm{d}\sigma\Big)\mathrm{d}z,$$

其中 $(\sigma_z)$ 是椭球被平行于 $xOy$，高为 $z$ 的平面所截出的截面(见图 10.3.3)，且它就是平面 $z=z$ 上的一个椭圆域，则

$$(\sigma_z)=\left\{(x,y)\,\middle|\,\frac{x^2}{a^2\left(1-\frac{z^2}{c^2}\right)}+\frac{y^2}{b^2\left(1-\frac{z^2}{c^2}\right)}\leqslant 1,|z|\leqslant c\right\}.$$

由于 $(\sigma_z)$ 的面积为

$$\iint_{(\sigma_z)}\mathrm{d}\sigma=\pi ab\left(1-\frac{z^2}{c^2}\right),$$

因此

$$I=\int_{-c}^{c}\pi ab\left(1-\frac{z^2}{c^2}\right)z^2\,\mathrm{d}z=\frac{4}{15}\pi abc^3.$$

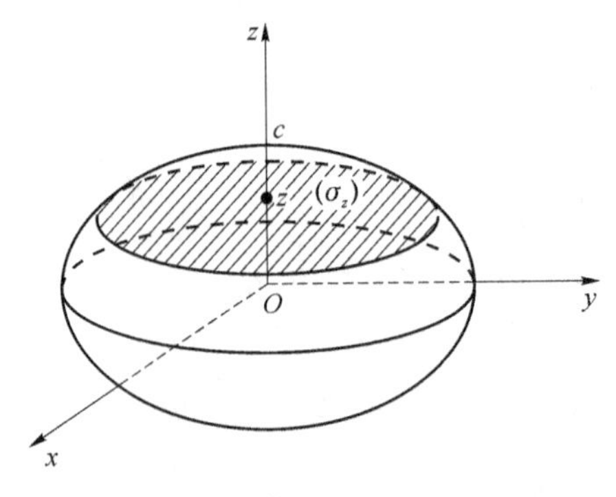


图 10.3.3

■

### 10.3.3 柱面坐标与球面坐标下的三重积分

对各种积分来说,变量替换是简化积分计算的一种重要方法. 就像二重积分一样,有些三重积分用换元法会变得更容易计算. 下面,我们介绍三重积分的两种常用的变换:柱面坐标变换和球面坐标变换.

(1) 柱面坐标下三重积分的计算

首先介绍柱坐标的概念. 在直角坐标系中,空间中任一点 $P_0$ 可用三个平面 $x=x_0, y=y_0, z=z_0$ 的交点确定,因此直角坐标系下 $P_0$ 的坐标为 $(x_0, y_0, z_0)$. 此外,$P_0$ 点还可以用其他方式确定. 设空间一点 $P_0(x_0, y_0, z_0)$ 在 $xOy$ 平面上的投影点为 $M_0(x_0, y_0, 0)$,而 $M_0$ 的横坐标和纵坐标用极坐标表示为 $(\rho_0, \theta_0)$,则 $P_0$ 点可通过数组 $(\rho_0, \theta_0, z_0)$ 来确定. 从空间曲面的观点来看,$P_0$ 点由下列三个曲面的交点确定:一个是中心轴为 $z$ 轴,半径为 $\rho_0$ 的圆柱面 $\rho=\rho_0$;一个是过 $z$ 轴且与 $xOz$ 平面夹角为 $\theta_0$ 的半平面 $\theta=\theta_0$;第三个是平面 $z=z_0$(见图 10.3.4). 则 $(\rho_0, \theta_0, z_0)$ 称为 $P_0$ **点的柱面坐标**.

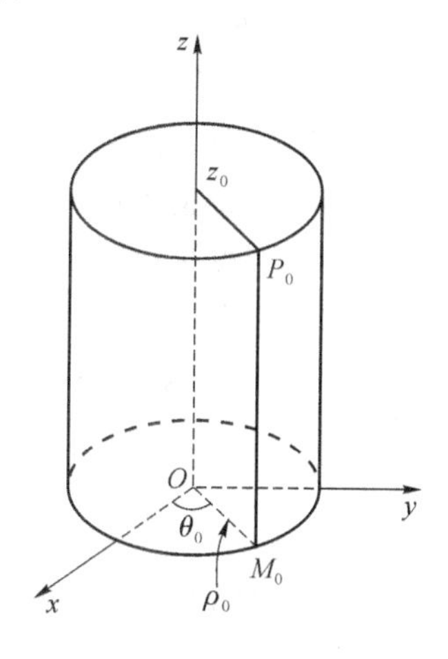


图 10.3.4

通常,我们用数组 $(\rho, \theta, z)$ 来表示一点的柱面坐标. 在柱面坐标系中,三族坐标面分别为:$\rho=$ 常数,即以 $z$ 轴为中心轴,半径是 $\rho$ 的圆柱面;$\theta=$ 常数,即过 $z$ 轴的半平面,它和 $zOx$ 平面的夹角为 $\theta$;$z=$ 常数,即平行于 $xOy$ 平面的平面. 这三族坐标面,两两正交,所以柱面坐标系是正交坐标系.

从图 10.3.4 中容易看出点 $P$ 的直角坐标 $(x, y, z)$ 与它的柱面坐标 $(\rho, \theta, z)$ 的关系为

$$x=\rho\cos\theta, \quad y=\rho\sin\theta, \quad z=z, \tag{10.3.4}$$

这里 $\rho \geqslant 0, 0 \leqslant \theta \leqslant 2\pi, -\infty < z < +\infty$. 式(10.3.4)称为**柱面坐标变换**.

现在,我们在柱面坐标下来表示并计算三重积分. 考虑用两个半径为 $\rho$ 和 $\rho+\Delta\rho$ 的圆柱面,两个高为 $z$ 及 $z+\Delta z$ 的平面,及两个通过 $z$ 轴且与 $zOx$ 平面的夹角为 $\theta$ 和 $\theta+\Delta\theta$ 的半平面围成的小块 $(\Delta V)$. 由图 10.3.5 易见,当 $\Delta\rho, \Delta\theta, \Delta z$ 充分小时,这个小块可以近似地视为一个长方体,其三边分别为 $\rho\Delta\rho, \Delta\theta, \Delta z$,故该子域 $(\Delta V)$ 的体积为

$$\Delta V = \Delta\sigma\Delta z \approx \rho\Delta\rho\Delta\theta\Delta z.$$

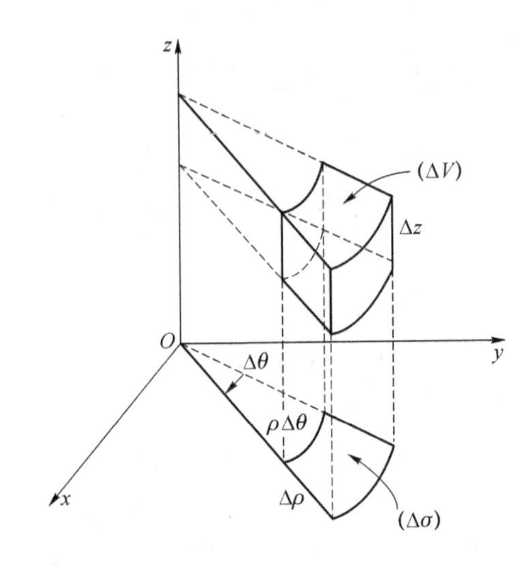


图 10.3.5

则
$$\lim_{d\to 0}\sum_{(V)} f(x,y,z)\Delta V=\lim_{d\to 0}\sum_{(V)} f(\rho\cos\theta,\rho\sin\theta,z)\rho\Delta\rho\Delta\theta\Delta z,$$
即
$$\iiint_{(V)} f(x,y,z)\mathrm{d}V=\iiint_{(V)} f(\rho\cos\theta,\rho\sin\theta,z)\rho\mathrm{d}\rho\mathrm{d}\theta\mathrm{d}z,\tag{10.3.5}$$
其中
$$\mathrm{d}V=\rho\mathrm{d}\rho\mathrm{d}\theta\mathrm{d}z\tag{10.3.6}$$
称为**柱面坐标下的积分微元**.式(10.3.5)就是直角坐标中三重积分变换为柱面坐标中三重积分的计算公式.式(10.3.5)右边的三重积分可以化为累次积分来计算.这时边界面应由柱面坐标给出,一般先将积分区域$(V)$投影到$(\rho,\theta)$平面上.设积分区域$(V)$在$\theta O\rho$面上的投影区域为$(\sigma_{\rho\theta})$且$(V)$的边界面可分成两个面$z=z_1(x,y)$与$z=z_2(x,y)$,$(x,y)\in(\sigma_{\rho\theta})$,则将三重积分化成先对$z$的定积分,再关于$(\sigma_{\rho\theta})$的二重积分,即
$$\iiint_{(V)} f(\rho\cos\theta,\rho\sin\theta,z)\rho\mathrm{d}\rho\mathrm{d}\theta\mathrm{d}z=\iint_{(\sigma_{\rho\theta})}\rho\mathrm{d}\rho\mathrm{d}\theta\int_{z_1(\rho\cos\theta,\rho\sin\theta)}^{z_2(\rho\cos\theta,\rho\sin\theta)} f(\rho\cos\theta,\rho\sin\theta,z)\mathrm{d}z.$$

**例 10.3.5** 把三重积分
$$I=\iiint_{(V)} f(x,y,z)\mathrm{d}V$$
化成柱面坐标下的累次积分,其中积分区域$(V)$由锥面$z=\sqrt{x^2+y^2}$,圆柱面$x^2+y^2=2x$以及平面$z=0$围成.

**解** 易知,积分区域$(V)$的侧面是柱面$x^2+y^2=2x$,其顶是锥面$z=\sqrt{x^2+y^2}$,它的底是平面$z=0$,且积分区域$(V)$在$xOy$平面上的投影区域为$(\sigma)=\{(x,y)\mid x^2+y^2\leqslant 2x\}$(见图 10.3.6).

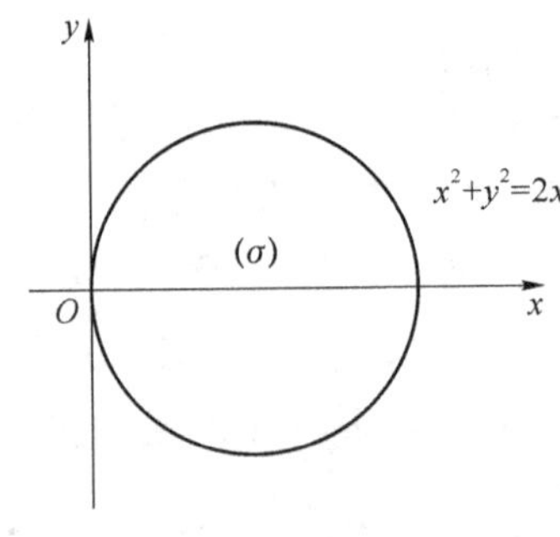


图 10.3.6

根据柱面坐标变换公式(10.3.4),域$(V)$的边界曲面方程可表示为

$$z=\rho,\quad \rho=2\cos\theta,\quad z=0,$$

从而

$$I=\iint_{(\sigma_{\rho\theta})}\rho\mathrm{d}\rho\mathrm{d}\theta\int_0^{\rho}f(\rho\cos\theta,\rho\sin\theta,z)\mathrm{d}z.$$

$(\sigma_{\rho\theta})$为$(\sigma)$的极坐标表示,即

$$(\sigma_{\rho\theta})=\{\rho\leqslant 2\cos\theta,-\frac{\pi}{2}\leqslant\theta\leqslant\frac{\pi}{2}\}.$$

于是

$$I=\int_{-\frac{\pi}{2}}^{\frac{\pi}{2}}\mathrm{d}\theta\int_0^{2\cos\theta}\rho\mathrm{d}\rho\int_0^{\rho}f(\rho\cos\theta,\rho\sin\theta,z)\mathrm{d}z.$$

■

**例 10.3.6** 计算三重积分

$$I=\iiint_{(V)}z\mathrm{d}V,$$

其中积分区域$(V)$由曲面 $z=\sqrt{4-x^2-y^2}$与 $x^2+y^2=3z$ 围成.

**解** 积分区域$(V)$如图 10.3.7 所示.

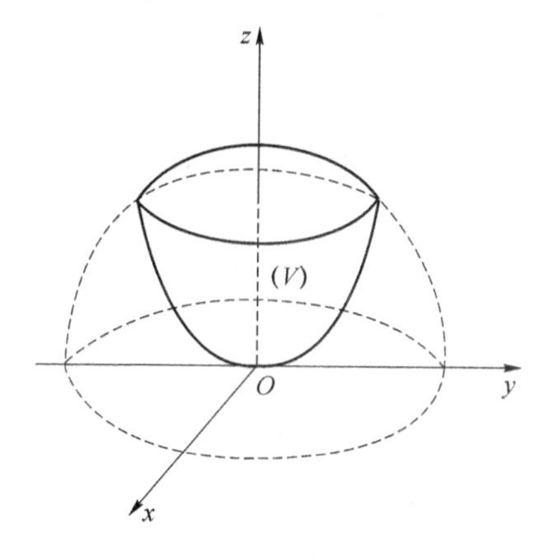


图 10.3.7

为求两曲面 $z=\sqrt{4-x^2-y^2}$与 $x^2+y^2=3z$ 的交线,解方程组

$$\begin{cases}z=\sqrt{4-x^2-y^2},\\x^2+y^2=3z,\end{cases}$$

可得 $z=1$,因此交线方程为

$$\begin{cases}x^2+y^2=3,\\z=1.\end{cases}$$

积分区域$(V)$在 $xOy$ 平面上的投影是圆域$(\sigma)=\{(x,y)\mid x^2+y^2\leqslant 3\}$,即

$$(\sigma_{\rho\theta})=\{(\rho,\theta)\mid 0\leqslant\rho\leqslant\sqrt{3},0\leqslant\theta\leqslant 2\pi\}.$$

因此该三重积分用柱面坐标计算更为方便.

将$(V)$的边界曲面方程化为柱面坐标得

$$z=\sqrt{4-\rho^2},\quad \rho^2=3z.$$

因此

$$I=\iiint_{(V)}z\rho\mathrm{d}\rho\mathrm{d}\theta\mathrm{d}z=\iint_{(\delta_{\rho\theta})}\rho\mathrm{d}\rho\mathrm{d}\theta\int_{\frac{\rho^2}{3}}^{\sqrt{4-\rho^2}}z\mathrm{d}z$$

$$= \int_0^{2\pi} d\theta \int_0^{\sqrt{3}} \rho d\rho \int_{\frac{\rho^2}{3}}^{\sqrt{4-\rho^2}} z dz = \int_0^{2\pi} d\theta \int_0^{\sqrt{3}} \rho \left( \frac{4-\rho^2}{2} - \frac{\rho^4}{18} \right) d\rho$$

$$= \frac{13}{4}\pi.$$ ■

(2) 球面坐标下的三重积分计算

空间中一点 $P(x,y,z)$ 还可以用如图 10.3.8 所示的三个曲面的交点来确定，这三个曲面是：一个面是圆心在原点 $O$，且半径为 $r$ 的球面；另一个是一个圆锥面，其顶点在原点 $O$，对称轴为 $z$ 轴且半顶角为 $\varphi$；第三个面是过 $z$ 轴的半平面，它和 $zOx$ 平面的夹角为 $\theta$. 我们称 $(r,\varphi,\theta)$ 为点 $P$ 的**球面坐标**.

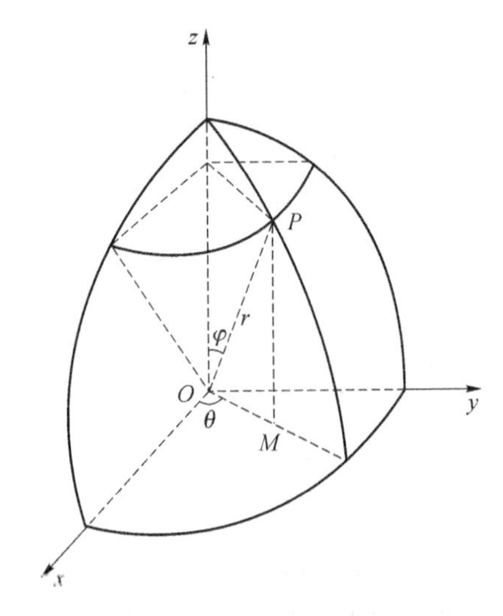


图 10.3.8

由图 10.3.8 可以看出直角坐标到球面坐标的变换公式为

$$x = r\cos\theta\sin\varphi,\quad y = r\sin\theta\sin\varphi,\quad z = r\cos\varphi\quad (r \geqslant 0, 0 \leqslant \varphi \leqslant \pi, 0 \leqslant \theta \leqslant 2\pi). \tag{10.3.7}$$

容易看出若将 $r$ 固定，则式(10.3.7)恰好就是半径为 $r$ 的球面的参数方程.

球面坐标的三族坐标面分别为：(i) $r=$ 常数，即中心在原点且半径为 $r$ 的球面；(ii) $\varphi=$ 常数，即顶点在原点，对称轴为 $z$ 轴，且半顶角为 $\varphi$ 的圆锥面；(iii) $\theta=$ 常数，即通过 $z$ 轴且和 $zOx$ 平面的夹角为 $\theta$ 的半平面. 这三族坐标面两两正交，所以球面坐标系也是正交坐标系.

现在，我们在球面坐标下表示并计算三重积分. 用上述三族曲面对积分区域 $(V)$ 进行划分，考虑用两个半径为 $r$ 和 $r+\Delta r$ 的球面，两个通过 $z$ 轴且和 $zOx$ 平面的夹角分别为 $\theta$ 及 $\theta+\Delta\theta$ 的半平面，及两个顶点在原点，对称轴为 $z$ 轴，且半顶角分别为 $\varphi$ 及 $\varphi+\Delta\varphi$ 的圆锥面围成的小块 $(\Delta V)$. 如图 10.3.9 所示，子域 $(\Delta V)$ 的体积可以近似表示为

$$\Delta V \approx r\sin\varphi \cdot \Delta\theta \cdot r\Delta\varphi\Delta r = r^2\sin\varphi\Delta r\Delta\varphi\Delta\theta,$$

于是

$$\lim_{d\to 0}\sum_{(V)} f(x,y,z)\Delta V = \lim_{d\to 0}\sum_{(V)} F(r,\varphi,\theta) r^2\sin\varphi\Delta r\Delta\varphi\Delta\theta,$$

即

$$\iiint_{(V)} f(x,y,z) dV = \iiint_{(V)} F(r,\varphi,\theta) r^2 \sin\varphi dr d\varphi d\theta, \tag{10.3.8}$$

其中

$$F(r,\varphi,\theta)=f(r\cos\theta\sin\varphi, r\sin\theta\sin\varphi, r\cos\varphi).$$

$$\mathrm{d}V=r^2\sin\varphi\mathrm{d}r\mathrm{d}\varphi\mathrm{d}\theta \tag{10.3.9}$$

称为**球面坐标下的积分微元**. 在具体计算中,式(10.3.8)右端的$(V)$的边界曲面应用球面坐标表示.

为了将式(10.3.8)右端的三重积分化为累次积分,对于乘积项中的$f(r\cos\theta\sin\varphi, r\sin\theta\sin\varphi, r\cos\varphi)r^2\sin\varphi$,我们先固定$\theta,\varphi$在$r$方向无限累加;再提取公因式$\Delta\theta\Delta\varphi$进而临时固定$\theta$,在$\varphi$方向将锥形条无限累加;最后提取公因式$\Delta\theta$沿着$\theta$无限累加. 这样,三重积分化成了先对$r$,后对$\varphi$再对$\theta$的累次积分.

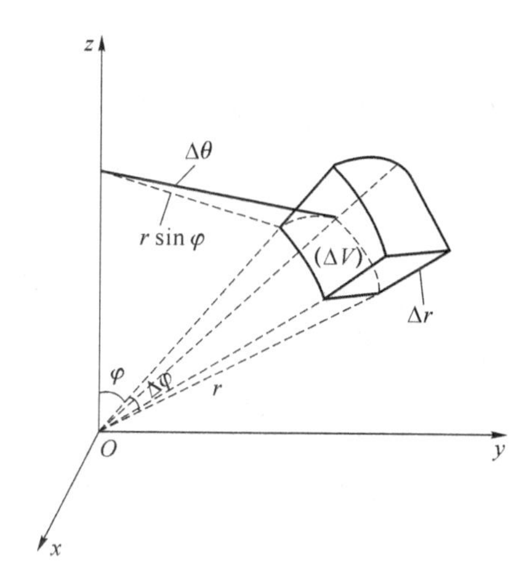


图 10.3.9

**例 10.3.7** 设空间体$(V)$(见图 10.3.10)是球面$x^2+y^2+z^2=2az(a>0)$和以$z$轴为对称轴,顶点在原点,顶角为$2\alpha$的锥面所围,且位于锥面内部的空间,试求其体积.

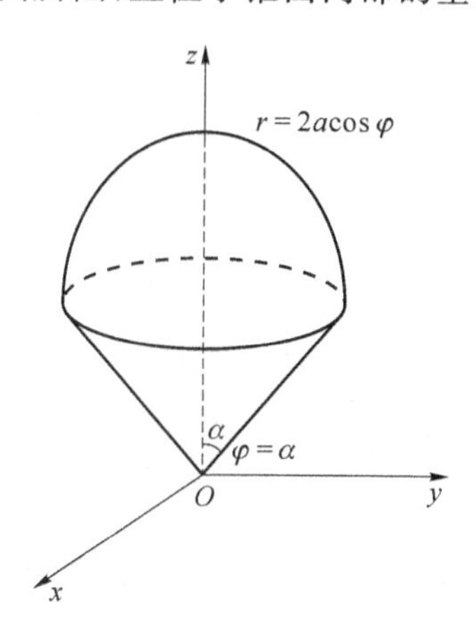


图 10.3.10

**解** 由于$(V)$是由球面和锥面所围成,因此用球面坐标计算更为方便. 在球面坐标下,所给球面方程为

$$r=2a\cos\varphi,$$

所给锥面的方程为

$$\varphi=\alpha,$$

区域$(V)$可表示为

$$(V)=\{(r,\varphi,\theta)\mid 0\leqslant r\leqslant 2a\cos\varphi,0\leqslant\varphi\leqslant\alpha,0\leqslant\theta\leqslant 2\pi\}.$$

则
$$V=\iiint\limits_{(V)}\mathrm{d}V=\iiint\limits_{(V)}r^2\sin\varphi\mathrm{d}r\mathrm{d}\varphi\mathrm{d}\theta=\int_0^{2\pi}\mathrm{d}\theta\int_0^{\alpha}\sin\varphi\mathrm{d}\varphi\int_0^{2a\cos\varphi}r^2\mathrm{d}r$$
$$=\frac{16}{3}\pi a^3\int_0^{\alpha}\cos^3\varphi\sin\varphi\mathrm{d}\varphi=\frac{4\pi a^3}{3}(1-\cos^4\alpha).$$

**例 10.3.8** 计算三重积分

$$I=\iiint\limits_{(V)}z^2\mathrm{d}V,$$

其中积分区域$(V)=\{(x,y,z)\mid x^2+y^2+z^2\leqslant R^2,x^2+y^2+(z-R)^2\leqslant R^2\}$.

**解** 解法Ⅰ. 首先,用柱面坐标计算(见图 10.3.11).

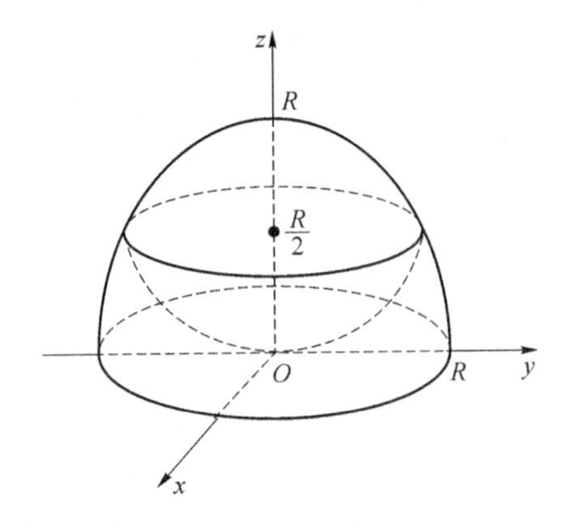


图 10.3.11

用柱面坐标表示区域$(V)$的边界曲面,可得该空间体的边界曲面为以下两个曲面相交而成:

$$z=\sqrt{R^2-\rho^2},\quad z=R-\sqrt{R^2-\rho^2}.$$

这两个边界曲面的交线在$xOy$平面的投影曲线的方程是

$$\begin{cases}\rho=\dfrac{\sqrt{3}}{2}R,\\ z=0,\end{cases}$$

则
$$I=\iiint\limits_{(V)}z^2\rho\mathrm{d}z\mathrm{d}\rho\mathrm{d}\theta=\int_0^{2\pi}\mathrm{d}\theta\int_0^{\frac{\sqrt{3}}{2}R}\rho\mathrm{d}\rho\int_{R-\sqrt{R^2-\rho^2}}^{\sqrt{R^2-\rho^2}}z^2\mathrm{d}z$$
$$=\frac{2\pi}{3}\int_0^{\frac{\sqrt{3}}{2}R}\rho\left[(R^2-\rho^2)^{\frac{3}{2}}-(R-\sqrt{R^2-\rho^2})^3\right]\mathrm{d}\rho$$
$$=-\frac{2\pi}{3}\left[\frac{2}{5}(R^2-\rho^2)^{\frac{5}{2}}+2R^3\rho^2-\frac{3}{4}R\rho^4+R^2(R^2-\rho^2)^{\frac{3}{2}}\right]\Bigg|_0^{\frac{\sqrt{3}}{2}R}$$
$$=\frac{59}{480}\pi R^5.$$

解法Ⅱ. 这里用球面坐标计算. 先用球面坐标表示区域$(V)$的边界曲面,可得该空间体的边界曲面为以下两个曲面相交而成:

$$r=R,\quad r=2R\cos\varphi.$$

这两个边界曲面的交线是一个圆，且该圆的方程为

$$\begin{cases} r=R, \\ \varphi=\dfrac{\pi}{3}. \end{cases}$$

因此，在球面坐标下积分区域$(V)$的边界曲面为

$$r=2R\cos\varphi \quad \left(\frac{\pi}{3}\leqslant\varphi\leqslant\frac{\pi}{2}\right) \quad 及 \quad r=R \quad \left(0\leqslant\varphi\leqslant\frac{\pi}{3}\right).$$

可得

$$\begin{aligned} I &= \iiint\limits_{(V)} r^2\cos^2\varphi r^2\sin\varphi \mathrm{d}r\mathrm{d}\varphi\mathrm{d}\theta \\ &= \int_0^{2\pi}\mathrm{d}\theta\int_0^{\frac{\pi}{3}}\cos^2\varphi\sin\varphi\mathrm{d}\varphi\int_0^R R^4\mathrm{d}r + \int_0^{2\pi}\mathrm{d}\theta\int_{\frac{\pi}{3}}^{\frac{\pi}{2}}\cos^2\varphi\sin\varphi\mathrm{d}\varphi\int_0^{2R\cos\varphi} r^4\mathrm{d}r \\ &= \frac{2\pi}{5}R^5\left(-\frac{1}{3}\cos^3\varphi\right)\Bigg|_0^{\frac{\pi}{3}} + \frac{2\pi}{5}(2R)^5\left(-\frac{1}{8}\cos^8\varphi\right)\Bigg|_{\frac{\pi}{3}}^{\frac{\pi}{2}} \\ &= \frac{59}{480}\pi R^5. \end{aligned}$$

解法Ⅲ. 最后，在直角坐标系下用“先重后单”的方法计算. 用平行于 $xOy$ 平面且高为 $z$ 的平面横截区域$(V)$，所得为一个圆域，记该圆域为$(\sigma_z)$. 则

$$(\sigma_z)=\begin{cases} \{(x,y)\mid x^2+y^2\leqslant R^2-(z-R)^2\}, & 0\leqslant z\leqslant\dfrac{R}{2}, \\ \{(x,y)\mid x^2+y^2\leqslant R^2-z^2\}, & \dfrac{R}{2}\leqslant z\leqslant R. \end{cases}$$

可得

$$\begin{aligned} I &= \int_0^{\frac{R}{2}} z^2\mathrm{d}z\iint\limits_{(\sigma_z)}\mathrm{d}\sigma + \int_{\frac{R}{2}}^R z^2\mathrm{d}z\iint\limits_{(\sigma_z)}\mathrm{d}\sigma \\ &= \int_0^{\frac{R}{2}} z^2\pi[R^2-(z-R)^2]\mathrm{d}z + \int_{\frac{R}{2}}^R \pi z^2(R^2-z^2)\mathrm{d}z \\ &= \pi\left[\left(\frac{R}{2}z^4-\frac{1}{5}z^5\right)\Bigg|_0^{\frac{R}{2}} + \left(\frac{R^2}{3}z^3-\frac{1}{5}z^5\right)\Bigg|_{\frac{R}{2}}^R\right] \\ &= \frac{59}{480}\pi R^5. \end{aligned}$$

■

## *10.3.4　三重积分的一般换元法

柱面坐标变换和球面坐标变换只是可用来计算三重积分的两种特殊变换，下面我们介绍三重积分计算的更一般的换元积分法.

对于给定的三重积分 $\iiint\limits_{(V)} f(x,y,z)\mathrm{d}V$，可做如下变换：

$$x=\varphi(u,v,w), \quad y=\psi(u,v,w), \quad z=\chi(u,v,w), \quad (u,v,w)\in(V')\subsetneqq\mathbf{R}^3, \tag{10.3.10}$$

其中三元函数 $\varphi,\psi,\chi\in C^{(1)}((V'))$. 与二重积分的对应情况类似，若该变换的雅可比行列式

$$\frac{\partial(x,y,z)}{\partial(u,v,w)}=\begin{vmatrix} \varphi_u & \varphi_v & \varphi_w \\ \psi_u & \psi_v & \psi_w \\ \chi_u & \chi_v & \chi_w \end{vmatrix}\neq0, \quad \forall(u,v,w)\in(V'), \tag{10.3.11}$$

且式(10.3.10)是从$(V)$到$(V')$的一一对应的变换，那么存在唯一的从$(V')$到$(V)$的逆变换

$$u=l(x,y,z),\quad v=m(x,y,z),\quad w=n(x,y,z),\quad (x,y,z)\in V\subsetneqq \mathbf{R}^3. \tag{10.3.12}$$

于是，在$Oxyz$空间中一点$P_0(x_0,y_0,z_0)$也可由下面三个曲面交点$(u_0,v_0,w_0)$确定：

$$l(x,y,z)=l(x_0,y_0,z_0)=u_0,$$
$$m(x,y,z)=m(x_0,y_0,z_0)=v_0,$$
$$n(x,y,z)=n(x_0,y_0,z_0)=w_0,$$

这里，$(u_0,v_0,w_0)$称为空间点$P_0$的**曲线坐标**.

与二重积分类似，我们将式(10.3.10)看作是从$Oxyz$直角坐标空间到$Ouvw$坐标空间的映射. 该映射将$Oxyz$空间上的$(V)$映射为$Ouvw$空间上的$(V')$. 可以证明(证明略)在映射式(10.3.10)下，体积微元

$$\mathrm{d}V=\left|\frac{\partial(x,y,z)}{\partial(u,v,w)}\right|\mathrm{d}u\mathrm{d}v\mathrm{d}w. \tag{10.3.13}$$

则
$$\iiint\limits_{(V)}f(x,y,z)\mathrm{d}V=\iiint\limits_{(V')}f[\varphi(u,v,w),\psi(u,v,w),\chi(u,v,w)]\left|\frac{\partial(x,y,z)}{\partial(u,v,w)}\right|\mathrm{d}u\mathrm{d}v\mathrm{d}w, \tag{10.3.14}$$

其中$(V')$的边界曲面应由曲线坐标表示. 式(10.3.14)右端的三重积分称为**曲线坐标系下的三重积分**，且它可用二重积分计算中相同的方法化为累次积分.

**例 10.3.9** 计算三重积分

$$I=\iiint\limits_{(V)}(x+y+z)\cos(x+y+z)^2\mathrm{d}V,$$

其中积分区域 $(V)=\{(x,y,z)\mid 0\leqslant x-y\leqslant 1,0\leqslant x-z\leqslant 1,0\leqslant x+y+z\leqslant 1\}$.

**解** 为了简化积分区域$(V)$，做变换

$$x-y=u,\quad x-z=v,\quad x+y+z=w,$$

则积分区域$(V)$可表示为

$$(V')=\{(u,v,w)\mid 0\leqslant u\leqslant 1,0\leqslant v\leqslant 1,0\leqslant w\leqslant 1\}.$$

由于
$$\frac{\partial(u,v,w)}{\partial(x,y,z)}=\begin{vmatrix}1&-1&0\\1&0&-1\\1&1&1\end{vmatrix}=3,$$

易得
$$\frac{\partial(x,y,z)}{\partial(u,v,w)}=\frac{1}{3},$$

则根据三重积分的一般换元公式(10.3.14)可得

$$I=\iiint\limits_{(V)}w\cos(w^2)\left|\frac{\partial(x,y,z)}{\partial(u,v,w)}\right|\mathrm{d}u\mathrm{d}v\mathrm{d}w=\frac{1}{3}\iiint\limits_{(V')}w\cos(w^2)\mathrm{d}u\mathrm{d}v\mathrm{d}w,$$

因此
$$I=\int_0^1\mathrm{d}u\int_0^1\mathrm{d}v\int_0^1\frac{1}{3}w\cos(w^2)\mathrm{d}w=\frac{1}{6}\sin 1.$$ ■

## 习题 10.3 A

1. 计算下列三重积分：

(1) $\iiint\limits_{(V)} xyz\,\mathrm{d}V$，其中积分区域$(V)=\{(x,y,z)\mid 0\leqslant x\leqslant 1,0\leqslant y\leqslant 1,0\leqslant z\leqslant 1\}$；

(2) $\iiint\limits_{(V)} (x+y+z)\mathrm{d}V$，其中积分区域$(V)=\{(x,y,z)\mid 0\leqslant x\leqslant 1,0\leqslant y\leqslant 2,0\leqslant z\leqslant 3\}$；

(3) $\iiint\limits_{(V)} y\mathrm{d}V$，其中积分区域$(V)$是由抛物柱面$y=\sqrt{x}$，平面$y=0,z=0$与$x+z=\frac{\pi}{2}$所围成的区域；

(4) $\iiint\limits_{(V)} z\mathrm{d}V$，$(V)=\{(x,y,z)\mid x^2+y^2<2x,0\leqslant z\leqslant\sqrt{4-x^2-y^2}\}$；

(5) $\iiint\limits_{(V)} z^2\mathrm{d}V$，其中积分区域$(V)$是由$x^2+y^2+z^2=4$与$x^2+y^2+z^2=4z$所围成的区域；

(6) $\iiint\limits_{(V)} x^2\mathrm{d}V$，其中积分区域$(V)$是由$x^2+y^2+z^2=1$与$x^2+y^2+z^2=2x$所围成的区域；

(7) $\iiint\limits_{(V)} xyz\,\mathrm{d}V$，其中积分区域$(V)$是由$x^2+y^2+z^2=1,x=0,y=0$及$z=0$所围成的第一卦限内的区域；

(8) $\iiint\limits_{(V)} xy\,\mathrm{d}V$，其中积分区域$(V)$是由$x^2+y^2=1$和平面$z=0,z=1,x=0,y=0$所围成的第一卦限内的区域.

2. 考虑不同积分区域$(V)$上的三重积分$I=\iiint\limits_{(V)} f(x,y,z)\mathrm{d}V$，选择你认为最方便的坐标系将三重积分化为由三个定积分组成的累次积分，其中：

(1) $(V)$是由平面$\frac{x}{2}+\frac{y}{3}+\frac{z}{4}=1$和三坐标平面所围成的区域；

(2) $(V)=\{(x,y,z)\mid x^2+y^2\leqslant 2x,0\leqslant z\leqslant\sqrt{4-x^2-y^2}\}$；

(3) $(V)$是由曲面$z=\sqrt{1-x^2-y^2}$与$z=\sqrt{9-x^2-y^2}$所围成的区域；

(4) $(V)=\{(x,y,z)\mid\sqrt{x^2+y^2}\leqslant z\leqslant\sqrt{4-x^2-y^2}\}$.

3. 选择适当的坐标系计算下列累次积分：

(1) $\int_0^1\mathrm{d}x\int_0^{\sqrt{1-x^2}}\mathrm{d}y\int_0^{\sqrt{1-x^2-y^2}}\sqrt{x^2+y^2+z^2}\mathrm{d}z$；

(2) $\int_{-1}^1\mathrm{d}x\int_0^{\sqrt{1-x^2}}\mathrm{d}y\int_{\sqrt{x^2+y^2}}^1 z^3\mathrm{d}z$；

(3) $\int_0^2\mathrm{d}x\int_0^{\sqrt{2x-x^2}}\mathrm{d}y\int_0^a z\sqrt{x^2+y^2}\mathrm{d}z$；

(4) $\int_{-1}^1\mathrm{d}x\int_0^{\sqrt{1-x^2}}\mathrm{d}y\int_1^{1+\sqrt{1-x^2-y^2}}\frac{\mathrm{d}z}{\sqrt{x^2+y^2+z^2}}$.

4. 选择合适的坐标系计算下列三重积分：

(1) $\iiint\limits_{(V)}\frac{\mathrm{e}^z}{\sqrt{x^2+y^2}}\mathrm{d}V$，其中积分区域$(V)$是由曲面$z=\sqrt{x^2+y^2}$以及平面$z=1$和$z=2$围成的区域；

(2) $\iiint\limits_{(V)}(x^2+y^2)\mathrm{d}V$，其中积分区域$(V)$是由$z=\sqrt{a^2-x^2-y^2}$，$z=\sqrt{A^2-x^2-y^2}$及$z=0$

围成的区域,其中 $A>a>0$;

(3) $\iiint\limits_{(V)} 2z\mathrm{d}V$,其中积分区域$(V)$是由曲面 $x^2+y^2+z^2=4$ 及 $z=\frac{1}{2}(x^2+y^2)$围成的区域;

(4) $\iiint\limits_{(V)} (x^2+y^2)\mathrm{d}V$,其中积分区域$(V)$是由 $x^2+y^2=2z$ 及 $z=2$ 围成的区域;

(5) $\iiint\limits_{(V)} \frac{1}{1+x^2+y^2}\mathrm{d}V$,其中积分区域$(V)$是由 $x^2+y^2=z^2$ 及 $z=1$ 围成的区域;

(6) $\iiint\limits_{(V)} xyz\mathrm{d}V$,其中积分区域$(V)$是球体 $x^2+y^2+z^2\leqslant 1$ 落在第一卦限的区域;

(7) $\iiint\limits_{(V)} \sqrt{1-x^2-y^2-z^2}\mathrm{d}V$,其中积分区域$(V)$是由 $x^2+y^2+z^2\leqslant 1$ 及 $z\geqslant\sqrt{x^2+y^2}$所确定的区域;

(8) $\iiint\limits_{(V)} (x+y)\mathrm{d}V$,其中积分区域$(V)$是由曲面 $x^2+y^2=1, x^2+y^2=4$ 以及平面 $z=0$ 和 $z=x+2$ 围成的区域;

(9) $\iiint\limits_{(V)} \frac{z\ln(x^2+y^2+z^2+1)}{x^2+y^2+z^2+1}\mathrm{d}V$,其中积分区域$(V)=\{(x,y,z)\mid x^2+y^2+z^2\leqslant 1\}$;

(10) $\iiint\limits_{(V)} z(x^2+y^2)\mathrm{d}V$,其中积分区域$(V)=\{(x,y,z)\mid z\geqslant\sqrt{x^2+y^2}, 1\leqslant x^2+y^2+z^2\leqslant 4\}$;

(11) $\iiint\limits_{(V)} z\mathrm{d}V$,其中积分区域$(V)=\{(x,y,z)\mid x^2+y^2+(z-a)^2\leqslant a^2, x^2+y^2\leqslant z^2\}, a>0$;

(12) $\iiint\limits_{(V)} f(x,y,z)\mathrm{d}V$,其中积分区域$(V)=\{(x,y,z)\mid x^2+y^2+z^2\leqslant 1\}$且

$$f(x,y,z)=\begin{cases} 0, & z\geqslant\sqrt{x^2+y^2}, \\ \sqrt{x^2+y^2}, & 0\leqslant z\leqslant\sqrt{x^2+y^2}, \\ \sqrt{x^2+y^2+z^2}, & z\leqslant 0. \end{cases}$$

5. 求下列空间体$(V)$的体积:

(1) 空间体$(V)$由曲面$\frac{x}{1}+\frac{y}{2}+\frac{z}{3}=1$ 及平面 $x=0, y=0, z=0$ 所围成;

(2) 空间体$(V)$由曲面 $z=x^2+y^2$ 及平面 $z=1$ 所围成;

(3) 空间体$(V)$由曲面 $x^2+y^2+z^2=a^2, x^2+y^2+z^2=b^2$ 及 $z=\sqrt{x^2+y^2}$所围成,其中 $b>a>0$;

(4) 空间体$(V)$是曲面$(x^2+y^2+z^2)^2=x$ 所围的内部区域;

(5) 空间体$(V)$由曲面 $x^2+y^2+z^2=2z$ 及 $z=\sqrt{x^2+y^2}$所围成;

(6) 空间体$(V)$由 $x=\sqrt{y-z^2}, \frac{1}{2}\sqrt{y}=x$ 及平面 $y=1$ 所围成.

6. 计算三重积分 $\iiint\limits_{(V)} (x+y+z)^2\mathrm{d}V$,其中$(V)=\left\{(x,y,z)\,\middle|\,\frac{x^2}{a^2}+\frac{y^2}{b^2}+\frac{z^2}{c^2}\leqslant 1\right\}$.

7. 计算 $\iiint\limits_{(V)} (x^2+y^2)\mathrm{d}V$,其中$(V)$是平面曲线$\begin{cases} y^2=2z, \\ x=0 \end{cases}$绕 $z$ 轴旋转一周形成的曲面与平面 $z=8$ 所围成的立体.

## 习题 10.3　B

1. 考虑三重积分 $I=\iiint\limits_{(V)} f(x,y,z)\mathrm{d}V$，若积分区域$(V)$分别满足

(1) 关于 $xOy$ 平面对称；

(2) 关于 $yOz$ 平面对称；

(3) 关于 $zOx$ 平面对称.

则三重积分的被积函数 $f$ 满足什么条件时，下列等式分别成立：

$$\iiint\limits_{(V)} f(x,y,z)\mathrm{d}V=0,\quad \iiint\limits_{(V)} f(x,y,z)\mathrm{d}V=2\iiint\limits_{(V')} f(x,y,z)\mathrm{d}V.$$

其中区域$(V')$是区域$(V)$在对称面某一侧的子区域.

2. 设区域$(V)$是球体 $x^2+y^2+z^2\leqslant 4$，子区域$(V_1)$为$(V)$的上半球体. 下列结论是否正确？为什么？

(1) $\iiint\limits_{(V)}(x+y+z)^2\mathrm{d}V=2\iiint\limits_{(V_1)}(x+y+z)^2\mathrm{d}V$；

(2) $\iiint\limits_{(V)} xyz\,\mathrm{d}V=0$；

(3) $\iiint\limits_{(V)} 2z\mathrm{d}V=6\iiint\limits_{(V)}\mathrm{d}V=6\times\frac{4}{3}\pi\times 8=64\pi$；

(4) $\iiint\limits_{(V)}(x^2+y^2+z^2)\mathrm{d}V=\iiint\limits_{(V)} 4\mathrm{d}V=4\times\frac{4}{3}\pi\times 8=\frac{128\pi}{3}$.

3. 计算下列三重积分：

(1) $\iiint\limits_{(V)}\frac{1}{\sqrt{x^2+y^2+z^2}}\mathrm{d}V$，其中积分区域$(V)=\{(x,y,z)\mid x^2+y^2+(z-1)^2\leqslant 1, z\geqslant 1, y\geqslant 0\}$；

(2) $\iiint\limits_{(V)}\sqrt{x^2+y^2+z^2}\mathrm{d}V$，其中积分区域$(V)$是 $z=\sqrt{x^2+y^2}$ 和 $z=1$ 所围区域；

(3) $\iiint\limits_{(V)}\left(\frac{x^2}{a^2}+\frac{y^2}{b^2}+\frac{z^2}{c^2}\right)\mathrm{d}V$，其中积分区域$(V)$是$\frac{x^2}{a^2}+\frac{y^2}{b^2}+\frac{z^2}{c^2}=1$ 所围区域$(a>0,b>0,c>0)$；

(4) $\iiint\limits_{(V)}\sqrt{1-\frac{x^2}{a^2}-\frac{y^2}{b^2}-\frac{z^2}{c^2}}\mathrm{d}V$，其中积分区域$(V)=\left\{(x,y,z)\,\middle|\,\frac{x^2}{a^2}+\frac{y^2}{b^2}+\frac{z^2}{c^2}\leqslant 1\right\}(a>0, b>0,c>0)$.

4. 将累次积分 $\int_0^1\mathrm{d}x\int_0^1\mathrm{d}y\int_0^{x^2+y^2} f(x,y,z)\mathrm{d}z$ 分别化为先对 $x$ 和先对 $y$ 的累次积分.

5. 求下列各空间体$(V)$的体积：

(1) 空间体$(V)$是由满足$\frac{x^2}{a^2}+\frac{y^2}{b^2}+\frac{z^2}{c^2}\leqslant 1$ 的所有点组成的区域$(a>0,b>0,c>0)$；

(2) 空间体$(V)$是由$\frac{x^2}{a^2}+\frac{y^2}{b^2}-\frac{z^2}{c^2}=-1$ 和$\frac{x^2}{a^2}+\frac{y^2}{b^2}=1$ 所围成的区域$(a>0,b>0,c>0)$；

(3) 空间体$(V)$是曲面$\left(\frac{x^2}{a^2}+\frac{y^2}{b^2}+\frac{z^2}{c^2}\right)^2=\frac{x^2}{a^2}+\frac{y^2}{b^2}$所确定的内部区域.

6. 证明由抛物面 $z=x^2+y^2+1$ 上任一点处的切平面与曲面 $z=x^2+y^2$ 所围成的立体体积恒为一常数.

7. 设一元函数 $f(x)$在$[0,1]$区间上连续,证明

$$\int_0^1 f(x)\mathrm{d}x\int_x^1 f(y)\mathrm{d}y\int_x^y f(z)\mathrm{d}z=\frac{1}{3!}\left(\int_0^1 f(x)\mathrm{d}x\right)^3.$$

8. 定义函数 $\varphi(t)=\iiint\limits_{(V)} f(x^2+y^2+z^2)\mathrm{d}V$, 其中 $f$ 是连续的一元函数, 积分区域 $(V)=\{(x,y,z)\mid x^2+y^2+z^2\leqslant t^2\}$. 求 $\varphi(t)$的导数 $\varphi'(t)$.

9. 定义函数

$$\varphi(t)=\iiint\limits_{(V)} x\ln(1+x^2+y^2+z^2)\mathrm{d}V,$$

其中积分区域$(V)=\{(x,y,z)\mid x^2+y^2+z^2\leqslant t^2, \sqrt{y^2+z^2}\leqslant x\}$,求 $\varphi(t)$的导数 $\varphi'(t)$.

## 10.4 重积分的应用

在第 5 章的定积分应用中,我们介绍了如何求一个非均匀的、连续分布在区间$[a,b]$上的量 $Q$. 这样的量可以通过"分割,均匀化,求和,取极限"四步来建立积分式得到,其中积分微元可通过在微小子区间$[x,x+\mathrm{d}x]$上计算对应的量得到,这一方法被称为**微元法**.

本节中,我们将"分,匀,合,精"("分割,均匀化,求和,取极限")建立积分式的方法推广到求非均匀的、连续分布在二维或者三维空间有界闭区域上的量,就得到了二重积分或三重积分的微元法. 用微元法建立二重积分有着广泛的应用,可以用来计算立体的体积、曲面的面积、平面薄片质心、平面薄片转动惯量、平面薄片对质点的引力等;同样,用微元法建立三重积分可以计算立体的体积、立体物质的质心等. 在二重积分和三重积分的计算中,我们已经介绍了如何用二重积分求平面图形的面积、立体的体积以及用三重积分求立体的体积. 本节中,我们仅以求空间曲面面积、物质系统的质心和转动惯量为例,介绍重积分的微元法.

### 10.4.1 空间曲面面积

我们知道,参变量为 $t$ 的一元向量函数 $\boldsymbol{r}(t)$可表示空间曲线,参变量为 $u$ 与 $v$ 的二元向量函数 $\boldsymbol{r}(u,v)$可表示空间曲面,即空间曲面(S)可表示为如下参数方程:

$$x=x(u,v),\quad y=y(u,v),\quad z=z(u,v),\quad (u,v)\in D\subset\mathbf{R}^2, \tag{10.4.1}$$

或向量函数形式:

$$\boldsymbol{r}(u,v)=(x(u,v),y(u,v),z(u,v)),\quad (u,v)\in D\subset\mathbf{R}^2. \tag{10.4.1'}$$

由向量函数 $\boldsymbol{r}(u,v)$给出的曲面(S)上有两族十分有用的曲线,一族曲线中变量 $u$ 为常数,即该族曲线的方程可看作参变量为 $v$ 的一元向量函数;另一族曲线中变量 $v$ 是常数,即这族曲线的方程可看作参变量为 $u$ 的一元向量函数. 具体来说,若令 $u$ 为常数,即设 $u=u_0$,则 $\boldsymbol{r}(u_0,v)$变成关于参量 $v$ 的一元向量函数且确定了(S)上的曲线 $C(u_0)$;若令 $v$ 为常数,即设 $v=v_0$,则可得由 $\boldsymbol{r}(u,v_0)$给出的(S)上的曲线 $C(v_0)$. 这两族曲线分别对应于 $uOv$ 平面的垂线和切线,称这两族曲线为**网格曲线**. 网格曲线有着重要的应用,事实上,我们用计算机描绘一个空间曲面

时，可以通过描绘这些网格曲线来刻画这一曲面.

下面，我们将讨论如何求由方程(10.4.1)或(10.4.1')给出的有界的、连续的空间曲面(S)的面积. 与定积分的几何应用类似，该曲面面积可通过采用“分割，均匀化，求和，取极限”四步来建立积分求得. 由于有界连续曲面的面积是可求的，下面我们选取一种特殊划分方式来构造相应的黎曼和，建立积分式.

**分割**

设向量函数 $\boldsymbol{r}(u,v)$ 有连续偏导数. 在向量函数的定义域 $D$ 内选取子矩形区域 $(\Delta R)=[u,u+\Delta u]\times[v,v+\Delta v]$(该区域为参数坐标系下的矩形区域)，则曲面(S)上与 $\Delta R$ 相对应的小片曲面$(\Delta S)$是由四条曲线 $\boldsymbol{r}(u+\varphi\Delta u,v)$，$\boldsymbol{r}(u,v+\varphi\Delta v)$，$\boldsymbol{r}(u+\varphi\Delta u,v+\Delta v)$ 及 $\boldsymbol{r}(u+\Delta u,v+\varphi\Delta v)$ 所围成的，其中参数 $\varphi\in[0,1]$. 且由向量 $\boldsymbol{r}(u,v)$ 的位置所确定的点 $M_0$ 恰恰是四条曲线的交点之一(见图 10.4.1).

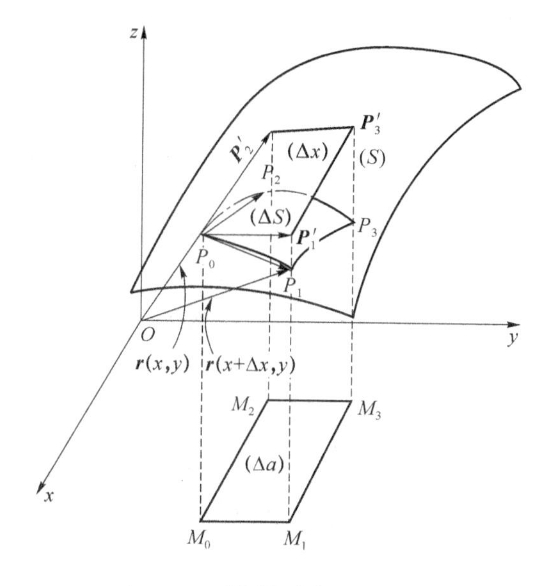


图 10.4.1

**均匀化**

下面考虑小片曲面$(\Delta S)$的面积的近似. 点 $M_0$ 处相交的两边界曲线为 $\boldsymbol{r}(u+\varphi\Delta u,v)$ 和 $\boldsymbol{r}(u,v+\varphi\Delta v)$ $(\varphi\in[0,1])$，它们分别可近似为向量 $\boldsymbol{r}(u+\Delta u,v)-\boldsymbol{r}(u,v)$ 和 $\boldsymbol{r}(u,v+\Delta v)-\boldsymbol{r}(u,v)$. 进一步，在 $\Delta u$ 和 $\Delta v$ 非常小的时候，它们还可以分别用 $\boldsymbol{r}_u(u,v)\Delta u$ 和 $\boldsymbol{r}_v(u,v)\Delta v$ 来近似. 因此我们可用向量 $\boldsymbol{r}_u(u,v)\Delta u$ 与 $\boldsymbol{r}_v(u,v)\Delta v$ 所确定的平行四边形近似表示这一小曲面$(\Delta S)$片. 从而这一小片曲面$(\Delta S)$的面积可近似表示为

$$\Delta S\approx\|\boldsymbol{r}_u(u,v)\Delta u\times\boldsymbol{r}_v(u,v)\Delta v\|=\|\boldsymbol{r}_u(u,v)\times\boldsymbol{r}_v(u,v)\|\Delta u\Delta v.$$

**求和**

若将定义域区域分割成 $n$ 个子区域$(\Delta R_k)(k=1,2,\cdots,n)$，对应地将要求面积的空间曲面分割成了 $n$ 个小片曲面$(\Delta S_k)(k=1,2,\cdots,n)$(见图 10.4.2)，则每个小块面积的近似值相加后就得到了空间曲面(S)的面积的近似，即

$$S=\sum_{k=1}^{n}\Delta S_k\approx\sum_{k=1}^{n}\|\boldsymbol{r}_u(u_k,v_k)\times\boldsymbol{r}_v(u_k,v_k)\|\Delta u_k\Delta v_k,$$

其中，上式中的下标 $k$ 表示对应第 $k$ 块小曲面的量.

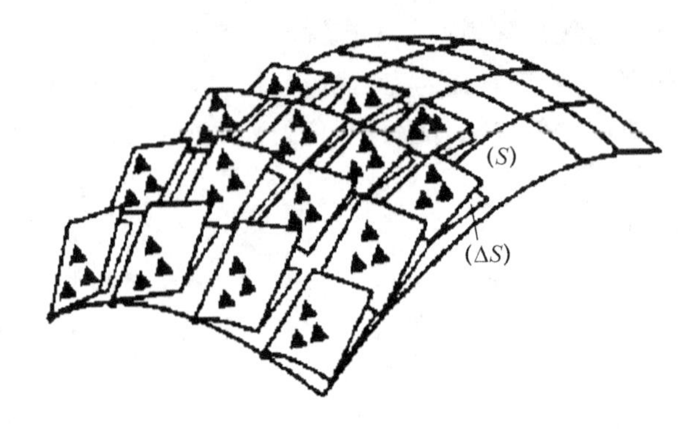


图 10.4.2

**取极限**

若将每一个$(\Delta R_k)$划分得越来越小，令

$$d = \max_{k=1,2,\cdots,n} \{(\Delta R_k) \text{ 的直径}\}.$$

由此可以得到

$$S = \lim_{d \to 0} \sum_{k=1}^{n} \| \boldsymbol{r}_u(u_k, v_k) \times \boldsymbol{r}_v(u_k, v_k) \| \Delta u_k \Delta v_k.$$

从上述求解过程我们可以知道，由向量函数$\boldsymbol{r}(u,v)$给出的曲面(S)的面积微元(见图10.4.2)为

$$\mathrm{d}S = \| \boldsymbol{r}_u \times \boldsymbol{r}_v \| \mathrm{d}u\mathrm{d}v. \tag{10.4.2}$$

从而，空间曲面(S)的面积就等于如下二重积分的值：

$$(S) = \iint_{(D)} \| \boldsymbol{r}_u \times \boldsymbol{r}_v \| \mathrm{d}u\mathrm{d}v. \tag{10.4.3}$$

在很多情况下，我们考虑的空间曲面由直角坐标系下方程$z=f(x,y)$给定，其中$(x,y)\in(S_{xy})\subset\mathbf{R}^2$，且二元函数$f$有连续偏导数. 在这种特殊情况下，应用式(10.4.3)时，可将变量$x$与$y$视为参数，此时曲面的参数方程为

$$x=x, \quad y=y, \quad z=f(x,y), \quad (x,y)\in(S_{xy}).$$

即
$$\boldsymbol{r}(x,y)=(x,y,z(x,y)), \quad (x,y)\in(S_{xy}).$$

可得
$$\boldsymbol{r}_x=(1,0,z_x), \quad \boldsymbol{r}_y=(0,1,z_y),$$

且积分微元

$$\mathrm{d}S = \left\| \begin{vmatrix} \boldsymbol{i} & \boldsymbol{j} & \boldsymbol{k} \\ 1 & 0 & z_x \\ 0 & 1 & z_y \end{vmatrix} \right\| \mathrm{d}x\mathrm{d}y = \sqrt{1+z_x^2+z_y^2}\,\mathrm{d}x\mathrm{d}y.$$

因此，由方程$z=f(x,y)((x,y)\in(S_{xy}))$给定的空间有界连续曲面的面积为

$$S = \iint_{(S_{xy})} \sqrt{1+z_x^2+z_y^2}\,\mathrm{d}x\mathrm{d}y. \tag{10.4.4}$$

类似地，若一个空间有界连续曲面的方程为

$$y=f(z,x),(z,x)\in(S_{zx}) \quad \text{或} \quad x=f(y,z),(y,z)\in(S_{yz}),$$

则该空间曲面面积为

$$S = \iint_{(S_{zx})} \sqrt{1+y_z^2+y_x^2}\,\mathrm{d}z\mathrm{d}x \tag{10.4.5}$$

或
$$S=\iint\limits_{(S_{yz})}\sqrt{1+x_y^2+x_z^2}\,\mathrm{d}y\mathrm{d}z. \tag{10.4.6}$$

**例 10.4.1** 求圆柱面 $x^2+y^2=a^2$ 落在第一卦限内并被平面 $z=0, z=mx(m>0)$ 和 $x=b$ 所截部分的曲面面积($b<a$)(见图 10.4.3).

**解** 易知,所求曲面在 $xOz$ 平面的投影是区域
$$(S_{zx})=\{(x,z)\mid 0\leqslant x\leqslant b, 0\leqslant z\leqslant mx\}.$$
因此,所求曲面可表示为
$$y=\sqrt{a^2-x^2},\quad (x,z)\in(S_{zx}).$$
从而
$$\sqrt{1+y_x^2+y_z^2}=\sqrt{1+\left(\frac{-x}{y}\right)^2}=a(a^2-x^2)^{-\frac{1}{2}}.$$
根据公式(10.4.6),有
$$S=\iint\limits_{(S_{zx})}a(a^2-x^2)^{-\frac{1}{2}}\,\mathrm{d}z\mathrm{d}x=\int_0^b\mathrm{d}x\int_0^{mx}a(a^2-x^2)^{-\frac{1}{2}}\,\mathrm{d}z$$
$$=\int_0^b amx(a^2-x^2)^{-\frac{1}{2}}\,\mathrm{d}x=a^2m-am\sqrt{a^2-b^2}.$$
■

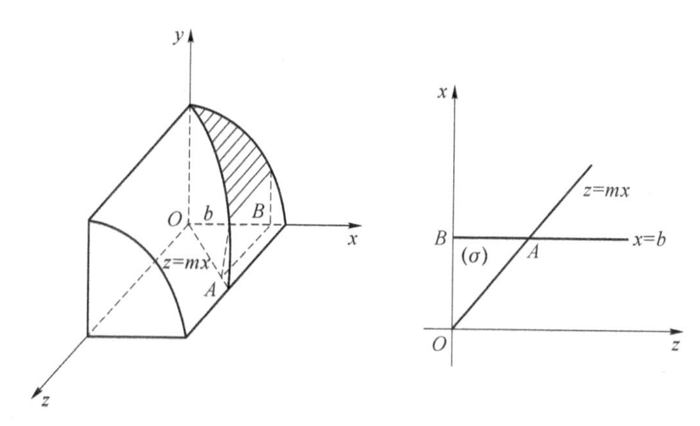


图 10.4.3

## 10.4.2 质心

众所周知,质量为 $m_1,m_2,\cdots,m_n$ 的 $n$ 个平面质点 $P_1,P_2,\cdots,P_n$ 的质心坐标定义为
$$\bar{x}=\frac{\sum\limits_{i=1}^n m_ix_i}{m},\quad \bar{y}=\frac{\sum\limits_{i=1}^n m_iy_i}{m},$$
其中
$$m=\sum_{i=1}^n m_i,$$
且
$$P_i=(x_i,y_i)\quad(i=1,2,\cdots,n).$$
根据物理学知识,
$$M_y=\sum_{i=1}^n m_ix_i,\quad M_x=\sum_{i=1}^n m_iy_i$$
分别是关于 $y$ 轴和 $x$ 轴的静力矩.

若考虑密度函数为 $\rho(x,y)$ 的平面薄片物质$(\sigma)$,则区域微元 $\mathrm{d}\sigma$ 关于 $y$ 轴和 $x$ 轴的静力

矩为

$$dM_y = x\rho(x,y)d\sigma, \quad dM_x = y\rho(x,y)d\sigma.$$

因此平面区域物质($\sigma$)的质心坐标为

$$\bar{x} = \frac{\iint\limits_{(\sigma)} x\rho(x,y)d\sigma}{\iint\limits_{(\sigma)} \rho(x,y)d\sigma}, \quad \bar{y} = \frac{\iint\limits_{(\sigma)} y\rho(x,y)d\sigma}{\iint\limits_{(\sigma)} \rho(x,y)d\sigma}.$$

类似地，考虑空间一立体物质($V$)，其密度函数为$\rho(x,y,z)$，则此立体物质($V$)的质心为

$$\bar{x} = \frac{\iiint\limits_{(V)} x\rho(x,y,z)dv}{\iiint\limits_{(V)} \rho(x,y,z)dv}, \quad \bar{y} = \frac{\iiint\limits_{(V)} y\rho(x,y,z)dv}{\iiint\limits_{(V)} \rho(x,y,z)dv}, \quad \bar{z} = \frac{\iiint\limits_{(V)} z\rho(x,y,z)dv}{\iiint\limits_{(V)} \rho(x,y,z)dv}.$$

**例 10.4.2** 由$x=\sqrt{2-y}$，$x$轴及$y$轴围成的平面物体的密度为常数$\mu$，求该物体的重心(见图 10.4.4).

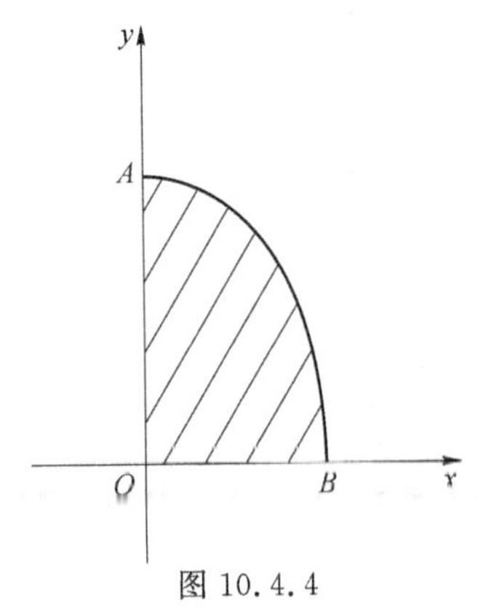


图 10.4.4

**解** 我们有

$$\iint\limits_{(\sigma)} \mu d\sigma = \mu\int_0^{\sqrt{2}} dx\int_0^{2-x^2} dy = \mu\int_0^{\sqrt{2}} (2-x^2)dx = \frac{4\sqrt{2}}{3}\mu,$$

$$\iint\limits_{(\sigma)} x\mu d\sigma = \mu\int_0^{\sqrt{2}} x dx\int_0^{2-x^2} dy = \mu\int_0^{\sqrt{2}} (2x-x^3)dx = \mu,$$

并且

$$\iint\limits_{(\sigma)} y\mu d\sigma = \mu\int_0^{\sqrt{2}} dx\int_0^{2-x^2} y dy = \mu\int_0^{\sqrt{2}} \left(2-2x^2+\frac{x^4}{2}\right)dx = \frac{16\sqrt{2}}{15}\mu.$$

从而

$$\bar{x} = \frac{\iint\limits_{(\sigma)} x\mu d\sigma}{\iint\limits_{(\sigma)} \mu d\sigma} = \frac{3}{4\sqrt{2}}, \quad \bar{y} = \frac{\iint\limits_{(\sigma)} y\mu d\sigma}{\iint\limits_{(\sigma)} \mu d\sigma} = \frac{4}{5},$$

且质心坐标为$\left(\frac{3}{4\sqrt{2}}, \frac{4}{5}\right)$.

### 10.4.3 转动惯量

由物理学知识可知，质量为$m$的质点$P$对某一点$O$的转动惯量$I$为

$$I = mr^2,$$

其中 $r$ 是 $P$ 到 $O$ 的距离. 质量为 $m_i(i=1,2,\cdots,n)$ 的质点系 $P_i$ 对 $O$ 的转动惯量为

$$I=\sum_{i=1}^{n}m_ir_i^2,$$

其中 $r_i$ 是 $P_i$ 到 $O$ 的距离.

下面来确定在平面区域 $\sigma$ 上的密度为 $\rho(x,y)$ 的物质的转动惯量. 首先,区域微元 $d\sigma$ 对原点的转动惯量为

$$dI_0=(x^2+y^2)\rho(x,y)d\sigma,$$

其中 $(x,y)$ 是 $d\sigma$ 上任一点. 则平面物质区域 $\sigma$ 对原点的转动惯量为

$$I_0=\iint_{(\sigma)}(x^2+y^2)\rho(x,y)d\sigma.$$

类似地,平面物质区域 $\sigma$ 对 $x$ 轴和 $y$ 轴的转动惯量分别为

$$I_x=\iint_{(\sigma)}y^2\rho(x,y)d\sigma,\quad I_y=\iint_{(\sigma)}x^2\rho(x,y)d\sigma.$$

**例 10.4.3** 求密度为常数 $\mu$ 的圆盘 $x^2+y^2\leqslant R^2$ 对中心轴(即原点)的转动惯量.

**解**

$$I_0=\iint_{(\sigma)}\mu(x^2+y^2)d\sigma=\mu\int_0^{2\pi}d\varphi\int_0^R\rho^3d\rho=\frac{\pi\mu R^4}{2}.$$ ■

## 习题 10.4 A

1. 曲面(S)为锥面 $z=\sqrt{x^2+y^2}$ 被柱面 $z^2=2x$ 所截下的部分,求曲面(S)的面积.

2. 曲面(S)为由 $x^2+y^2+z^2=4(x\geqslant0)$ 和 $x^2+y^2=2x$ 为边界所围成的立体表面,求曲面(S)的面积.

3. 曲面(S)为球面 $x^2+y^2+z^2=1$ 含在柱面 $x^2+y^2-x=0$ 内的部分,求曲面(S)的面积.

4. 求由下列曲线所围成的均匀薄板的质心坐标:

(1) $ay=x^2, x+y=2a(a>0)$;

(2) $x=a(t-\sin t), y=a(1-\cos t)(0\leqslant t\leqslant 2\pi, a>0)$ 和 $x$ 轴;

(3) $\rho=a(1+\cos\varphi)(a>0)$.

5. 求由下列曲面所围成的均匀物体的质心坐标:

(1) $z=\sqrt{3a^2-x^2-y^2}, x^2+y^2=2az(a>0)$;

(2) $z=x^2+y^2, x+y=a, x=0, y=0, z=0(a>0)$.

6. 一薄板由 $y=e^x, y=0, x=0$ 及 $x=2$ 所围成,面密度为 $\mu(x,y)=xy$. 求薄板对两个坐标轴的转动惯量 $I_x$ 和 $I_y$.

## 习题 10.4 B

1. 一个火山的形状表示为曲面 $z=he^{-\frac{\sqrt{x^2+y^2}}{4h}}(h>0)$. 在一次火山喷发后,有体积为 $V$ 的熔岩均匀地黏附在火山表面,且火山形状保持不变. 求火山高度的变化率.

2. 在某平面薄片器件的生产过程中，要在原来半圆形薄片的直边上添加一个边与直径等长的矩形，使得整个平面图形的质心落在原来半圆的圆心上. 求添加矩形的另一边的长度.

3. 一个质量为 $M$ 的均匀分布的圆柱体 $(V)$，其中 $(V)=\{(x,y,z)\mid x^2+y^2\leqslant a^2, 0\leqslant z\leqslant h\}$. 求该圆柱体对一个在点 $(0,0,b)$，质量为 $M'$ 的质点的引力，其中 $b>h$.

# 第11章

# 曲线积分与曲面积分

第10章中,我们已经把积分的概念从积分范围为数轴上一个区间的情形推广到了积分范围为平面或者空间中的一个有界闭区域的情形.本章中,我们将把积分的概念推广到积分范围为空间中的一段有有限长度的曲线或者一片有有限面积的曲面的情形,也就是将介绍函数在曲线上的曲线积分和在有界曲面上的曲面积分,并阐明有关这两种积分的一些基本内容.进一步,我们还将介绍曲线积分、曲面积分与已学的几种积分之间的联系,这些联系将通过微积分基本定理的高维形式(格林定理、高斯定理、斯托克斯定理)给出.

## 11.1 曲线积分

### 11.1.1 对弧长的曲线积分

给定空间中一可求长的曲线(C),考虑在曲线(C)上的积分就是本节要介绍的曲线积分.

**例 11.1.1(平面曲线型物体的质量)** 设有一平面曲线型物体,其线密度为二元函数 $f(x,y)$.如何求这一物体的质量?

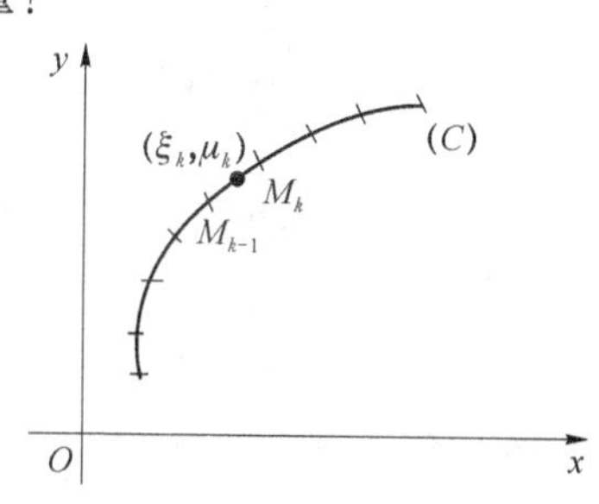


图 11.1.1

**解** 设平面曲线型物体可表示为弧$\widehat{M_0M_n}$,线密度为二元函数 $f(x,y)$.我们采用"分割、均匀化、求和、取极限"这四个步骤来求该平面曲线型物体的质量.

**分** 通过在曲线$\widehat{M_0M_n}$上插入 $n-1$ 个点 $M_k(x_k,y_k)(k=1,\cdots,n-1)$,将曲线(C)划分成 $n$ 段子弧$(\Delta s_k)(k=1,2,\cdots,n)$.其中$(\Delta s_k)=\widehat{M_{k-1}M_k}$,每个子弧的长度为 $\Delta s_k$.

**匀** 子弧$\widehat{M_{k-1}M_k}$的质量 $\Delta m_k$ 可近似表示为

$$\Delta m_k\approx f(\xi_k,\eta_k)\Delta s_k \quad (k=1,2,\cdots,n),$$

其中$(\xi_k,\eta_k)$是子弧$\widehat{M_{k-1}M_k}$上任意一点.

**合** 曲线型物体的总质量可近似为

$$m=\sum_{k=1}^{n}\Delta m_k\approx\sum_{k=1}^{n}f(\xi_k,\eta_k)\Delta s_k. \tag{11.1.1}$$

**精** 直观地，当子弧的长度 $\Delta s_k$ 趋于 0，近似值应更加精确. 因此我们将质量定义为黎曼和在子弧长度趋向于 0 时的极限，

$$m=\lim_{d\to 0}\sum_{k=1}^{n}f(\xi_k,\eta_k)\Delta s_k, \tag{11.1.2}$$

其中

$$d=\max_{1\leqslant k\leqslant n}\Delta s_k.$$

■

**定义 11.1.1(对弧长的曲线积分——平面曲线情形[第一类曲线积分])** 设$(C)$是一个可求长的光滑平面曲线(或空间曲线)，函数 $f(x,y)$是定义在该曲线上的有界函数. 在曲线$(C)$上插入 $n-1$ 个点 $M_k(k=1,\cdots,n-1)$，将其分成 $n$ 个子弧$(\Delta s_k)(k=1,\cdots,n)$. 设$(\xi_k,\eta_k)$是第 $k$ 段弧上任意一点，用 $\Delta s_k$ 表示第 $k$ 段子弧的弧长，且用 $d$ 表示所有 $\Delta s_k$ 中的最大值. 若极限

$$\lim_{d\to 0}\sum_{k=1}^{n}f(\xi_k,\eta_k)\Delta s_k$$

存在，则称函数 $f$ 在曲线$(C)$上**可积**，且称此极限为 $f$ **沿着**$(C)$**对弧长的曲线积分**(line integral with respect to arc length)，记为

$$\int_{(C)}f(x,y)\mathrm{d}s,$$

即

$$\int_{(C)}f(x,y)\mathrm{d}s=\lim_{d\to 0}\sum_{k=1}^{n}f(\xi_k,\eta_k)\Delta s_k.$$

类似地，函数 $f$ 称为**被积函数**且$(C)$称为**积分曲线**. 当$(C)$是一封闭曲线时，曲线积分常表示为 $\oint_{(C)}f(x,y)\mathrm{d}s$.

若$(C)$是一可求长的空间光滑曲线，且三元函数 $f(x,y,z)$在$(C)$上连续. 类似对平面曲线的曲线积分，我们也可定义函数 $f$ 沿着空间曲线$(C)$对弧长的曲线积分：

$$\int_{(C)}f(x,y,z)\mathrm{d}s=\lim_{d\to 0}\sum_{k=1}^{n}f(\xi_k,\eta_k,\zeta_k)\Delta s_k.$$

同样，当$(C)$是一封闭曲线时，曲线积分常表示为 $\oint_{(C)}f(x,y,z)\mathrm{d}s$.

下面以平面上对弧长的曲线积分 $\int_{(C)}f(x,y)\mathrm{d}s$ 为例，介绍曲线积分的存在性和一些性质.

**对弧长的曲线积分的存在性** 若函数 $f$ 在光滑曲线$(C)$上连续，则 $f$ 沿$(C)$对弧长的曲线积分必存在.

这里不详细讨论存在性的证明，在接下来的学习中，我们一般假设积分函数 $f$ 在$(C)$上连续.

**对弧长的曲线积分的几何意义** 类似于定积分，我们将一个正函数的曲线积分看作某种面积的计算. 事实上，若函数$f(x,y)\geqslant 0$，则对弧长的曲线积分 $\int_{(C)}f(x,y)\mathrm{d}s$ 表示空间中类似"栅栏"或"挂帘"的曲面的一侧的面积，该曲面的底为$(C)$且在点$(x,y)$处的高为 $f(x,y)$.

**曲线为分段光滑的情形** 若曲线$(C)$是**一分段光滑曲线**，即$(C)$是有限光滑曲线$(C_1)$，$(C_2)$，…，$(C_n)$的并集，其中$(C_{i+1})$的起点是$(C_i)$的终点，则将函数 $f$ 沿着曲线$(C)$的对弧长的

曲线积分定义为函数 $f$ 沿着曲线$(C)$的所有光滑曲线段的对弧长的曲线积分之和，即

$$\int_{(C)} f(x,y)\mathrm{d}s = \int_{(C_1)} f(x,y)\mathrm{d}s + \int_{(C_2)} f(x,y)\mathrm{d}s + \cdots + \int_{(C_n)} f(x,y)\mathrm{d}s.$$

**对弧长的曲线积分的性质** 对弧长的曲线积分具有类似定积分的性质. 这里以平面上对弧长的曲线积分 $\int_{(C)} f(x,y)\mathrm{d}s$ 阐述对弧长的曲线积分的性质，所有这些性质也适用于空间曲线.

**1. 线性性质**

(a) $\int_{(C)} kf(x,y)\mathrm{d}s = k\int_{(C)} f(x,y)\mathrm{d}s$，其中 $k$ 是常数；

(b) $\int_{(C)} [f(x,y)\pm g(x,y)]\mathrm{d}s = \int_{(C)} f(x,y)\mathrm{d}s \pm \int_{(C)} g(x,y)\mathrm{d}s.$

**2. 积分区域可加性** 设曲线$(C)=(C_1)\cup(C_2)$，且两曲线段$(C_1)$和$(C_2)$除边界外没有交集，则

$$\int_{(C)} f(x,y)\mathrm{d}s = \int_{(C_1)} f(x,y)\mathrm{d}s + \int_{(C_2)} f(x,y)\mathrm{d}s.$$

**3. 积分不等式**

(1) 若 $f(x,y)\leqslant g(x,y)$，$\forall (x,y)\in(C)$，则

$$\int_{(C)} f(x,y)\mathrm{d}s \leqslant \int_{(C)} g(x,y)\mathrm{d}s;$$

(2)

$$\left|\int_{(C)} f(x,y)\mathrm{d}s\right| \leqslant \int_{(C)} |f(x,y)|\mathrm{d}s;$$

(3) 若 $m\leqslant f(x,y)\leqslant M$，$\forall (x,y)\in(C)$，则

$$mL \leqslant \iint_{(C)} f(x,y)\mathrm{d}\sigma \leqslant ML,$$

其中 $L$ 是曲线$(C)$的弧长.

**4. 积分中值定理** 设函数 $f$ 在曲线$(C)$上连续，则至少存在一点$(\xi,\eta)\in(C)$，使得

$$\int_{(C)} f(x,y)\mathrm{d}s = f(\xi,\eta)L.$$

下面我们介绍对弧长的曲线积分的计算问题.

**平面曲线** 设平面光滑曲线$(C)$由如下参数方程确定：

$$x=x(t),\quad y=y(t),\quad \alpha\leqslant t\leqslant\beta.$$

由第 5 章的知识，我们知道平面曲线$(C)$的弧长微元为

$$\mathrm{d}s=\sqrt{\frac{\mathrm{d}x^2}{\mathrm{d}t}+\frac{\mathrm{d}y^2}{\mathrm{d}t}}\mathrm{d}t.$$

若 $f$ 是一个连续函数，则对弧长的曲线积分可用以下公式来计算：

$$\int_{(C)} f(x,y)\mathrm{d}s = \int_{\alpha}^{\beta} f[x(t),y(t)]\sqrt{\dot{x}^2(t)+\dot{y}^2(t)}\mathrm{d}t. \tag{11.1.3}$$

其中 $\dot{x}(t)$和$\dot{y}(t)$分别表示函数 $x(t)$，$y=y(t)$对变量 $t$ 的导数.

注意由于弧长的微元 $\mathrm{d}s$ 总是非负的，所以对弧长的曲线积分中**的积分下限总是小于或等于积分上限.**

特别地，当平面曲线$(C)$是连接点$(a,0)$到点$(b,0)$的线段时，可将变量 $x$ 视为参数，则曲

线(C)参数方程为

$$x=x,\quad y=0,\quad a\leqslant x\leqslant b.$$

式(11.1.3)此时变为

$$\int_{(C)} f(x,y)\mathrm{d}s=\int_a^b f(x,0)\mathrm{d}x.$$

此时线积分退化为一元函数的定积分.

**空间曲线** 若空间光滑曲线(C)由以下参数方程确定:

$$x=x(t),\quad y=y(t),\quad z=z(t),\quad \alpha\leqslant t\leqslant\beta,$$

式(11.1.3)将变为

$$\boxed{\int_{(C)} f(x,y,z)\mathrm{d}s=\int_\alpha^\beta f[x(t),y(t),z(t)]\sqrt{\dot{x}^2(t)+\dot{y}^2(t)+\dot{z}^2(t)}\mathrm{d}t.}\tag{11.1.4}$$

**例 11.1.2** 计算曲线积分

$$I=\int_{(C)}(x^2+y^2)\mathrm{d}s,$$

其中平面曲线(C)是由方程 $x=\cos t, y=\sin t, 0\leqslant t\leqslant\pi$ 所确定的半圆.

**解** 由于曲线(C)上的点满足 $x^2+y^2=1$,

$$I=\int_{(C)}(x^2+y^2)\mathrm{d}s=\int_{(C)}\mathrm{d}s=\pi.$$

■

**例 11.1.3** 计算曲线积分

$$I=\int_{(C)}(x^2+y^2+z^2)\mathrm{d}s,$$

其中空间曲线(C)是由方程 $x=a\cos t, y=a\sin t, z=kt, 0\leqslant t\leqslant 2\pi$ 所确定的螺旋线.

**解** 由式(11.1.3)得

$$I=\int_0^{2\pi}(a^2+k^2t^2)\sqrt{a^2+k^2}\mathrm{d}t=\frac{2}{3}\pi\sqrt{a^2+k^2}(3a^2+4\pi^2k^2).$$

■

**例 11.1.4** 计算曲线积分

$$I=\int_{(C)} y\mathrm{d}s,$$

其中平面曲线(C)是抛物线 $y^2=2x$ 在点(2,-2)和点(2,2)之间的部分.

**解** 选取 $y$ 作为积分变量.

可将路径方程 $y^2=2x$ 看作关于 $y$ 的参数方程:

$$x=\frac{1}{2}y^2,\quad y=y\quad(-2\leqslant y\leqslant 2).$$

根据式(11.1.3)可得

$$I=\int_{-2}^2 y\sqrt{1+\left(\frac{\mathrm{d}x}{\mathrm{d}y}\right)^2}\mathrm{d}y=\int_{-2}^2 y\sqrt{1+y^2}\mathrm{d}y=0.$$

事实上,如果我们注意到积分路径(C)关于 $x$ 轴对称且被积函数是奇函数,那么积分为零的结果很快就能得到.

■

**例 11.1.5(柱面的面积)** 设一块柱面是椭圆柱面 $\frac{x^2}{5}+\frac{y^2}{9}=1$ 被平面 $z=y$ 和 $z=0$ 所截的位于第一、二卦限的部分,求其面积 $A$(见图 11.1.2).

**解**　由图 11.1.2 可知，该柱面与 $xOy$ 平面的交线是半个椭圆，记该半椭圆为 $(C)$，易求出 $(C)$ 的方程为

$$\frac{x^2}{5}+\frac{y^2}{9}=1 \quad (y\geqslant 0).$$

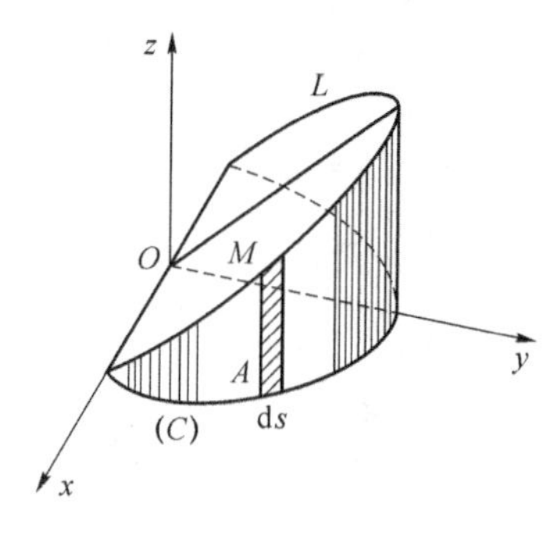


图 11.1.2

可划分半椭圆 $(C)$ 并应用积分微元法求曲面面积. 该柱面的每个小片在弧微元 $\mathrm{d}s$ 上的面积可近似看作以 $\mathrm{d}s$ 为底，以 $z=y$ 为高的矩形面积，其中 $z$ 是柱面 $\frac{x^2}{5}+\frac{y^2}{9}=1$ 与平面 $z=y$ 的交线上点 $M$ 的垂直坐标. 则该柱面的面积微元为

$$\mathrm{d}A=y\mathrm{d}s,$$

因此所求柱面的面积为

$$A=\int_{(C)} y\mathrm{d}s.$$

将曲线 $(C)$ 的方程化为参数方程：

$$x=\sqrt{5}\cos t,\quad y=3\sin t\quad (0\leqslant t\leqslant \pi),$$

可得

$$A=\int_{(C)} y\mathrm{d}s=\int_0^{\pi} 3\sin t\sqrt{5\sin^2 t+9\cos^2 t}\,\mathrm{d}t$$

$$=-3\int_0^{\pi}\sqrt{5+4\cos^2 t}\,\mathrm{d}\cos t=9+\frac{15}{4}\ln 5. \qquad \blacksquare$$

**例 11.1.6**　有一半圆形的均匀分布的金属丝，求金属丝的质心及其对直径的转动惯量.

**解**　选取如图 11.1.3 所示的坐标系，并设圆的半径为 $R$ 且金属丝线密度为 $\mu$. 由对称性可得质心的横坐标为 $\overline{x}=0$.

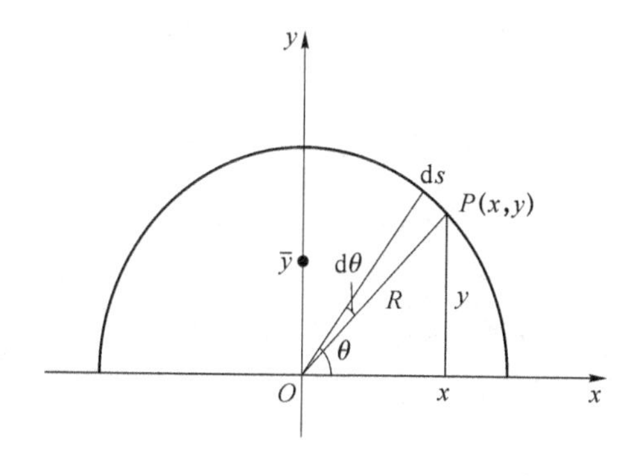


图 11.1.3

为求质心的纵坐标,我们将半圆$(C)$任意划分. 容易看出弧微元 $\mathrm{d}s$ 关于 $x$ 轴的静力矩微元为

$$\mathrm{d}M_x = y\mathrm{d}m = \mu y\mathrm{d}s,$$

因此

$$M_x = \int_{(C)} \mu y\,\mathrm{d}s.$$

曲线$(C)$的参数方程为

$$x = R\cos\theta,\quad y = R\sin\theta\quad (0\leqslant\theta\leqslant\pi),$$

故

$$M_x = \mu\int_0^{\pi} R^2\sin\theta\mathrm{d}\theta = 2\mu R^2.$$

显然半圆形的金属丝质量为 $m=\pi R\mu$. 因此质心的纵坐标为

$$\bar{y} = \frac{M_x}{m} = \frac{2\mu R^2}{\pi R\mu} = \frac{2R}{\pi}.$$

弧微元 $\mathrm{d}s$ 对直径(即 $x$ 轴)的转动惯量为

$$\mathrm{d}I_x = y^2\mathrm{d}m = \mu y^2\mathrm{d}s.$$

因此,金属丝对直径的转动惯量为

$$I_x = \mu\int_{(C)} y^2\mathrm{d}s = \mu\int_0^{\pi} R^3\sin^2\theta\mathrm{d}\theta = \frac{\mu\pi R^3}{2} = \frac{m}{2}R^2,$$

其中 $m=\mu\pi R$ 是金属丝的质量. ■

### 11.1.2 对坐标的曲线积分

在研究各种物理场时,不仅要考虑量的大小,还要考虑方向. 为此,我们引入与方向有关的另一类曲线积分——对坐标的曲线积分,该积分也称为向量场的曲线积分. 首先,看如下的具体实例.

**例 11.1.7(变力沿曲线做功)** 设 $\boldsymbol{F}(x,y)=(P(x,y),Q(x,y))$ 是一个在 $\mathbf{R}^2$ 上的连续作用力. 质点沿平面曲线$(C)$从 $A$ 点移动到 $B$ 点,试计算力 $\boldsymbol{F}$ 所做的功.

**解** 在第 5 章定积分中,我们讨论过质点上的变力 $f(x)$沿着 $x$ 轴从 $a$ 到 $b$ 所做的功为 $W=\int_a^b f(x)\mathrm{d}x$. 现在用微元法求变力沿曲线做的功. 我们仍采用“分、均、合、精”四个步骤进行计算.

**分** 在曲线$(C)$上从点$A=M_0$到点 $B=M_n$ 依次插入 $n-1$ 个分点 $M_k(x_k,y_k)(k=1,\cdots,n-1)$ 将该曲线分成 $n$ 段长度为 $\Delta s_k$ 的小子弧$\widehat{M_{k-1}M_k}(k=1,2,\cdots,n)$(见图 11.1.4).

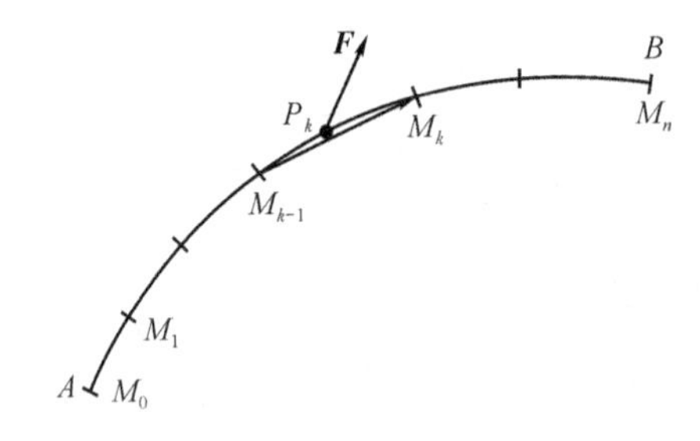


图 11.1.4

**匀** 如果每个子弧段的长度 $\Delta s_k$ 很小,那么质点从 $M_{k-1}$ 移动到 $M_k$ 时,力 $\boldsymbol{F}$ 所做的功

$\Delta W_k$ 可近似为

$$\Delta W_k \approx \boldsymbol{F}(\xi_k, \eta_k) \cdot \overrightarrow{M_{k-1}M_k},$$

其中 $P_k=(\xi_k, \eta_k)$ 是子弧 $\widehat{M_{k-1}M_k}$ 上任意一点.

**合** 当质点在 $\boldsymbol{F}(x,y)=(P(x,y),Q(x,y))$ 作用下沿曲线$(C)$运动,总功可近似为

$$W=\sum_{k=1}^{n}\Delta W_k \approx \sum_{k=1}^{n}\boldsymbol{F}(\xi_k, \eta_k) \cdot \overrightarrow{M_{k-1}M_k}. \tag{11.1.5}$$

**精** 直观地,当 $\Delta s_k$ 趋向零时,总功的近似值将趋于精确值.因此可将功定义为和的极限,即

$$W=\lim_{d \to 0}\sum_{k=1}^{n}\boldsymbol{F}(\xi_k, \eta_k) \cdot \overrightarrow{M_{k-1}M_k}, \tag{11.1.6}$$

其中 $d=\max\limits_{1 \leqslant k \leqslant n}\Delta s_k$.

令 $\boldsymbol{r}=(x,y)$ 表示曲线$(C)$上任意点 $M(x,y)$ 的位置向量,即 $\boldsymbol{r}=\overrightarrow{OM}$,并令 $\boldsymbol{r}_k=\overrightarrow{OM_k}=(x_k, y_k)$,则 $\overrightarrow{M_{k-1}M_k}=\boldsymbol{r}_k-\boldsymbol{r}_{k-1}=(x_k-x_{k-1}, y_k-y_{k-1})=(\Delta x_k, \Delta y_k)\triangleq\Delta \boldsymbol{r}_k$.因此式(11.1.6)可写成如下形式:

$$W=\lim_{d \to 0}\sum_{k=1}^{n}\boldsymbol{F}(\xi_k, \eta_k) \cdot \Delta \boldsymbol{r}_k=\lim_{d \to 0}\sum_{k=1}^{n}P(\xi_k, \eta_k)\Delta x_k+Q(\xi_k, \eta_k)\Delta y_k. \quad \blacksquare$$

从例 11.1.7 出发,现不考虑物理含义,只讨论表示物理量的数学结构,可得到如下定义.

**定义 11.1.2(对坐标的曲线积分——平面曲线情形)[第二类曲线积分,向量场的曲线积分]** 设$(C)$是从点 $A$ 到点 $B$ 的有向光滑平面曲线,$\boldsymbol{F}=(P(x,y),Q(x,y))$ 是定义在$(C)$上的向量函数.在$(C)$上从 $A$(用 $M_0$ 表示)到 $B$(用 $M_n$ 表示)任意插入 $n-1$ 个点 $M_k(x_k, y_k)$ $(k=1,2,\cdots,n-1)$,将$(C)$分成了 $n$ 段小的有向子弧 $\widehat{M_{k-1}M_k}$,其长度为 $\Delta s_k$.设 $(\xi_k, \eta_k)$ 是子弧 $\widehat{M_{k-1}M_k}$ 上任意一点且

$$\Delta \boldsymbol{r}_k=\overrightarrow{M_{k-1}M_k}=(x_k-x_{k-1}, y_k-y_{k-1})=(\Delta x_k, \Delta y_k).$$

如果无论如何划分$(C)$且无论如何选取子弧 $\widehat{M_{k-1}M_k}$ 上的点 $(\xi_k, \eta_k)$,当 $d=\max\limits_{1 \leqslant k \leqslant n}\Delta s_k \to 0$ 时,黎曼和的极限

$$\sum_{k=1}^{n}\boldsymbol{F}(\xi_k, \eta_k) \cdot \Delta \boldsymbol{r}_k=\sum_{k=1}^{n}P(\xi_k, \eta_k)\Delta x_k+Q(\xi_k, \eta_k)\Delta y_k$$

都存在,那么称这一极限为**向量函数 $\boldsymbol{F}$ 沿着有向曲线$(C)$对坐标的曲线积分**(line integral of $F$ along the oriented curve $(C)$ with respect to coordinates),记为

$$\begin{aligned}\int_{(C)}\boldsymbol{F}(x,y) \cdot \mathrm{d}\boldsymbol{r} &= \int_{(C)}P(x,y)\mathrm{d}x+Q(x,y)\mathrm{d}y \\ &= \lim_{d \to 0}\sum_{k=1}^{n}\boldsymbol{F}(\xi_k, \eta_k) \cdot \Delta r_k \\ &= \lim_{d \to 0}\sum_{k=1}^{n}P(\xi_k, \eta_k)\Delta x_k+Q(\xi_k, \eta_k)\Delta y_k,\end{aligned} \tag{11.1.7}$$

其中

$$\int_{(C)}P(x,y)\mathrm{d}x=\lim_{d \to 0}\sum_{k=1}^{n}P(\xi_k, \eta_k)\Delta x_k$$

与

$$\int_{(C)}Q(x,y)\mathrm{d}y=\lim_{d \to 0}\sum_{k=1}^{n}Q(\xi_k, \eta_k)\Delta y_k$$

分别称为 **$P$ 沿着$(C)$对 $x$ 的曲线积分**和 **$Q$ 沿着$(C)$对 $y$ 的曲线积分**. 这里 $\int_{(C)} \boldsymbol{F}(x,y)\cdot \mathrm{d}\boldsymbol{r}$ 是对坐标的曲线积分的向量表示形式，$\int_{(C)} P(x,y)\mathrm{d}x+Q(x,y)\mathrm{d}y$ 是对坐标的曲线积分的坐标分量表示形式.

类似地，若$(C)$是空间上从点 $A$ 到点 $B$ 光滑有向曲线，且三元函数 $\boldsymbol{F}(x,y,z)=(P(x,y,z),Q(x,y,z),R(x,y,z))$为$(C)$上的连续函数. 可将向量场 $\boldsymbol{F}$ 沿着$(C)$的曲线积分定义为如下形式：

$$\int_{(C)} \boldsymbol{F}(x,y,z)\cdot \mathrm{d}\boldsymbol{r} = \int_{(C)} [P(x,y,z)\mathrm{d}x + Q(x,y,z)\mathrm{d}y + R(x,y,z)\mathrm{d}z]$$

$$= \lim_{d\to 0}\sum_{k=1}^{n}[P(\xi_k,\eta_k,\zeta_k)\Delta x_k + Q(\xi_k,\eta_k,\zeta_k)\Delta y_k + R(\xi_k,\eta_k,\zeta_k)\Delta z_k].$$

若上式的极限存在，则称这一极限为**向量函数 $\boldsymbol{F}$ 沿着空间有向曲线$(C)$对坐标的曲线积分**.

**对坐标的曲线积分的存在性** 若向量函数 $\boldsymbol{F}$ 在有向光滑曲线$(C)$上连续，则 $\boldsymbol{F}$ 沿着$(C)$对坐标的曲线积分必存在.

**曲线为分段光滑的情况** 设$(C)$是有向分段光滑曲线，即$(C)$是有限个有向光滑曲线$(C_1)$，$(C_2)$，…，$(C_n)$的集合，其中$(C_{i+1})$的起点就是$(C_i)$的终点. 我们将 $\boldsymbol{F}$ 沿着$(C)$的曲线积分定义为 $\boldsymbol{F}$ 沿着$(C)$的每一段光滑曲线的曲线积分的和：

$$\int_{(C)} \boldsymbol{F}\cdot \mathrm{d}\boldsymbol{r} = \int_{(C_1)} \boldsymbol{F}\cdot \mathrm{d}\boldsymbol{r} + \int_{(C_2)} \boldsymbol{F}\cdot \mathrm{d}\boldsymbol{r} + \cdots + \int_{(C_n)} \boldsymbol{F}\cdot \mathrm{d}\boldsymbol{r}.$$

**性质** 设向量函数 $\boldsymbol{F}$，$\boldsymbol{F}_1$，$\boldsymbol{F}_2$ 在$(C)$上均可积.

1. **线性性质**

$$\int_{(C)} (k_1\boldsymbol{F}_1 + k_2\boldsymbol{F}_2)\cdot \mathrm{d}\boldsymbol{r} = k_1\int_{(C)} \boldsymbol{F}_1\cdot \mathrm{d}\boldsymbol{r} + k_2\int_{(C)} \boldsymbol{F}_2\cdot \mathrm{d}\boldsymbol{r}.$$

2. **对积分区域的可加性** 设有向曲线$(C)$由两条有向曲线$(C_1)$和$(C_2)$组成，且$(C_1)$和$(C_2)$除了相邻边界外没有公共部分，则有

$$\int_{(C)} \boldsymbol{F}\cdot \mathrm{d}\boldsymbol{r} = \int_{(C_1)} \boldsymbol{F}\cdot \mathrm{d}\boldsymbol{r} + \int_{(C_2)} \boldsymbol{F}\cdot \mathrm{d}\boldsymbol{r}.$$

3. **方向性** 若$(-C)$表示与$(C)$的点完全相同但方向相反的有向曲线，即从点 $B$ 到点 $A$ 的有向曲线，则有

$$\int_{(-C)} \boldsymbol{F}\cdot \mathrm{d}\boldsymbol{r} = -\int_{(C)} \boldsymbol{F}\cdot \mathrm{d}\boldsymbol{r}.$$

这是由于当我们取$(C)$的相反方向时，$\Delta x_i$ 与 $\Delta y_i$ 改变了符号. 特别注意，这一点与对弧长的曲线积分不同，考虑对弧长的曲线积分时，因为 $\Delta s_i$ 总是正的，该积分值与曲线方向无关. 这两类曲线积分之间的联系将在后面讨论.

下面我们介绍对坐标的曲线积分的计算.

**计算** 若有向光滑曲线$(C)$由以下参数方程确定：

$$\boldsymbol{r}(t)=(x(t),y(t),z(t)),\quad t\in[\alpha,\beta]\text{或}[\beta,\alpha],$$

其中 $t=\alpha$ 和 $t=\beta$ 分别对应$(C)$的起点 $A$ 与终点 $B$，且向量函数

$$\boldsymbol{F}(x,y,z)=(P(x,y,z),Q(x,y,z),R(x,y,z))$$

在曲线$(C)$上连续，则有以下公式：

$$\begin{aligned}\int_{(C)}\boldsymbol{F}(x,y,z)\cdot \mathrm{d}\boldsymbol{r} &= \int_{(C)}[P(x,y,z)\mathrm{d}x+Q(x,y,z)\mathrm{d}y+R(x,y,z)\mathrm{d}z]\\ &=\int_{\alpha}^{\beta}\boldsymbol{F}(x(t),y(t),z(t))\cdot \dot{\boldsymbol{r}}(t)\mathrm{d}t\\ &=\int_{\alpha}^{\beta}[P(x(t),y(t),z(t))\ \dot{x}(t)+Q(x(t),y(t),z(t))\ \dot{y}(t)+\\ &\quad R(x(t),y(t),z(t))\ \dot{z}(t)]\mathrm{d}t.\end{aligned} \tag{11.1.8}$$

注意二元向量函数在平面有向曲线的第二类曲线积分情况可以看作如下特殊的情况：$R=0$，$z(t)=0$，且 $P$ 和 $Q$ 是 $x$ 和 $y$ 的二元函数.

**例 11.1.8** 计算曲线积分

$$I=\int_{(C)}(yz\mathrm{d}x-xz\mathrm{d}y+2z^2\mathrm{d}z),$$

其中曲线$(C)$是螺旋线 $x=a\cos t,y=a\sin t,z=kt$上从 $t=0$ 到 $t=\pi$ 的有向弧.

**解** 根据公式(11.1.8)有

$$I=\int_0^{\pi}(-a^2kt\sin^2 t-a^2kt\cos^2 t+2k^3t^2)\mathrm{d}t=k\pi^2\left(\frac{2}{3}k^2\pi-\frac{a^2}{2}\right).$$ ■

**例 11.1.9** 计算曲线积分

$$I=\int_{(C)}(6x^2y\mathrm{d}x+10xy^2\mathrm{d}y),$$

其中曲线$(C)$是曲线 $y=x^3$ 上从点$(2,8)$到点$(1,1)$的一段.

**解** 可将曲线$(C)$的方程看作是以 $x$ 为参数的方程，即 $x=x,y=x^3$. 注意到积分路径的方向，有

$$I=\int_2^1[6x^2x^3+10x(x^3)^2\times 3x^2]\mathrm{d}x=-3\,132.$$ ■

**例 11.1.10** 计算曲线积分

$$I=\int_{(C)}(2yx^3\mathrm{d}y+3x^2y^2\mathrm{d}x),$$

其中积分路径的起点和终点分别为$O(0,0)$和 $B(1,1)$，且积分路径分别为

(1) 抛物线 $y=x^2$；

(2) 直线 $y=x$；

(3) 依次连接 $O(0,0)$，$A(1,0)$，$B(1,1)$的有向折线(见图 11.1.5).

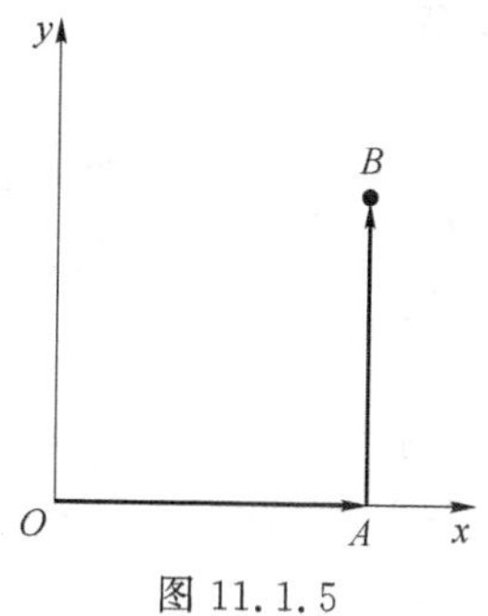


图 11.1.5

**解** (1) 此时,积分曲线为抛物线 $y=x^2$ 上从点$O(0,0)$到点 $B(1,1)$的有向曲线,将 $x$ 看作参数,则有

$$I=\int_0^1(4x^6+3x^6)\mathrm{d}x=1;$$

(2) 此时,积分曲线为直线 $y=x$ 上从点$O(0,0)$到点 $B(1,1)$的有向曲线,将 $x$ 看作参数,则有

$$I=\int_0^1(2x^4+3x^4)\mathrm{d}x=1;$$

(3) 在线段$\overline{OA}$上,考虑以 $x$ 为参变量的方程,即 $y=0$;在线段$\overline{AB}$上,考虑以 $y$ 为参变量的方程,即 $x=1$,于是

$$I=\int_0^1 3x^2\times 0\mathrm{d}x+\int_0^1 2y\mathrm{d}y=1.$$ ■

例 11.1.10 的结果显示对于某些第二类曲线积分,其积分值有可能只取决于起点和终点,而与积分路径无关.这是第二类曲线积分的一个非常重要却有趣的性质,我们将在 11.2.2 节讨论这一性质.

**例 11.1.11** 现有一质量为 $m$ 的质点从空间一点 $A$ 沿着某光滑曲线$(C)$移动到另一点 $B$.求重力所做的功 $W$.

**解** 建立空间直角坐标系,取铅直向上的方向为 $z$ 轴(见图 11.1.6),则质点在空间任一点 $M$ 处所受重力为 $\boldsymbol{F}(M)=(0,0,-mg)$.设点 $A$ 和点 $B$ 的坐标分别为$(x_0,y_0,z_0)$和$(x_1,y_1,z_1)$,于是

$$W=\int_{(C)}\boldsymbol{F}\cdot\mathrm{d}\boldsymbol{r}=-mg\int_{(C)}\mathrm{d}z=-mg\int_{z_0}^{z_1}\mathrm{d}z=mg(z_0-z_1).$$ ■

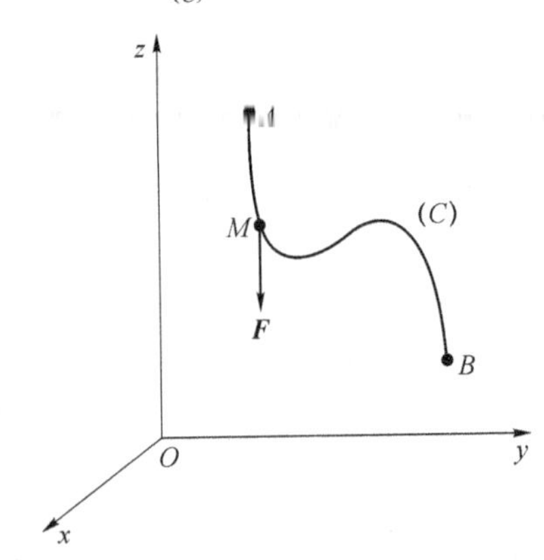


图 11.1.6

例 11.1.11 中的第二类曲线积分的积分值只取决于起点和终点而与积分路径无关.

### 11.1.3 两类曲线积分的联系

假设有向光滑曲线$(C)$的起点为 $A$,终点为 $B$,且曲线$(C)$由以下方程给出:

$$x=x(t),\quad y=y(t),\quad z=z(t)\quad(\alpha\leqslant t\leqslant\beta),$$

其中 $A=(x(\alpha),y(\alpha),z(\alpha))$且 $B=(x(\beta),y(\beta),z(\beta))$.易知,曲线$(C)$在 $t$ 处的单位切向量为

$$\boldsymbol{T}(t)=\pm\frac{\dot{\boldsymbol{r}}(t)}{\|\dot{\boldsymbol{r}}(t)\|}=\pm\frac{(\dot{x}(t),\dot{y}(t),\dot{z}(t))}{\sqrt{\dot{x}^2(t)+\dot{y}^2(t)+\dot{z}^2(t)}}.$$

不失一般性,现假设 $\alpha<\beta$,则带有"+"号的切向量"$\boldsymbol{T}(t)$"与曲线$(C)$的方向一致,它也可

表示为方向余弦$(\cos\alpha,\cos\beta,\cos\gamma)$. 根据式(11.1.4)与式(11.1.8)有

$$\int_{(C)}\boldsymbol{F}\cdot\mathrm{d}\boldsymbol{r}=\int_{(C)}[P\mathrm{d}x+Q\mathrm{d}y+R\mathrm{d}z]=\int_{\alpha}^{\beta}[P\,\dot{x}(t)+Q\,\dot{y}(t)+R\,\dot{z}(t)]\mathrm{d}t$$

$$=\int_{\alpha}^{\beta}\frac{P\,\dot{x}(t)+Q\,\dot{y}(t)+R\,\dot{z}(t)}{\sqrt{\dot{x}^2(t)+\dot{y}^2(t)+\dot{z}^2(t)}}\sqrt{\dot{x}^2(t)+\dot{y}^2(t)+\dot{z}^2(t)}\,\mathrm{d}t=\int_{(C)}\boldsymbol{F}\cdot\boldsymbol{T}\mathrm{d}s,$$

其中最后的等式是由于 $\mathrm{d}s=\sqrt{\dot{x}^2(t)+\dot{y}^2(t)+\dot{z}^2(t)}\,\mathrm{d}t$. 总的来说,

$$\int_{(C)}\boldsymbol{F}\cdot\mathrm{d}\boldsymbol{r}=\int_{(C)}\boldsymbol{F}\cdot\boldsymbol{T}\mathrm{d}s,\tag{11.1.9}$$

其坐标分量形式为

$$\int_{(C)}(P\mathrm{d}x+Q\mathrm{d}y+R\mathrm{d}z)=\int_{(C)}(P\cos\alpha+Q\cos\beta+R\cos\gamma)\mathrm{d}s,\tag{11.1.10}$$

其中$(\cos\alpha,\cos\beta,\cos\gamma)$是与曲线$(C)$的方向一致的单位切向量.

式(11.1.9)和式(11.1.10)刻画了两类曲线积分的联系.

## 习题 11.1 A

1. 计算下列对弧长的曲线积分：

(1) $\int_{(C)}(x+y)\mathrm{d}s$,其中曲线$(C)$是抛物线 $y=2x^2$ 在点(0,0)与点(1,2)之间的一段；

(2) $\oint_{(C)}(x^2+y^2)\mathrm{d}s$,其中曲线$(C)$是圆 $x^2+y^2=a^2(a>0)$；

(3) $\int_{(C)}xyz\mathrm{d}s$,其中曲线$(C)$是(0,0,0)与(1,1,1)之间的直线段；

(4) $\int_{(C)}\sqrt{x}\mathrm{d}s$,其中曲线$(C)$是抛物线 $y=\sqrt{x}$在点(0,0)与点(1,1)之间的一段；

(5) $\int_{(C)}(x+2y+3z)\mathrm{d}s$,其中曲线$(C)$是圆$\begin{cases}x^2+y^2+z^2=2,\\ z=1;\end{cases}$

(6) $\oint_{(C)}(x+y)\mathrm{d}s$,其中曲线$(C)$是以(0,0),(1,0)和(0,1)为顶点的三角形的边界；

(7) $\int_{(C)}z\mathrm{d}s$,其中曲线$(C)$是锥形螺旋线 $x=t\cos t,y=t\sin t,z=t\left(0\leqslant t\leqslant\frac{\pi}{2}\right)$上的一段；

(8) $\oint_{(C)}y^2\mathrm{d}s$,其中曲线$(C)$是圆$\begin{cases}x^2+y^2+z^2=4,\\ x+y+z=0.\end{cases}$

2. 推导如下的极坐标下的对弧长的曲线积分的计算公式：

$$\int_{(C)}f(x,y)\mathrm{d}s=\int_{\alpha}^{\beta}f[\rho(\varphi)\cos\varphi,\rho(\varphi)\sin\varphi]\sqrt{\rho^2(\varphi)+\rho'^2(\varphi)}\,\mathrm{d}\varphi,$$

其中积分曲线$(C)$的方程由极坐标方程 $\rho=\rho(\varphi)(\alpha\leqslant\varphi\leqslant\beta)$给出.

3. 用极坐标下的计算公式计算下列对弧长的曲线积分：

(1) $\oint_{(C)}|y|\mathrm{d}s$,其中曲线$(C)$是圆 $x^2+y^2=1$；

(2) $\oint\limits_{(C)} \sqrt{x^2+y^2}\,\mathrm{d}s$,其中曲线$(C)$是圆 $x^2+y^2=ax(a>0)$;

(3) $\oint\limits_{(C)} (x^2+y^2)^n\,\mathrm{d}s, n\in\mathbf{N}_+$,其中曲线$(C)$是圆 $x^2+y^2=R^2(R>0)$;

(4) $\oint\limits_{(C)} |y|\,\mathrm{d}s$,其中曲线$(C)$是双纽线$(x^2+y^2)^2=a^2(x^2-y^2)(a>0)$.

4. 求曲面 $x^2+y^2=4$ 被平面 $x+2z=2$ 和 $z=0$ 所截部分的面积.

5. 求曲面 $x^{\frac{2}{3}}+y^{\frac{3}{2}}=1$ 包含在球面 $x^2+y^2+z^2=1$ 里面部分的面积.

6. 求下列曲面(S)的面积:

(1) 曲面(S)是由曲线 $y=\sqrt{x}$在点$(0,0)$和点$(1,1)$之间的弧绕 $x$ 轴旋转一周所形成的旋转曲面;

(2) 曲面(S)是由星形线 $x^{\frac{2}{3}}+y^{\frac{2}{3}}=a^{\frac{2}{3}}$绕 $x$ 轴旋转一周所形成的旋转曲面;

(3) 曲面(S)是由圆 $x^2+y^2=1$ 被直线 $y=\frac{1}{\sqrt{2}}$所截下的劣弧绕直线 $y=\frac{1}{\sqrt{2}}$旋转一周所形成的旋转曲面.

7. 计算曲线积分 $\int\limits_{(C)} \boldsymbol{F}\cdot\mathrm{d}\boldsymbol{r}$,其中 $\boldsymbol{F}=y\boldsymbol{i}-x\boldsymbol{j}$ 且积分路径$(C)$分别为:

(1) 从点$(1,0)$到点$(0,1)$的直线段;

(2) 沿圆周 $x^2+y^2=1$ 的上半部分从点$(1,0)$到点$(0,1)$的曲线;

(3) 沿圆周$(x-1)^2+(y-1)^2=1$ 的下半部分从点$(1,0)$到点$(0,1)$的曲线.

8. 计算下列对坐标的曲线积分:

(1) $\int\limits_{(C)} (x^2\mathrm{d}x+y^2\mathrm{d}y)$,其中曲线$(C)$是沿着曲线 $y=\sqrt{x}$从点$(0,0)$到点$(1,1)$的一段;

(2) $\int\limits_{(C)} (y^2\mathrm{d}x+x^2\mathrm{d}y)$,其中曲线$(C)$是沿着曲线 $y=x^3$ 从点$(0,0)$到点$(1,1)$的一段;

(3) $\int\limits_{(C)} [xy\mathrm{d}x+(y-x)\mathrm{d}y]$,其中曲线$(C)$是从点$(0,0)$到点$(1,1)$分别沿着下列曲线产生的:

i)直线 $y=x$,

ii) 抛物线 $y=x^2$,

iii) 立方抛物线 $y=x^3$;

(4) $\oint\limits_{(C)} (y\mathrm{d}x-x\mathrm{d}y)$,其中曲线$(C)$是椭圆$\frac{x^2}{a^2}+\frac{y^2}{b^2}=1(a>0,b>0)$沿着正向;

(5) $\int\limits_{(C)} [x\mathrm{d}x+y\mathrm{d}y+(x+y-z)\mathrm{d}z]$,其中曲线$(C)$是空间中从点$(1,1,1)$到点$(2,3,4)$的直线段;

(6) $\int\limits_{(C)} [(y^2-z^2)\mathrm{d}x+2yz\mathrm{d}y-x^2\mathrm{d}z]$,其中曲线$(C)$是弧段 $x=t, y=t^2, z=t^3(0\leqslant t\leqslant 1)$,其正向为 $t$ 增加的方向;

(7) $\oint\limits_{(C)} [(z-y)\mathrm{d}x+(x-z)\mathrm{d}y+(x-y)\mathrm{d}z]$,其中曲线$(C)$是 $xOy$ 平面上的圆

$\begin{cases}x^2+y^2=1,\\ z=0,\end{cases}$ 沿着逆时针方向；

(8) $\oint\limits_{(C)}(y^2\mathrm{d}x+z^2\mathrm{d}y+x^2\mathrm{d}z)$，其中曲线$(C)$是曲线$\begin{cases}x^2+y^2+z^2=R^2,\\ x^2+y^2=Rx\end{cases}(R>0,z\geqslant 0)$，其正向为从 $x$ 轴正向看去的逆时针方向；

(9) $\oint\limits_{(C)}(y\mathrm{d}x+z\mathrm{d}y+x\mathrm{d}z)$，其中$(C)$是曲线$\begin{cases}x^2+y^2+z^2=2(x+y),\\ x+y=2,\end{cases}$其正向是从原点$(0,0)$看去的逆时针方向.

9. 把第二类曲线积分 $\int\limits_{(C)}[P(x,y)\mathrm{d}x+Q(x,y)\mathrm{d}y]$化为第一类曲线积分，其中曲线$(C)$分别为：

(1) 以 $R$ 为半径，从点 $A(R,0)$到点 $B(-R,0)$的上半圆；

(2) 从点 $A(R,0)$到点 $B(-R,0)$的直线段.

10. 把第二类曲线积分 $\int\limits_{(C)}[P(x,y,z)\mathrm{d}x+Q(x,y,z)\mathrm{d}y+R(x,y,z)\mathrm{d}z]$化为第一类曲线积分，其中$(C)$为弧 $x=t,y=t^2,z=t^3$ 从点$(1,1,1)$到点$(0,0,0)$的一段.

11. 已知 $\boldsymbol{F}=\left(\frac{y}{x^2+y^2},\frac{-x}{x^2+y^2}\right)$是 $xOy$ 平面上的力场，$(C)$是圆周 $x=a\cos t,y=a\sin t$ $(0\leqslant t\leqslant 2\pi,a>0)$. 设一质点沿曲线$(C)$逆时针方向运动一周，求力场 $\boldsymbol{F}$ 所做的功.

12. 计算下列曲线积分：

(1) $\oint\limits_{(C)}[y(z+1)\mathrm{d}x+z(x+1)\mathrm{d}y+x(y+1)\mathrm{d}z]$，$(C)$为球面 $x^2+y^2+z^2=R^2$ 在第一卦限部分的边界曲线，其正向与球面在第一卦限的外法线方向构成右手系；

(2) $\oint\limits_{(C)}[(y^2-z^2)\mathrm{d}x+(z^2-x^2)\mathrm{d}y+(x^2-y^2)\mathrm{d}z]$，$(C)$是平面 $x+y+z=\frac{3}{2}$与曲面$(S)$的交线，其正向为从 $z$ 轴正向看去的逆时针方向，其中$(S)$是立体 $0\leqslant x\leqslant 1,0\leqslant y\leqslant 1,0\leqslant z\leqslant 1$ 的表面；

(3) $\int\limits_{(C)}\boldsymbol{F}\cdot\mathrm{d}\boldsymbol{r}$，$\boldsymbol{F}=(3x^2-3yz+2xz)\boldsymbol{i}+(3y^2-3yz+z^2)\boldsymbol{j}+(3z^2-3xy+x^2+2yz)\boldsymbol{k}$，$(C)$是曲线$\begin{cases}x^2+y^2=1,\\ z=0\end{cases}$的正向.

## 习题 11.1　B

1. 求空间中平面 $x+y=1$ 被坐标平面和曲面 $z=xy$ 所截的，在第一卦限内部分的面积.

2. 求光滑平面曲线 $y=f(x)(a\leqslant x\leqslant b,f(x)>0)$绕 $x$ 轴旋转一周形成的旋转曲面的面积.

3. 求平面曲线 $x=a(t-\sin t),y=a(1-\cos t)(0\leqslant t\leqslant 2\pi)$分别绕下列轴线旋转一周形成的旋转面的面积：

(1) $x$ 轴； (2) $y$ 轴； (3) 直线 $y=2a$.

4. 求平面曲线 $x^2+(y-b)^2=a^2(b\geqslant a)$ 绕 $x$ 轴旋转一周所形成的圆环面的面积.

5. 已知一电线的形状为半圆形,设其方程为 $x=a\cos t, y=a\sin t(0\leqslant t\leqslant \pi)$,且该电线在其上任一点处的线密度大小都与该点的纵坐标相等.求该电线的质量.

6. 设平面曲线 $y=\dfrac{2\sqrt{x}}{3}$ 上任意点 $P$ 的线密度 $\rho$ 与原点到该点的弧长成正比.求此曲线在点 $(0,0)$ 和点 $\left(4,\dfrac{16}{3}\right)$ 之间的那部分弧的质量.

7. 已知螺旋线 $x=a\cos\theta, y=a\sin\theta, z=k\theta(0\leqslant\theta\leqslant 2\pi)$ 的线密度 $\rho(x,y,z)=x^2+y^2+z^2$,求：

(1) 螺旋线对 $z$ 轴的转动惯量；

(2) 螺旋线的质心.

8. 已知一球体半径为 $R$ 且均匀分布,若一单位质量的质点 $A$ 与球心的距离为 $a(a>R)$,求该单位质点所受的万有引力.

9. 已知作用在椭圆 $x=a\cos t, y=a\sin t$ 上任一点 $M$ 的力 $\boldsymbol{F}$ 大小等于 $M$ 与椭圆中心的距离,且其方向始终指向椭圆中心.一质量为 $m$ 的质点 $P$ 沿着椭圆做正向运动.求：

(1) 当质点 $P$ 穿过第一象限的弧段时,力 $\boldsymbol{F}$ 所做的功；

(2) 当质点 $P$ 遍历椭圆周时,力 $\boldsymbol{F}$ 所做的功.

10. 利用曲线积分的定义证明第二类曲线积分的计算公式：

$$\int_{(C)} P(x,y,z)\mathrm{d}x=\int_{\alpha}^{\beta} P[x(t),y(t),z(t)]\,\dot{x}(t)\mathrm{d}t,$$

其中曲线 $(C)$ 从 $t=\alpha$ 到 $t=\beta$,其方程为 $\boldsymbol{r}=(x(t),y(t),z(t))(\alpha\leqslant t\leqslant\beta)$.

11. 在过点 $O(0,0)$ 和点 $A(\pi,0)$ 的曲线段族 $y=a\sin x\,(a>0)$ 中,求一曲线 $(C)$ 使得沿着曲线 $(C)$ 从点 $O$ 到点 $A$ 的第二类曲线积分 $\int_{(C)}[(1+y^3)\mathrm{d}x+(2x+y)\mathrm{d}y]$ 的值最小.

## 11.2 格林公式及其应用

本节我们将介绍平面封闭曲线上的曲线积分与该曲线所围成平面域上的二重积分之间的联系——格林公式.

### 11.2.1 格林公式

在讲解格林公式之前,我们先引入平面上的单连通区域和复连通区域的概念.考虑一平面区域 $(\sigma)$,若对全部落在此区域内的任何一条封闭曲线 $(C)\subset(\sigma)$,都可以不经过 $(\sigma)$ 外的点而连续地收缩为一点,则称此区域 $(\sigma)$ 为**单连通区域**,否则称区域 $(\sigma)$ 为**复连通区域**.例如,平面上的圆域 $x^2+y^2<1$ 是一个单连通区域,左半平面 $x<0$ 和右半平面 $x>0$ 都是单连通区域,而图 11.2.1 所示的两个区域都是复连通区域.一般地,若 $(C)$ 是一条简单闭曲线,我们称 $(C)$ 的逆时针方向为闭曲线 $(C)$ 的**正向**,用 $(+C)$ 表示沿正向的有向曲线；此外,若有限条分段光滑的简单闭曲线 $(C)$ 是复连通区域 $(\sigma)$ 的边界,定义闭曲线 $(C)$ 的正向如下：当我们沿着 $(+C)$ 行走时,区域$(\sigma)$总是在我们的左手边(见图 11.2.1).

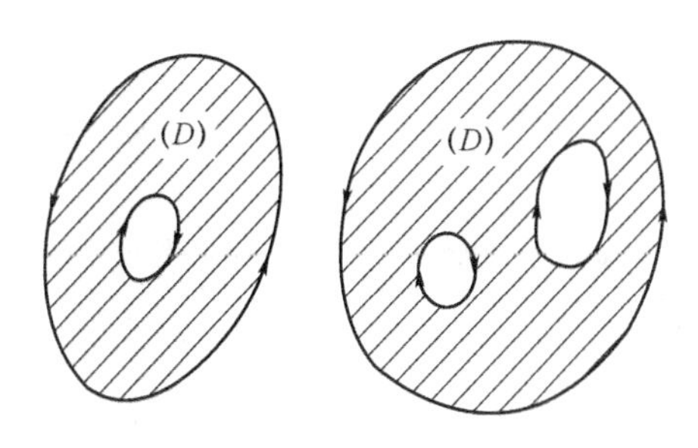


图 11.2.1

**定理 11.2.1(格林(Green)公式)** 设$(\sigma)\subset\mathbf{R}^2$为一平面有界区域,且其边界为有限条分段光滑的简单闭曲线$(C)$.若二元函数$P(x,y)$和$Q(x,y)$在区域$(\sigma)$上有连续偏导数,则

$$\iint\limits_{(\sigma)}\left(\frac{\partial Q}{\partial x}-\frac{\partial P}{\partial y}\right)\mathrm{d}\sigma=\oint\limits_{(+C)}[P(x,y)\mathrm{d}x+Q(x,y)\mathrm{d}y], \qquad (11.2.1)$$

其中$(+C)$表示有向曲线$(C)$的方向取正向.

**证明** 证明过程可分为三个步骤.

步骤 1. 考虑区域$(\sigma)$既是$x$型区域又是$y$型区域的情形(见图 11.2.2).

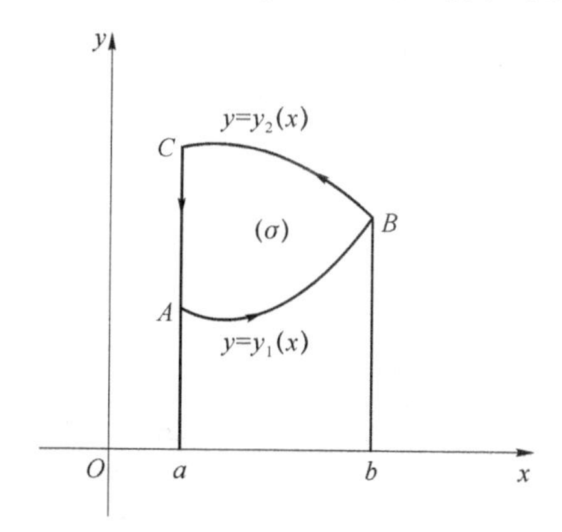


图 11.2.2

此时我们只需证明

$$\iint\limits_{(\sigma)}-\frac{\partial P}{\partial y}\mathrm{d}\sigma=\oint\limits_{(+C)}P(x,y)\mathrm{d}x \qquad (11.2.2)$$

和

$$\iint\limits_{(\sigma)}\frac{\partial Q}{\partial x}\mathrm{d}\sigma=\oint\limits_{(+C)}Q(x,y)\mathrm{d}y. \qquad (11.2.3)$$

先证明式(11.2.2).将区域$(\sigma)$表示为$x$型区域,即

$$(\sigma)=\{y_1(x)\leqslant y\leqslant y_2(x),a\leqslant x\leqslant b\},$$

这里曲线$y=y_i(x)(i=1,2)$如图 11.2.2 所示.

于是式(11.2.2)中的二重积分计算如下:

$$\iint\limits_{(\sigma)}\frac{\partial P}{\partial y}\mathrm{d}\sigma=\int_a^b\mathrm{d}x\int_{y_1(x)}^{y_2(x)}\frac{\partial P}{\partial y}\mathrm{d}y=\int_a^b[P(x,y_2(x))-P(x,y_1(x))]\mathrm{d}x. \qquad (11.2.4)$$

另一方面,式(11.2.2)中的曲线积分计算如下:

$$\oint_{(+C)} P(x,y)\mathrm{d}x = \int_{\overset{\frown}{AB}} P\mathrm{d}x + \int_{\overset{\frown}{BC}} P\mathrm{d}x + \int_{\overset{\frown}{CA}} P\mathrm{d}x$$

$$= \int_a^b P[x,y_1(x)]\mathrm{d}x + \int_b^a P[x,y_2(x)]\mathrm{d}x + 0$$

$$= -\int_a^b \left\{ P[x,y_2(x)] - P[x,y_1(x)] \right\} \mathrm{d}x. \qquad (11.2.5)$$

由(11.2.4)与式(11.2.5)可得

$$\oint_{(+C)} P(x,y)\mathrm{d}x = -\iint_{(\sigma)} \frac{\partial P}{\partial y}\mathrm{d}\sigma.$$

同理,利用区域$(\sigma)$是$y$型区域用同样的方式可以证明式(11.2.3)成立.

步骤 2. 考虑区域$(\sigma)$是平面内任意一个单连通区域. 此时,我们可用平行坐标轴的若干直线将区域$(\sigma)$分成若干个子区域,使得每一个子区域既是$x$型区域又是$y$型区域. 例如,可将图 11.2.3 中的$(\sigma)$通过一条平行于$y$轴的直线划分成三个子区域$(\sigma_i)(i=1,2,3)$,使得每一个子区域既是$x$型区域又是$y$型区域. 由步骤 1 可知,格林公式在每一个子区域上都成立,即

$$\iint_{(\sigma_i)} \left(\frac{\partial Q}{\partial x} - \frac{\partial P}{\partial y}\right)\mathrm{d}\sigma = \oint_{(+C_i)} (P\mathrm{d}x + Q\mathrm{d}y) \quad (i=1,2,3),$$

其中$(+C_i)$是子区域$(\sigma_i)$的正向边界,则

$$\iint_{(\sigma)} \left(\frac{\partial Q}{\partial x} - \frac{\partial P}{\partial y}\right)\mathrm{d}\sigma = \sum_{i=1}^{3} \iint_{(\sigma_i)} \left(\frac{\partial Q}{\partial x} - \frac{\partial P}{\partial y}\right)\mathrm{d}\sigma = \sum_{i=1}^{3} \oint_{(+C_i)} [P\mathrm{d}x + Q\mathrm{d}y] = \oint_{(+C)} [P\mathrm{d}x + Q\mathrm{d}y].$$

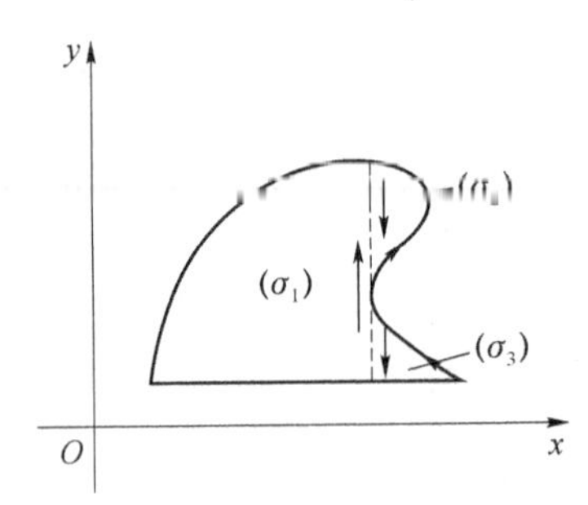


图 11.2.3

步骤 3. 考虑区域$(\sigma)$为平面上复连通区域的情形. 此时,区域$(\sigma)$的边界为有限条分段光滑的简单闭曲线,我们可通过添加一条或多条割线将区域$(\sigma)$退化成单连通区域. 例如,在图 11.2.4(a)中,复连通区域$(\sigma)$的正向边界$(+C)$包括$(+C_1)$和$(-C_2)$,即$(+C)=(+C_1)\cup(-C_2)$. 添加割线$\overline{AB}$来切割区域$(\sigma)$,此时$(\sigma)$变为一单连通区域且它的边界$(\overline{C})$为

$$(+\overline{C}) = (+C_1) \cup \overrightarrow{AB} \cup (-C_2) \cup \overrightarrow{BA}.$$

因此

$$\iint_{(\sigma)} \left(\frac{\partial Q}{\partial x} - \frac{\partial P}{\partial y}\right)\mathrm{d}\sigma = \oint_{(+\overline{C})} (P\mathrm{d}x + Q\mathrm{d}y) = \int_{(+C_1)} (P\mathrm{d}x + Q\mathrm{d}y) + \int_{(\overrightarrow{AB})} (P\mathrm{d}x + Q\mathrm{d}y) +$$

$$\int_{(\overrightarrow{BA})} (P\mathrm{d}x + Q\mathrm{d}y) + \int_{(-C_2)} (P\mathrm{d}x + Q\mathrm{d}y)$$

$$= \int_{(+C_1)} (P\mathrm{d}x + Q\mathrm{d}y) + \int_{(-C_2)} (P\mathrm{d}x + Q\mathrm{d}y)$$

$$= \oint_{(+C)} (P\mathrm{d}x + Q\mathrm{d}y).$$

若复连通区域$(\sigma)$有不止一个“孔”(见图 11.2.4(b)),可用同样的方法处理,只不过需要添加多条割线.因此,格林公式在复连通区域也成立.

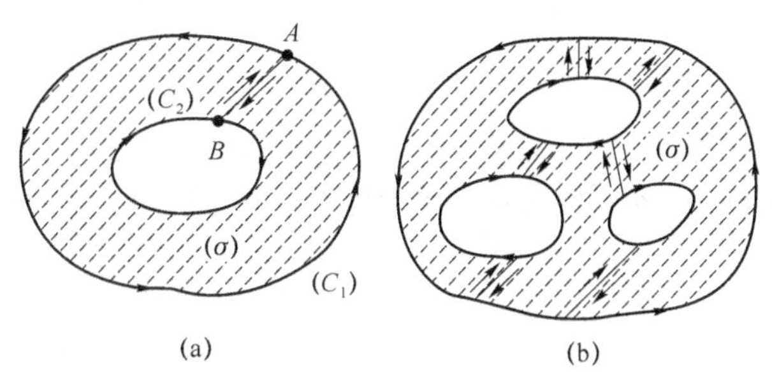


图 11.2.4

■

**注** 格林公式应看作是微积分基本定理在二重积分中的体现.一元函数定积分计算的牛顿-莱布尼茨公式为

$$\int_a^b F'(x)\mathrm{d}x = F(b) - F(a).$$

将格林公式与牛顿-莱布尼茨公式进行比较,两公式的左边都是导函数的积分,而两公式的右边只涉及原函数($F$,或 $Q$ 和 $P$)在区域(区间)边界上的值.

**例 11.2.1** 计算曲线积分

$$\int_{(+C)} (xy^2\mathrm{d}y - yx^2\mathrm{d}x),$$

其中曲线$(C)$分别为:

(1) $(C)$是圆域 $x^2+y^2<R^2$ 的边界,取正向;

(2) $(C)$为半圆周 $y=\sqrt{R^2-x^2}$,方向从点 $A(R,0)$到点 $B(-R,0)$.

**解** (1) 曲线$(C)$的方程为 $x^2+y^2=R^2$.对给定曲线积分,可以通过圆周的参数方程化成定积分来计算,这样应用格林公式更为方便:

$$\oint_{(C)} (xy^2\mathrm{d}y - yx^2\mathrm{d}x) = \iint_{(\sigma)} (y^2+x^2)\mathrm{d}\sigma = \int_0^{2\pi}\mathrm{d}\varphi\int_0^R \rho^3\mathrm{d}\varphi = \frac{\pi R^4}{2}.$$

(2) 由于曲线$(C)$为半圆周 $y=\sqrt{R^2-x^2}$,不封闭,此时不能直接应用格林公式.

首先补上有向直线段$\overrightarrow{BA}$使得$(C)\cup\overrightarrow{BA}$为封闭曲线(见图 11.2.5).

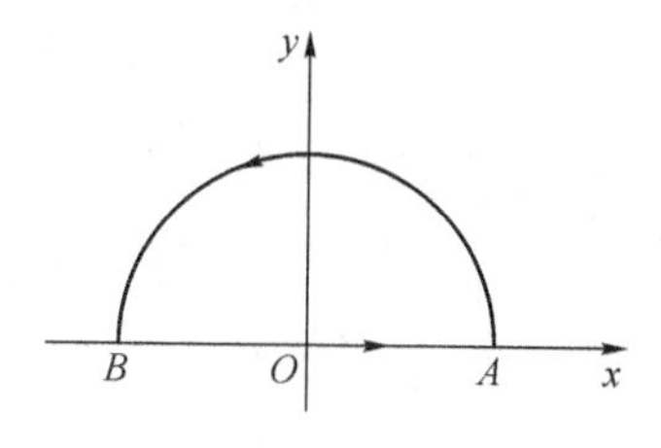


图 11.2.5

从而 $$\int_{(+C)}(xy^2\mathrm{d}y-yx^2\mathrm{d}x)=\oint_{(C)\cup\overrightarrow{BA}}(xy^2\mathrm{d}y-yx^2\mathrm{d}x)-\int_{\overrightarrow{BA}}(xy^2\mathrm{d}y-yx^2\mathrm{d}x).$$

应用格林公式有

$$\oint_{(C)\cup\overrightarrow{BA}}(xy^2\mathrm{d}y-yx^2\mathrm{d}x)=\iint_{(\sigma)}(y^2+x^2)\mathrm{d}\sigma=\frac{\pi R^4}{4},$$

而 $$\int_{\overrightarrow{BA}}(xy^2\mathrm{d}y-yx^2\mathrm{d}x)=\int_{-R}^{R}0\mathrm{d}x=0.$$

所以 $$\int_{(C)}(xy^2\mathrm{d}y-yx^2\mathrm{d}x)=\frac{\pi R^4}{4}.$$ ■

**例 11.2.2** 证明由一条分段光滑的简单闭曲线$(C)$所围成的平面区域$(\sigma)$的面积为

$$A=\frac{1}{2}\oint_{(+C)}(x\mathrm{d}y-y\mathrm{d}x).$$

**证明** 由格林公式有

$$\frac{1}{2}\oint_{(+C)}(x\mathrm{d}y-y\mathrm{d}x)=\frac{1}{2}\iint_{(\sigma)}[1-(-1)]\mathrm{d}\sigma=\iint_{(\sigma)}\mathrm{d}\sigma=A.$$ ■

**例 11.2.3** 计算曲线积分

$$I=\oint_{(C)}\frac{x\mathrm{d}y-y\mathrm{d}x}{x^2+y^2},$$

其中$(C)$是平面内任一不通过原点的分段光滑的正向简单封闭曲线.

**解** 设函数 $P(x,y)=\frac{-y}{x^2+y^2}$，函数 $Q(x,y)=\frac{x}{x^2+y^2}$.

由于曲线$(C)$不通过原点，因此原点可能在$(C)$的内部或外部. 下面分两种情况加以讨论.

(1) 假设$(C)$的内部不包含原点 $O(0,0)$. 容易看出

$$\frac{\partial Q}{\partial x}=\frac{\partial P}{\partial y}=\frac{y^2-x^2}{(x^2+y^2)^2},$$

并且此时，$P,Q$ 及其偏导数$\frac{\partial P}{\partial y},\frac{\partial Q}{\partial x}$在区域$(\sigma)$上都连续. 应用格林公式可得

$$I=\iint_{(\sigma)}\left(\frac{\partial Q}{\partial x}-\frac{\partial P}{\partial y}\right)\mathrm{d}\sigma=0.$$

(2) 若原点 $O(0,0)$包含在$(C)$的内部，此时由于 $P$ 和 $Q$ 在点 $O$ 处都没有定义，更不满足在$(C)$所围区域上偏导数存在连续的条件，因此不能直接应用格林公式. 我们取一参数 $\varepsilon>0$，其中 $\varepsilon$ 足够小，并作以 $O$ 为圆心，以 $\varepsilon$ 为半径的圆周$(C_\varepsilon)$使得$(C_\varepsilon)$全部位于$(C)$的内部(见图 11.2.6). 于是函数 $P,Q$，以及$\frac{\partial P}{\partial y}$和$\frac{\partial Q}{\partial x}$都在$(+C)$与$(-C_\varepsilon)$所围成的复连通区域$(\sigma)$上连续. 显然，区域$(\sigma)$的边界为$(+C)\cup(-C_\varepsilon)$且方向为正方向. 应用格林公式可得

$$\int_{(+C)\cup(-C_\varepsilon)}\frac{x\mathrm{d}y-y\mathrm{d}x}{x^2+y^2}=\iint_{(\sigma)}\left(\frac{\partial Q}{\partial x}-\frac{\partial P}{\partial y}\right)\mathrm{d}\sigma=0,$$

而 $$\int_{(+C)\cup(-C_\varepsilon)}\frac{x\mathrm{d}y-y\mathrm{d}x}{x^2+y^2}=\int_{(+C)}\frac{x\mathrm{d}y-y\mathrm{d}x}{x^2+y^2}+\int_{(-C_\varepsilon)}\frac{x\mathrm{d}y-y\mathrm{d}x}{x^2+y^2},$$

从而 $$I=\oint_{(+C)}\frac{x\mathrm{d}y-y\mathrm{d}x}{x^2+y^2}=\oint_{(+C_\varepsilon)}\frac{x\mathrm{d}y-y\mathrm{d}x}{x^2+y^2}.$$

这样，我们把沿任意简单闭曲线$(C)$的曲线积分化成了沿圆周$(C_\varepsilon)$的曲线积分. 对于后者，由于$(+C_\varepsilon)$的参数方程为

$$x=\varepsilon\cos t,\quad y=\varepsilon\sin t\quad(0\leqslant t\leqslant 2\pi),$$

于是

$$\int_{(+C_\varepsilon)}\frac{x\mathrm{d}y-y\mathrm{d}x}{x^2+y^2}=\int_0^{2\pi}\frac{\varepsilon^2(\cos^2 t+\sin^2 t)}{\varepsilon^2}\mathrm{d}t=2\pi.$$

因此

$$I=2\pi.$$

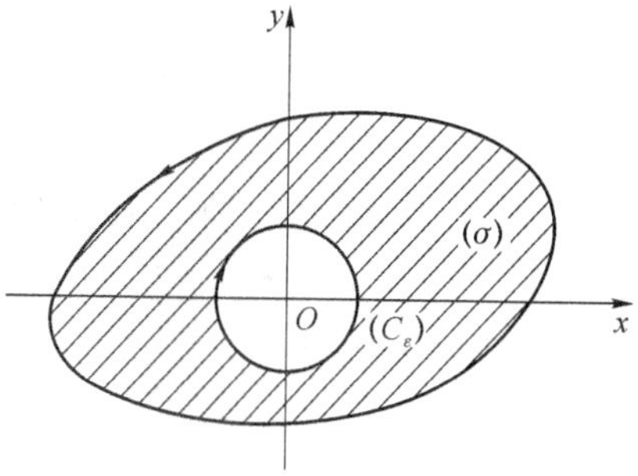

图 11.2.6

■

### 11.2.2 曲线积分与路径无关的条件

一般地，沿路径$(C)$从点$A$到点$B$的曲线积分

$$\int_{(C)}\boldsymbol{F}\cdot\mathrm{d}\boldsymbol{r}$$

的值与向量场$\boldsymbol{F}(M)$，起点$A$和终点$B$，以及积分路径$(C)$有关. 然而在例 11.1.11 中，重力所做的功只与重力$\boldsymbol{F}$以及起点和终点有关，而与积分路径$(C)$无关. 这种现象在物理中经常出现，也就是曲线积分与积分路径无关. 下面要讨论这样一个问题：在什么条件下第二类曲线积分与积分路径无关（只依赖端点）？

首先，我们给出第二类曲线积分与积分路径无关的定义，在物理上，在第二类曲线积分与积分路径无关时，称积分函数表示的向量场为保守场.

设$G$是一区域. 若对任意包含在$G$中的路径$(C)$，曲线积分$\int_{(C)}\boldsymbol{F}\cdot\mathrm{d}\boldsymbol{r}$的值与积分路径$(C)$无关（只依赖端点），那么称第二类曲线积分$\int_{(C)}\boldsymbol{F}\cdot\mathrm{d}\boldsymbol{r}$的值**在区域$G$内与积分路径无关**，且称向量场$\boldsymbol{F}$为区域$G$中的**保守场**. 此时，曲线积分可写为$\int_A^B\boldsymbol{F}\cdot\mathrm{d}\boldsymbol{r}$.

下面，为简单起见，我们讨论平面上的曲线积分

$$\int_C[P(x,y)\mathrm{d}x+Q(x,y)\mathrm{d}y].$$

**定理 11.2.2** 设$G$是一平面区域，且函数$P(x,y)$，$Q(x,y)$在区域$G$内连续. 那么以下三个命题等价：

1° 沿$G$内任一分段光滑的简单闭曲线$(C)$的曲线积分

$$\oint_{(C)}[P(x,y)\mathrm{d}x+Q(x,y)\mathrm{d}y]=0.$$

2° 曲线积分$\int_C[P(x,y)dx+Q(x,y)dy]$的值在$G$内与积分路径无关(只依赖端点).

3° 被积表达式$[P(x,y)dx+Q(x,y)dy]$在区域$G$内是某个二元函数$u(x,y)$的全微分,即

$$du=P(x,y)dx+Q(x,y)dy,\quad \forall (x,y)\in G.$$

**证明** 按如下顺序证明定理:

$$1^\circ\Rightarrow 2^\circ\Rightarrow 3^\circ\Rightarrow 1^\circ.$$

(1) 1°⇒2°. 设命题1°成立,$A$,$B$为$G$中任意两点. 以$A$为起点,$B$为终点,任意连接位于$G$内的两条曲线,记为$\overset{\frown}{APB}$和$\overset{\frown}{AQB}$(见图11.2.7(a)). 若这两条曲线除$A$和$B$两点外不相交,那么由于

$$\int_{\overset{\frown}{APB}}[P(x,y)dx+Q(x,y)dy]+\int_{\overset{\frown}{BQA}}[P(x,y)dx+Q(x,y)dy]$$

$$=\oint_{\overset{\frown}{APBQA}}[P(x,y)dx+Q(x,y)dy]=0,$$

故

$$\int_{\overset{\frown}{APB}}[P(x,y)dx+Q(x,y)dy]$$

$$=-\int_{\overset{\frown}{BQA}}[P(x,y)dx+Q(x,y)dy]=\int_{\overset{\frown}{AQB}}[P(x,y)dx+Q(x,y)dy].$$

若$\overset{\frown}{APB}$和$\overset{\frown}{AQB}$除了$A$和$B$两点外还有其他的交点(见图11.2.7(b)),那么从$A$到$B$再作一条曲线$\overset{\frown}{ARB}\subset G$,使它与$\overset{\frown}{APB}$和$\overset{\frown}{AQB}$除$A$和$B$两点外没有其他交点,则

$$\int_{APB}[P(x,y)dx+Q(x,y)dy]$$

$$=\int_{\overset{\frown}{ARB}}[P(x,y)dx+Q(x,y)dy]=\int_{\overset{\frown}{AQB}}[P(x,y)dx+Q(x,y)dy].$$

因此命题2°成立.

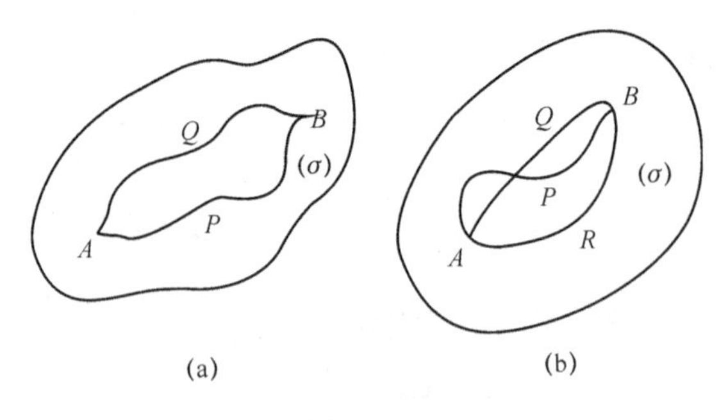


图 11.2.7

(2) 2°⇒3°. 设命题2°成立. 在$G$内任取一定点$A(x_0,y_0)$和一动点$B(x,y)$,则变上限积分$\int_{(x_0,y_0)}^{(x,y)}[P(x,y)dx+Q(x,y)dy]$(见图11.2.8)是$G$上的关于$(x,y)$的二元函数,记为$u(x,y)$,即

$$u(x,y)=\int_{(x_0,y_0)}^{(x,y)}[P(x,y)dx+Q(x,y)dy].$$

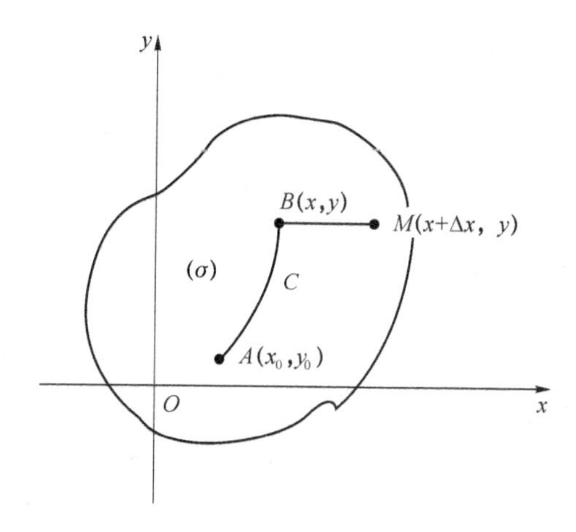


图 11.2.8

我们指出函数 $u(x,y)$ 恰恰是所求函数. 事实上,因为

$$
\begin{aligned}
&u(x+\Delta x,y)-u(x,y)\\
&=\int_{(x_0,y_0)}^{(x+\Delta x,y)}[P(x,y)\mathrm{d}x+Q(x,y)\mathrm{d}y]-\int_{(x_0,y_0)}^{(x,y)}[P(x,y)\mathrm{d}x+Q(x,y)\mathrm{d}y]\\
&=\int_{(x,y)}^{(x+\Delta x,y)}[P(x,y)\mathrm{d}x+Q(x,y)\mathrm{d}y]=\int_{x}^{x+\Delta x}P(x,y)\mathrm{d}x\\
&=P(x+\theta\Delta x,y)\Delta x,\quad 0\leqslant\theta\leqslant 1,
\end{aligned}
$$

所以

$$\frac{\partial u}{\partial x}=\lim_{\Delta x\to 0}\frac{u(x+\Delta x,y)-u(x,y)}{\Delta x}=\lim_{\Delta x\to 0}P(x+\theta\Delta x,y)=P(x,y).$$

同理可证

$$\frac{\partial u}{\partial y}=Q(x,y).$$

因为 $P(x,y),Q(x,y)\in C(G)$,所以 $\frac{\partial u}{\partial x},\frac{\partial u}{\partial y}\in C(G)$,从而 $u(x,y)$ 在 $G$ 内可微,且有

$$\mathrm{d}u=\frac{\partial u}{\partial x}\mathrm{d}x+\frac{\partial u}{\partial y}\mathrm{d}y=P(x,y)\mathrm{d}x+Q(x,y)\mathrm{d}y.$$

(3) $3^\circ\Rightarrow 1^\circ$. 设命题 $3^\circ$ 成立,即在 $G$ 内存在一个可微函数 $u(x,y)$ 使得

$$\mathrm{d}u=P(x,y)\mathrm{d}x+Q(x,y)\mathrm{d}y.$$

从而

$$\frac{\partial u}{\partial x}=P(x,y),\quad \frac{\partial u}{\partial y}=Q(x,y).$$

设 $(C)$ 是任一分段光滑的简单闭曲线,参数方程为 $x=x(t),y=y(t)(\alpha\leqslant t\leqslant\beta)$,且 $x(\alpha)=x(\beta)$,$y(\alpha)=y(\beta)$. 从而

$$
\begin{aligned}
\oint_{(C)}[P(x,y)\mathrm{d}x+Q(x,y)\mathrm{d}y]&=\int_{\alpha}^{\beta}\left\{P[x(t),y(t)]\,\dot{x}(t)+Q[x(t),y(t)]\,\dot{y}(t)\right\}\mathrm{d}t\\
&=\int_{\alpha}^{\beta}\left(\frac{\partial u}{\partial x}\frac{\mathrm{d}x}{\mathrm{d}t}+\frac{\partial u}{\partial y}\frac{\mathrm{d}y}{\mathrm{d}t}\right)\mathrm{d}t=\int_{\alpha}^{\beta}\left(\frac{\mathrm{d}}{\mathrm{d}t}u[x(t),y(t)]\right)\mathrm{d}t\\
&=u[x(t),y(t)]\Big|_{\alpha}^{\beta}=0.
\end{aligned}
$$

■

**注** 若将向量场 $(P(x,y),Q(x,y))$ 看成是一个平面流速场 $\boldsymbol{v}(x,y)$,即 $\boldsymbol{v}=P\boldsymbol{i}+Q\boldsymbol{j}$,则

$$\oint_{(C)}[P(x,y)\mathrm{d}x+Q(x,y)\mathrm{d}y]=\oint_{(C)}\boldsymbol{v}(M)\cdot\mathrm{d}\boldsymbol{r}=\oint_{(C)}\boldsymbol{v}(M)\cdot\boldsymbol{T}\mathrm{d}s.$$

上面的曲线积分表示流体在单位时间内沿闭曲线$(C)$流动的流体流量. 因此称曲线积分

$$\oint_{(C)}\boldsymbol{F}\cdot\mathrm{d}\boldsymbol{r}$$

为向量场 $\boldsymbol{F}$ 沿闭曲线$(C)$的**环流量**.

**注　定理 11.2.2 的物理意义**　定理 11.2.2 的三个命题都具有重要的物理意义.

命题 1°表明向量场 $\boldsymbol{F}=(P(x,y),Q(x,y))$沿区域 G 内任一闭曲线的环流量都等于零. 此时,称 $\boldsymbol{F}$ 为 $G$ 中的**无旋向量场**,或**无旋场**.

命题 2°表明向量场 $\boldsymbol{F}=(P(x,y),Q(x,y))$是一保守场.

命题 3°表明存在可微的标量场 $u(x,y)((x,y)\in G)$使得$\dfrac{\partial u}{\partial x}=P(x,y)$和$\dfrac{\partial u}{\partial y}=Q(x,y)$,对所有的$(x,y)\in G$都成立. 因此称向量场 $\boldsymbol{F}=(P(x,y),Q(x,y))$为**梯度场**. 函数 $u(x,y)$称为 $\boldsymbol{F}(M)$的**势函数**,因此向量场$\boldsymbol{F}(M)$也称为**势场**.

物理学中,定理 11.2.2 的表述如下:区域 $G$ 中,向量场 $\boldsymbol{F}$ 是无旋场$\Leftrightarrow\boldsymbol{F}$ 是保守场$\Leftrightarrow\boldsymbol{F}$ 是势场.

**定理 11.2.3**　设区域 $G$ 为平面单连通域,且函数 $P(x,y),Q(x,y)\in C(G)$,以及$\dfrac{\partial P}{\partial y},\dfrac{\partial Q}{\partial x}\in C(G)$. 则第二类曲线积分 $\int_C[P(x,y)\mathrm{d}x+Q(x,y)\mathrm{d}y]$ 在区域 $G$ 内与积分路径无关(仅依赖端点)当且仅当

$$\frac{\partial P}{\partial y}=\frac{\partial Q}{\partial x}\tag{11.2.6}$$

对所有的$(x,y)\in G$都成立.

**证明**　根据定理 11.2.2,只需证明定理 11.2.2 中的命题 1°与条件(11.2.6)等价即可.

**充分性**　假设条件(11.2.6)成立. 设曲线$(C)$是单连通区域 $G$ 内的任一分段光滑的简单闭曲线,并设区域$(\sigma)$是$(C)$所围成的区域. 因为区域 $G$ 是单连通区域,从而一定有$(\sigma)\subset G$. 因此

$$\frac{\partial Q}{\partial x}-\frac{\partial P}{\partial y}\equiv 0$$

对所有的$(x,y)\in(\sigma)$都成立.

由格林公式得

$$\oint_{(+C)}[P(x,y)\mathrm{d}x+Q(x,y)\mathrm{d}y]=\iint_{(\sigma)}\left(\frac{\partial Q}{\partial x}-\frac{\partial P}{\partial y}\right)\mathrm{d}\sigma=0.$$

**必要性**　设对所有的分段光滑闭曲线$(C)\subset G$有 $\oint_{(C)}[P(x,y)\mathrm{d}x+Q(x,y)\mathrm{d}y]=0$. 若此时式(11.2.6)不成立,则至少存在一点 $M_0(x_0,y_0)\in G$ 使得

$$\left(\frac{\partial Q}{\partial x}-\frac{\partial P}{\partial y}\right)\bigg|_{M_0}\neq 0.$$

不失一般性,设$\left(\dfrac{\partial Q}{\partial x}-\dfrac{\partial P}{\partial y}\right)\bigg|_{M_0}>0$. 由于$\dfrac{\partial Q}{\partial x}-\dfrac{\partial P}{\partial y}$在 $G$ 上连续,存在 $M_0$ 的一个 $\delta$ 邻域$U(M_0,\delta)(\subset G)$,使得

$$\frac{\partial Q}{\partial x}-\frac{\partial P}{\partial y}\geqslant\frac{1}{2}\left(\frac{\partial Q}{\partial x}-\frac{\partial P}{\partial y}\right)\Big|_{M_0}$$

对所有的$(x,y)\in U(M_0,\delta)$都成立.因此

$$\oint_{(+C_\delta)}[P\mathrm{d}x+Q\mathrm{d}y]=\iint_{U(M_0,\delta)}\left(\frac{\partial Q}{\partial x}-\frac{\partial P}{\partial y}\right)\mathrm{d}\sigma\geqslant\frac{1}{2}\left(\frac{\partial Q}{\partial x}-\frac{\partial P}{\partial y}\right)\Big|_{M_0}\pi\delta^2>0,$$

其中$(+C_\delta)$表示$U(M_0,\delta)$的边界曲线,这与已知条件矛盾,所以

$$\frac{\partial P}{\partial y}=\frac{\partial Q}{\partial x}\tag{11.2.6}$$

对所有的$(x,y)\in G$都成立. ■

在定理11.2.3中,要求区域$G$为平面单连通域,且函数$P(x,y)$,$Q(x,y)$在$G$内具有一阶连续偏导数.如果这两个条件中有一个不满足,那么定理的结论不能保证成立.在例11.2.3中,当原点在积分曲线所围成的区域内时,虽然除去原点$O$有$\frac{\partial P}{\partial y}=\frac{\partial Q}{\partial x}$成立,但是沿着该封闭曲线的第二类曲线积分不等于0.其原因在于积分曲线所围成的区域内含有破坏"$P(x,y)$,$Q(x,y)$在$G$内具有一阶连续偏导数"这一条件的点$O$,这种点通常成为**奇点**.

**势函数的求法**

设$(P(x,y),Q(x,y))((x,y)\in G)$是一向量场且$G$为单连通区域.若$\frac{\partial P}{\partial y},\frac{\partial Q}{\partial x}\in C(G)$且$\frac{\partial P}{\partial y}\equiv\frac{\partial Q}{\partial x}((x,y)\in G)$,则$P(x,y)\mathrm{d}x+Q(x,y)\mathrm{d}y$必是某一函数$u(x,y)$的全微分.如何求向量场$(P(M),Q(M))$的势函数?我们用以下例子来说明求势函数的三种方法.

**例 11.2.4** 验证向量场$\mathbf{A}=(3x^2-6xy,3y^2-3x^2)$是有势场并求其势函数.

**解** 由于

$$\frac{\partial}{\partial x}(3y^2-3x^2)=-6x,\quad\frac{\partial}{\partial y}(3x^2-6xy)=-6x,\quad(x,y)\in\mathbf{R}^2,$$

所以向量场$\mathbf{A}$在$\mathbf{R}^2$上是有势场.

势函数的求法如下:

解法Ⅰ.(用曲线积分求) 由定理11.2.2的证明可知

$$\Phi=\int_{(0,0)}^{(x,y)}[(3x^2-6xy)\mathrm{d}x+(3y^2-3x^2)\mathrm{d}y]$$

是势函数且与积分与路径无关.

选取路径:沿着$x$轴从$O(0,0)$到$M_0(x,0)$,再沿平行于$y$轴的直线从$M_0(x,0)$到$M(x,y)$(见图11.2.9).则由计算第二类曲线积分可得

$$\begin{aligned}\Phi&=\int_{(0,0)}^{(x,0)}[(3x^2-6xy)\mathrm{d}x+(3y^2-3x^2)\mathrm{d}y]+\int_{(x,0)}^{(x,y)}[(3x^2-6xy)\mathrm{d}x+(3y^2-3x^2)\mathrm{d}y]\\&=\int_0^x3x^2\mathrm{d}x+\int_0^y(3y^2-3x^2)\mathrm{d}y=x^3+y^3-3x^2y.\end{aligned}$$

因此向量场$\mathbf{A}$的势函数的一般形式(即原函数)为

$$u(x,y)=x^3+y^3-3x^2y+C,$$

其中$C$是任意常数.

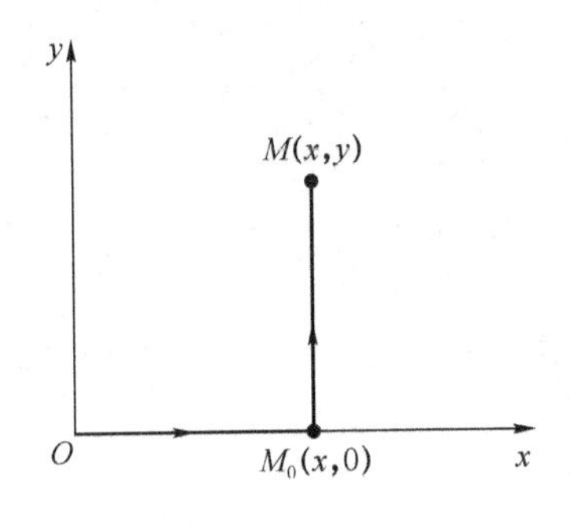


图 11.2.9

解法Ⅱ.(用偏积分求)　求势函数 $u(x,y)$ 使得 $\nabla u=\left(\frac{\partial u}{\partial x},\frac{\partial u}{\partial y}\right)=\mathbf{A}$ 就是要求 $u(x,y)$ 使得

$$\frac{\partial u}{\partial x}=3x^2-6xy, \tag{11.2.7}$$

$$\frac{\partial u}{\partial y}=3y^2-3x^2. \tag{11.2.8}$$

将式(11.2.7)两边对 $x$ 积分,同时把 $y$ 视为常数,得

$$u=x^3-3x^2y+\varphi(y). \tag{11.2.9}$$

由于 $y$ 被视为常数,故积分常数 $\varphi$ 中可能还有 $y$. 将式(11.2.9)两边对 $y$ 求导并与式(11.2.8)比较得

$$-3x^2+\varphi'(y)=3y^2-3x^2,$$

因此

$$\varphi'(y)=3y^2$$

从而

$$\varphi(y)=y^3+C.$$

将 $\varphi$ 代入式(11.2.9)得

$$u=x^3-3x^2y+y^3+C.$$

解法Ⅲ.(全微分法)　求向量场 $(3x^2-6xy,3y^2-3x^2)$ 的势函数就是求函数 $u(x,y)$,其全微分为

$$\mathrm{d}u=(3x^2-6xy)\mathrm{d}x+(3y^2-3x^2)\mathrm{d}y.$$

在上式中交换项的顺序得

$$\begin{aligned}\mathrm{d}u&=3x^2\mathrm{d}x+3y^2\mathrm{d}y-3(x^2\mathrm{d}y+2xy\mathrm{d}x)\\&=\mathrm{d}x^3+\mathrm{d}y^3-3(x^2\mathrm{d}y+y\mathrm{d}x^2)\\&=\mathrm{d}x^3+\mathrm{d}y^3-3\mathrm{d}(x^2y).\end{aligned}$$

因此势函数为 $u=x^3+y^3-3x^2y+C$. 如果我们熟悉全微分,第三种解法应该是最便捷的. ■

**例 11.2.5**　计算曲线积分

$$\int_{(C)}\left\{\cos(x+y^2)\mathrm{d}x+\left[2y\cos(x+y^2)-\frac{1}{\sqrt{1+y^4}}\right]\mathrm{d}y\right\},$$

其中 $(C)$ 为摆线 $x=a(t-\sin t)$, $y=a(1-\cos t)$ 从点 $O(0,0)$ 到点 $A(2\pi a,0)$ 的有向弧段.

**解**　直接计算该曲线积分将十分复杂,我们利用本节的知识可以简化求解过程.

由于

$$\frac{\partial P}{\partial y}=-\sin(x+y^2)\times 2y=\frac{\partial Q}{\partial x},$$

可知这个曲线积分与路径无关.

选取路径 $\overrightarrow{OA}$ 来替换 $(C)$,从而

$$\int_{(C)} \left\{\cos(x+y^2)dx + \left[2y\cos(x+y^2) - \frac{1}{\sqrt{1+y^4}}\right]dy\right\}$$

$$= \int_{\overrightarrow{OA}} \left\{\cos(x+y^2)dx + \left[2y\cos(x+y^2) - \frac{1}{\sqrt{1+y^4}}\right]dy\right\}$$

$$= \int_0^{2\pi a} \cos x dx = \sin 2\pi a. \qquad \blacksquare$$

应指出,由于定理 11.2.2 中等价命题 2°和 3°,我们也可以利用原函数来计算积分与路径无关的第二类曲线积分.事实上,若曲线积分

$$I = \int_{(x_0,y_0)}^{(x_1,y_1)} [P(x,y)dx + Q(x,y)dy]$$

与路径无关,则 $Pdx+Qdy$ 必为某一函数的全微分,记为 $u(x,y)$.由于

$$\Phi(x,y) = \int_{(x_0,y_0)}^{(x,y)} [P(x,y)dx + Q(x,y)dy]$$

也是全微分 $P(x,y)dx+Q(x,y)dy$ 的一个原函数,

$$\Phi(x,y) = u(x,y) + C.$$

而 $\Phi(x_0,y_0)=0$,故

$$C = -u(x_0,y_0).$$

于是

$$\Phi(x,y) = u(x,y) - u(x_0,y_0).$$

因此

$$\int_{(x_0,y_0)}^{(x_1,y_1)} [P(x,y)dx + Q(x,y)dy] = u(x_1,y_1) - u(x_0,y_0) = u(x,y)\Big|_{(x_0,y_0)}^{(x_1,y_1)}. \tag{11.2.10}$$

从上例中容易看出式(11.2.10)相当于定积分中的牛顿-莱布尼茨公式,由上面的分析可以得到如下的定理.

**定理 11.2.4** 设 $G$ 是一平面区域,函数 $P(x,y),Q(x,y)$ 在区域 $G$ 内连续.如果对于向量场 $\boldsymbol{F}=(P(x,y),Q(x,y))$,一定存在一个标量函数 $u(x,y)$ 使得 $\boldsymbol{F}=\nabla u$,则第二类曲线积分 $\int_{(C)} \boldsymbol{F}\cdot d\boldsymbol{r}$ 的值在区域 $G$ 内与积分路径无关,且

$$\int_{(C)} \boldsymbol{F}\cdot d\boldsymbol{r} = u(\boldsymbol{B}) - u(\boldsymbol{A}) = u(x,y)\Big|_A^B, \tag{11.2.11}$$

其中 $(C)$ 是位于区域 $G$ 内起点为 $A$,终点为 $B$ 的任一分段光滑曲线.

该定理的证明由前面的分析过程很容易得到,这里留给读者.满足定理 11.2.4 条件的曲线积分可以写为 $\int_A^B \boldsymbol{F}\cdot d\boldsymbol{r}$.

**例 11.2.6** 计算曲线积分

$$I_1 = \int_{(C)(1,0)}^{(0,1)} \frac{xdx + ydy}{\sqrt{x^2+y^2}},$$

其中积分路径 $(C)$ 为第一象限中的圆弧 $x^2+y^2=1(x>0,y>0)$.

**解** 易知

$$\frac{xdx+ydy}{\sqrt{x^2+y^2}} = \frac{d(x^2+y^2)}{2\sqrt{x^2+y^2}} = d\sqrt{x^2+y^2},$$

因此当 $x^2+y^2\neq 0$ 时,$I_1$ 中的被积表达式是一个全微分,它的一个原函数为 $\sqrt{x^2+y^2}$.由定理

11.2.2 知 $I_1$ 与积分路径无关,并根据式(11.2.11)可得

$$I_1=\int_{(C)(1,0)}^{(0,1)}\frac{x\mathrm{d}x+y\mathrm{d}y}{\sqrt{x^2+y^2}}=\sqrt{x^2+y^2}\Big|_{(1,0)}^{(0,1)}=0.$$ ■

## 习题 11.2 A

1. 应用格林公式计算下列曲线积分:

(1) $\oint_{(+C)}(x+y)^2\mathrm{d}x-(x^2+y^2)\mathrm{d}y$,其中有向曲线$(+C)$是以点 $A(0,0)$,$B(1,0)$,$C(0,1)$为顶点的三角形的边界;

(2) $\oint_{(+C)}(x^3-3y)\mathrm{d}x+3(x+y\mathrm{e}^y)\mathrm{d}y$,其中有向曲线$(+C)$是由 $y=0$,$x+y=1$ 及 $x^2+y^2=1$ $(x\leqslant 0,y\geqslant 0)$围成的区域的边界;

(3) $\oint_{(+C)}(1-x^2)y\mathrm{d}x+x(1+y^2)\mathrm{d}y$,其中有向曲线$(+C)$是圆周 $x^2+y^2=4$;

(4) $\oint_{(+C)}(x+y)\mathrm{d}x-(x-y)\mathrm{d}y$,其中有向曲线$(+C)$是椭圆$\frac{x^2}{a^2}+\frac{y^2}{b^2}=1(a,b>0)$;

(5) $\int_{(C)}(\mathrm{e}^x\sin y-my)\mathrm{d}x+(\mathrm{e}^x\cos y-mx)\mathrm{d}y$,其中有向曲线$(C)$是从点 $A(a,0)$到点 $O(0,0)$的上半圆周 $x^2+y^2=ax$,$m$ 是常数,$a>0$;

(6) $\int_{(C)}(x^3-\mathrm{e}^x\cos y)\mathrm{d}x+(\mathrm{e}^x\sin y-4x)\mathrm{d}y$,其中有向曲线$(C)$是从点 $A(0,2)$到点 $O(0,0)$的右半圆 $x^2+y^2=2y$;

(7) $\int_{(C)}\mathrm{e}^x\cos y\mathrm{d}x+\mathrm{e}^x(y-\sin y)\mathrm{d}y$,其中有向曲线$(C)$是曲线 $y=\sin x$ 上从点 $O(0,0)$到点 $A(\pi,0)$的一段;

(8) $\int_{(C)}(x^2+y)\mathrm{d}x+(x-y^2)\mathrm{d}y$,其中有向曲线$(C)$是曲线 $y^3=x^2$ 从点 $A(0,0)$到点 $B(1,1)$的一段.

2. 利用曲线积分计算星形线 $x^{\frac{2}{3}}+y^{\frac{2}{3}}=a^{\frac{2}{3}}$所围成的图形面积$(a>0)$.

3. 计算曲线积分 $\oint_{(C)}[x\cos(x,\boldsymbol{n})+y\sin(x,\boldsymbol{n})]\mathrm{d}s$,其中角$(x,\boldsymbol{n})$为简单闭曲线$(C)$的向外法向量 $\boldsymbol{n}$ 与 $x$ 轴正向的转角.

4. 利用积分与路径无关来计算下列曲线积分:

(1) $\int_{(1,-1)}^{(1,1)}(x-y)(\mathrm{d}x-\mathrm{d}y)$;

(2) $\int_{(0,0)}^{(1,1)}\frac{2x(1-\mathrm{e}^y)}{(1+x^2)^2}\mathrm{d}x+\frac{\mathrm{e}^y}{1+x^2}\mathrm{d}y$;

(3) $\int_{(1,1)}^{(3,3\mathrm{e})}\left(\ln\frac{y}{x}-1\right)\mathrm{d}x+\frac{x}{y}\mathrm{d}y$,沿任意一条不通过原点的路径;

(4) $\int_{(1,0)}^{(6,8)} \frac{x\mathrm{d}x+y\mathrm{d}y}{\sqrt{x^2+y^2}}$,沿任意一条不通过原点的路径;

(5) $\int_{(C)} (1+xe^{2y})\mathrm{d}x+(x^2e^{2y}-y)\mathrm{d}y$,其中积分路径$(C)$是从点$O(0,0)$到点$A(4,0)$的上半圆周$(x-2)^2+y^2=4$;

(6) $\int_{(C)} \left(1-\frac{y^2}{x^2}\cos\frac{y}{x}\right)\mathrm{d}x+\left(\sin\frac{y}{x}+\frac{y}{x}\cos\frac{y}{x}\right)\mathrm{d}y$,其中积分路径$(C)$是第一象限和第四象限中从点$A(1,\pi)$到点$B(2,\pi)$的曲线.

5. 验证下列各表达式为全微分,并求它们的原函数:

(1) $2xy\mathrm{d}x+x^2\mathrm{d}y$;

(2) $(x^2+2xy-y^2)\mathrm{d}x+(x^2-2xy-y^2)\mathrm{d}y$;

(3) $(e^y+x)\mathrm{d}x+(xe^y-2y)\mathrm{d}y$;

(4) $(2x\cos y-y^2\sin x)\mathrm{d}x+(2y\cos x-x^2\sin y)\mathrm{d}y$.

6. 验证下列向量场为有势场,并求其势函数:

(1) $\boldsymbol{A}=(2x\cos y-y^2\sin x)\boldsymbol{i}+(2y\cos x-x^2\sin y)\boldsymbol{j}$;

(2) $\boldsymbol{A}=e^x[e^y(x-y+2)+y]\boldsymbol{i}+e^x[e^y(x-y)+1]\boldsymbol{j}$.

## 习题 11.2 B

1. 判断下列各题的解法是否正确.若不正确,指出错误并给出正确解法.

(1) 计算 $\int_{(C)} y\mathrm{d}x$,其中$(C)$是$(x-1)^2+y^2=1$从原点到点$B(1,1)$的一段弧(见图11.2.10).

**解** 应用格林公式可得

$$\int_{\overset{\frown}{OB}\cup\overrightarrow{BA}\cup\overrightarrow{AO}} y\mathrm{d}x=\iint_{(\sigma)} -1\mathrm{d}\sigma=-\frac{\pi}{4}.$$

由于$\int_{\overrightarrow{BA}} y\mathrm{d}x=0$,$\int_{\overrightarrow{AO}} y\mathrm{d}x=0$,故$\int_{(C)} y\mathrm{d}x=-\frac{\pi}{4}$.

(2) 计算 $I=\int_{(C)} \left(\frac{-y}{x^2+y^2}\mathrm{d}x+\frac{x}{x^2+y^2}\mathrm{d}y\right)$,其中$(C)$是从点$A(0,-1)$沿左半平面内的星形线$x^{\frac{2}{3}}+y^{\frac{2}{3}}=1$到点$D(0,1)$的曲线段(见图11.2.11).

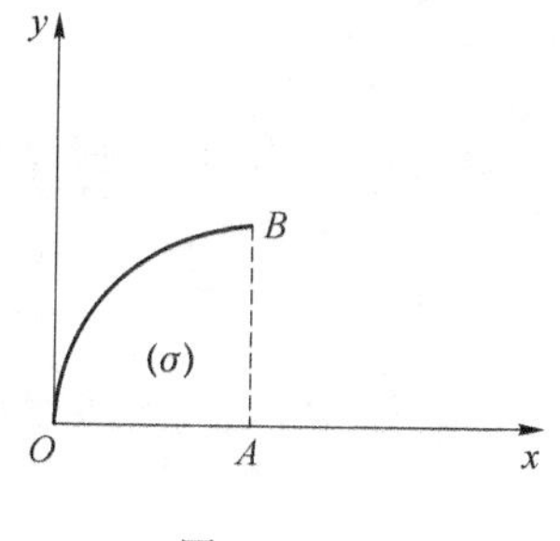


图 11.2.10

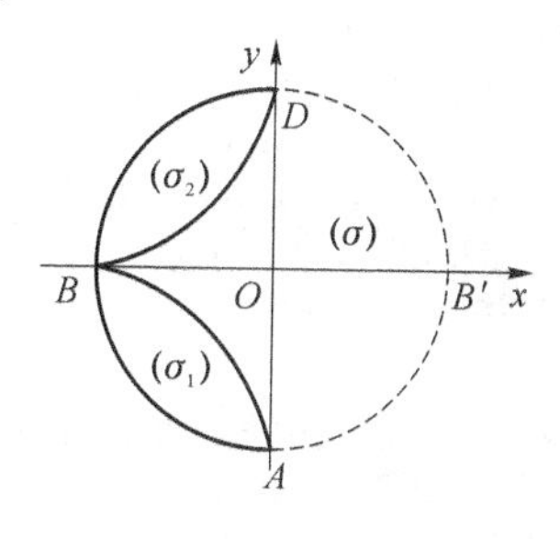


图 11.2.11

**解　方法一**　作中心在原点，半径为 1 的圆：$\begin{cases}x=\cos t,\\ y=\sin t,\end{cases}$ $0\leqslant t\leqslant 2\pi$，应用格林公式可得

$$\oint\limits_{(C)\cup\overset{\frown}{DB'A}}\frac{-y\mathrm{d}x+x\mathrm{d}y}{x^2+y^2}=-\iint\limits_{\sigma}0\mathrm{d}\sigma=0,$$

因此

$$I=\int\limits_{\overset{\frown}{AB'D}}\frac{-y\mathrm{d}x+x\mathrm{d}y}{x^2+y^2}=\int_{-\frac{\pi}{2}}^{\frac{\pi}{2}}\frac{\sin^2t+\cos^2t}{\cos^2t+\sin^2t}\mathrm{d}t=\pi.$$

**方法二**

$$I=\int\limits_{\overset{\frown}{ABD}}\frac{-y\mathrm{d}x+x\mathrm{d}y}{x^2+y^2}=\int_{3\frac{\pi}{2}}^{\frac{\pi}{2}}\frac{\sin^2t+\cos^2t}{\cos^2t+\sin^2t}\mathrm{d}t=-\pi.$$

2. 推导出格林公式的以下两种形式：

(1) $\iint\limits_{(\sigma)}\left(\frac{\partial X}{\partial x}+\frac{\partial Y}{\partial y}\right)\mathrm{d}\sigma=\oint\limits_{(+C_i)}[X\mathrm{d}y-Y\mathrm{d}x]$；

(2) $\iint\limits_{(\sigma)}\left(\frac{\partial X}{\partial x}+\frac{\partial Y}{\partial y}\right)\mathrm{d}\sigma=\oint\limits_{(+C_i)}[X\cos(x,\boldsymbol{n})+Y\sin(x,\boldsymbol{n})]\mathrm{d}s$，其中$(x,\boldsymbol{n})$是从 $x$ 轴正向到$(C)$的外法向量 $\boldsymbol{n}$ 的转角.

3. 计算曲线积分 $\int\limits_{(C)}\frac{x\mathrm{d}y-y\mathrm{d}x}{4x^2+y^2}$，其中积分路径$(C)$为从点 $A(-1,0)$沿下半圆穿过点 $B(1,0)$再沿线段$\overline{BC}$到点 $C(-1,2)$的一条分段光滑曲线.

4. 证明：若$(C)$为平面内分段光滑的简单闭曲线且 $\boldsymbol{l},\boldsymbol{n}$ 为$(C)$的外法向量，则

$$\oint\limits_{(C)}\cos(\boldsymbol{l},\boldsymbol{n})\mathrm{d}s=0.$$

5. 设

$$\oint\limits_{(+C)}2[x\varphi(y)+\psi(y)]\mathrm{d}x+[x^2\psi(y)+2xy^2-2x\varphi(y)]\mathrm{d}y=0,$$

其中$(C)$是任意分段光滑的简单闭曲线.

(1) 若 $\varphi(0)=-2$ 且 $\psi(0)=1$，求函数 $\varphi(y)$与 $\psi(y)$；

(2) 沿任一条从点 $O(0,0)$到点 $A\left(\pi,\frac{\pi}{2}\right)$的曲线，计算此曲线积分.

6. 设函数 $u(x,y)$在闭区域$(\sigma)$内有连续二阶偏导数，区域$(\sigma)$的边界是分段光滑的简单闭曲线$(C)$，且

$$\Delta u\overset{\text{def}}{=}\frac{\partial^2u}{\partial x^2}+\frac{\partial^2u}{\partial y^2}.$$

证明

$$\iint\limits_{(\sigma)}\Delta u\mathrm{d}\sigma=\oint\limits_{(C)}\frac{\partial u}{\partial \boldsymbol{n}}\mathrm{d}s,$$

其中$\frac{\partial u}{\partial \boldsymbol{n}}$为 $u(x,y)$沿$(C)$的外法线的方向导数.

7. 设 $u(x,y)$在闭区域$(\sigma)$内有连续二阶偏导数，区域$(\sigma)$的边界是分段光滑的简单闭曲线$(C)$，且$\frac{\partial^2u}{\partial x^2}+\frac{\partial^2u}{\partial y^2}=0$. 证明：

(1) $\oint\limits_{(C)}u\frac{\partial u}{\partial \boldsymbol{n}}\mathrm{d}s=\iint\limits_{(\sigma)}(u_x^2+u_y^2)\mathrm{d}\sigma$，其中$\frac{\partial u}{\partial \boldsymbol{n}}$为 $u(x,y)$沿$(C)$的外法线的方向导数；

(2) 若在边界$(C)$上有 $u(x,y)\equiv 0$，则在区域$(\sigma)$内有 $u(x,y)\equiv 0$.

# 11.3 曲面积分

## 11.3.1 对面积的曲面积分

对面积的曲面积分也是从实际问题中抽象出来的. 例如,将本章第一节的例 11.1.1 中的"平面曲线型物体"改为"空间曲面物体",并相应地把线密度 $f(x,y)$ 改为面密度 $f(x,y,z)$,求该物质曲面的质量问题就可以归结为对面积的曲面积分. 我们可以将曲面划分为 $n$ 个小片 $(\Delta S_k)$,用 $\Delta S_k$ 表示第 $k$ 个小片曲面的面积,在 $(\Delta S_k)$ 上任意取一点 $(\xi_k,\eta_k,\zeta_k)$,那么在面密度函数 $f(x,y,z)$ 连续的前提下,该物质曲面的质量就是下列和的极限:

$$m=\lim_{d\to 0}\sum_{k=1}^{n} f(\xi_k,\eta_k,\zeta_k)\Delta S_k,$$

其中 $d$ 是所有子曲面片 $(\Delta S_k)$ 的直径的最大值.

这样和式的极限还会在其他问题中遇到,抽去物理量的具体含义,可得到对面积的曲面积分的概念.

**定义 11.3.1(第一类曲面积分,对面积的曲面积分)** 设 $(S)$ 是一光滑曲面,且 $f(x,y,z)$ 是定义在此曲面上的有界函数. 将曲面划分为 $n$ 个小曲面片 $(\Delta S_k)$(用 $\Delta S_k$ 表示第 $k$ 个小片的面积). 设 $(\xi_k,\eta_k,\zeta_k)$ 为小曲面片 $(\Delta S_k)$ 上的任一点,作和 $\sum\limits_{k=1}^{n} f(\xi_k,\eta_k,\zeta_k)\Delta S_k$. 若和的极限

$$\lim_{d\to 0}\sum_{k=1}^{n} f(\xi_k,\eta_k,\zeta_k)\Delta S_k$$

存在,其中 $d$ 是所有 $(\Delta S_k)$ 的直径的最大值,那么称函数 $f(x,y,z)$ 在曲面 $(S)$ 上**可积**,且称此极限为函数 $f(x,y,z)$ 在 $(S)$ 上对面积的**曲面积分**,记为

$$\iint_{(S)} f(x,y,z)\,\mathrm{d}S,$$

即

$$\iint_{(S)} f(x,y,z)\,\mathrm{d}S=\lim_{d\to 0}\sum_{k=1}^{n} f(\xi_k,\eta_k,\zeta_k)\Delta S_k,$$

其中,$f(x,y,z)$ 称为**被积函数**,$(S)$ 称为**积分曲面**. 当 $(S)$ 是一封闭曲面时,曲面积分常表示为 $\oiint\limits_{(S)} f(x,y,z)\,\mathrm{d}S$.

**对面积的曲面积分的存在性** 与曲线积分相同,若函数 $f(x,y,z)$ 在光滑曲面 $(S)$ 上连续,则 $f(x,y,z)$ 在 $(S)$ 上的曲面积分存在.

**曲面分片光滑的情形** 若 $(S)$ 为**分片光滑曲面**,即 $(S)$ 是有限个光滑曲面 $(S_1),(S_2),\cdots,(S_n)$ 组成的,且每个子曲面除边界外无公共内点,那么定义函数 $f(x,y,z)$ 在 $(S)$ 上的积分为 $f(x,y,z)$ 在每一个光滑小曲面片 $(S_1),(S_2),\cdots,(S_n)$ 上的积分的和,即

$$\iint_{(S)} f(x,y,z)\,\mathrm{d}S=\iint_{(S_1)} f(x,y,z)\,\mathrm{d}S+\iint_{(S_2)} f(x,y,z)\,\mathrm{d}S+\cdots+\iint_{(S_n)} f(x,y,z)\,\mathrm{d}S.$$

**对面积的曲面积分的性质** 对面积的曲面积分有与对弧长的曲线积分类似的性质(因此这里我们不再阐述).

**对面积的曲面积分的计算** 设曲面(S)的参数表达式如下：

$$\boldsymbol{r}(u,v)=(x(u,v),y(u,v),z(u,v)),\quad (u,v)\in D\subset\mathbf{R}^2.$$

在曲面面积的计算中，我们给出了曲面面积微元的计算方式，即

$$\mathrm{d}S=\|\boldsymbol{r}_u\times\boldsymbol{r}_v\|\,\mathrm{d}u\mathrm{d}v.$$

类比曲面积分的定义和曲线积分的定义，可得如下计算公式：

$$\iint_{(S)} f(x,y,z)\mathrm{d}S=\iint_{(D)} f[(x(u,v),y(u,v),z(u,v)]\,\|\boldsymbol{r}_u\times\boldsymbol{r}_v\|\,\mathrm{d}u\mathrm{d}v, \tag{11.3.1}$$

其中 $\iint_{(D)} f[(x(u,v),y(u,v),z(u,v)]\,\|\boldsymbol{r}_u\times\boldsymbol{r}_v\|\,\mathrm{d}u\mathrm{d}v$ 是二重积分.

特别地，若曲面(S)的方程为 $z=z(x,y)$，记$(S_{xy})$是曲面(S)在 $xOy$ 平面的投影，则可将式(11.3.1)改写为

$$\iint_{(S)} f(x,y,z)\mathrm{d}S=\iint_{(S_{xy})} f(x,y,z(x,y))\sqrt{1+z_x^2+z_y^2}\,\mathrm{d}x\mathrm{d}y, \tag{11.3.2}$$

此外，若曲面就在 $xOy$ 平面内，即曲面方程为 $z\equiv 0$，且$(S)=(S_{xy})$，那么式(11.3.2)退化为

$$\iint_{(S)} f(x,y,z)\mathrm{d}S=\iint_{(S_{xy})} f(x,y,0)\mathrm{d}x\mathrm{d}y.$$

它表明在 $xOy$ 平面区域$(S_{xy})$上的曲面积分可退化为在$(S_{xy})$上的二重积分.

此外，当曲面(S)的方程为 $x=x(y,z)$ 或 $y=y(z,x)$，可得类似的公式：

$$\iint_{(S)} f(x,y,z)\mathrm{d}S=\iint_{(S_{yz})} f(x(y,z),y,z)\sqrt{1+x_y^2+x_z^2}\,\mathrm{d}y\mathrm{d}z \tag{11.3.3}$$

或

$$\iint_{(S)} f(x,y,z)\mathrm{d}S=\iint_{(S_{zx})} f(x,y(z,x),z)\sqrt{1+y_z^2+y_x^2}\,\mathrm{d}z\mathrm{d}x, \tag{11.3.4}$$

其中$(S_{yz})$和$(S_{zx})$分别是曲面(S)在 $yOz$ 平面和 $zOx$ 平面的投影.

**例 11.3.1** 计算曲面积分

$$\iint_{(S)} z\mathrm{d}S,$$

其中曲面(S)是圆锥 $z=\sqrt{x^2+y^2}$ 夹在平面 $z=1$ 和 $z=2$ 中间的部分.

**解** 曲面(S)在 $xOy$ 平面的投影区域为

$$(S_{xy})=\{(x,y)\,|\,1\leqslant x^2+y^2\leqslant 4\},\quad (S_{\rho\theta})=\{(\rho,\theta)\,|\,0\leqslant\theta\leqslant 2\pi,1\leqslant\rho\leqslant 2\},$$

则根据公式(11.3.2)有

$$\begin{aligned}\iint_{(S)} z\mathrm{d}S&=\iint_{(S_{xy})}\sqrt{x^2+y^2}\sqrt{1+\frac{x^2}{x^2+y^2}+\frac{y^2}{x^2+y^2}}\,\mathrm{d}x\mathrm{d}y\\&=\sqrt{2}\iint_{(S_{\rho\theta})}\rho\rho\,\mathrm{d}\rho\mathrm{d}\theta=\sqrt{2}\int_0^{2\pi}\mathrm{d}\theta\int_1^2\rho^2\,\mathrm{d}\rho\\&=\frac{14}{3}\sqrt{2}\pi.\end{aligned}$$

■

**例 11.3.2** 计算曲面积分

$$\iint_{(S)}\frac{1}{z}\mathrm{d}S,$$

其中曲面(S)是球面 $x^2+y^2+z^2=a^2$ 被平面 $z=h(0<h<a)$ 截出的顶部.

**解** 曲面(S)的方程为

$$z=\sqrt{a^2-x^2-y^2}\quad (h<z<a),$$

它在 $xOy$ 平面的投影区域为

$$(S_{xy})=\{(x,y)\mid x^2+y^2\leqslant a^2-h^2\},\quad (S_{\rho\theta})=\{(\rho,\theta)\mid 0\leqslant\theta\leqslant 2\pi,0\leqslant\rho\leqslant\sqrt{a^2-h^2}\},$$

则根据公式(11.3.2)有

$$\begin{aligned}\iint\limits_{(S)}\frac{1}{z}\mathrm{d}S &= \iint\limits_{(S_{xy})}\frac{a}{a^2-x^2-y^2}\mathrm{d}x\mathrm{d}y\\ &= a\iint\limits_{(S_{\rho\theta})}\frac{\rho}{a^2-\rho^2}\mathrm{d}\rho\mathrm{d}\theta = a\int_0^{2\pi}\mathrm{d}\theta\int_0^{\sqrt{a^2-h^2}}\rho^2\mathrm{d}\rho\\ &= 2\pi a\ln\frac{a}{h}.\end{aligned}$$

■

**例 11.3.3** 求质量均匀分布的球面 $x^2+y^2+z^2=R^2$ 对其直径的转动惯量.

**解** 取直径为 $z$ 轴并设面密度为 $\mu$. 划分球面，将曲面面积微元 dS 上的质量集中到其上一点 $P(x,y,z)$. 则(dS)对 $z$ 轴的转动惯量为

$$\mathrm{d}I_z=(x^2+y^2)\mu\mathrm{d}S.$$

这就是转动惯量微元. 于是球面(S)对 $z$ 轴的转动惯量为

$$I_z=\oint\!\!\!\oint\limits_{(S)}(x^2+y^2)\mu\mathrm{d}S.$$

由被积函数和积分区域的对称性可知

$$I_z=2\iint\limits_{(S_1)}(x^2+y^2)\mu\mathrm{d}S,$$

其中$(S_1)$为上半球面，其方程为 $z=\sqrt{R^2-x^2-y^2}$.

应用式(11.3.2)记$(\sigma)=\{x^2+y^2\leqslant R^2\}$，可将曲面积分退化为二重积分：

$$I_z=2\mu\iint\limits_{(S_1)}(x^2+y^2)\mathrm{d}S=2\mu\iint\limits_{(\sigma)}(x^2+y^2)\frac{R}{\sqrt{R^2-x^2-y^2}}\mathrm{d}y\mathrm{d}x.$$

引入极坐标得

$$I_z=2\mu R\int_0^{2\pi}\int_0^R\frac{\rho^2}{\sqrt{R^2-\rho^2}}\rho\mathrm{d}\rho\mathrm{d}\theta=\frac{8}{3}\mu\pi R^4.$$

因为球面质量为 $m=4\pi R^2\mu$，故

$$I_z=\frac{2}{3}mR^2.$$

■

**例 11.3.4** 求半径为 $a$ 的球面的面积.

**解** 此球面的参数方程为

$$\boldsymbol{r}(\theta,\varphi)=(a\cos\theta\sin\varphi,a\sin\theta\sin\varphi,a\cos\varphi),\quad (\theta,\varphi)\in D=[0,2\pi]\times[0,\pi].$$

由于

$$\boldsymbol{r}_\theta=(-a\sin\theta\sin\varphi,a\cos\theta\sin\varphi,0),$$

$$\boldsymbol{r}_\varphi=(a\cos\theta\cos\varphi,a\sin\theta\cos\varphi,-a\sin\varphi),$$

得

$$\|\boldsymbol{r}_\theta\times\boldsymbol{r}_\varphi\|=a^2\sin\varphi.$$

因此由例 11.3.3 可知，

$$S=\iint\limits_{(\sigma)}a^2\sin\varphi\mathrm{d}\theta\mathrm{d}\varphi=\int_0^{2\pi}\mathrm{d}\theta\int_0^{\pi}a^2\sin\varphi\mathrm{d}\varphi=4\pi a^2.$$

■

**例 11.3.5** 求质量均匀分布的,半径为 $R$,相角为 $\frac{3\pi}{4}$ 的球缺面的质心坐标(见图 11.3.1).

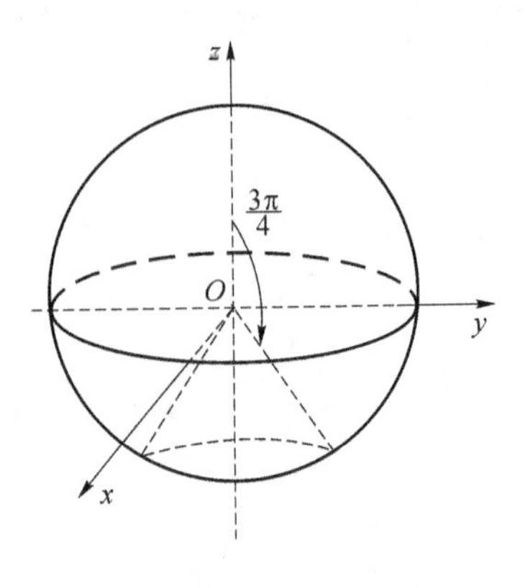


图 11.3.1

**解** 选取 $\theta$ 和 $\varphi$ 作为参数,则所给球缺面的参数方程为

$$\boldsymbol{r}=\boldsymbol{r}(\varphi,\theta)=(R\cos\theta\sin\varphi,R\sin\theta\sin\varphi,R\cos\varphi),$$

$$0\leqslant\varphi\leqslant\frac{3\pi}{4},\quad 0\leqslant\theta\leqslant 2\pi.$$

由对称性可知质心位于 $z$ 轴上. 在球缺面上任取一点 $P(x,y,z)$,含点 $P$ 的曲面面积微元 $\mathrm{d}S$ 上的质量关于 $xOy$ 平面的静力矩为

$$\mathrm{d}M_{xy}=z\mu\mathrm{d}S,$$

其中常数 $\mu$ 是面密度. 则根据第一类曲面积分的概念及计算公式(11.3.1)可知,球缺面对 $xOy$ 平面的静力矩为

$$M_{xy}=\mu\iint\limits_{(S)}z\mathrm{d}S=\mu\iint\limits_{(\sigma)}R\cos\varphi\,\|\boldsymbol{r}_\varphi\times\boldsymbol{r}_\theta\|\,\mathrm{d}\theta\mathrm{d}\varphi,$$

其中

$$(\sigma)=\left\{(\varphi,\theta)\,|\,0\leqslant\varphi\leqslant\frac{3\pi}{4},0\leqslant\theta\leqslant 2\pi\right\}.$$

容易计算得

$$\|\boldsymbol{r}_\varphi\times\boldsymbol{r}_\theta\|=R^2\sin\varphi,$$

故

$$M_{xy}=\mu\iint\limits_{(\sigma)}R^3\sin\varphi\cos\varphi\mathrm{d}\varphi\mathrm{d}\theta=\mu R^3\int_0^{2\pi}\mathrm{d}\theta\int_0^{\frac{3\pi}{4}}\sin\varphi\cos\varphi\mathrm{d}\varphi=\frac{\pi}{2}\mu R^3.$$

球缺面的质量为

$$M=\mu\iint\limits_{(\sigma)}R^2\sin\varphi\mathrm{d}\varphi\mathrm{d}\theta=\mu R^2\int_0^{2\pi}\mathrm{d}\theta\int_0^{\frac{3\pi}{4}}\sin\varphi\mathrm{d}\varphi=(2+\sqrt{2})\pi\mu R^2,$$

因此球缺面质心的垂直坐标为

$$\bar{z}=\frac{M_{xy}}{M}=\frac{R}{2(2+\sqrt{2})},$$

从而球缺面的质心坐标为

$$\left(0,0,\frac{R}{2(2+\sqrt{2})}\right).$$ ■

### 11.3.2 对坐标的曲面积分

首先需要对曲面做一些说明. 这里假定曲面都是光滑的,我们来讨论曲面的方向. 通常我

们遇到的曲面都有两个侧面,例如,球面 $x^2+y^2+z^2=R^2$ 有内侧和外侧之分,平面 $z=1$ 有上侧和下侧之分等.这种有两个侧面的曲面称为**双侧曲面**.在讨论对坐标的曲面积分时,需要指定曲面的侧.通常双侧曲面$(S)$上的任一点$(x,y,z)$(除边界上的点)都有一个切平面,且切平面的位置随着切点的位置连续变动.在$(S)$上的任一点 $M(x,y,z)$处做法线,通常有两个单位法向量 $\boldsymbol{n}_1$ 和 $\boldsymbol{n}_2=-\boldsymbol{n}_1$,我们认定其中一个作为曲面在点 $M$ 的方向.除了双侧曲面,也存在**单侧曲面**.双侧曲面和单侧曲面可以简单地区分开.假设一个动点 $A$ 从点 $M$ 出发沿着完全落在曲面上的任意一条封闭曲线$(C)$回到点 $M$(如果曲面$(S)$是非闭的,还要假设$(C)$不越过$(S)$的边界曲线).于是在闭曲线$(C)$上每一点 $A$ 都有一个法线,并且这个法线的方向是 $M$ 点的法线连续变化而来的.当动点 $A$ 从点 $M$ 出发又回到点 $M$ 时,所得法线与出发时的法线方向相同,我们称该曲面为双侧曲面.若曲面$(S)$上存在这样一条闭曲线,当动点回到原位置时得到与出发时相反的法线方向,则称该曲面为单侧曲面,例如,**莫比乌斯带**(它是以德国几何学家莫比乌斯(1790—1868 年)命名的)就是一个单侧曲面.从现在开始我们只考虑双侧曲面.若在双侧曲面$(S)$的每一点处选取一个单位法向量 $\boldsymbol{n}$ 使得 $\boldsymbol{n}$ 在$(S)$上连续变化,则称曲面$(S)$为**有向曲面**并且所选取的 $\boldsymbol{n}$ 为曲面$(S)$提供了一个**方向**.注意,在双侧曲面上只要选定了一点的法线方向,则曲面上全部点的法线方向也随之确定,也就是选定的曲面的一侧.

下面从分析的角度来说明曲面的方向.若一光滑曲面$(S)$的方程为

$$z=f(x,y),\quad (x,y)\in D\subset\mathbf{R}^2,$$

其中 $f(x,y)$是区域 $D$ 内的连续函数,并在 $D$ 内有偏导数

$$z'_1=\frac{\partial f}{\partial x},\quad z'_2=\frac{\partial f}{\partial y}.$$

曲面$(S)$在每一个点上都有切平面,可计算出其法线方向的余弦为

$$\cos\alpha=\frac{-z'_1}{\pm\sqrt{1+{z'_1}^2+{z'_2}^2}},$$

$$\cos\beta=\frac{-z'_2}{\pm\sqrt{1+{z'_1}^2+{z'_2}^2}},$$

$$\cos\gamma=\frac{1}{\pm\sqrt{1+{z'_1}^2+{z'_2}^2}}.$$

由于方向余弦是点的坐标$(x,y,z)$的连续函数,从而曲面上的法线方向是随着点的位置连续变化的.如果在根式前选定了一个符号,就确定了曲面的一个方向.对 $\cos r$ 而言,若选定"+"号,即 $\cos\gamma>0$,则法线与 $z$ 轴正向的夹角是个锐角,我们称这样的一侧为上侧;若选定"−"号,即 $\cos\gamma<0$,则法线与 $z$ 轴正向的夹角是个钝角,我们称这样的一侧为下侧.类似地,若光滑曲面$(S)$的方程为 $y=h(z,x)$,$(z,x)\in D\subset\mathbf{R}^2$,考虑 $\cos\beta$ 的符号同样可以确定曲面的左侧和右侧;若光滑曲面$(S)$的方程为 $x=g(y,z)$,$(y,z)\in D\subset\mathbf{R}^2$,考虑 $\cos\alpha$ 的符号同样可以确定曲面的前侧和后侧.若光滑曲面$(S)$的方程是由如下参数方程给定的:

$$\boldsymbol{r}(u,v)=(x(u,v),y(u,v),z(u,v)),\quad (u,v)\in D\subset\mathbf{R}^2.$$

记 $A=y_uz_v-y_uz_v$,$B=z_ux_v-x_uz_v$,$C=x_uy_v-y_ux_v$,并假定 $A,B,C$ 在曲面上的任一点处不同时为零,则曲面法线方向的余弦为

$$\cos\alpha=\frac{A}{\pm\sqrt{A^2+B^2+C^2}},$$

$$\cos\beta=\frac{B}{\pm\sqrt{A^2+B^2+C^2}},$$

$$\cos\gamma=\frac{C}{\pm\sqrt{A^2+B^2+C^2}}.$$

和前面讨论的一样,如果在根式前选定了一个符号,就确定了曲面的一个方向.

对坐标的曲面积分也称为**向量场的曲面积分**.我们从流体通过有向曲面的流量来引入第二类曲面积分的概念.

**例 11.3.6** 设(S)是一光滑有向曲面,其单位法向量为 $\boldsymbol{n}$,一个不可压缩流体以速度 $\boldsymbol{v}(x,y,z)$ 流过(S)(假想(S)像渔网一样横穿溪流).求流体单位时间内通过曲面的流量.

**解** 首先,我们将曲面(S)分成 $n$ 个小片($\Delta S_k$)($k=1,\cdots,n$),则每个子片($\Delta S_k$)可用一个平面来近似,因此流体穿过($\Delta S_k$)的流量可近似为

$$\Delta\Phi=\boldsymbol{v}(\xi_k,\eta_k,\zeta_k)\cdot\boldsymbol{n}(\xi_k,\eta_k,\zeta_k)\Delta S_k,$$

其中($\xi_k,\eta_k,\zeta_k$)是($\Delta S_k$)上任取的一点,$\Delta S_k$ 表示小片曲面($\Delta S_k$)的面积.

将每个子片上的流量的近似值相加并取极限可得

$$\Phi=\iint_{(S)}\boldsymbol{v}(x,y,z)\cdot\boldsymbol{n}(x,y,z)\mathrm{d}S,$$

$\Phi$ 在物理上就表示为不可压缩流体在单位时间内以速度 $\boldsymbol{v}(x,y,z)$ 通过曲面(S)的流量,简称为**通量**.

若记 $\boldsymbol{F}=\boldsymbol{v}$,则 $\boldsymbol{F}$ 也是在 $\mathbf{R}^3$ 上的向量场,有如下的曲面积:

$$\iint_S\boldsymbol{F}(x,y,z)\cdot\boldsymbol{n}(x,y,z)\mathrm{d}S.$$ ■

抛开例 11.3.6 中的物理含义,只讨论例子中出现的曲面积分的数学结构,我们有如下的定义.

**定义 11.3.2(对坐标的曲面积分,[第二类曲面积分,向量场的曲面积分])** 设(S)是一个有向光滑曲面,其单位法向量为 $\boldsymbol{n}$.若 $\boldsymbol{F}$ 是定义在(S)上的向量场,则 $\boldsymbol{F}$ 在有向曲面(S)上的曲面积分为

$$\iint_{(S)}\boldsymbol{F}(x,y,z)\cdot\mathrm{d}\boldsymbol{S}=\iint_{(S)}\boldsymbol{F}(x,y,z)\cdot\boldsymbol{n}\mathrm{d}S=\lim_{d\to0}\sum_{k=1}^{n}\boldsymbol{F}(\xi_k,\eta_k,\zeta_k)\cdot\boldsymbol{n}(\xi_k,\eta_k,\zeta_k)\Delta S_k.\tag{11.3.5}$$

换句话说,我们定义向量场 $\boldsymbol{F}$ 在(S)上的曲面积分为它的法向分量在(S)上对面积的曲面积分,这里 $\mathrm{d}\boldsymbol{S}=\boldsymbol{n}\mathrm{d}S$ 称为**有向面积微元**.此积分也称为向量场 $\boldsymbol{F}$ 穿过有向曲面(S)的**通量**.

式(11.3.5)是向量场曲面积分的向量形式.它也可以用坐标形式表示.设

$$\boldsymbol{F}(x,y,z)=(P(x,y,z),Q(x,y,z),R(x,y,z)),$$

$$\boldsymbol{n}=(\cos\alpha,\cos\beta,\cos\gamma),$$

则 $\mathrm{d}\boldsymbol{S}=(\cos\alpha\mathrm{d}S,\cos\beta\mathrm{d}S,\cos\gamma\mathrm{d}S)$,如图 11.3.2 和图 11.3.3 所示.$\cos\alpha\mathrm{d}S$,$\cos\beta\mathrm{d}S$ 和 $\cos\gamma\mathrm{d}S$ 分别是 $\mathrm{d}\boldsymbol{S}$ 在 $yOz$ 平面,$zOx$ 平面和 $xOy$ 平面的投影,分别记为 $\mathrm{d}y\mathrm{d}z$,$\mathrm{d}z\mathrm{d}x$ 和 $\mathrm{d}x\mathrm{d}y$,即

$$\mathrm{d}\boldsymbol{S}=(\mathrm{d}y\mathrm{d}z,\mathrm{d}z\mathrm{d}x,\mathrm{d}x\mathrm{d}y).$$

有时也可记为

$$\mathrm{d}\boldsymbol{S}=(\mathrm{d}y\wedge\mathrm{d}z,\mathrm{d}z\wedge\mathrm{d}x,\mathrm{d}x\wedge\mathrm{d}y).$$

因此,式(11.3.5)的坐标形式如下:

$$\iint_{(S)}[P(x,y,z)\mathrm{d}y\mathrm{d}z+Q(x,y,z)\mathrm{d}z\mathrm{d}x+R(x,y,z)\mathrm{d}x\mathrm{d}y]$$

$$= \iint_{(S)} [P(x,y,z)\cos\alpha + Q(x,y,z)\cos\beta + R(x,y,z)\cos\gamma] \mathrm{d}S, \qquad (11.3.6)$$

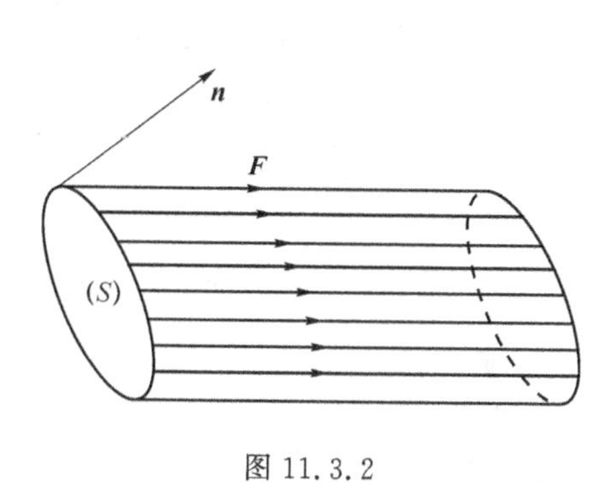


图 11.3.2

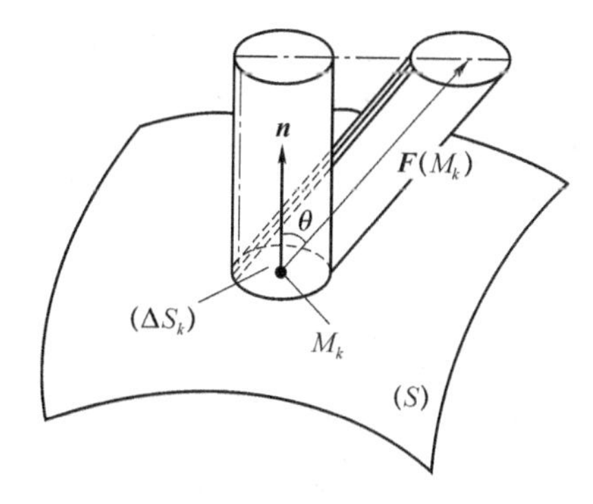


图 11.3.3

具体地，

$$\iint_{(S)} P(x,y,z)\mathrm{d}y\mathrm{d}z = \iint_{(S)} P(x,y,z)\cos\alpha \mathrm{d}S,$$

$$\iint_{(S)} Q(x,y,z)\mathrm{d}z\mathrm{d}x = \iint_{(S)} Q(x,y,z)\cos\beta \mathrm{d}S,$$

$$\iint_{(S)} R(x,y,z)\mathrm{d}x\mathrm{d}y = \iint_{(S)} R(x,y,z)\cos\gamma \mathrm{d}S. \qquad (11.3.7)$$

此时称 $\iint_{(S)} P(x,y,z)\mathrm{d}y \wedge \mathrm{d}z$ 为**函数 $P(x,y,z)$ 在 $(S)$ 上对 $y$ 和 $z$ 的曲面积分**，称 $\iint_{(S)} Q(x,y,z)\mathrm{d}z \wedge \mathrm{d}x$ 为**函数 $Q(x,y,z)$ 在 $(S)$ 上对 $z$ 和 $x$ 的曲面积分**，且称 $\iint_{(S)} R(x,y,z)\mathrm{d}x \wedge \mathrm{d}y$ 为**函数 $R(x,y,z)$ 在 $(S)$ 上对 $x$ 和 $y$ 的曲面积分**. 式(11.3.6)和式(11.3.7)给出了第一类曲面积分和第二类曲面积分的关系.

**对坐标的曲面积分存在性** 若 $\boldsymbol{F}$ 在有向光滑曲面$(S)$上为连续的向量场，则 $\boldsymbol{F}$ 在$(S)$上的曲面积分必存在，这是因为 $\boldsymbol{F}$ 的法向分量 $\boldsymbol{F}\cdot\boldsymbol{n}$ 在$(S)$上连续.

**有向曲面为分片光滑的情形** 若$(S)$为分片光滑曲面，即$(S)$是有限个有向光滑曲面$(S_1)$，$(S_2)$，…，$(S_n)$的集合，且每个小曲面$(S_2)$除边界外无公共内部，则定义 $\boldsymbol{F}$ 在$(S)$上的对坐标的曲面积分为 $\boldsymbol{F}$ 在$(S)$上的每一个有向光滑曲面片$(S_1)$，$(S_2)$，…，$(S_n)$上的对坐标的曲面积分的和：

$$\iint_{(S)} \boldsymbol{F}\cdot\boldsymbol{n}\mathrm{d}S = \iint_{(S_1)} \boldsymbol{F}\cdot\boldsymbol{n}\mathrm{d}S + \iint_{(S_2)} \boldsymbol{F}\cdot\boldsymbol{n}\mathrm{d}S + \cdots + \iint_{(S_n)} \boldsymbol{F}\cdot\boldsymbol{n}\mathrm{d}S.$$

**性质** 向量场的曲面积分有与向量场的曲线积分类似的性质.

1. **线性性质**

$$\iint_{(S)} [k_1\boldsymbol{F}_1 + k_2\boldsymbol{F}_2]\cdot\mathrm{d}\boldsymbol{S} = k_1\iint_{(S)} \boldsymbol{F}_1\cdot\mathrm{d}\boldsymbol{S} + k_2\iint_{(S)} \boldsymbol{F}_2\cdot\mathrm{d}\boldsymbol{S}.$$

2. **对区域的可加性** 设有向曲面$(S)$由两个有向曲面$(S_1)$和$(S_2)$组成，且$(S_1)$和$(S_2)$除边界外无公共内部，则

$$\iint_{(S)} \boldsymbol{F}\cdot\mathrm{d}\boldsymbol{S} = \iint_{(S_1)} \boldsymbol{F}\cdot\mathrm{d}\boldsymbol{S} + \iint_{(S_2)} \boldsymbol{F}\cdot\mathrm{d}\boldsymbol{S}.$$

3. **方向性** 若$(-S)$表示与$(S)$含有相同点但法向量方向相反的曲面，则

$$\iint_{(-S)} \boldsymbol{F} \cdot \mathrm{d}\boldsymbol{S} = -\iint_{(S)} \boldsymbol{F} \cdot \mathrm{d}\boldsymbol{S}.$$

下面考虑对坐标的曲面积分的计算.

若分片光滑曲面$(S)$由方程$z=z(x,y),(x,y)\in(S_{xy})$确定，且规定$(S)$上点$M(x,y,z)$处的单位法向量为

$$\boldsymbol{n}=\pm\frac{(-z_x,-z_y,1)}{\sqrt{z_x^2+z_y^2+1}}.$$

如前面所讨论的，这里"$\pm$"的选取取决于$(S)$的方向. 若有向曲面$(S)$的方向向上，则选取"$+$"号，这是因为单位法向量对应正的$\boldsymbol{k}$分量，否则，选取"$-$"号.

若$\boldsymbol{F}(x,y,z)=P(x,y,z)\boldsymbol{i}+Q(x,y,z)\boldsymbol{j}+R(x,y,z)\boldsymbol{k}$，则

$$\boldsymbol{F}\cdot\boldsymbol{n}=\pm\frac{-Pz_x-Qz_y+R}{\sqrt{z_x^2+z_y^2+1}}.$$

将$\boldsymbol{F}\cdot\boldsymbol{n}$代入对坐标的曲面积分，原曲面积分化为对面积的曲面积分，再应用式(11.3.2)，可得

$$\begin{aligned}\iint_{(S)}\boldsymbol{F}\cdot\mathrm{d}\boldsymbol{S}&=\iint_{(S)}P(x,y,z)\mathrm{d}y\mathrm{d}z+Q(x,y,z)\mathrm{d}z\mathrm{d}x+R(x,y,z)\mathrm{d}x\mathrm{d}y=\iint_{(S)}\boldsymbol{F}\cdot\boldsymbol{n}\mathrm{d}S\\&=\pm\iint_{(S_{xy})}\frac{-P(x,y,z(x,y))z_x(x,y)-Q(x,y,z(x,y))z_y(x,y)+R(x,y,z(x,y))}{\sqrt{z_x^2+z_y^2+1}}\cdot\\&\quad\sqrt{z_x^2+z_y^2+1}\mathrm{d}x\mathrm{d}y\\&=\pm\iint_{(S_{xy})}[-P(x,y,z(x,y))z_x(x,y)-Q(x,y,z(x,y))z_y(x,y)+R(x,y,z(x,y))]\mathrm{d}x\mathrm{d}y.\end{aligned}$$

$$\begin{aligned}\iint_{(S)}\boldsymbol{F}\cdot\mathrm{d}\boldsymbol{S}&=\iint_{(S)}P(x,y,z)\mathrm{d}y\mathrm{d}z+Q(x,y,z)\mathrm{d}z\mathrm{d}x+R(x,y,z)\mathrm{d}x\mathrm{d}y\\&=\pm\iint_{(S_{xy})}[-P(x,y,z(x,y))z_x(x,y)-Q(x,y,z(x,y))z_y(x,y)+R(x,y,z(x,y))]\mathrm{d}x\mathrm{d}y.\end{aligned}\tag{11.3.8}$$

其中，$(S_{xy})$是$(S)$在$xOy$平面的投影，且"$\pm$"号的选择取决于$(S)$的方向，若$(S)$的方向向上，选取"$+$"号，否则选取"$-$"号.

特别地，由式(11.3.8)有

$$\iint_{(S)}R(x,y,z)\mathrm{d}x\mathrm{d}y=\pm\iint_{(S_{xy})}R(x,y,z(x,y))\mathrm{d}x\mathrm{d}y.$$

类似地，可以推导出

$$\iint_{(S)}P(x,y,z)\mathrm{d}y\mathrm{d}z=\pm\iint_{(S_{yz})}P(x(y,z),y,z)\mathrm{d}y\mathrm{d}z,$$

其中$(S_{yz})$是$(S)$在$yOz$平面的投影，且"$\pm$"号的选择取决于$(S)$的方向，若$(S)$的方向向前，选取"$+$"号，否则选取"$-$"号；

$$\iint_{(S)}Q(x,y,z)\mathrm{d}z\mathrm{d}x=\pm\iint_{(S_{zx})}Q(x,y(z,x),z)\mathrm{d}z\mathrm{d}x,$$

其中$(S_{zx})$是$(S)$在 $zOx$ 平面的投影,且“±”号的选择取决于$(S)$的方向,若$(S)$的方向向右,我们选取“+”号,否则选取“−”号.

**例 11.3.7** 计算对坐标的曲面积分

$$I=\oiint_{(S)} z\mathrm{d}x\mathrm{d}y,$$

其中$(S)$是由第一卦限内的 $x^2+y^2+z^2=R^2$ 及三坐标平面所围成的立体的边界曲面的外侧(见图 11.3.4).

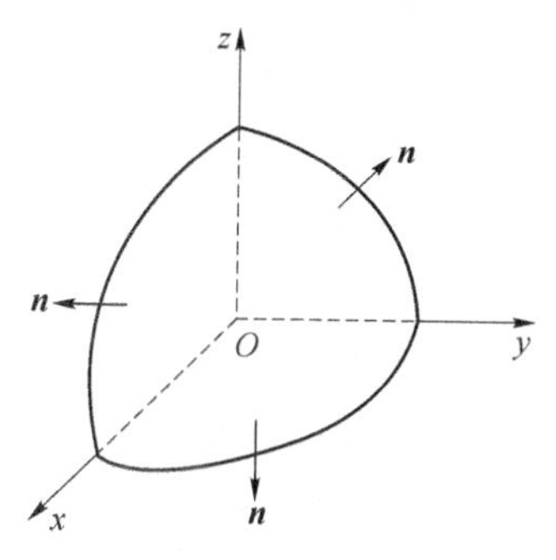


图 11.3.4

**解** 由于$(S)$是由第一卦限内的 $x^2+y^2+z^2=R^2$ 及三坐标平面所围成的立体的边界曲面,可以将$(S)$分成四部分:球面部分$(S_1)$以及分别位于 $xOy$,$yOz$ 和 $zOx$ 平面的$(S_2)$,$(S_3)$和$(S_4)$,它们的法向量都指向$(S)$的外侧.

易知,曲面$(S_1)$的方程为

$$z=\sqrt{R^2-x^2-y^2},$$

它在 $xOy$ 平面的投影是区域$(S_{xy})=\{(x,y)\mid x^2+y^2\leqslant R^2,x\geqslant 0,y\geqslant 0\}$.

注意到法向量是向上的,因此有

$$\iint_{(S_1)} z\mathrm{d}x\wedge\mathrm{d}y=\iint_{(S_{xy})}\sqrt{R^2-x^2-y^2}\,\mathrm{d}x\mathrm{d}y=\frac{1}{6}\pi R^3.$$

$(S_2)$的方程为 $z=0$. 其在 $xOy$ 平面的投影区域仍为$(S_{xy})=\{(x,y)\mid x^2+y^2\leqslant R^2,x\geqslant 0,y\geqslant 0\}$,此时,$(S_2)$的法向量是向下的,因此

$$\iint_{(S_2)} z\mathrm{d}x\wedge\mathrm{d}y=-\iint_{(S_{xy})}0\mathrm{d}x\mathrm{d}y=0.$$

由于$(S_3)$与$(S_4)$的法向量 $\boldsymbol{n}$ 都垂直于 $z$ 轴,它们在 $xOy$ 平面的投影区域的面积为零,因此在这两个曲面上关于 $z$ 的曲面积分的值都为零. 故

$$I=\frac{1}{6}\pi R^3.$$

■

**例 11.3.8** 计算对坐标的曲面积分

$$I=\oiint_{(S)}(x^2+y^2)\mathrm{d}y\wedge\mathrm{d}z+z\mathrm{d}x\wedge\mathrm{d}y,$$

其中曲面$(S)$由柱面 $x^2+y^2=R^2$ 和平面 $z=0$,$z=H(H>0)$所围立体的边界曲面的外侧.

**解** 可将$(S)$分成三部分:侧面的柱面$(S_1)$,底部曲面$(S_2)$及顶部曲面$(S_3)$(见图 11.3.5).

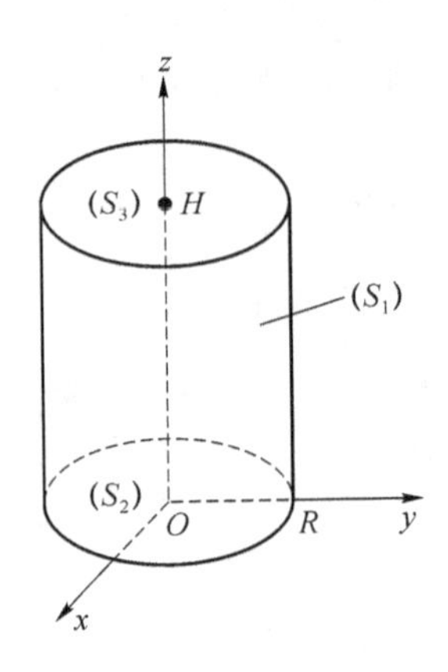


图 11.3.5

我们先计算曲面积分 $\oint\!\!\oint_{(S)}(x^2+y^2)\mathrm{d}y\wedge\mathrm{d}z$. 其中 $\mathrm{d}y\wedge\mathrm{d}z$ 表明(S)应投影到 $yOz$ 平面，因此需将柱面$(S_1)$分成前后两个部分，分别记为$(S_{11})$和$(S_{12})$. 它们的方程分别为

$$(S_{11})=\{(x,y)\mid x=\sqrt{R^2-y^2},\ |y|\leqslant R\},$$

$$(S_{12})=\{(x,y)\mid x=-\sqrt{R^2-y^2},\ |y|\leqslant R\},$$

$(S_{11})$与$(S_{12})$在 $yOz$ 平面的投影都是

$$(S_{yz})=\{(y,z)\mid |y|\leqslant R,0\leqslant z\leqslant H\}.$$

根据假设$(S_{11})$，$(S_{12})$的法向量与 $x$ 轴夹角分别是锐角和钝角. 注意到$(S_2)$和$(S_3)$的法向量都垂直于 $x$ 轴，因此它们在 $yOz$ 平面的投影区域的面积都是零. 从而

$$\begin{aligned}\oint\!\!\oint_{(S)}(x^2+y^2)\mathrm{d}y\wedge\mathrm{d}z&=\iint_{(S_{11})}(x^2+y^2)\mathrm{d}y\wedge\mathrm{d}z+\iint_{(S_{12})}(x^2+y^2)\mathrm{d}y\wedge\mathrm{d}z+\\&\quad\iint_{(S_2)}(x^2+y^2)\mathrm{d}y\wedge\mathrm{d}z+\iint_{(S_3)}(x^2+y^2)\mathrm{d}y\wedge\mathrm{d}z\\&=\iint_{(S_{yz})}[(R^2-y^2)+y^2]\mathrm{d}y\mathrm{d}z-\iint_{(S_{yz})}[(R^2-y^2)+y^2]\mathrm{d}y\mathrm{d}z\\&=0.\end{aligned}$$

现在计算积分 $\oint\!\!\oint_{(S)}z\mathrm{d}x\wedge\mathrm{d}y$. $\mathrm{d}x\wedge\mathrm{d}y$ 表明(S)被投影到 $xOy$ 平面. 由于柱面$(S_1)$的法向量垂直于 $z$ 轴，$(S_1)$在 $xOy$ 平面的投影面积为零. $(S_2)$和$(S_3)$在 $xOy$ 平面的投影都是区域$(S_{xy})$，且

$$(S_{xy})=\{(x,y)\mid x^2+y^2\leqslant R^2\}.$$

注意到$(S_2)$的法向量方向向下而$(S_3)$的法向量方向向上，有

$$\begin{aligned}\oint\!\!\oint_{(S)}z\mathrm{d}x\wedge\mathrm{d}y&=\iint_{(S_2)}z\mathrm{d}x\wedge\mathrm{d}y+\iint_{(S_3)}z\mathrm{d}x\wedge\mathrm{d}y\\&=-\iint_{(S_{xy})}0\mathrm{d}x\mathrm{d}y+\iint_{(S_{xy})}H\mathrm{d}x\mathrm{d}y\\&=\pi R^2H.\end{aligned}$$

因此

$$I=\pi R^2H.$$ ■

**例 11.3.9** 求向量场 $\boldsymbol{r}=\{x,y,z\}$穿过有向曲面(S)的通量 $\Phi$，其中：

(1) 曲面(S)是球面 $x^2+y^2+z^2=1$ 的外侧；

(2) 曲面(S)是由 $z=\sqrt{x^2+y^2}$ 和平面 $z=1$ 所围空间区域边界曲面的外侧.

**解** 用矢量运算直接求通量 $\Phi$ 十分方便. 根据通量的定义得

$$\Phi=\oiint_{(S)}\boldsymbol{r}\cdot\mathrm{d}\boldsymbol{S}=\oiint_{(S)}\boldsymbol{r}\cdot\boldsymbol{e}_n\mathrm{d}S.$$

其中 $\boldsymbol{e}_n$ 表示单位外法向量.

(1) 当(S)为球面时,由于 $\boldsymbol{r}$ 与 $\boldsymbol{e}_n$ 平行且方向相同,

$$\boldsymbol{r}\cdot\boldsymbol{e}_n=\|\boldsymbol{r}\|=1,$$

因此

$$\Phi=\oiint_{(S)}\mathrm{d}S=4\pi.$$

(2) 将(S)分成两部分:圆锥部分$(S_1)$和顶部$(S_2)$(见图 11.3.6). 在锥面$(S_1)$上,由于$\boldsymbol{r}\perp\boldsymbol{e}_n$,$\boldsymbol{r}\cdot\boldsymbol{e}_n=0$,故

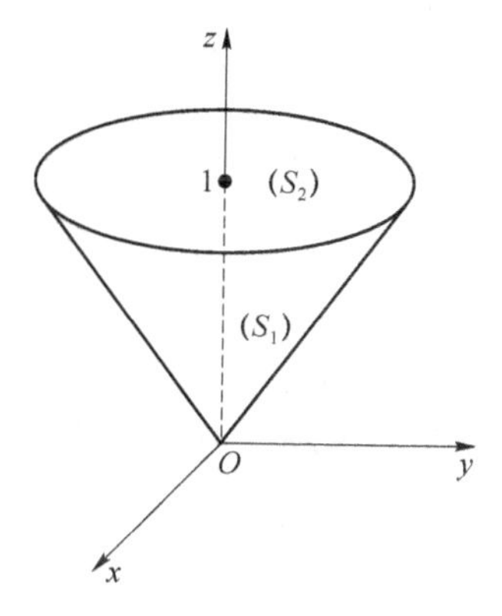


图 11.3.6

$$\iint_{(S_1)}\boldsymbol{r}\cdot\mathrm{d}\boldsymbol{S}=\iint_{(S_1)}\boldsymbol{r}\cdot\boldsymbol{e}_n\mathrm{d}S=0.$$

在顶面$(S_2)$上,由于

$$\boldsymbol{r}\cdot\boldsymbol{e}_n=(x,y,1)\cdot(0,0,1)=1,$$

有

$$\iint_{(S_2)}\boldsymbol{r}\cdot\mathrm{d}\boldsymbol{S}=\iint_{(S_2)}\mathrm{d}S=\pi.$$

因此

$$\Phi=\oiint_{(S)}\boldsymbol{r}\cdot\mathrm{d}\boldsymbol{S}=\pi.$$

■

## 习题 11.3 A

1. 计算下列对面积的曲面积分:

(1) $\iint_{(S)}(2x+3y+4z)\mathrm{d}S$,其中(S)是平面 $\frac{x}{2}+\frac{y}{3}+\frac{z}{4}=1(x\geqslant0,y\geqslant0,z\geqslant0)$;

(2) $\oiint_{(S)}\frac{1}{(1+x+y)^2}\mathrm{d}S$,其中(S)是由 $x+y+z=1$,$x=0$,$y=0$ 及 $z=0$ 围成的立体的边界曲面;

(3) $\oiint_{(S)}(x^2+y^2+z^2)\mathrm{d}S$,其中(S)是球面 $x^2+y^2+z^2=1$;

(4) $\iint\limits_{(S)} z\mathrm{d}S$,其中(S)是曲面 $z=\frac{1}{2}(x^2+y^2)$ 被平面 $z=0$ 及 $z=1$ 所夹的部分;

(5) $\oiint\limits_{(S)} (x^2+y^2)\mathrm{d}S$,其中(S)是区域 $(V)=\{(x,y,z)\mid \sqrt{x^2+y^2}\leqslant z\leqslant 1\}$ 的边界曲面;

(6) $\oiint\limits_{(S)} (x^2+y^2+z^2)\mathrm{d}S$,其中(S)是区域 $(V)=\{(x,y,z)\mid x^2+y^2\leqslant R^2, 0\leqslant z\leqslant h(h>0)\}$ 的边界曲面;

(7) $\iint\limits_{(S)} \sqrt{R^2-x^2-y^2}\mathrm{d}S$,其中(S)是上半球面 $z=\sqrt{R^2-x^2-y^2}$;

(8) $\iint\limits_{(S)} (x+y+z)\mathrm{d}S$,其中(S)是半球面 $z=\sqrt{1-x^2+y^2}$ 位于平面 $z=\frac{1}{2}$ 上边的部分;

(9) $\iint\limits_{(S)} |xyz|\mathrm{d}S$,其中(S)是曲面 $z=x^2+y^2$ 位于平面 $z=1$ 下边的部分;

(10) $\iint\limits_{(S)} (xy+yz+zx)\mathrm{d}S$,其中(S)是圆锥面 $z=\sqrt{x^2+y^2}$ 被曲面 $x^2+y^2=2ax(a>0)$ 所截下的部分.

2. 求曲面 $z=\sqrt{x^2+y^2}$ 含在圆柱面 $x^2+y^2=2x$ 里面部分的面积.

3. 一个平面上的形为悬链线的曲线方程为 $y=\frac{a}{2}(\mathrm{e}^{\frac{x}{a}}+\mathrm{e}^{-\frac{x}{a}})$,已知该曲线上任一点 $P$ 的线密度与该点的纵坐标成正比,且在点 $(0,a)$ 处的密度为 $\mu$. 求该曲线横坐标在 $x_1=0$ 与 $x_2=a$ 之间的那部分的质量.

4. 设平面 $\pi$ 是椭圆面 $(S)=\left\{(x,y,z)\left|\frac{x^2}{a^2}+\frac{y^2}{b^2}+\frac{z^2}{c^2}=1\right.\right\}$ 在点 $P(x,y,z)$ 处的切平面,且 $R$ 是 $O(0,0,0)$ 到平面 $\pi$ 的距离. 证明 $\oiint\limits_{(S)} R\mathrm{d}S=4\pi abc$.

5. 将下列对坐标的曲面积分化为累次积分:

(1) $\iint\limits_{(S)} \frac{\mathrm{e}^z}{\sqrt{x^2+y^2}}\mathrm{d}x\wedge\mathrm{d}y$,其中(S)是锥面 $z=\sqrt{x^2+y^2}$ 被平面 $z=1$ 和 $z=2$ 截下部分的外侧;

(2) $\oiint\limits_{(S)} [(x+y+z)\mathrm{d}x\wedge\mathrm{d}y+(y-z)\mathrm{d}y\wedge\mathrm{d}z]$,其中(S)是三坐标平面和平面 $x=1, y=1$, $z=1$ 围成的六面体的边界的外侧.

6. 计算下列对坐标的曲面积分:

(1) $\iint\limits_{(S)} y^2 z\mathrm{d}x\wedge\mathrm{d}y$,其中(S)是半球面 $x^2+y^2+z^2=R^2(z\geqslant 0)$ 的外侧;

(2) $\iint\limits_{(S)} x^2\mathrm{d}y\wedge\mathrm{d}z$,其中(S)是球面 $x^2+y^2+z^2=4$ 的外侧;

(3) $\iint\limits_{(S)} \frac{z^2}{x^2+y^2}\mathrm{d}x\wedge\mathrm{d}y$,其中(S)是半球面 $z=\sqrt{2ax-x^2-y^2}$ 被柱面 $x^2+y^2=a^2$ 截下部分的上侧;

(4) $\iint\limits_{(S)} (x\mathrm{d}y\wedge\mathrm{d}z+y\mathrm{d}z\wedge\mathrm{d}x)$,其中(S)是柱面 $x^2+y^2=1$ 被平面 $z=0$ 和 $z=3$ 截下部分

的外侧；

(5) $\iint\limits_{(S)}[(z^2+x)\mathrm{d}y\wedge\mathrm{d}z-z\mathrm{d}x\wedge\mathrm{d}y]$，其中(S)是曲面 $z=\frac{1}{2}(x^2+y^2)$ 夹在平面 $z=0$ 和 $z=2$ 之间部分的下侧；

(6) $\iint\limits_{(S)}[-y\mathrm{d}z\wedge\mathrm{d}x+(z+1)\mathrm{d}x\wedge\mathrm{d}y]$，其中(S)是柱面 $x^2+y^2=4$ 被平面 $z=0$ 和 $x+z=2$ 截下部分的外侧；

(7) $\oint\!\!\!\oint\limits_{(S)}(xy\mathrm{d}y\wedge\mathrm{d}z+yz\mathrm{d}z\wedge\mathrm{d}x+zx\mathrm{d}x\wedge\mathrm{d}y)$，其中(S)是由 $x=0,y=0,z=0$ 和 $x+y+z=1$ 围成的四面体的边界的外侧；

(8) $\iint\limits_{(S)}[(y-z)\mathrm{d}y\wedge\mathrm{d}z+(z-x)\mathrm{d}z\wedge\mathrm{d}x+(x-y)\mathrm{d}x\wedge\mathrm{d}y]$，其中(S)是圆锥面 $z^2=x^2+y^2$ $(0\leqslant z\leqslant b)$ 的外侧；

(9) $\iint\limits_{(S)}(x^2\mathrm{d}y\wedge\mathrm{d}z+y^2\mathrm{d}z\wedge\mathrm{d}x+z^2\mathrm{d}x\wedge\mathrm{d}y)$，其中(S)是球面 $(x-1)^2+(y-1)^2+(z-1)^2=1$ 的外侧；

(10) $\iint\limits_{(S)}\left\{[f(x,y,z)+x]\mathrm{d}y\wedge\mathrm{d}z+[2f(x,y,z)+y]\mathrm{d}z\wedge\mathrm{d}x+[f(x,y,z)+z]\mathrm{d}x\wedge\mathrm{d}y\right\}$，其中(S)是平面 $x-y+z=1$ 位于第四卦限部分的上侧，$f$ 是一个连续函数.

7. 计算曲面积分 $\iint\limits_{(S)}\boldsymbol{F}\cdot\mathrm{d}\boldsymbol{S}$，其中：

(1) 向量场 $\boldsymbol{F}=x\boldsymbol{i}+y\boldsymbol{j}+z\boldsymbol{k}$，有向曲面(S)是球面 $x^2+y^2+z^2=a^2$ 的外侧；

(2) 向量场 $\boldsymbol{F}=y\boldsymbol{i}-x\boldsymbol{j}+z^2\boldsymbol{k}$，有向曲面(S)是圆锥面 $z=\sqrt{x^2+y^2}$ 落在 $0\leqslant x\leqslant 1$ 和 $0\leqslant y\leqslant 1$ 部分的下侧；

(3) 向量场 $\boldsymbol{F}=\dfrac{x\boldsymbol{i}+y\boldsymbol{j}+z\boldsymbol{k}}{x^2+y^2+z^2}$，有向曲面(S)是上半球面 $z=\sqrt{R^2-x^2-y^2}$ 的下侧.

8. 求向量场 $\boldsymbol{r}=(x,y,z)$ 分别穿过以下曲面的通量：

(1) 圆柱体 $x^2+y^2\leqslant a^2(0\leqslant z\leqslant h)$ 的侧面的外侧；

(2) 上面的圆柱体的所有表面的外侧.

9. 将第二类曲面积分 $\iint\limits_{(S)}[P(x,y,z)\mathrm{d}y\wedge\mathrm{d}z+Q(x,y,z)\mathrm{d}z\wedge\mathrm{d}x+R(x,y,z)\mathrm{d}x\wedge\mathrm{d}y]$ 化为第一类曲面积分，其中(S)分别为：

(1) 平面 $3x+2y+z=6$ 位于第一卦限部分的上侧；

(2) 抛物面 $z=8-(x^2+y^2)$ 落在 $xOy$ 平面上面部分的下侧.

## 习题 11.3 B

1. 计算下列曲面积分：

(1) $\iint\limits_{(S)}z\mathrm{d}S$，其中(S)是螺旋面部分：$x=\mu\cos\theta,y=\mu\sin\theta,z=\theta(0\leqslant\mu\leqslant a,0\leqslant\theta\leqslant 2\pi)$；

(2) $\iint\limits_{(S)} z^2 \mathrm{d}S$,其中(S)是圆锥面部分：$x=r\cos\varphi\sin\alpha, y=r\sin\varphi\sin\alpha, z=r\cos\alpha(0\leqslant r\leqslant a,$ $0\leqslant\varphi\leqslant 2\pi)$，且 $\alpha$ 是常数$\left(0<\alpha<\dfrac{\pi}{2}\right)$；

(3) $\iint\limits_{(S)} \dfrac{x\mathrm{d}y\wedge\mathrm{d}z+z^2\mathrm{d}x\wedge\mathrm{d}y}{x^2+y^2+z^2}$,其中(S)是由曲面 $x^2+y^2=R^2$ 和平面 $z=R, z=-R(R>0)$ 所围的空间区域的边界的外侧.

2. 设球面(S)的半径为 $R$ 且球心位于给定球面 $x^2+y^2+z^2=a^2(a>0)$ 上，求 $R$ 的值使得(S)位于给定球面的内部的面积最大.

3. 设上半椭圆面(S)的方程是$\dfrac{x^2}{2}+\dfrac{y^2}{2}+z^2=1(z>0)$. 取一点 $P(x,y,z)\in(S)$，$\pi$ 为(S)在点 $P$ 处的切平面并设 $\rho(x,y,z)$是点 $O(0,0,0)$到平面 $\pi$ 的距离，求 $\iint\limits_{(S)}\dfrac{z}{\rho(x,y,z)}\mathrm{d}S$.

4. 求圆锥面$\dfrac{x^2}{a^2}+\dfrac{y^2}{a^2}-\dfrac{z^2}{b^2}=0(0\leqslant z\leqslant b, a>0)$对 $z$ 轴的转动惯量，其中密度是常数 $\mu$.

5. 设半径为 $r$ 的小球 $B$ 的中心在一个半径为 $a$ 的给定小球的表面上，求 $r$ 使得小球 $B$ 的表面落在给定小球内部的面积最大.

6. 设 $P(x,y,z), Q(x,y,z), R(x,y,z)$都是连续函数，$M$ 为 $\sqrt{P^2+Q^2+R^2}$ 的最大值，且(S)是光滑曲面，其面积为 $S$. 证明

$$\left|\iint\limits_{(S)} P(x,y,z)\mathrm{d}y\wedge\mathrm{d}z+Q(x,y,z)\mathrm{d}z\wedge\mathrm{d}x+R(x,y,z)\mathrm{d}x\wedge\mathrm{d}y\right|\leqslant MS.$$

## 11.4 高斯公式

在第 11.2 节中，我们介绍了计算平面封闭曲线上的曲线积分与其围成区域上的二重积分联系的格林公式. 本节将介绍格林公式在三维空间上的推广——**高斯**(Gauss)**公式**，该公式给出了空间封闭曲面上的曲面积分与其围成的立体上的三重积分的联系.

首先，给出空间区域的一些说明. 设$(V)$是一个空间区域，若在$(V)$中的任何两点都可以用全属于这个区域的曲线连接起来，则该区域称为**单连通区域**. 进一步，如果对于这个区域内的任何封闭曲线都可不经过区域外的点而连续收缩为一点，则称此空间区域为**一维单连通区域**；如果对于这个区域内的任何封闭曲面都可不经过区域外的点而连续收缩为一点，则称此空间区域为**二维单连通区域**. 例如，球的内部区域$(V)=\{x^2+y^2+z^2<R^2\}$是二维单连通的；两个同心球之间的区域$(V)=\{a^2<x^2+y^2+z^2<b^2,(a<b)\}$是一维单连通的，但不是二维单连通的；圆环面的内部区域$(V)=\{a^2<x^2+y^2<b^2, z=0\}$既不是二维单连通的，也不是一维单连通的.

**定理 11.4.1(高斯公式)** 设空间二维单连通区域$(V)$的边界是一个分片光滑的简单闭曲面(S)，并设向量场 $\boldsymbol{F}=(P(x,y,z),Q(x,y,z),R(x,y,z))\in C^{(1)}((V))$，则

$$\iiint\limits_{(V)}\left(\frac{\partial P}{\partial x}+\frac{\partial Q}{\partial y}+\frac{\partial R}{\partial z}\right)\mathrm{d}V=\oiint\limits_{(+S)} P\mathrm{d}y\mathrm{d}z+Q\mathrm{d}z\mathrm{d}x+R\mathrm{d}x\mathrm{d}y. \tag{11.4.1}$$

这里$(+S)$表示曲面积分是沿着曲面(S)的外法线方向.

**证明** 这里只证明

$$\iiint\limits_{(V)} \frac{\partial R}{\partial z} \mathrm{d}V = \oiint\limits_{(S)} R \mathrm{d}x \mathrm{d}y, \tag{11.4.2}$$

式(11.4.1)中的其他两项的证明与这一项是类似的，留给读者.我们分两步证明式(11.4.2).

步骤 1. 设空间二维单连通区域$(V)$是一个 $xy$ 型区域(任意一条平行于坐标轴的直线与边界曲面$(S)$至多只有两个交点).通常，其边界曲面$(S)$至多包含三片：底部曲面$(S_1)$，顶部曲面$(S_2)$及垂直面的侧面$(S_3)$(如图 11.4.1 所示)，即

$$(V) = \{(x,y,z) \mid z_1(x,y) \leqslant z \leqslant z_2(x,y),(x,y) \in (\sigma_{xy})\},$$

其中$(\sigma_{xy})$是$(V)$在 $xOy$ 平面的投影.则

$$\begin{aligned}\iiint\limits_{(V)} \frac{\partial R}{\partial z} \mathrm{d}V &= \iint\limits_{(\sigma_{xy})} \mathrm{d}\sigma \int_{z_1(x,y)}^{z_2(x,y)} \frac{\partial R}{\partial z} \mathrm{d}z \\ &= \iint\limits_{(\sigma_{xy})} \Big\{ R[x,y,z_2(x,y)] - R[x,y,z_1(x,y)] \Big\} \mathrm{d}\sigma.\end{aligned}$$

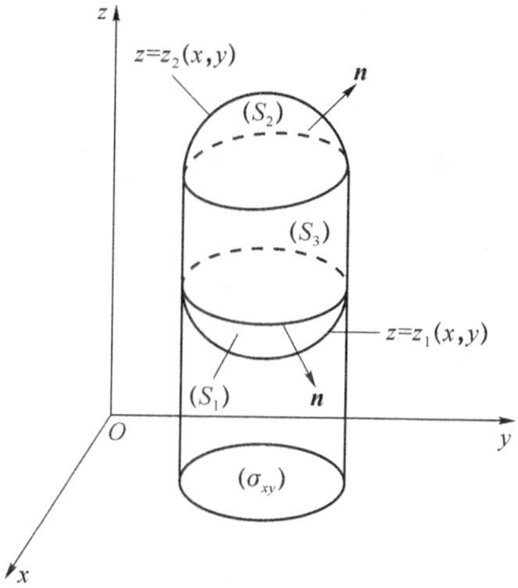

图 11.4.1

另外，曲面积分

$$\begin{aligned}\oiint\limits_{(S)} R \mathrm{d}x \mathrm{d}y &= \iint\limits_{(S_2)} R \mathrm{d}x \mathrm{d}y + \iint\limits_{(S_3)} R \mathrm{d}x \mathrm{d}y + \iint\limits_{(S_1)} R \mathrm{d}x \mathrm{d}y \\ &= \iint\limits_{(\sigma_{xy})} R[x,y,z_2(x,y)] \mathrm{d}\sigma + 0 + \iint\limits_{(\sigma_{xy})} -R[x,y,z_1(x,y)] \mathrm{d}\sigma \\ &= \iint\limits_{(\sigma_{xy})} \Big\{ R[x,y,z_2(x,y)] - R[x,y,z_1(x,y)] \Big\} \mathrm{d}\sigma.\end{aligned}$$

因此，当空间二维单连通区域$(V)$是 $xy$ 型区域时，公式(11.4.2)成立.

步骤 2. 若空间二维单连通区域$(V)$不是 $xy$ 型区域，可将区域$(V)$划分成若干子区域使得每一个子区域都是 $xy$ 型区域.对每一个子区域都应用上面步骤 1 的结论，并将它们相加，可证明公式(11.4.2)成立.

**注** 若空间区域$(V)$不是二维单连通的，其边界曲面$(S)$包含若干分片光滑的简单闭曲面，则高斯公式在区域$(V)$上仍成立，此时边界曲面的法方向仍取外法线方向.

$\nabla$ 为向量微分算子，应用算子的运算，高斯公式可化简成向量形式：

$$\iiint\limits_{(V)} \nabla \cdot \boldsymbol{F} \mathrm{d}V = \oiint\limits_{(+S)} \boldsymbol{F} \cdot \mathrm{d}\boldsymbol{S}, \tag{11.4.3}$$

其中$\nabla \cdot \boldsymbol{F}=\dfrac{\partial P}{\sigma x}+\dfrac{\partial Q}{\sigma y}+\dfrac{\partial R}{\sigma z}$,$(+S)$表示$(V)$的边界曲面$(S)$的外法线方向.

**高斯公式的另一种形式** 设平面区域$(\sigma)$的边界曲线为$(C)$,且向量场$\boldsymbol{F}=(P(x,y),Q(x,y))$满足格林公式的假设条件.由第 11.2 节可知格林公式为

$$\oint\limits_{(+C)} \boldsymbol{F} \cdot \mathrm{d}\boldsymbol{r} = \oint\limits_{(+C)} P\mathrm{d}x + Q\mathrm{d}y = \iint\limits_{(\sigma)} \left(\frac{\partial Q}{\partial x} - \frac{\partial P}{\partial y}\right)\mathrm{d}x\mathrm{d}y.$$

它表示 $\boldsymbol{F}$ 沿$(C)$的切向分量的曲线积分.现在可推导出 $\boldsymbol{F}$ 沿$(C)$的法向分量的曲线积分公式有类似的形式.

设$\boldsymbol{T}=(\cos\alpha,\cos\beta)$为曲线$(C)$的正向单位切向量,则$(C)$的向外单位法向量 $\boldsymbol{n}$ 必为$\boldsymbol{n}=(\cos\beta,-\cos\alpha)$.故

$$\oint\limits_{(+C)} \boldsymbol{F} \cdot \boldsymbol{n}\mathrm{d}S = \oint\limits_{(+C)} -Q\mathrm{d}x + P\mathrm{d}y = \iint\limits_{(\sigma)} \left(\frac{\partial P}{\partial x} + \frac{\partial Q}{\partial y}\right)\mathrm{d}x\mathrm{d}y.$$

由此可见,格林公式是高斯公式的特殊情形.

**例 11.4.1** 计算对坐标的曲面积分

$$I = \iint\limits_{(S)} [x^3\mathrm{d}y \wedge \mathrm{d}z + y^3\mathrm{d}z \wedge \mathrm{d}x + (z^3 + x^2 + y^2)\mathrm{d}x \wedge \mathrm{d}y],$$

其中有向曲面$(S)$分别为:

(1) 球面 $x^2+y^2+z^2=R^2$ 的外侧;

(2) 上半球面 $z=\sqrt{R^2-x^2-y^2}$的上侧.

**解** (1) 设球面$(S)$所围成的区域为$(V)$,由高斯公式可得

$$I = \iiint\limits_{(V)} 3(x^2 + y^2 + z^2)\mathrm{d}V = 3\int_0^{2\pi}\mathrm{d}\varphi\int_0^{\pi}\mathrm{d}\theta\int_0^R r^4\sin\theta\mathrm{d}r = \frac{12}{5}\pi R^5.$$

(2) 曲面$(S)$不是封闭的.为应用高斯公式,首先补上 $xOy$ 平面上的圆面$(S_1)$:$x^2+y^2=R^2$,其法线方向朝下.由半球面$(S)$和圆面$(S_1)$所围成的区域记为$(V_1)$.显然地,区域$(V_1)$的边界法向量朝外.应用高斯公式可得

$$\begin{aligned} I &= \iint\limits_{(S)\text{上}} [x^3\mathrm{d}y\wedge\mathrm{d}z + y^3\mathrm{d}z\wedge\mathrm{d}x + (z^3 + x^2 + y^2)\mathrm{d}x\wedge\mathrm{d}y] \\ &= \iint\limits_{(S)\text{上}} [x^3\mathrm{d}y\wedge\mathrm{d}z + y^3\mathrm{d}z\wedge\mathrm{d}x + (z^3 + x^2 + y^2)\mathrm{d}x\wedge\mathrm{d}y] + \\ &\quad \iint\limits_{(S_1)\text{下}} [x^3\mathrm{d}y\wedge\mathrm{d}z + y^3\mathrm{d}z\wedge\mathrm{d}x + (z^3 + x^2 + y^2)\mathrm{d}x\wedge\mathrm{d}y] - \\ &\quad \iint\limits_{(S_1)\text{下}} [x^3\mathrm{d}y\wedge\mathrm{d}z + y^3\mathrm{d}z\wedge\mathrm{d}x + (z^3 + x^2 + y^2)\mathrm{d}x\wedge\mathrm{d}y] \\ &= \iint\limits_{(S\cup S_1)\text{外}} [x^3\mathrm{d}y\wedge\mathrm{d}z + y^3\mathrm{d}z\wedge\mathrm{d}x + (z^3 + x^2 + y^2)\mathrm{d}x\wedge\mathrm{d}y] + \\ &\quad \iint\limits_{(S_1)\text{上}} [x^3\mathrm{d}y\wedge\mathrm{d}z + y^3\mathrm{d}z\wedge\mathrm{d}x + (z^3 + x^2 + y^2)\mathrm{d}x\wedge\mathrm{d}y] \\ &= \iiint\limits_{(V_1)} 3(x^2 + y^2 + z^2)\mathrm{d}V + \iint\limits_{(S_1)} (x^2 + y^2)\mathrm{d}\sigma = \frac{6}{5}\pi R^5 + \frac{\pi R^4}{2}. \end{aligned}$$

■

在物理学中，高斯定理又被称为散度定理. 下面从**散度**的角度来考察高斯定理，为此先介绍散度的定义.

**定义 11.4.2** 设 $\boldsymbol{F}$ 在 $(V)((V)\subset\mathbf{R}^3)$ 上是一连续向量场. 对任意点 $M\in(V)$，设 $(\Delta V)\subset(V)$ 是包含点 $M$ 的区域且 $(\Delta S)$ 是 $(\Delta V)$ 的向外的边界曲面. 用 $\Delta V$ 表示 $(\Delta V)$ 的体积，若极限

$$\lim_{(\Delta V)\to M}\frac{\oiint\limits_{(\Delta S)}\boldsymbol{F}\cdot\mathrm{d}\boldsymbol{S}}{\Delta V} \tag{11.4.4}$$

存在，则此极限称为 $\boldsymbol{F}$ 在点 $M$ 处的散度，记为 $\operatorname{div}\boldsymbol{F}(M)$.

物理中，向量场 $\boldsymbol{F}$ 在点 $M$ 处的散度表示该场 $\boldsymbol{F}$ 在点 $M$ 处的通量密度.

若 $\boldsymbol{F}=(P(x,y,z),Q(x,y,z),R(x,y,z))$ 有连续的偏导数，则其散度可用一个简单的公式来表示. 事实上，由高斯公式及积分中值定理可得

$$\begin{aligned}\operatorname{div}\boldsymbol{F}(M) &= \lim_{(\Delta V)\to M}\frac{1}{\Delta V}\oiint\limits_{(\Delta S)}\boldsymbol{F}\cdot\mathrm{d}\boldsymbol{S}\\ &= \lim_{(\Delta V)\to M}\frac{1}{\Delta V}\iiint\limits_{(\Delta V)}\left(\frac{\partial P}{\partial x}+\frac{\partial Q}{\partial y}+\frac{\partial R}{\partial z}\right)\mathrm{d}V\\ &= \lim_{M'\to M}\left(\frac{\partial P}{\partial x}+\frac{\partial Q}{\partial y}+\frac{\partial R}{\partial z}\right)\Bigg|_{M'}\\ &= \left(\frac{\partial P}{\partial x}+\frac{\partial Q}{\partial y}+\frac{\partial R}{\partial z}\right)\Bigg|_{M}\end{aligned}$$

即

$$\boxed{\operatorname{div}\boldsymbol{F}=\frac{\partial P}{\partial x}+\frac{\partial Q}{\partial y}+\frac{\partial R}{\partial z}.} \tag{11.4.5}$$

高斯公式可改写为

$$\iiint\limits_{(V)}\operatorname{div}\boldsymbol{F}\mathrm{d}V=\oiint\limits_{(S)}\boldsymbol{F}\cdot\mathrm{d}\boldsymbol{S}. \tag{11.4.6}$$

高斯散度定理表明，对某一个体积内的散度进行积分，就得到这个体积内的总通量. ■

**例 11.4.2** 求由矢径 $\boldsymbol{r}=(x,y,z)$ 构成的向量场的散度.

**解** 根据散度的计算公式(11.4.5)有

$$\nabla\cdot\boldsymbol{r}=\operatorname{div}\boldsymbol{r}=\frac{\partial x}{\partial x}+\frac{\partial y}{\partial y}+\frac{\partial z}{\partial z}=3.$$ ■

**例 11.4.3** 在带电量为 $q$ 的位于点 $M_0$ 处的点电荷产生的电场中：

(1) 求电位移矢量 $\boldsymbol{D}$ 穿过以 $M_0$ 为中心，以 $R$ 为半径的球面 $(S)$ 的电通量 $\Phi_e$；

(2) 求 $\boldsymbol{D}$ 的散度.

**解** 由物理知识可知电位移矢量为

$$\boldsymbol{D}=\frac{q}{4\pi r^2}\boldsymbol{e}_r\quad(r\neq 0),$$

其中 $r$ 为 $M_0\neq\mathbf{0}$ 与任一点 $M$ 的距离，$\boldsymbol{e}_r$ 是从点 $M_0$ 指向点 $M$ 的单位向量.

(1) 由于 $\boldsymbol{e}_r$ 可看作是球面 $(S)$ 的法向量 $\boldsymbol{e}_n$，

$$\Phi_e=\oiint\limits_{(S)}\boldsymbol{D}\cdot\mathrm{d}\boldsymbol{S}=\oiint\limits_{(S)}\frac{q}{4\pi r^2}\boldsymbol{e}_r\cdot\boldsymbol{e}_n\mathrm{d}S=\frac{q}{4\pi R^2}\oiint\limits_{(S)}\mathrm{d}S=q.$$

这一结果表明在球面 $(S)$ 的内部有一电量为 $q$ 的点电荷.

(2) 将 $\boldsymbol{D}$ 先通过坐标标出再利用公式(11.4.5)求散度是十分烦琐的. 但是，利用导数和梯

度的运算法则可得

$$\operatorname{div}\boldsymbol{D}=\nabla\cdot\boldsymbol{D}=\nabla\cdot\left(\frac{q}{4\pi r^2}\boldsymbol{e}_r\right)=\frac{q}{4\pi}\nabla\cdot\left(\frac{1}{r^3}\boldsymbol{r}\right)$$

$$=\frac{q}{4\pi}\left(\frac{1}{r^3}\nabla\cdot\boldsymbol{r}+\nabla\frac{1}{r^3}\cdot\boldsymbol{r}\right)\quad(r\neq 0).$$

由例 11.4.2 知$\nabla\cdot\boldsymbol{r}=3$,而

$$\nabla\frac{1}{r^3}=-3\frac{1}{r^5}\boldsymbol{r},$$

因此
$$\operatorname{div}\boldsymbol{D}=\frac{q}{4\pi}\left(\frac{3}{r^3}-\frac{3}{r^5}\boldsymbol{r}\cdot\boldsymbol{r}\right)=\frac{q}{4\pi}\left(\frac{3}{r^3}-\frac{3}{r^3}\right)=0\quad(r\neq 0).$$ ■

## 习题 11.4 A

1. 应用高斯公式计算下列曲面积分：

(1) $\oiint\limits_{(S)}(xy\mathrm{d}y\wedge\mathrm{d}z+yz\mathrm{d}z\wedge\mathrm{d}x+zx\mathrm{d}x\wedge\mathrm{d}y)$,其中(S)是平面 $x=0,y=0,z=0$ 及 $x+y+z=1$ 所围成的四面体表面的外侧；

(2) $\oiint\limits_{(S)}(x^2\mathrm{d}y\wedge\mathrm{d}z+y^2\mathrm{d}z\wedge\mathrm{d}x+z^2\mathrm{d}x\wedge\mathrm{d}y)$,其中(S)是立方体 $0\leqslant x\leqslant a,0\leqslant y\leqslant a,0\leqslant z\leqslant a$ 表面的外侧；

(3) $\oiint\limits_{(S)}(x^3\mathrm{d}y\wedge\mathrm{d}z+y^3\mathrm{d}z\wedge\mathrm{d}x+z^3\mathrm{d}x\wedge\mathrm{d}y)$,其中(S)是球面 $x^2+y^2+z^2=R^2$ 的外侧；

(4) $\iint\limits_{(S)}[(x^2-2xy)\mathrm{d}y\wedge\mathrm{d}z+(y^2-2yz)\mathrm{d}z\wedge\mathrm{d}x+(1-2xz)\mathrm{d}x\wedge\mathrm{d}y]$,其中(S)是以原点为圆心,以 $a$ 为半径的上半球面的上侧；

(5) $\oiint\limits_{(S)}[yz\mathrm{d}z\wedge\mathrm{d}x+(x^2+y^2)z\mathrm{d}x\wedge\mathrm{d}y]$,其中(S)是由 $z=x^2+y^2,x=0,y=0$ 及 $z=1$ 所围立方体在第一卦限内的边界表面的上侧；

(6) $\oiint\limits_{(S)}(x^2\cos\alpha+y^2\cos\beta+z^2\cos\gamma)\mathrm{d}S$,其中(S)是圆锥体 $x^2+y^2\leqslant z^2(0\leqslant z\leqslant h)$的边界曲面,其中 $\cos\alpha,\cos\beta,\cos\gamma$ 为曲面(S)的外法向量的方向余弦；

(7) $\iint\limits_{(S)}[x\mathrm{d}y\wedge\mathrm{d}z+y\mathrm{d}z\wedge\mathrm{d}x+(x+y+z+1)\mathrm{d}x\wedge\mathrm{d}y]$,其中(S)是半椭圆 $z=c\sqrt{1-\frac{x^2}{a^2}-\frac{y^2}{b^2}}(a,b,c>0)$的上侧；

(8) $\iint\limits_{(S)}[4xz\mathrm{d}y\wedge\mathrm{d}z+2yz\mathrm{d}z\wedge\mathrm{d}x+(1-z^2)\mathrm{d}x\wedge\mathrm{d}y]$,其中(S)是由曲线 $z=\mathrm{e}^y(0\leqslant y\leqslant a)$在 $yOz$ 平面绕 $z$ 轴旋转形成的旋转面的下侧.

2. 设曲面(S)为上半球面 $x^2+y^2+z^2=a^2(z\geqslant 0)$,其法向量 $\boldsymbol{n}$ 与 $z$ 轴正向的夹角为锐角.求向量场 $\boldsymbol{r}=x\boldsymbol{i}+y\boldsymbol{j}+z\boldsymbol{k}$ 向 $\boldsymbol{n}$ 所指的一侧穿过(S)的通量.

3. 求下列向量场 $\boldsymbol{A}$ 在给定点的散度：

(1) $\boldsymbol{A}=x^3\boldsymbol{i}+y^3\boldsymbol{j}+z^3\boldsymbol{k}$ 在点 $M(1,0,-1)$；

(2) $\boldsymbol{A}=4x\boldsymbol{i}-2xy\boldsymbol{j}+z^2\boldsymbol{k}$ 在点 $M(1,1,3)$;

(3) $\boldsymbol{A}=xyz\boldsymbol{r}$ 在点 $M(1,2,3)$,其中 $\boldsymbol{r}=x\boldsymbol{i}+y\boldsymbol{j}+z\boldsymbol{k}$.

## 习题 11.4 B

1. 设函数 $\boldsymbol{F}(x,y,z)=f\left(xy,\frac{x}{z},\frac{y}{z}\right)$有二阶连续偏导数,求 $\mathrm{div}(\mathbf{grad}\,\boldsymbol{F})$.

2. 求 $f(r)$的表达式,使得 $\mathrm{div}(\mathbf{grad}\,f(r))=0$.

# 11.5 斯托克斯公式及其应用

高斯公式是格林公式在三维空间的推广,而格林公式还可从平面推广到曲面,就是本节要介绍的斯托克斯公式.该公式使具有光滑边界闭曲线$(C)$的光滑曲面$(S)$上的曲面积分与沿着边界闭曲线$(C)$的曲线积分联系起来.

## 11.5.1 斯托克斯公式

**定理 11.5.1(斯托克斯(Stocks)公式)** 设$(S)$是分片光滑的有向曲面且其边界$(C)$是分段光滑的有向闭曲线,它们的正向符合右手螺旋法则,并设函数 $P(x,y,z)$,$Q(x,y,z)$,$R(x,y,z)$在曲面$(S)$以及曲线$(C)$上有连续偏导数.则

$$\int_{(C)}(P\mathrm{d}x+Q\mathrm{d}y+R\mathrm{d}z)=\iint_{(S)}\left[\left(\frac{\partial R}{\partial y}-\frac{\partial Q}{\partial z}\right)\mathrm{d}y\mathrm{d}z+\left(\frac{\partial P}{\partial z}-\frac{\partial R}{\partial x}\right)\mathrm{d}z\mathrm{d}x+\left(\frac{\partial Q}{\partial x}-\frac{\partial P}{\partial y}\right)\mathrm{d}x\mathrm{d}y\right].\tag{11.5.1}$$

设 $\boldsymbol{F}=(P,Q,R)$,则有

$$\left(\frac{\partial R}{\partial y}-\frac{\partial Q}{\partial z}\right)\boldsymbol{i}+\left(\frac{\partial P}{\partial z}-\frac{\partial R}{\partial x}\right)\boldsymbol{j}+\left(\frac{\partial Q}{\partial x}-\frac{\partial P}{\partial y}\right)\boldsymbol{k}=\begin{vmatrix}\boldsymbol{i}&\boldsymbol{j}&\boldsymbol{k}\\ \frac{\partial}{\partial x}&\frac{\partial}{\partial y}&\frac{\partial}{\partial z}\\ P&Q&R\end{vmatrix}=\nabla\times\boldsymbol{F}.\tag{11.5.2}$$

于是斯托克斯公式写成向量形式为

$$\oint_{(C)}\boldsymbol{F}\cdot\mathrm{d}\boldsymbol{r}=\iint_{(S)}(\nabla\times\boldsymbol{F})\cdot\mathrm{d}\boldsymbol{S}=\iint_{(S)}(\nabla\times\boldsymbol{F})\cdot\boldsymbol{n}\mathrm{d}S,\tag{11.5.3}$$

其中 $\boldsymbol{n}$ 为有向曲面$(S)$的正单位法向量.

特别地,若 $\boldsymbol{F}$ 退化为平面向量场,即 $\boldsymbol{F}=(P,Q)$,则斯托克斯公式将退化成格林公式(11.2.1).

**证明** 公式(11.5.1)里涉及函数 $P$,$Q$ 及 $R$ 的三个积分.这里只证明关于 $P$ 的积分:

$$\oint_{(C)}P\mathrm{d}x=\iint_{(S)}\left(\frac{\partial P}{\partial z}\mathrm{d}z\mathrm{d}x-\frac{\partial P}{\partial y}\mathrm{d}x\mathrm{d}y\right).\tag{11.5.4}$$

我们只给出一种特殊情况的证明,设曲线$(S)$的方程是函数 $z=z(x,y)$,$(x,y)\in(\sigma)$.此

时$(\sigma)$的边界$(\Gamma)$恰好是曲面的边界在 $xOy$ 面的投影$(C)$，如图 11.5.1 所示. 此外，我们假设$(S)$的方向是向上的，则$(C)$的正方向就是$(\Gamma)$的正方向.

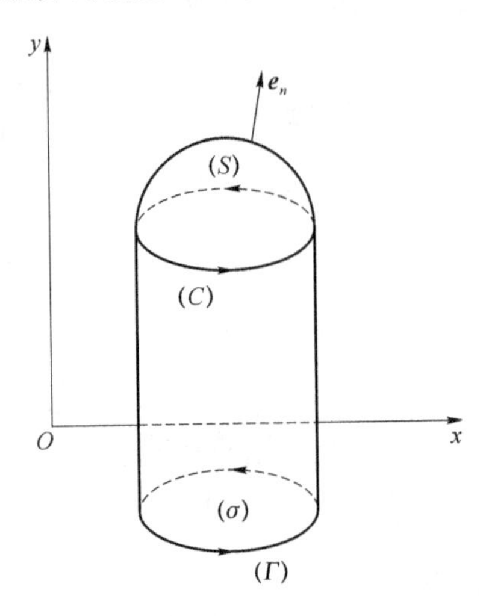


图 11.5.1

对等式(11.5.4)的右边应用公式(11.3.8)可得

$$\iint_{(S)}\left(\frac{\partial P}{\partial z}\mathrm{d}z\mathrm{d}x-\frac{\partial P}{\partial y}\mathrm{d}x\mathrm{d}y\right)=-\iint_{(\sigma)}(P_z z_y(x,y)+P_y)\mathrm{d}x\mathrm{d}y,$$

其中 $P$ 的偏导数是在点$(x,y,z(x,y))$处求得的.

设$(\Gamma)$的参数方程为

$$x=x(t),\quad y=y(t)\quad (\alpha\leqslant t\leqslant\beta),$$

其中 $t$ 的增加方向为$(\Gamma)$的正向，则$(C)$的参数方程为

$$x=x(t),\quad y=y(t),\quad z=z(x(t),y(t))\quad (\alpha\leqslant t\leqslant\beta).$$

故

$$\begin{aligned}\oint_{(C)}P(x,y,z)\mathrm{d}x&=\int_\alpha^\beta P(x(t),y(t),z(x(t),y(t)))x'(t)\mathrm{d}t\\&=\oint_{(\Gamma)}P(x,y,z(x,y))\mathrm{d}x\\&=-\iint_{(\sigma)}[P_y(x,y,z(x,y))+P_z(x,y,z(x,y))z_y(x,y)]\mathrm{d}\sigma.\end{aligned}$$

因此式(11.5.4)成立. ■

**例 11.5.1** 计算曲线积分

$$I=\oint_{(C)}(z\mathrm{d}x+x\mathrm{d}y+y\mathrm{d}z),$$

其中曲线$(C)$是平面 $x+y+z=1$ 被三个坐标平面所截成的三角形$(S)$的边界，其正向与平面 $x+y+z=1$的向上法向量构成右手系.

**解** 设 $\boldsymbol{F}=(z,x,y)$，则

$$\nabla\times\boldsymbol{F}=\begin{vmatrix}\boldsymbol{i}&\boldsymbol{j}&\boldsymbol{k}\\\dfrac{\partial}{\partial x}&\dfrac{\partial}{\partial y}&\dfrac{\partial}{\partial z}\\z&x&y\end{vmatrix}=\boldsymbol{i}+\boldsymbol{j}+\boldsymbol{k}.$$

平面 $x+y+z=1$ 的单位法向量为

$$\boldsymbol{n}=\left(\frac{1}{\sqrt{3}},\frac{1}{\sqrt{3}},\frac{1}{\sqrt{3}}\right).$$

由斯托克斯公式(11.5.3)可得

$$I=\iint_{(S)}(\nabla\times\boldsymbol{F})\cdot\boldsymbol{n}\mathrm{d}S=\iint_{(S)}(1,1,1)\cdot\left(\frac{1}{\sqrt{3}},\frac{1}{\sqrt{3}},\frac{1}{\sqrt{3}}\right)\mathrm{d}S$$

$$=\sqrt{3}\iint_{(S)}\mathrm{d}S=\sqrt{3}\iint_{(\sigma)}\sqrt{3}\mathrm{d}\sigma=\frac{3}{2},$$

其中$(\sigma)$是三角形$(S)$在$xOy$平面的投影区域. ■

和高斯公式一样,斯托克斯公式在物理学中有着重要的意义.下面首先介绍物理中**环流量与旋度**的概念,然后从物理学角度来理解斯托克斯公式.

**定义 11.5.1** 称曲线积分

$$\oint_{(C)}\boldsymbol{F}(x,y,z)\cdot\mathrm{d}\boldsymbol{r}=\oint_{(C)}[P(x,y,z)\mathrm{d}x+Q(x,y,z)\mathrm{d}y+R(x,y,z)\mathrm{d}z]$$

为向量场$\boldsymbol{F}(x,y,z)$沿闭曲线$(C)$的**环流量**.称

$$\left(\frac{\partial R}{\partial y}-\frac{\partial Q}{\partial z},\frac{\partial P}{\partial z}-\frac{\partial R}{\partial x},\frac{\partial Q}{\partial x}-\frac{\partial P}{\partial y}\right)$$

为向量场$\boldsymbol{F}$的**旋度**,记为 curl $\boldsymbol{F}$ 或 rot $\boldsymbol{F}$. curl $\boldsymbol{F}(M)$表示向量场$\boldsymbol{F}$在点$M$处的**环流量密度**,且有

$$\text{rot}\,\boldsymbol{F}=\nabla\times\boldsymbol{F}=\begin{vmatrix}\boldsymbol{i}&\boldsymbol{j}&\boldsymbol{k}\\\frac{\partial}{\partial x}&\frac{\partial}{\partial y}&\frac{\partial}{\partial z}\\P&Q&R\end{vmatrix}=\left(\frac{\partial R}{\partial y}-\frac{\partial Q}{\partial z},\frac{\partial P}{\partial z}-\frac{\partial R}{\partial x},\frac{\partial Q}{\partial x}-\frac{\partial P}{\partial y}\right).\tag{11.5.5}$$

根据环流量的定义,斯托克斯公式可写成如下形式:

$$\oint_{(C)}\boldsymbol{F}\cdot\mathrm{d}\boldsymbol{r}=\iint_{(S)}(\text{curl}\,\boldsymbol{F})\cdot\mathrm{d}\boldsymbol{S}=\iint_{(S)}(\nabla\times\boldsymbol{F})\cdot\mathrm{d}\boldsymbol{S}.\tag{11.5.6}$$

斯托克定理(公式)实际上将在欧氏空间上的向量场的旋度的曲面积分与向量场在曲面边界上的线积分建立了联系.具体就是,向量场$\boldsymbol{F}$在某个曲面的封闭边界上的闭合路径积分等于$\boldsymbol{F}$的旋度场在这个曲面上的积分.

**例 11.5.2** 设静电场是由点电荷$q$产生的,求电场强度$\boldsymbol{E}$的旋度.

**解** 我们知道

$$\boldsymbol{E}=\frac{q}{4\pi\varepsilon r^3}\boldsymbol{r}\quad(r\neq0),$$

其中$\boldsymbol{r}=(x,y,z)$且$r=\|\boldsymbol{r}\|$.则

$$\text{curl}\,\boldsymbol{E}=\nabla\times\boldsymbol{E}=\frac{q}{4\pi\varepsilon}\nabla\times\left(\frac{1}{r^3}\boldsymbol{r}\right)=\frac{q}{4\pi\varepsilon}\begin{vmatrix}\boldsymbol{i}&\boldsymbol{j}&\boldsymbol{k}\\\frac{\partial}{\partial x}&\frac{\partial}{\partial y}&\frac{\partial}{\partial z}\\\frac{x}{r^3}&\frac{y}{r^3}&\frac{z}{r^3}\end{vmatrix}=(0,0,0).$$ ■

旋度有两个重要的性质:

(1) 矢量场的旋度的散度恒为零:$\nabla\cdot\nabla\times\boldsymbol{F}=0$;

(2) 标量场的梯度的旋度恒为零:$\nabla\times\nabla f=\boldsymbol{0}$.

## *11.5.2 空间曲线积分与路径无关的条件

**定理 11.5.2** 设空间区域$(G)$是一维单连通区域,且向量场

$$\boldsymbol{F}=(P(x,y,z),Q(x,y,z),R(x,y,z))\in C^{(1)}((G)),$$

则以下四个命题是等价的:

1° 向量场 $\boldsymbol{F}$ 是无旋场,即对空间区域$(G)$中的任一点总有

$$\frac{\partial R}{\partial y}=\frac{\partial Q}{\partial z},\quad \frac{\partial P}{\partial z}=\frac{\partial R}{\partial x},\quad \frac{\partial Q}{\partial x}=\frac{\partial P}{\partial y};$$

2° 沿空间区域$(G)$内的任意简单闭曲线$(C)$的环流量

$$\oint_{(C)}\boldsymbol{F}\cdot\mathrm{d}\boldsymbol{r}=\oint_{(C)}(P\mathrm{d}x+Q\mathrm{d}y+R\mathrm{d}z)=0;$$

3° 向量场 $\boldsymbol{F}$ 是保守场,即曲线积分 $\int_{(C)}\boldsymbol{F}\cdot\mathrm{d}\boldsymbol{r}$ 在$(G)$中与路径无关;

4° 向量场 $\boldsymbol{F}$ 是有势场,即 $P\mathrm{d}x+Q\mathrm{d}y+R\mathrm{d}z$ 是$(G)$内的某一函数的全微分.

利用定理 11.5.1(斯托克斯公式)可以证明定理 11.5.2,该证明留给感兴趣的读者.

在这里我们补充一些场论的知识.对于向量场 $\boldsymbol{F}$,若存在标量函数 $u$ 使得 $\boldsymbol{F}=\nabla u$,则称 $\boldsymbol{F}$ 力有势场;若满足$\nabla\cdot\boldsymbol{F}=0$,则称 $F$ 为无源场;若 $F$ 满足$\nabla\times\boldsymbol{F}=0$,则称 $\boldsymbol{F}$ 为无旋场;若曲线积分 $\int_{(C)}\boldsymbol{F}\cdot\mathrm{d}\boldsymbol{r}$ 与路径无关,则称 $\boldsymbol{F}$ 为保守场;若 $\boldsymbol{F}$ 既是有势场又是无源场,则称 $\boldsymbol{F}$ 为调和场.上定理表明,在一定条件下,保守场、有势场和无旋场三者等价.

**例 11.5.3** 验证向量场 $\boldsymbol{F}=(x^2-y^2,y^2-2xy,z^2+2)$是有势场,并求其势函数.

**解** 因为

$$\mathrm{rot}\,\boldsymbol{F}=\nabla\times\boldsymbol{F}=\begin{vmatrix}\boldsymbol{i}&\boldsymbol{j}&\boldsymbol{k}\\ \dfrac{\partial}{\partial x}&\dfrac{\partial}{\partial y}&\dfrac{\partial}{\partial z}\\ x^2-y^2&y^2-2xy&z^2+2\end{vmatrix}=(0,0,0),$$

所以 $\boldsymbol{F}$ 是一个有势场,也是一个无旋场.

正如平面曲线积分,对空间势场来说,我们可以选择一条简单的路径通过计算空间曲线积分来求其势函数,也可以用偏积分来求势函数.前者留给读者,现在介绍偏积分法.

求 $\boldsymbol{F}$ 的势函数即求函数 $u(x,y,z)$满足:

$$\frac{\partial u}{\partial x}=x^2-y^2,\tag{11.5.7}$$

$$\frac{\partial u}{\partial y}=y^2-2xy,\tag{11.5.8}$$

$$\frac{\partial u}{\partial z}=z^2+2.\tag{11.5.9}$$

方程(11.5.7)两边对 $x$ 积分,应注意积分常数可能含有变量 $y$ 和 $z$,得

$$u=\frac{1}{3}x^3-xy^2+\varphi(y,z),\tag{11.5.10}$$

对 $y$ 取偏导数并与式(11.5.8)比较得

$$\frac{\partial u}{\partial y}=-2xy+\frac{\partial\varphi}{\partial y}=y^2-2xy,$$

故

$$\frac{\partial\varphi}{\partial y}=y^2.$$

上式两边对 $y$ 积分得

$$\varphi(y,z)=\frac{1}{3}y^3+\psi(z),$$

代入式(11.5.10)得

$$u=\frac{1}{3}x^3-xy^2+\frac{1}{3}y^3+\psi(z),$$

取 $u$ 对 $z$ 的偏导数并与式(11.5.9)比较得

$$\frac{\partial u}{\partial z}=\frac{\partial \psi}{\partial z}=z^2+2,$$

故

$$\psi(z)=\frac{1}{3}z^3+2z+C.$$

因此向量场 $\boldsymbol{F}$ 的势函数为

$$\begin{aligned} u &=\frac{1}{3}x^3-xy^2+\frac{1}{3}y^3+\frac{1}{3}z^3+2z+C \\ &=\frac{1}{3}(x^3+y^3+z^3)-xy^2+2z+C. \end{aligned}$$

■

## 习题 11.5 A

1. 应用斯托克斯公式计算下列曲线积分：

(1) $\oint\limits_{(C)}(y\mathrm{d}x+z\mathrm{d}y+x\mathrm{d}z)$，其中$(C)$是圆：$x^2+y^2+z^2=a^2$，$x+y+z=0$，其方向与平面 $x+y+z=0$ 的法向量及 $\boldsymbol{n}=(1,1,1)$ 构成右手系；

(2) $\oint\limits_{(C)}[y(z+1)\mathrm{d}x+z(x+1)\mathrm{d}y+x(y+1)\mathrm{d}z]$，其中$(C)$是 $x^2+y^2+z^2=2(x+y)$ 与 $x+y=2$ 的交线，方向为从原点 $O(0,0,0)$ 看去的逆时针方向；

(3) $\oint\limits_{(C)}(3y\mathrm{d}x-xz\mathrm{d}y+yz^2\mathrm{d}z)$，其中$(C)$是圆周：$x^2+y^2=2z$，$z=2$，方向为从 $z$ 轴正向看去的逆时针方向；

(4) $\oint\limits_{(C)}[(z-y)\mathrm{d}x+(x-z)\mathrm{d}y+(y-x)\mathrm{d}z]$，其中$(C)$是三角形边界从点$(a,0,0)$穿过点$(0,a,0)$和$(0,0,a)$最后回到点$(a,0,0)$$(a>0)$.

2. 求向量场 $\boldsymbol{A}=(-y,x,c)$（$c$ 是常数）沿下列曲线的正方向的环流量：

(1) 圆周 $x^2+y^2=r^2$，$z=0$；

(2) 圆周$(x-2)^2+y^2=R^2$，$z=0$.

3. 求向量场 $\boldsymbol{A}=xyz(\boldsymbol{i}+\boldsymbol{j}+\boldsymbol{k})$ 在点 $M(1,3,2)$ 处的旋度以及 $\boldsymbol{A}$ 在点 $M$ 沿方向 $\boldsymbol{n}=\boldsymbol{i}+2\boldsymbol{j}+2\boldsymbol{k}$ 的环流密度.

4. 求下列各场的旋度：

(1) $\boldsymbol{A}=x^2\boldsymbol{i}+y^2\boldsymbol{j}+z^2\boldsymbol{k}$；

(2) $\boldsymbol{A}=yz\boldsymbol{i}+zx\boldsymbol{j}+xy\boldsymbol{k}$；

(3) $\boldsymbol{A}=\mathrm{e}^{xy}\boldsymbol{i}+\cos xy\boldsymbol{j}+\cos xz^2\boldsymbol{k}$ 在点 $M(0,1,2)$ 处；

(4) $\boldsymbol{A}=(3x^2-2yz, y^3+yz^2, xyz-3xz^2)$在点$M(1,-2,2)$处.

5. 设向量场$\boldsymbol{A}=3y\boldsymbol{i}+2z^2\boldsymbol{j}+xy\boldsymbol{k}$,向量场$\boldsymbol{B}=x^2\boldsymbol{i}-4\boldsymbol{k}$,求 Curl $\boldsymbol{A}\times\boldsymbol{B}$.

## 习题 11.5 B

1. 证明下列场为有势场并求其势函数:

(1) $\boldsymbol{A}=y\cos xy\boldsymbol{i}+x\cos xy\boldsymbol{j}+\sin z\boldsymbol{k}$;

(2) $\boldsymbol{A}=(2x\cos y-y^2\sin x)\boldsymbol{i}+(2y\cos x-x^2\sin y)\boldsymbol{j}+z\boldsymbol{k}$;

(3) $\boldsymbol{A}=2xyz^2\boldsymbol{i}+(x^2z^2+z\cos yz)\boldsymbol{j}+(2x^2yz+y\cos yz)\boldsymbol{k}$.

2. 求下列全微分的原函数:

(1) $\mathrm{d}u=(x^2-2yz)\mathrm{d}x+(y^2-2xz)\mathrm{d}y+(z^2-2xy)\mathrm{d}z$;

(2) $\mathrm{d}u=(3x^2-6xy^2)\mathrm{d}x+(6x^2y+4y^3)\mathrm{d}y$.

3. 证明全微分表达式 $P\mathrm{d}x+Q\mathrm{d}y$ 的任意两个原函数仅仅相差一个常数.

4. 设空间区域$(G)$是一维单连通域,向量场

$$\boldsymbol{A}(M)=(P(x,y,z),Q(x,y,z),R(x,y,z))\in C^{(1)}((G)).$$

证明$\nabla\times\boldsymbol{A}(M)=0$, $\forall M\in(G)$,等价于$\oint_{(C)}\boldsymbol{A}\cdot\mathrm{d}\boldsymbol{s}=0$,其中$(C)$是$(G)$中任一分段光滑闭曲线.

5. 证明向量场$\boldsymbol{A}=-2y\boldsymbol{i}-x\boldsymbol{j}$ 是平面调和场,并求其势函数.

6. 设$(\sum)$为任一光滑闭曲面且向量场$\boldsymbol{F}$的各分量都具有连续一阶偏导数. 证明

$$\iint_{(\sum)}\mathrm{rot}\,\boldsymbol{F}\cdot\boldsymbol{n}\mathrm{d}S=0,$$

其中$\boldsymbol{n}$是$(\sum)$的单位外法向量.

# 参考文献

[1] C. B. Boyer. Newton as an Originator of Polar Coordinates. American Mathematical Monthly, 1949, 56: 73-78.

[2] J. Coolidge. The Origin of Polar Coordinates. American Mathematical Monthly, 1952, 59: 78-85.

[3] Z. Ma, M. Wang and F. Brauer. Fundamentals of Advanced Mathematics. Beijing: Higher Education Press, 2005.

[4] D. E. Smith. History of Mathematics, Vol Ⅱ. Boston: Ginn and Co., 1925, 324.

[5] J. Stewart. Calculus. Beijing: Higher Education Press, 2004.